JN191273

Unity
サウンド
エキスパート
養成講座

 unity | adx2

一條 貴彰 著
株式会社 CRI・ミドルウェア 監修

CRIWARE®

Born Digital, Inc.

サンプルプログラムで使用した Unity、およびミドルウェアのバージョン（4 ページも参照）

サンプルプログラムで使用した Unity のバージョンについては、各章の該当箇所を参照してください。なお、Unity の各バージョンは、以下の Web サイトよりダウンロードできます。

● Unity ダウンロード アーカイブ

https://unity3d.com/jp/get-unity/download/archive

本書で使用している「CRI ADX2 LE」は、以下の Web サイトよりダウンロードできます。なお、ダウンロードにあたっては同サイトにある「CRI ADX2 LE に関するユーザー使用許諾契約書」を確認し、合意の上ダウンロードを行ってください。

● CRI ADX2 LE のダウンロード

https://game.criware.jp/products/adx2-le/

このほか「Oculus Integration」などのミドルウェアを使用しています。これらについては、各章の該当箇所にバージョンやダウンロード先を記載しています。

なお、Unity、ADX2 LE やミドルウェアのバージョンが更新された際には、本書の解説と異なる、もしくはサンプルプログラムが動作しない場合がありますので、あらかじめご了承ください。

はじめに

　世の中に存在するほとんどのデジタルゲームには、サウンドの要素が存在します。すなわち、ゲーム開発者はもれなくサウンドの再生システムを実装しているということです。ところが、ゲームサウンドの「実装」に特化した書籍は、筆者の知る限りほとんどありません。

　Unity ゲームエンジンの全般的な使い方について解説している優れた書籍はたくさんありますが、残念ながらサウンドの実装に関するページ数が 2 桁ある例を見たことがありませんでした。あったとしても内容が古かったり、メソッド呼び出し毎に GetComponent メソッドを呼んでしまっているような、実用的とは言い難い実装を紹介しているケースでした。

　そのような状況であったため、筆者は 2 つの手段をとりました。1 つは Unity Technologies Japan が主催するゲーム開発者向けカンファレンス「Unite Tokyo 2018」にて、『Audio 機能の基礎と実装テクニック』というタイトルで講演を行いました。30 分という短い講演でしたが、大きな反響を得ることができました。

　もう 1 つは、書籍『Unity ゲーム プログラミング・バイブル』（ボーンデジタル、2018 年刊）への参加です。本書は多くの開発者が執筆に参加した合同本ですが、私はここでサウンドの実装について 20 ページを使って解説を行いました。

　この 2 つのチャレンジを通じて、多くの開発者がゲームサウンドの実装に興味を持っているのに、まとまった情報がまだまだ足りていない、という状況がわかってきました。この経験から、「1 冊まるごとサウンドの実装解説」という本書のコンセプトを着想しました。

　ゲームサウンドの実装は単純に思えて、非常に奥深い分野です。気をつけなければいけない罠、効率化につながるテクニック、クオリティアップの秘訣などが大量にあります。本書では、3 つのサンプルゲームを使って実際の利用形態に近い形で実装例を紹介し、筆者が知りうる限りのすべての Unity サウンドの知見を集約する志を持って書かれています。

　本書を通じて、ゲームサウンドの実装に必要な一通りの知識と経験が体得できます。サウンド演出に磨きがかかることで、あなたのゲーム作品の魅力は必ずアップします。ぜひ、ゲームサウンドの奥深さと、面白さを体験してもらえればと思います。

一條 貴彰

本書のダウンロードデータ以外に必要なファイル

　本書では、読者が実際にサンプルを実行しながら試せるようにダウンロードデータを提供していますが、Unity 開発環境以外に必要な以下のミドルウェアについては、それぞれの提供元よりダウンロードを行ってください。詳しくは、本文でも解説していますので、該当箇所をご確認ください。なお、ダウンロードに当たっては、必ず使用許諾をご覧ください。

- **Oculus Integration**

　3 章のサンプルゲームを動作させるには、別途 Oculus Integration パッケージの導入が必要です。Unity Asset Store から、Oculus Integration をダウンロードし、サンプルのプロジェクトに追加してください。

　https://assetstore.unity.com/packages/tools/integration/oculus-integration-82022

- **CRI ADX2 LE**

　4 章のサンプルゲームには、CRI ADX2 のプロジェクトファイルが付属しています。以下から「CRI ADX2 LE」をダウンロードしてください。

　https://game.criware.jp/products/adx2-le/

本書で使用した Unity および主要なミドルウェアのバージョン

　本書では、以下のバージョンの開発環境を使って、執筆、検証を行っています。

　1、2、4 章：Unity 2019.1.12f1
　4 章：CRI ADX2 LE Ver 2.10.04
　3 章：Unity 2018.4.5f1 ／ Oculus Integration 1.39

サンプルプログラムの利用について

　本書に掲載され、ボーンデジタルの Web サイトからダウンロードできる本書のサンプルプログラムは、Unity サウンド実装の学習のために作成したもので、実用を保証するものではありません。学習用途以外ではお使いいただけませんので、ご注意ください。なお、本書に掲載したプログラムの著作権は、すべて著者に帰属します。

　また、サンプルデータに同梱された 3D モデルデータ、キャラクターデータなどのアセットも、本書の学習用途でのみ利用できます。本書のアセットを別なゲームで使いたい場合は、本書の最終ページに記載されたボーンデジタルの mail アドレスにご連絡ください。

　なお、一部のプログラムは、「MIT ライセンス」で公開しています。個別の許諾情報や使用上の注意など最新情報に関しては、ダウンロードしたファイルの「Readme.txt」に記載されていますので、必ずご確認の上、利用してください。

- **サンプルゲームに収録している効果音素材について**

　サンプルに収録されている効果音素材を転用することはできません。一部の効果音は、Tsugi 合同会社の DSPAnime ／ GameSynth で作られています。

　http://tsugi-studio.com/web/jp/index.html

CONTENTS

はじめに 003

序 章　本書でサウンドシステムを学ぶ前の基礎知識　016

0-1　本書の読者対象者 017
本書で説明を省略している基礎知識 017
本書はすべてのジャンルのゲーム開発に役立ちます 018
本書の構成 018

0-2　ゲームにおけるサウンドとは 019
サウンドデータの構成を考える 019
　ゲーム内で再生される音の種類 019
　ゲーム世界内の音と外の音 020
　ゲーム全体の音のバランスをとる 020
音のデジタル処理入門 021
　音のデジタル化とサンプリングレート 021
　デシベルとは 022
　デジタル信号処理（DSP エフェクト） 023
ゲームにおけるデジタル音声技術 023
　リアルタイムなミキシング 023
　3D サウンドとパンニング 023
　インタラクティブミュージック 024
サウンド再生の処理負荷を抑える 024
　CPU 負荷：圧縮音声とデコード 025
　メモリ使用量：ストレージからのロードとメモリへの展開 025
　再生遅延：ハードウェアごとに異なる音の再生の遅れ 025
　スマートフォンゲームにおけるサウンド開発の課題.................... 025

0-3　サウンド開発の前に知っておくべき Unity のコツ 026
スクリプティングのコツ 026
サウンド機能を独自開発するか、ミドルウェアを使用するか? 028

1章 Unity Audio －基礎編　　030

1-1	サンプルゲーム「ゆるっと林業せいかつ」の構成	031
1-2	Unity Audio の概要	032
1-3	Audio Clip の機能	033
	プラットフォーム共通の設定	033
	Force To Mono	033
	Normalize	034
	Load In Background	034
	Ambisonic	034
	プラットフォーム個別の設定	034
	Override for ～	035
	LoadType	035
	Preload Audio Data	036
	Compression Format	036
	Quality	037
	Sampling Rate Setting	037
	プレビューウィンドウ	038
	Audio Clip のまとめ	038
1-4	Audio Source の機能	040
	Audio Source コンポーネント	040
	3D Sound Settings	042
	Audio Source コンポーネントのプロパティ	044
	Audio Source コンポーネントのメソッド	046
	Audio Filter コンポーネントの機能	046
	Audio Reverb Zone コンポーネントの機能	047
1-5	Audio Listener の機能	048
	Audio Listener のプロパティ	048
	Audio Listener のメソッド	048
1-6	サウンドマネージャークラスの実装	049
	一般的なサウンド再生システムの構成	049
	前準備－ Audio Source の機能拡張	050
	SoundManager クラスの概要	050
	ボタンを押したときの音の実装	052

Audio Clip の最適化 055

1-7　BGM のクロスフェードの実装 056

コルーチンを使ったフェードの実装例 056

Tween ライブラリを使った実装 060

クロスフェードの実装 061

1-8　効果音の再生 066

ゲーム SE 再生用スクリプトの実装 066

ゲーム SE の再生 067

アニメーションと連動したゲーム SE の再生 070

1-9　音の鳴り方をランダムで変える 072

SE のピッチをランダムに変更する 072

環境音の再生開始位置をランダムにする 073

ランダム再生のさらなる機能追加方針 076

1-10　ポーズ機能の実装 077

2 種類のポーズ 077

SoundManager でのポーズ実装 077

ゲーム SE のポーズ 080

ポーズ機能のさらなる改修方針 081

2 章　Unity Audio －応用編　　　　　　　　　　　　　　　　084

2-1　Audio Mixer の機能 085

Audio Mixer のウィンドウを開く 085

Audio Mixer のインスペクター 086

Audio Mixer Group の設定 086

基本操作 087

Audio Mixer Group のボタンとスライダー 089

Audio Mixer Group の階層構造と表示切り替え 090

SnapShot によるパラメータ設定の保存 090

Audio Mixer Group の表示切り替え 090

View による表示設定の保存 091

Audio Mixer Group の色分け 091

Audio Mixer Group のインスペクター 092
　インスペクターヘッダー 092
　Attenuation ユニット（減衰ユニット） 093
　Audio Effect ユニット 093
　Send ／ Receive ユニット 094
　Duck Volume ユニット 095
パラメータをエクスポーズしてスクリプトから操作する 096
エフェクトの Wet Mixing 097
Audio Mixer クラスのメソッドとプロパティ 098
AudioMixerSnapshot クラスのメソッド 098

2-2　Audio Settings の機能 099
Audio Settings の設定項目 099
　Global Volume 099
　Volume Rolloff Scale.. 100
　Doppler Factor 100
　Default Speaker Mode 100
　System Sample Rate.. 100
　DSP Buffer Size 100
　Max Virtual Voices... 100
　Max Real Voices 100
　Spatializer Plugin 101
　Ambisonic Decoder Plugin.. 101
　Disable Unity Audio 101
　Virtualize Effects 101
Audio Settings クラスのメソッド 101
Audio Settings クラスのプロパティ 102
Audio Settings クラスのデリゲード....................................... 102

2-3　Profiler を使ったサウンド処理負荷の確認 103

2-4　ボリューム設定画面の実装 105
Audio Mixer を用意する 105
Audio Mixer Group を Audio Source に設定 106
スクリプトで Audio Mixer Group の参照を Audio Source に設定する 107
ボリュームスライダーとの紐づけ... 109

2-5　サウンドエフェクトの利用 114
複数の Audio Mixer Group を使う 114
ゲームの場面に応じてエフェクトパラメータを切り替える 117

セリフが再生されたときに BGM の音量を自動で下げる（ダッキング） 120

キャラクターの位置に応じて残響音を変化させる 124

2-6　Unity Audio 活用ガイド 127

圧縮設定やロード方式をディレクトリごとに自動設定する 127

再生優先度の指定 129

複数の Audio Clip を連続して再生する 130

同時再生数の上限管理を実装する 132

Audio Clip のロードを管理する 133

Timeline とサウンド 134

マイク録音（Microphone クラス）と音声解析 136

Unity Audio を拡張する外部スクリプト 138

　Native Audio Plugin SDK 139

　UnityWav 139

　Music Engine 139

3 章　VR コンテンツのサウンド 142

3-1　VR コンテンツにおけるサウンドとは 143

サウンドの空間化（Audio Spatialization） 143

　耳・頭部・肩の形状による影響の再現（HRTF） 143

　反響音の再現 144

　線・面音源と容積のある音源の再現 146

　そのほかの音響シミュレート要素 146

360 度録音した音（Ambisonics Audio） 146

　アンビソニック用機材とデータ形式 147

　アンビソニックの使い道 147

そのほかの VR サウンドのコツ 148

3-2　Unity における VR サウンド導入の種類 149

ビルドインの VR 音響プラグイン 149

空間音響 SDK の導入 151

Unity Audio Spatializer SDK 152

3-3　Oculus Go ／ Quest で Unity アプリを実行する 153

Oculus Go ／ Oculus Quest アプリを Unity で開発する環境 153

Unity プロジェクトのセットアップ 154

Oculus Go ／ Quest でテストビルドを実行 159

Oculus Integration の諸注意 164

3-4　Oculus Audio SDK 機能解説 165

Spatialization（固定 shoebox）.. 165

Dynamic Room Modeling 165

Audio Propagation（Beta）.. 165

Ambisonic Audio 165

ONSP Audio Source 165

Oculus Spatializer Reflection（Mixer ユニット）................................... 167

ONSP Reflection Zone 168

ONSP Ambisonics Native 168

Oculus Spatializer Unity 168

ONSP Propagation Geometry ／ ONSP Propagation Material 170

3-5　VR のサウンド演出設定 171

デモゲームの概要と遊び方 171

Spatialize 設定と再生 172

アンビソニック音源の再生 176

4 章　サウンドミドルウェア「CRI ADX2」を使った実装　182

4-1　CRI ADX2 とは 183

CRI ADX2 の特徴 183

ゲーム専用のサウンド圧縮形式（HCA、HCA-MX）................................. 185

Android 端末用の低遅延なサウンド再生システム 186

大量音声データの管理と調整が可能なツール 186

サウンド演出のコーディング量を減らす 187

インタラクティブサウンドの実現 188

ADX2 のエディションと利用ルール 189

無償版「ADX2 LE」... 189

製品版「ADX2」... 190

CRI ADX2 Unity Plugin/AssetStore 版 190

各プラットフォーム向けの ADX2 190

ADX2 機能の利用方針 191

4-2　ADX2 クイックスタート 192

SDK の入手 192

　個人の場合 192

　ゲーム開発会社の場合 192

　ゲーム開発会社以外の場合 193

CRI Atom Craft の動作環境とセットアップ 194

CRI Atom Craft で再生用データを生成する 196

ADX2 for Unity パッケージの導入 203

4-3　ADX2 によるゲームサウンド開発のワークフロー 209

Unity Audio との違い 209

ADX2 データの階層構造 210

　ワークユニット 210

　キューシート 210

　キュー 211

　トラック 211

　ウェーブフォーム 211

　キュー再生時のライブラリ内部処理 212

ADX2 の基本的なワークフロー 212

①マテリアルの登録 212

②「キュー」を介した音のデザイン 215

③ DSP バスを使ったサウンドエフェクトの設定 216

④ビルド（データ出力） 218

　ACF ファイル（Atom コンフィグファイル） 218

　ACB ファイル（Atom キューシートバイナルファイル） 218

　AWB ファイル（Atom ウェーブバンクファイル） 218

　ヘッダファイル 218

　ビルド時の注意 219

Unity への組み込み 219

4-4　CRI Atom Craft の基本操作 220

ツールバー（左側ボタン） 220

ツールバー（右側） 222

ビュー 223

　インスペクタービュー 223

　タイムラインビュー 224

　キュー選択中のインスペクタービュー 227

　ミキサー（DSP バス設定）ビュー 229

　ポイントリストビュー 230

リストエディタービュー 230
被参照リストビュー 231
プロジェクトツリービュー 231
ワークユニットツリービュー 232
マテリアルツリービュー 232
REACT ビュー 233
パラメータパレットビュー 234
マテリアルビュー 234
レベルメータービュー 234
検索ビュー 235
ログビュー 235
クイックヘルプビュー 236
スタートページ 236
ビューレイアウトの呼び出しと保存 236
ビルドダイアログ 238
Atom Craft のバージョン差異について 239

4-5　ADX2 for Unity コンポーネントとスクリプト 240
CRIWARE Library Initializer 240
CRIWARE Error Handler 241
CRI Atom 241
CRI Atom Listener 243
CRI Atom Source 243
スクリプトの基本的な利用方法と Execution Order 245
ADX2 の Editor 拡張 246

4-6　ADX2 の目玉機能をすばやく導入する 249
BGM のイントロ付きループ再生 249
余韻部分のあるイントロ付きのループ BGM 250
HCA-MX を利用した CPU 負荷軽減 250
Android で起きる再生遅延の対策機能を利用する 254

4-7　ADX2 を使ったサウンド演出の設定−前編 258
サンプルゲームのプロジェクト構成 258
ADX2 コンポーネントの基本的な利用方法 259
フェードイン・アウトの実装 267
ポーズの実装 269
キュー設定を駆使して音のバリエーションを増やす 269
ゲームの状況に合わせて効果音の音色を変化させる 274

4-8 ADX2 を使ったサウンド演出の設定－後編 280
　キューに文字列情報を埋め込んで利用する 280
　タイミング情報を埋め込んで利用する 282
　キューをカテゴリ分けして管理する 287
　ゲームの場面に合わせて残響音を加える 295

4-9 インタラクティブミュージックの実装 301
　インタラクティブな「アレンジ」の変化 301
　インタラクティブな「展開」の変化 303
　DAW ソフトから出力する際の注意点 310

4-10 Atom Craft の機能をさらに使いこなす 311
　キューの詳細設定編 311
　Atom Craft 設定活用編 317
　音声データ管理編 326
　便利機能編 328
　　キューを WAVE ファイル出力する 328
　　Atom Craft でムービーを流しながら再生タイミングを合わせる 329
　　曲の BPM（テンポ）を静的に解析する 329
　　プロジェクトファイルのバックアップをとる 329
　　波形エディター（WAVE 加工ツール）を AtomCraft から呼び出す 330
　Excel 連携機能編 330
　　csv ファイルからキューを生成する 330
　　キューシート情報を csv インポート・エクスポートする 331
　　マテリアル情報の csv ファイルのインポート・エクスポート 332
　ビルド関連編 332
　　クリーンビルドとキャッシュクリア 332
　　Atom Craft におけるビルド時のポストプロセス設定 333
　　ビルドしたキューシートの中身を XML 出力する 334

4-11 ADX2 の機能をさらに使いこなす 335
　ゲームを実行しながらリアルタイムでパラメータの調整を行う 335
　プロファイラウィンドウ 341
　複数キューの組み合わせやパラメータ設定をツールで確認する 342
　3D ゲーム向けの設定 346

4-12 ADX2 活用の道しるべ 361
　ADX2 に関する各ドキュメント 361
　ADX2 のデモプロジェクト 361

ADX2 の拡張機能 362
　アクション機能 362
　マルチスピーカー環境（5.1ch、7.1ch など）向け設定 362
　ゲーム生放送や、複数サウンドデバイスがある場合の処理 363
　ローカライズ（多言語対応） 363
　追加コンテンツ（DLC やデータ配信）機能 364
　MIDI デバイスを使ってパラメータを操作する 364
　ビート同期（クォンタイズ） 364
音が鳴らないときは 364
Atom Craft を複数人で使う 366
ゲームの配信前に行うこと 366

5章　ゲームサウンド開発にまつわる補足情報　　370

5-1　サウンド素材の入手と加工ツール 371
　Bfxr 371
　DSP Anime 371
　Soundly 372
　DAW で効果音を生成する 373
　Audacity® 373
　Volt 374

5-2　音量バランスの調整（ラウドネス） 375
　ラウドネスとは 375
　ラウドネス値の測定方法 375

5-3　ゲームサウンド技術の未来 377
　Unity Audio DSPGraph（Experimental） 377
　プロシージャルな効果音 378
　空間音響の物理シミュレーション 379
　プレイヤーの耳の形に合わせた HRTF 係数調整 379

索引（CRT ADX2 関連） 381
索引（VR 関連） 385
索引 388

おわりに 390
クレジット／コラム執筆 391

コラム一覧

「フォーリー」とは何か 083

SFX Reverb の小技 115

楽曲を発注してみよう 140

「インタラクティブミュージック」とは何か 180

CRI ADX2 の費用と、法人で利用する際のポイント 368

サンプルゲーム『ノーダメージ勇者さま』の遊び方 279

音声制作の発注から納品まで 380

本書でサウンド処理を学ぶ前の基礎知識

　ここでは、本書で Unity におけるサウンド処理の開発を本格的に学んでいく前に、全体の概要や必要な知識を整理します。

　最初に、ゲームにおける音声データの役割とその種別や、音声のデジタル信号処理の基礎を学びましょう。また、Unity でサウンド関連のコーディングを進める前に、注意すべき点などを整理しておきます。

　本書を読み進めていくなかで、わからない用語や不明点などが出てきた際には、この章を読み返してみてください。

▶ この章のポイント

- ● 音声のデジタル信号処理について基礎を学ぶ
- ● ゲームで音声データがどのように処理されているかを知る
- ● Unity を使ったゲーム開発における基礎的な注意点を学ぶ

本書では、サンプルゲームを使って、サウンド処理の実装を学べる

「ゆるっと林業せいかつ」（1章、2章）

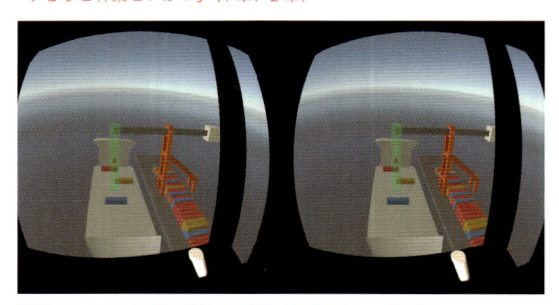

「船にコンテナをぎりぎりまで積む VR Edition」（3章）

「ノーダメージ勇者さま」（4章）

0-1 本書の読者対象

本書は、Unity の操作や動作の基本をある程度理解している開発者向けに、サウンド演出のスクリプティングやサウンドミドルウェアの利用方法にフォーカスした書籍です。本書の前に、1 冊は初心者本を読んでおり、その本のサンプルゲームをビルドしたことがある、という程度の経験を必要とします。

本書で説明を省略している基礎知識

本書では、基本的な Unity Editor の操作や実装の基礎については解説しません。文中の次の要素については説明を省いています。

Unity Editor に関する知識

- Unity Editor の基本操作
- ゲームオブジェクトとコンポーネントシステム
- MonoBehaviour のオーバーライドメソッド（Start や Update などの挙動）
- コルーチン

C# スクリプティングに関する知識

- ジェネリック
- クラスと継承
- LINQ とラムダ式

これらの要素を完全に理解している必要はありませんが、基本的な挙動については理解しておくことをお勧めします。もし Unity ／ C# を初めて学習する場合は、先に Unity 初学者向けの本で基礎の学習を行ってから、本書を読むとよいでしょう。

作曲については解説しません

「サウンド」と聞くと真っ先に思い浮かぶのはコンポーズ、つまり作曲ではないでしょうか。しかしながら、本書では DTM などを使った作曲の解説はしません。プログラマー、ないしは Unity Editor とスクリプトエディタを操作して実際にプログラムを書くクリエイター向けに、サウンドを「どう鳴らすか」という視点でまとめられています。

ただし、4 章で紹介するサウンドミドルウェアの操作ついてや、特に「インタラクティブミュージック」は作曲の担当者も知っておくべきゲームサウンドの知識になります。ゲームサウンドの作曲に関わる方は、ぜひ手に取ってみてください。

リファレンスの内容は網羅しません

本書で解説する Unity のサウンド機能、ならびに CRI ADX2 の機能紹介は、ゲーム開発で使う具体例にフォーカスした内容です。すべての機能を網羅しているわけではありま

せん。すべてのメソッドやプロパティを羅列したところで、マニュアルと同じ内容になってしまうからです。

　また、サウンドエフェクトの詳細なパラメータ解説や信号処理の内容についても、同じ理由により収録していません（音色の変化は紙の書籍では書き表すことが難しい、という事情もあります）。

本書はすべてのジャンルのゲーム開発に役立ちます

　本書の表紙には「Unity サウンド」と書いてありますから、まずは音楽ゲームを連想する人が多いでしょう。本書では音楽ゲームの開発に役立つミドルウェアの解説も行っていますが、サウンドの知識はあらゆるゲームに必要なものです。

　シューティングやアクションゲームならば、大量に再生する音の制御に関する知識が必要です。アドベンチャーゲームならセリフ音声データの圧縮や、データのハンドリングの仕組みの理解があると、クオリティアップにつながります。本書には、ほぼすべてのゲームジャンルに役立つ情報が載っています。

本書の構成

　本書の各章の概要は、以下のとおりです。なお、1 章と 2 章は、おもに個人から数人チームによる小規模作品を想定しています。3 章は VR、4 章は運営要素があるスマートフォンゲームを想定して構成しています。

> **序章**：ゲームにおけるサウンドとはそもそも何なのかを解説します。
> **1 章、2 章**：Unity の標準機能を使ったサウンド実装の開発、ならびに拡張方法を解説します。
> **3 章**：「Oculus Audio SDK」を使った VR ゲームにおけるサウンド実装について解説します。
> **4 章**：サウンドミドルウェア「CRI ADX2」を Unity に組み込んだ場合のサウンド実装について解説します。
> **5 章**：ゲームサウンド制作に関わるツールと補足知識を紹介します。

　1 章、2 章では、アドベンチャー風サンプルゲーム「ゆるっと林業せいかつ」の Unity プロジェクトを使います。

　3 章は、物理系サンプルゲーム「船にコンテナをぎりぎりまで積む VR Edition」のプロジェクトを使います。

　4 章では、ソーシャルカード系バトル風サンプルゲーム「ノーダメージ勇者さま」のプロジェクトを使います。また、Unity のプロジェクトと合わせて、同梱の ADX2 のプロジェクトファイルも解説に使用します。

みなさんは、ゲーム開発において「サウンド」と聞くと何を連想しますか？「素晴らしい楽曲」「キャラクターのセリフ」「爽快感を演出する効果音」など、どちらかというと「音声データ」のほうを想像することでしょう。

しかし、それらの音声データを用意できたとしても、ゲームへの組み込みを間違えると素材の魅力が失われてしまいます。「プツッ」というノイズが入ったり、BGMの音量が大きすぎてセリフが聞こえなかったりしては、ゲームへの没入感を大きく損なってしまいます。

ゲームの中でどのように音を鳴らすか、というプログラム処理は、実は非常に大事なのです。たとえば、たいていのゲーム開発者がやらなくてはならないサウンドの処理として「フェード処理」があります。BGMがフェードなく唐突に切り替わってしまったら、没入感がそがれてしまうでしょう。

作曲家が丹精を込めて作ったBGMや、効果音作家がこだわって作ったSE、声優が感情を乗せて吹き込んだセリフなど、こうした素材のよさを引き出すサウンド再生の技術が必要なのです。

「サウンド処理の制御」が目指すことは、以下の3つです。

- サウンドの魅力を引き出す
- サウンドの違和感、不快感を減らす
- CPU負荷、メモリ使用量を抑える

サウンドデータの構成を考える

ゲームを作るときに、まず何から手を付けたらよいでしょうか？ 真っ先に思いつくのは、キャラクターのモーションに合わせた効果音です。

足音、ジャンプ、攻撃の音など、鳴らすべき音はたくさんあります。ゲームの中の音を、まずは分析してみましょう。

ゲーム内で再生される音の種類

サウンドの処理を考える前に、ゲームの中で鳴る音にどんな種類があるのかを考えてみましょう。BGMが鳴り、環境音が鳴り、足音などのSE、ボタンの音、キャラクターのセリフなど、多岐に渡ります。たとえば、3Dのアクションゲームを考えたときは、次の表のような分類になります。

表 0-2-1 ゲーム内で再生される音の種類の例

種類の名称	用途	2D/3D	音素材の長さ	再生優先度	同時再生数	データ数	圧縮品質	レイテンシー	読込と破棄
ゲームSE	足音、銃撃、ヒット音	3D	短い	低い	非常に多い	多い	低い	高い	ゲームスタート時に読込
メニューSE	カーソル移動、決定	2D	短い	高い	1音	少ない	低い	最高	起動時に読込
BGM	曲	2D	長い	最高	2音（クロスフェード）	多い	高い	低い	ステージごとに読込・破棄
環境音	ステージの環境音	2D	長い	高い	1音	中程度	中程度	低い	ステージごとに読込・破棄
ジングル	長めの効果音	2D	中程度	高い	1音	中程度	中程度	低い	ステージごとに読込・破棄
セリフ	セリフ	3D	中程度	高い	2音程度	非常に多い	中〜高	低い	カットシーンごとに読込・破棄

　本書では、ゲームの空間内で鳴る 3D サウンドを「ゲーム SE（Sound Effect）」、メニュー画面のボタン音やカーソル移動音を「メニュー SE」と呼称します（SE の種類は、ゲームの内容に応じてもう少し細かく分けられる場合もあります）。

　長めの演出用 SE は、「ジングル」として別枠にしてみました。これは「ME（Music Effect）」と呼ぶこともあります。表を見るとわかるように、音の種類によって優先すべきことが異なります。SE は大量に鳴る、BGM はせいぜい最大 2 音でレイテンシー（応答の速さ）は問わないなど、それぞれ特性があります。

　さらには、ゲームのジャンルによって、大事にしたい音は変わってきます。たとえば格闘ゲームならば、パンチやキックがヒットしたときの音のレイテンシーが何よりも大事で、ここにリソースを割くべきです。

　恋愛アドベンチャーゲームならばセリフの品質が大切になりますし、音楽ゲームなら楽曲のクオリティや、ボタンをタップした時の音のレイテンシーを重視すべきでしょう。

　音の設定をしていく前に、まずは自分のゲームではどんな音の分類になるか、このような表を作ってみるとよいでしょう。

■ ゲーム世界内の音と外の音

　ゲームの音は、「いかにデフォルメするか」という判断も必要です。たとえば、「ドアを開けてステージを移動した」という表現をしたい場合、ドアの音はゲーム中の物理的な音として表現するべきでしょうか？　あるいは記号的に「ガチャ」と鳴らしたほうが、わかりやすいでしょうか？

　専門用語では、「作品世界の中で鳴っていて、キャラクターなどが知覚できる音」をダイエジェティックサウンド（Diegetic Sound）、「作品世界外の音で、キャラクターが知覚できない音」をノンダイエジェティックサウンドといいます。このバランスに正解はありませんので、開発しているゲームにどのような分け方がフィットするかを、意識して探していくしかありません。

本書でサウンド処理を学ぶ前の基礎知識

▶ ゲーム全体の音のバランスをとる

3D アクションゲームなど、状況がダイナミックに変わるゲームでは、重要な音は聞こえやすいように調整を行う必要があります。たとえばキャラクターのセリフ音声などは、周囲で爆発が起きたり敵の声がしていても、プレイヤーにきちんと聞こえるようにしなくてはなりません。

「特定の音を目立たせよう」とすると、音を純粋に大きくしがちです。単純にセリフの音声のボリュームを上げるだけでは、全体の音量が上がって音が割れてしまいます。目立たせたい音以外の音量を一時的に下げたり、目立たせたい音とほかの音で音の高さが異なる音を使ったりするテクニックを駆使して、調整する必要があります。

音のデジタル処理入門

ゲームや CD などに収録されているデジタル音声データは、自然界にある音をデジタル変換することで録音するか、デジタル機器から音を合成して作られています。ゲームの音の処理を学ぶ前に、「音のデジタル処理」について簡単に説明しておきます。

▶ 音のデジタル化とサンプリングレート

自然界にある音は、連続的に変化する信号で構成されています。これをアナログ信号と言います。アナログ信号を電子的に記録・再生するためには、デジタル信号に変換しなくてはなりません。アナログの世界では中間の値が無限に存在するので、0 と 1 のデジタルの世界で記録するためには、ある程度の粒度を決めて計測する必要があります。

時間方向の計測を「標本化（サンプリング）」といい、1 秒間に計測する回数を「サンプリングレート」と言います。サンプリングレート周波数（frequency）が 44,100Hz のデータの場合、1 秒間に 44,100 回計測するという意味になります。標本化の粒度が細かいほど、時間方向の再現度が高いことを示します。

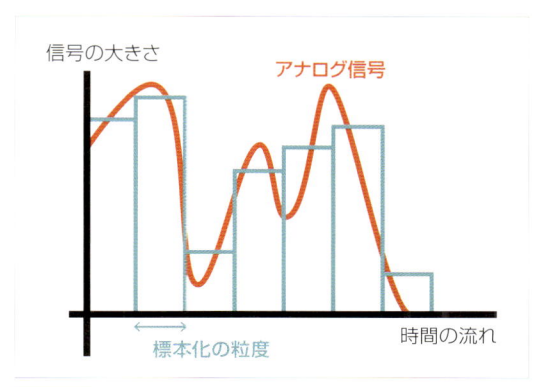

図 0-2-1 アナログ信号のデジタル化

ある一瞬の信号の振幅を標本化したら、その大きさもデジタルに変換する必要があります。このデジタル変換を「量子化」と言い、粒度を「量子化ビット」と言います。量子化ビットが 16bit のデータの場合、ある瞬間の信号を 65,536 段階の細かさで計測したという意味になります。24bit であれば、1,677 万段階です。

一連の計測と記録をアナログ／デジタル変換、またはパルス符号変調「PCM（Pulse

Code Modulation)」と言います。PCM は、コンピュータにおける一般的な音声フォーマットです。この記録データを「波形データ」と呼びます。

サンプリングレートの設定は、おおむね次の表のとおりです。

表 0-2-2 サンプリングレート別の用途

サンプリングレート	用途の例
48,000Hz	映像業界などで使われる設定
44,100Hz	CD音質。ゲームの音は特別な事情がない限り、ほとんどがこの周波数が使われる
22,050Hz	環境音など重要でない音、ノイズが乗っても気にならない効果音向け
11,025Hz	かなり音の成分が失われるため、現代ではほぼ使用しない

CD の規格では、サンプリング周波数は「44,100Hz」、量子化ビット数は「16bit」です。

サンプリング周波数は、人間が聞くことのできる「音の高さ」に関係します。最も高い周波数は、20,000Hz と言われています。サンプリング周波数はノイズ防止のため、表現する周波数（ナイキスト周波数）の 2 倍を設定しますので、40,000Hz あれば十分ということになります。

量子化ビットは、人間の耳が知覚できる「音の大きさ」に関係します。量子化ビット数が 16bit の場合、表現できるダイナミックレンジは 96dB です。

CD の規格は合理的に定められているため、ゲームにおいても標準的なサンプリングレートとして扱われることが多いです。立体音響が扱われるようなった現代では、両耳の到達時間の差などを表現するために、より高いサンプリングレートを採用するメリットはあります。量子化ビットについても、同様に「音の解像度の高さ」につながりますので、今後高くなる可能性は十分あります。

🔶 デシベルとは

Unity では、Audio Mixer から「デシベル」という単位が登場します。デシベル（dB）は、音圧レベル（SPL：sound pressure level）を示す単位です。

音圧とは、音が出た時の空気の圧力です。空気の圧力はパスカル（pa）で示しますが、人の耳で周波数 1kHz の音が聴きとれる最も小さな音圧は、20 マイクロパスカル（20 μPa）と言われています。逆に、聴くことができる最大可聴レベルは 20 パスカルと言われています。

パスカルの単位のままでは、最小値と最大値の間が 100 万以上違うので、扱うには桁数が多すぎます。そこで、20 μ Pa の音を音圧レベル「0dB」と定義し、音圧の変化を対数（log）で計算し直して、扱いやすくしたのが「デシベル」です。

表 0-2-3 デシベル単位での音の種類の例

デシベル	音の種類の例
10dB	呼吸の音や服のこすれ。ほぼ無音
20dB	鉛筆や消しゴムがこすれる音。音としてやっと聞こえる
40dB	図書館や住宅地など静かな環境
60dB	会話の大きさ
80dB	電車内、電話のベル

| 100dB | パチンコ店、自動車のクラクション |
| 130dB | 飛行機の轟音 |

デシベル単位を使うことで、音圧が「何倍になったか」ではなく、「高い・低い」という数値差で言い表すことができるため、より直感的です。一番小さな音と一番大きな音の差をデシベル単位で示したものを「ダイナミックレンジ」と言います。

また、デシベルをベースに、人間の耳の感覚値をもとにした音量測定である「ラウドネス」という単位もあります。近年のサウンドを扱う現場では、最終的にラウドネス値で調整することがほとんどです。ラウドネスについては、5章で補足情報を紹介します。

🔶 デジタル信号処理（DSP エフェクト）

「DSP」とは、Digital Signal Processing、つまりデジタル信号処理の略です。音声データに対する DSP で聞こえ方に変化を与える処理を、デジタル信号処理、もしくは DSP エフェクトと呼びます。ピッチ変更やボリューム変更、エコーやディレイ、ハイパス・ローパスなどのフィルター処理によって、元の音にはない聞こえ方を表現できます。

たとえば、声優が録音ブースで収録したクリアな音声データに対して、「広い空間でしゃべっているような効果をつけたい」と考えた時は、DSP エフェクトで実現できます。

エコーやコーラスなどのエフェクトを加えることで、実際にそういう場所で収録しなくても、疑似的に音の変化をシミュレーションできるというわけです。エフェクトがかかっている音を「ウェット」、かかっていない音を「ドライ」と言います。

もちろん DSP によって、音量も変更できます。「増幅（ゲイン）」は音圧を上げ、ボリュームを大きくする操作です。「減衰」は、音圧を下げる操作です。これらの DSP エフェクトは、DAW などのツール上で静的に処理する場合と、リアルタイムに処理する 2 パターンがあります。ゲームの場合は、後者です。

🔶 ゲームにおけるデジタル音声技術

ゲームにおける音声技術の特徴は、多数の音をリアルタイムで同時に鳴らし、かつエフェクトもリアルタイムに適用しなくてはならない点です。

🔶 リアルタイムなミキシング

ゲーム中にはさまざまな音が再生されますが、最終的にはステレオ音声か、5.1ch などのスピーカー環境に合わせた音に合成されます。音を一本化する工程を「ミキシング」といいます。

ミキシングされた 1 本のオーディオストリームが、ゲーム機やスマートフォンのサウンド再生ハードウェアに渡され、スピーカーから再生されるという流れです。

🔶 3D サウンドとパンニング

スピーカーなど、物理的に音を出すデバイスを「チャンネル」と言います。ステレオサウンドの場合、L と R のスピーカーにどのぐらいの音量を流すかで方向性が変わります。ステレオパンニングとは、左右 2 つあるスピーカーへどのくらいの音量を送るか、という調整を指します。スピーカー単位で操作する音を、「チャンネルベース」と言います。

PCやゲーム機ではステレオが標準的で、映画用の機器などは 5.1ch、7.1ch などのシステムがあります。「.1ch」というのは、サブウーファーと呼ばれる低音を担当するスピーカーがあるという意味です。モノラル 1ch の音を「立体音響処理」してから、ステレオや 5.1 チャンネルで再生します。

ゲームでは、キャラクターや敵が発する音に対して、カメラからの距離や方向に応じて聞こえ方を変化させます。位置情報によって聞こえ方が変わる音を、「オブジェクトベース」と言います。

遠くの音はそのぶん音を小さくする「距離減衰」と、左右のスピーカーのボリュームバランスを変えて、音が聞こえてくる方向を変える「パンニング」で表現します。加えて周囲の壁や床などの音が反射した際の「反射音」「残響音」のシミュレーションを行うと、より説得力のある音になります。反射と残響については、3 章の VR サウンドで詳しく紹介します。

インタラクティブミュージック

ゲームは、インタラクティブな作品です。キャラクターはプレイヤーの入力に応じて動き、シナリオはプレイヤーの選択に応じて変化します。

ゲームにおける BGM も例外ではなく、残り時間が差し迫った時に BGM のテンポが速くなったり、ゲームの場面に合わせて滑らかに変化する BGM もあります。これらは「アダプティブミュージック」や「インタラクティブミュージック」と呼ばれる演出で、音の演出にこだわっているゲームでは積極的に取り入れられています。

インタラクティブミュージックの実装については、4 章の 9 節で紹介します。

サウンド再生の処理負荷を抑える

ゲームのプラットフォームは、スマーフォンや PC、ゲーム機、近年ではクラウドゲーミングなどさまざまですが、必ず性能の上限があります。ゲームが滞りなく実行し続けられるように、サウンド処理も負荷を減らす工夫が必要になります。

ほかのゲーム開発に関する書籍では、よく「グラフィック描画」の処理負荷軽減について紹介されています。グラフィクスの処理負荷を減らすためには、さまざまな手法が用いられます。たとえば視界に入らないオブジェクトの描画を止めたり、遠景のオブジェクトはポリゴン数の少ないモデルに差し替えるなどのテクニックがあります。物理挙動の忠実なシミュレーションではなく、あくまで「それっぽく見える」ように処理負荷をなるべく減らすことが定石です。

同様に、サウンドの処理も負荷軽減が必要です。本当にリアルな音を目指そうとしたら、たとえば「雨」のシーンで雨粒 1 つ 1 つが音を鳴らすようにして、雨を再現することになるでしょう。しかし、何千個もの音が同時に再生される処理が実行できるようなハードウェアはほぼありません。

雨の表現では、「ザーッ」という単一の音を鳴らしたり、風や雷など、多くても数種類の音をミックスして表現することがほとんどです。「それっぽく聞こえるように」工夫することで、処理負荷の軽減が可能なのです。

ゲームの開発現場では、CPU 資源は描画処理や敵 AI、ネットワーク処理などで多くが占められてしまうため、サウンドに許されている計算資源は限られています。サウンド処

理の担当者は、少ないメモリ、制限された CPU 資源のなかで、ベストなサウンド処理を目指さなくてはなりません。

　サウンド再生処理に留意すべき要素は、「CPU 負荷」「メモリ使用量」「再生遅延（レイテンシー）」の 3 つです。これらは、3 すくみの構造になっています。CPU 負荷を抑えようとすると、メモリをより多く取るようになり、場合によっては再生遅延が大きくなります。逆に再生遅延を抑えようとすると、今度は CPU を多く使うようになってしまいます。

CPU 負荷：圧縮音声とデコード

　みなさんがよく知るサウンド圧縮コーデックの「Ogg Vorbis」や「MP3」は、一定のアルゴリズムで音声データを小さなデータに圧縮する規格です。

　音として出力するためには、圧縮データから元の音声データに復元する工程が入ります。これを「デコード」といいます。元のデータを完全に復元できる「可逆圧縮」と、圧縮の過程でデータの加工を行って圧縮率を高める「非可逆圧縮」があります。Ogg Vorbis や MP3 は、非可逆圧縮です。

　ゲームでは、音の再生処理が 10 個 20 個と同時に発生します。負荷軽減のためにも、音が鳴り過ぎないように調整する必要があります。

メモリ使用量：ストレージからのロードとメモリへの展開

　スマートフォンの場合は本体のストレージ、ゲーム機の場合はハードディスクや ROM ディスクにデータが格納されています。音声データを再生するには、データをメモリ上に展開する必要があります。

　圧縮したままメモリに乗せればメモリ使用量は小さく済みますが、デコード処理を CPU が毎回行うため、負荷が上がります。あらかじめデコードしておけば、瞬発的な負荷を避けることはできますが、大きなメモリ容量を必要とします。

　ストレージからデータを少しづつ読み込んで再生する「ストリーミング再生」という方式もありますが、常にストレージアクセスが走ることと、逐時読み込みの処理が必要になります。

再生遅延：ハードウェアごとに異なる音の再生の遅れ

　プログラムが「音を鳴らす」という指令を出してから実際にスピーカーが鳴るまでに、複数の処理過程を経るため、再生は遅延します。特に、ハードウェアの特性で遅延が発生する場合は、回避が困難です。

　圧縮音声はデコード処理により遅延が発生するので、無圧縮にするか、メモリに余裕がある場合は、再生より前にメモリ上へ圧縮データを展開しておく方法があります。

スマートフォンゲームにおけるサウンド開発の課題

　特に制約を受けやすいのが、スマートフォンです。もともとゲーム専用には作られていないことに加え、CPU の性能やメモリ容量が、端末によってバラバラです。さらにスマートフォンのスピーカーは、テレビや PC のスピーカーよりも低性能であることが多いです。

　加えて、Android ではソフトウェアの構造上の問題で再生遅延が起きやすく、回避するためには端末の特性ごとに最適化ができる仕組みが必要です。

サウンド開発の前に知っておくべき Unity のコツ

先にも述べたように、本書は初級者向けの書籍を読み終えた開発者を対象としており、C# の基本的なスクリプティングについても解説していません。

ここではその前提を踏まえ、サウンドに関するスクリプトを書きはじめる以前の知識をまとめておきます。

スクリプティングのコツ

ここでは、Unity の C# スクリプティングにおけるコツを、6 つ取り上げておきます。

GetComponent を不必要に呼び出さず、参照をキャッシュする

Unity のスクリプティングにおいて、ほかのゲームオブジェクトにアタッチされたインスタンスを取得するために、GetComponent メソッドがよく利用されます。

GetComponent は重い処理であるため、むだに何度も呼ぶ処理はご法度です。GetComponent を使ったインスタンスの取得は、基本的に Awake や Start メソッドの中などで一度だけ取得してキャッシュしておき、以降はその参照に対してアクセスするようにしてください。

```csharp
public class Hoge : MonoBehaviour
{
    private Fuga fuga;

    void Awake()
    {
        fuga = GetComponent<Fuga>();
    }

    void Update()
    {
        fuga.DoSomeThing():
    }
}
```

GameObject.Find の使用をなるべく控える

GameObject.Find と GameObject.FindObjectOfType<T> メソッドは、読み込まれているシーンの全ゲームオブジェクトに対して検索処理を行うため、処理負荷が非常に高いです。Find を実行する回数をとにかく減らすようにしてください。

使用する場合は、GetComponent 同様、クラスの初期化で取得してキャッシュしておくようにしましょう。「隠し Find」にも注意を払う必要があります。たとえば、Camera.main の実装の中身は GameObject.Find です。Unity Profiler をよく見て検証しましょう。

GameObject.FindWithTag メソッドはゲームオブジェクト数に比例しないため、ゲー

本書でサウンド処理を学ぶ前の基礎知識

ムの設計上、初期化以降に検索したい場合は、Tag で管理する方法を検討してみてください。

ただし、あくまでゲームを動作させるときの多用が非推奨である、という点も留意してください。GameObject.Find メソッドは、Unity Editor 上でエディター拡張の機能として使う分には、便利な側面もあります。

GameObject.Instantiate ／ DestroyObject の使用をなるべく控える

プレハブのインスタンス化などを行う GameObject.Instantiate の利用も可能な限り減らし、インスタンスをキャッシュしたり、オブジェクトプールを作成して使いまわすようにしましょう。

たとえば、シューティングゲームを考えた場合、「弾」のオブジェクトを発射のたびに Instantiate してはいけません。ゲーム開始前のロード状態のなかで、必要な数のオブジェクトを Instantiate しておきます。メインのゲームが動作している間は、あらかじめ生成したオブジェクトを使い回していく（消えたり画面外に出たら、パラメータをリセットして再利用する）処理にしましょう。

Resources フォルダの利用をなるべく控える

Unity のアセットロードの仕組みに、「Resources」があります。Resources フォルダにアセットを配置し、Resources.Load メソッドを使うことで、アセットのロードを行うことができます。

しかし、この機能はゲームの動作が重くなってしまうリスクが高いため、可能な限り使わないことをお勧めします。Resources フォルダは、ゲームの起動時にすべてのファイルをロードしようとするため、メモリの消費が激しく、起動時間が非常に長くなるためです。

PC ゲームを作っている場合は余地がありますが、スマートフォンや家庭用ゲーム機向けタイトルを開発する場合は、特に回避すべき機能です。実験的な実装として Unity Editor 上でのみ利用する分には構いませんが、リリース時には可能な限り、以下の代替手段を利用してください。

- ロードしたいリソースの参照をシーンに配置して、シーンを非同期に読み込む
- AssetBundle を使い、StreamingAssets フォルダから読み込む

非同期読み込みを活用する

Resources フォルダの依存を解決したら、ファイルを非同期に読み込んで、ゲームのロード待ちやカクつきを減らすようにしましょう。

ゲームの実行スレッドを止めずに、各種リソースを読み込む方法はいくつかあります。一番簡単な方法は、シーンに必要なリソースの参照を保持するクラスを配置し、SceneManager.LoadAsync メソッドを使って、非同期読み込みを行う方法です。

たとえば、ゲーム起動時に読み込むシーンには、必要最低限の制御スクリプトと画像のみを持たせておき、ディベロッパーのロゴなどを表示している裏側で、リソースの読み込

み処理を行うなどが考えられます。

▶ SendMessage を使わない

最近の Unity 解説書籍ではほどんど見なくなりましたが、ほかのゲームオブジェクト
にアタッチされたスクリプトのメソッドをコールする方法として、SendMessage が存
在します。このメソッドは呼び出しのコストや、タイプミスによるバグを非常に誘発しや
すいため、はじめから一切使わないようにしましょう。

サウンド機能を独自開発するか、ミドルウェアを使用するか？

Unity には、基本的なサウンド再生システムが内包されていますが、ゲームを快適に動
作させるためには、それなりのスクリプティング技術が必要です。

開発者は自らの手で、クロスフェードや同時再生数の制御などのサウンド機能を開発す
る必要があります。スマートフォンなど特定の機種においては、ネイティブプラグインの
実装が必要になる場合もあります。本書では現実的な範囲で、これらの機能開発について
解説しています。

しかしながら、ゲームの規模や特性によっては、自作サウンドシステム構築は開発と保
守のコストが高くなってしまうことがあります。以下の条件のうち、いずれかに当てはま
るプロジェクトの場合は、4 章で紹介するサウンドミドルウェア「CRI ADX2」の章から、
読み始めることをお勧めします。1 章と 2 章では Unity 標準機能を使ったスクリプティ
ングを紹介していますが、ADX2 はそれらの演出機能をすでに内包しているためです。

1. ゲーム内で使用するサウンドデータの数が、セリフを含め 100 個以上ある
2. 運営型のタイトルである（サウンドデータの追加配信を恒久的に行う）
3. 音楽ゲームの要素があるが、Android のネイティブプラグイン実装に詳しくない
4. 音を多数鳴らしたいが、3D 描画が重いなどの理由でサウンドに割ける計算資源
   が足りない

ミドルウェアを使わずに大規模プロジェクトを回そうとすると、サウンドアセットの管
理用のツールを別途開発するか、Excel などを使ったデータ管理が必要になる場合があり
ます。加えてスマートフォンタイトルの場合、Android 端末に向けたネイティブサウン
ドプラグインの開発コストも考えなくてはなりません。

サウンドシステムの開発には、人的コストがかかります。ミドルウェアのノウハウを活
用したほうが、総合的なコストの削減になることもあります。まずは、ご自身のプロジェ
クトにどちらの手法が適してるかを検討してみるとよいでしょう。

Unity Audio －基礎編

　序章では、ゲームにおけるサウンドの位置づけや音声のデジタル信号処理など、前提となる知識を整理しました。この章からは、具体的に Unity でのサウンドの扱いを見ていきましょう。まずは基礎編として、Unity が内包する標準サウンドシステム（以降、「Unity Audio」と呼びます）の構成要素を解説し、多くのゲームで応用できる典型的な実装例を紹介します。

　この章を理解することで、Unity Audio を使うにあたっての必要最低限の知識と、ゲームに必要なサウンドの演出を学ぶことができます。さらに高度なテクニックは、次の「2 章 Unity Audio －応用編」で解説しているので、ご自身のゲームプロジェクトに必要性に応じて取り入れてみるとよいでしょう。

　また、この章の実装例としてサンプルゲーム「ゆるっと林業せいかつ」を用意しています。本書では、開発者が自分でサウンドシステムを組み立ててゲームに組み込めることを目指しますが、Assets/Scripts/Audio 以下のソースコードに限り、そのまま流用してもかまいません（ライセンスは MIT です）。

▶ **この章のポイント**

● Unity Audio システムの基礎を知る
● Unity Audio を使用した基本的なサウンド機能の開発を学ぶ

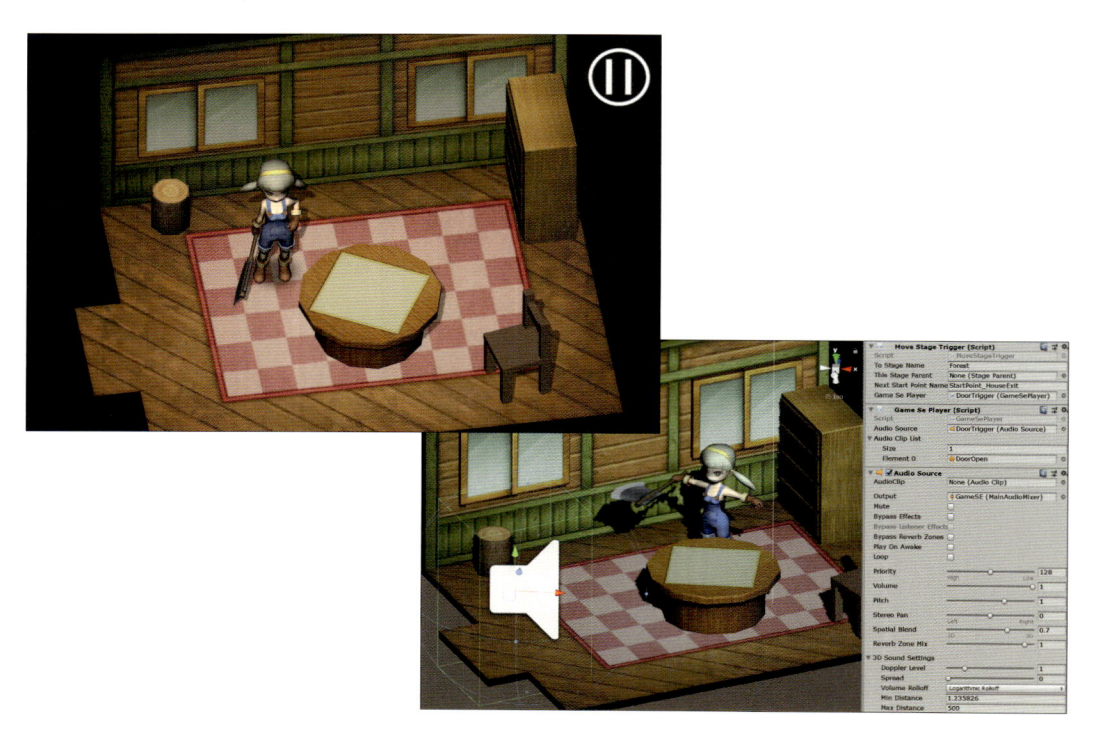

1-1 サンプルゲーム「ゆるっと林業せいかつ」の構成

　この章では、実装例のサンプルゲームとして「ゆるっと林業せいかつ」を使います。Unity Audic の基礎的な使い方を盛り込んだサンプルとして用意しました。「Unity 2019.1.12f2」で動作を確認しています。

● **サンプルゲーム「ゆるっと林業せいかつ」のダウンロード**
https://www.borndigital.co.jp/book/15163.html

　Unity Editor でプロジェクトを開く前に、フォルダ内の Readme.txt をご確認ください。内容修正やお知らせなどをまとめています。

　サンプルゲームは、解像度 1280 × 720 の Landscape（横画面）モードでの動作を前提にしています。先に Game ビューの縦横比を「16：9」にしてください。Assets/Scenes/Main.unity がゲームの基礎システムが含まれているシーンです。これを開いてから、ゲームを実行します。

図 **1-1-1** 「ゆるっと林業せいかつ」のゲーム画面

　サンプルゲームは、3D のアドベンチャーゲームを模したもので、女の子のキャラクターが森で木やキノコを切るだけのシンプルなルールしかありません。PC の場合はクリック、スマートフォンの場合はタップしたところにキャラクターが移動します。クリックしたポイントに木がある場合は、キャラクターが木を斧で切り倒します。

　ゲームシステムは簡素ですが、「BGM」「効果音」「環境音」の鳴らし分けと、クロスフェードやポーズ処理など、サウンドに関してはさまざまな実装が含まれています。

　サンプルゲームは、以下の 4 つのシーンファイルに分割されています。ビルド時には、すべてのシーンを含める必要があります。

- Main：タイトル時に読み込まれ、サウンド管理スクリプトを含んでいます。
- GameBase：プレイヤーキャラクターやゲーム中の UI などを含んでいます。
- Stage_House：「家の中」のステージデータです。
- Stage_Forest：「森」のステージデータです。

1

2

3

4

5

1-2　Unity Audio の概要

　この章では、Unity Audio のパラメータやメソッドについて解説します。Unity Audio は大別して、以下の 5 つのセクションがあります。

- Audio Clip
- Audio Source
- Audio Listener
- Audio Mixer
- Audio Settings

　この章では、「Audio Clip」「Audio Source」「Audio Listener」についての説明を行います。「Audio Clip」がサウンドデータのアセット、「Audio Source」が音を再生するコンポーネント、「Audio Listener」が 3D 空間上に音を配置した場合の耳の位置に当たります。

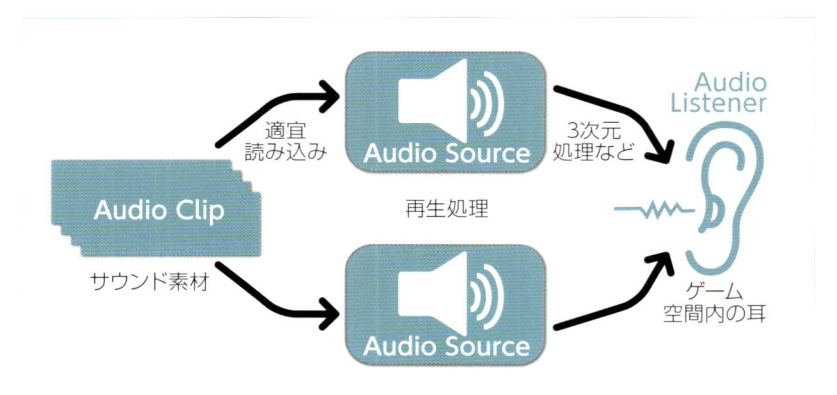

図 1-2-1 Unity のサウンドシステムを構成する最小 3 要素

　音を鳴らそうと思ったときは、シーン内に Audio Source と Audio Listener を配置し、スクリプトで Audio Clip の参照を AudioSource.clip フィールドへ渡し、AudioSource.Play メソッドを実行することで音が再生されます。この章は、これら 3 つの要素を使ったサウンド機能の実装について解説します。

　それでは、Unity Audioのコンポーネントとアセットについて、順番に学んでいきましょう。

Audio Clip の機能

Audio Clip は、Unity でサウンドを取り扱う場合のアセット形式です。実体は、音声データと 1 対 1 で生成されるメタファイルですが、Unity Editor 内においては、サウンドアセットそのものとして扱っても支障ありません。

WAVE や AIFF などの音声データを Unity プロジェクトの Assets 以下のディレクトリに配置すると、Audio Clip 形式のアセットとして登録されます。

また、Unity の外で音声データを Ogg Vorbis にエンコードしておき、プロジェクトに登録することも可能です。

Audio Clip アセットは、サウンドデータに対する「圧縮形式」や「読み込み時の挙動」を指定するパラメータを持ちます。

これらのパラメータは、Unity Editor 内で設定するオフラインな設定値です。ビルド時や、エディター上でのゲーム再生時に適用され、リアルタイムに変更することはできません。また、パラメータにはプラットフォーム（iOS ／ Android ／ゲーム機などの機種）ごとに変えられる設定と、共通の設定があります。

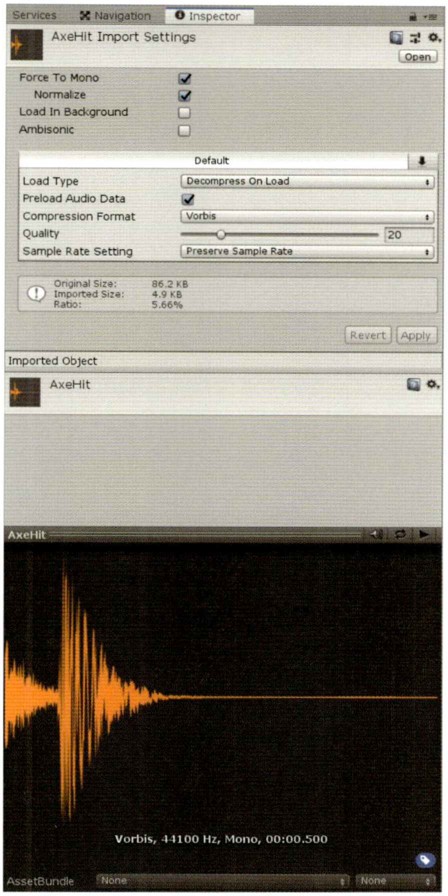

図 1-3-1 Audio Clip のインスペクターを表示

プラットフォーム共通の設定

まずは、プラットフォーム共通の設定を見ていきましょう。

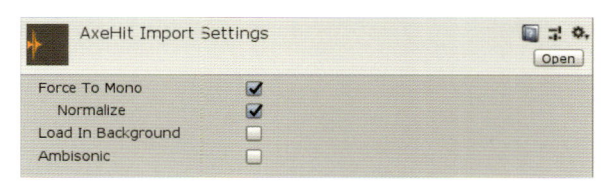

図 1-3-2 Audio Clip のプラットフォーム共通の設定項目

Force To Mono

ステレオ以上の音声データに対して、モノラル音源へ変換（ミックスダウン）するオプションです。このオプションにチェックを入れておくだけで、簡易的にモノラル化が可能

です。音声データがステレオの場合、モノラル化を行うだけでデータサイズが半分になります。

　便利ではありますが、そもそも音声データを Unity Editor へ取り込む前にモノラル加工をすれば、作業漏れが少なくなります。

　このオプションをオンにすると、次の「Normalize」のチェックボックスが有効になります。

Normalize

　モノラルへミックスダウンする際に、音量を平坦化するオプションです。「正規化」とも言います。モノラル変換後、元の音声データと比較しての最大音量が 0dB になるように、全体の音量を変更します。

Load In Background

　Audio Clip に紐づいた音声データが、メモリへロードされる際の挙動を設定します。チェックを入れると、メインスレッドをブロックしない非同期な読み込みとなります。Audio Clip が含まれるシーンを非同期で読み込む時や、AssetBundle ファイルからサウンドデータをメモリへ展開する際に影響します。

　このオプションを利用すると、ゲームを実行しながら Audio Clip を読み込みたい場面で、メインスレッドのブロックによるゲームのカクつきを抑えることができます。しかし、Audio Clip のサイズが大きい場合は、再生タイミングまでに読み込みが終わらないことがあります。ほかデータのロード処理が多く、ストレージへのアクセス速度が稼げない場合も同様です。

　読み込み完了前に再生リクエストがあった場合は、完了するまで再生が保留されます。読み込みの状況は、後述する AudioClip.loadState プロパティで確認できます。

Ambisonic

　Ambisonic は、VR、AR などの XR プラットフォーム向けの設定です。詳細は、3 章の「VR サウンド」で紹介します。

プラットフォーム個別の設定

　Audio Clip のパラメータの後半は、出力プラットフォームごとに異なる設定ができるように、タブで分かれています。「Default」は、その名のとおりデフォルト設定で、プラットフォームの固有設定をしなかった場合に適用されます。そのほかのタブをクリックすると、プラットフォームごとの設定が可能です。

　下矢印マーク（↓）が「PC ／ Mac ／ Linux」プラットフォーム向け設定、スマホマークが iOS 向け設定、ドロイドくんのマークが Android 向け設定になります。Unity Editor へインストールされているプラットフォームのパッケージに応じて、このタブが増減します。

　プラットフォームごとに選択できるオプションは、圧縮設定やメモリロード方法の設定です。たとえば PC 向けにはビットレートの高い高品質な圧縮設定にし、スマートフォン向けは少し圧縮率を高める、といったプラットフォームごとの調整ができます。

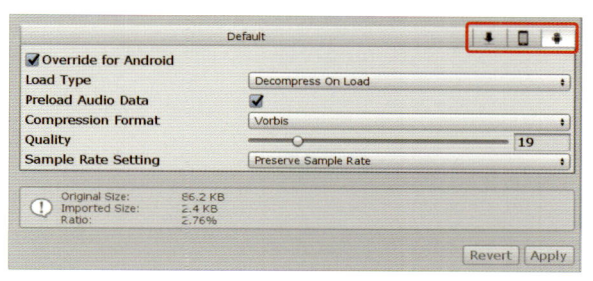

Audio Clip のプラットフォーム個別の設定

　下部には、音声データの元のサイズと、圧縮後のサイズ、どのくらいまでデータが圧縮できたかの圧縮率が表示されます。それでは、順番にパラメータを見ていきましょう。

■ Override for 〜

　プラットフォームごとの設定で Default の設定を、上書きするかどうかのチェックボックスです。チェックを入れると、これより下のパラメータが操作可能になります。

■ LoadType

　LoadType は、ゲーム実行時に圧縮データのデコード処理を、次の 3 つのオプションから選択して指定します（序章の「CPU 負荷、メモリ使用量を抑える」を参照）。

Decompress On Load

　Ogg Vorbis などの圧縮データを読み込むとき、デコード処理をすべて行ってからメモリに配置します。再生前にデコード処理を終わらせておくことができれば、再生のレイテンシーが少なく、CPU 負荷が軽くなります。

　しかし、読み込み時に多くのメモリ（圧縮前データと同程度）が消費されてしまうため、スマートフォンなどのメモリ使用量に制限が大きいハードウェアでは活躍しにくいです。残念なことにデフォルトではこの設定になっているため、いつのまにか莫大なメモリ容量を取ってしまっていることが多くあります。

　このオプションを使用するシーンとしては、たとえば CPU リソースが非常に貧弱で、メモリインパクトを犠牲にしてまで再生したいような短い音がある場合です。再生レイテンシーも若干改善します。

Compressed In Memory

　圧縮データを展開せず、そのままメモリに読み込み、再生時に展開します。読み込み時のメモリ消費は少なくなりますが、再生時に瞬発的な CPU 負荷が発生します。特に、Ogg Vorbis 圧縮の場合は展開処理が重いため、注意する必要があります。消去法的な選択ではありますが、ほとんどの音はこの設定を使うことになります。

　Unity Audio では、さまざまなプラットフォームで共通して使える圧縮コーデックに「ADPCM」と「Ogg Vorbis」しか持たないため、CPU リソースが限られるプラットフォームでは、音をたくさん鳴らす場面で総量を減らすなどの工夫が必要です。デコード時の負荷計測については、2 章 3 節「Profiler」を確認してください。

また、大量に音を鳴らしつつ CPU 負荷を抑えたい場合は、CRI ADX2 の HCA コーデックを利用する方法もあります。4 章「CRI ADX2」の 6 節を参照してください。

Streaming

　圧縮データをメモリに置かず、再生時に遂次ストレージから読み込むストリーミング再生を適用します。Ogg Vorbis 圧縮の場合、リアルタイムにデコードを行うため、継続的な CPU 負荷と再生遅延が発生します。かわりに、使用するメモリ領域は非常に小さくなります。

　Streaming は、再生レイテンシーを気にしない音声の再生に向いています。たとえば、アドベンチャーパートでのセリフデータ再生や、ループ BGM データなどに適用することが多いです。

　同時に、ストリーミング再生は、ストレージに常にアクセスする特徴があります。ゲーム動作中に、次のステージデータなどを裏側で読んでいるタイプのゲームでは、データの読み込み速度が低下します。ストリーミング再生時負荷の計測についても、2 章 3 節の「Profiler」を確認してください。

■ Preload Audio Data

　Unity のシーン内でコンポーネントが参照している Audio Clip について、サウンドデータをどのように読み込むかを設定します。オンにすると、シーン内のゲームオブジェクトが参照している Audio Clip について、シーンロード時にサウンドデータをメモリへ読み込みます。

　オフの場合は、シーンのロード時には読み込まれません。代わりに、最初の Audio Source.Play か、AudioSource.PlayOneShot が呼ばれたタイミングで、サウンドデータをメモリにロードします。そのため、再生遅延が発生することがあります。

　遅延を回避するためには、シーンを読み込んだ後、音が再生される場面よりも前に当該のサウンドデータをメモリに読み込みます。AudioSource.LoadAudioData メソッドで任意のタイミングで読み込み、AudioSource.UnloadAudioData メソッドで破棄できます。

　このオプションは、先に紹介した機種共通のオプション「Load In BackGround」と関係します。このオプションがオンであり、かつ Preload Audio Data がオンの場合は、シーンを非同期で読み込んだ時に Audio Clip がメモリ上に非同期でロードされます。また、先に紹介した「LoadType」を Streaming に設定していた場合は無視され、メモリに読み込まれません。

　これらのロード処理は、サウンドデータ自体のロードに関するものであり、メタデータである Audio Clip アセットが持つ情報にはロード処理前にアクセス可能です。Audio Clip のアセットのパラメータから、音の長さ情報やチャンネル数、フォーマットに関する情報をプロパティ経由で取得することができます。

■ Compression Format

　圧縮コーデックを設定します。

Vorbis（Ogg）

　もっともポピュラーな圧縮コーデックです。ほぼすべての音声データに、この Ogg Vorbis コーデックを使うことになります。しかしながら、Ogg Vorbis はもともとゲームで利用するために作られたわけではないので、デコード処理の重さが問題になりがちです。

ADPCM

　低圧縮率（1/3.5 固定）かつ低音質ですが、再生時のデコード負荷が非常に軽いという利点があります。銃音や足音など、ザラッとした質感の音ならば有効です。

PCM

　非圧縮設定です。再生時にデコード処理がないので、再生負荷はかなり軽くなります。当然ながら容量は爆増するため、使える場面は多くありません。

　ほかにも、プラットフォーム固有のコーデックが使用できます。たとえば iOS のみ、MP3 コーデックが利用できます。一部の家庭用ゲーム機においては、ハードウェアによるデコード処理可能な特殊なコーデックが利用可能です。

◗ Quality

　Compression Format で「Vorbis」を選択したときのみ使用できる、圧縮クオリティ設定のパラメータです。数値を下げるほどファイルサイズは小さくなりますが、圧縮率を上げることになるため、音質が悪化します。ただし、元の音声データの特性によっては、圧縮率を高めても気にならない音があります。

　たとえば、雑踏の SE など、もともとザラっとした音は圧縮率を高くしてもそれほど劣化を感じません。しかし「女性の声」などの音声は、圧縮率を高めすぎると高音域が消えて、こもった感じになってしまいます。音質と容量のバランスのいいところを探して設定しましょう。

◗ Sampling Rate Setting

　サンプリングレートを設定するパラメータです（サンプリングレートについては序章の2節で解説）。このオプションは、圧縮コーデックに「PCM」または「ADPCM」を選択している場合に限り有効です。

表 1-3-1 サンプリングレートのパラメータ

パラメータ	設定内容
Preserve Sample Rate	元の音声データから変更しない
Optimize Sample Rate	自動的に周波数を解析し、最高周波数の成分に最適化
Override Sample Rate	サンプリングレートを指定の値にオーバーライドし、これを超える周波数成分は破棄する

プレビューウィンドウ

　Audio Clip のインスペクターの一番下には、波形ビジュアライザとプレビュー再生用のボタンが付いています。クリックで Editor 上のプレビュー再生ができます。下部には、この Audio Clip の圧縮形式、サンプリングレート、チャンネル数、長さが表示されています。

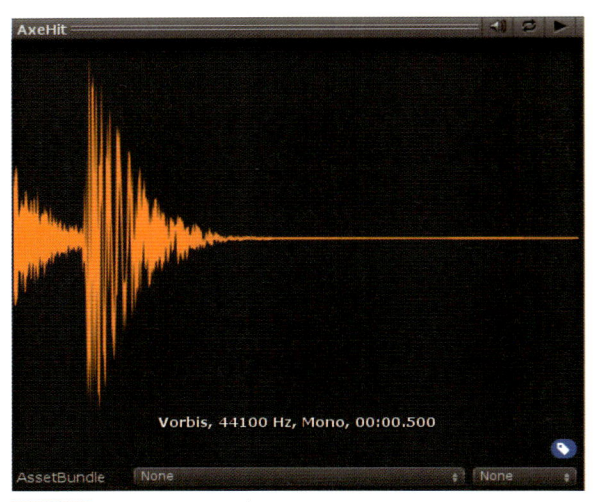

図 1-3-4 Audio Clip のプレビューウィンドウ

Audio Clip のまとめ

　Audio Clip のパラメータには、ロードに関するものが多いため、以下に違いをまとめました。

　　Load In Back Ground：非同期で読み込むかどうかの選択
　　Load Type：メモリ上にどう読み込むのかの選択
　　Preload Audio Data：どのタイミングでメモリに読み込むかの選択

　また、プログラムで利用するために、Audio Clip は各種プロパティ経由でインスペクターの中の値を取得することができます。これらの詳細は、次章「2 章 Unity Audio ー応用編」で解説します。

表 1-3-2 サンプリングレートのパラメータ

変数（プロパティ）	機能
AudioClip.ambisonic	Audio Clipがアンビソニック設定になっているかどうかを返す
AudioClip.channels	Audio Clipのチャンネル数を返す（読み取り専用）。チャンネルモノラルなら1、ステレオなら2
AudioClip.frequency	ヘルツ単位でサンプリングレート周波数を返す（読み取り専用）
AudioClip.length	秒単位でAudio Clipの長さを返す（読み取り専用）

AudioClip.loadState	Audio ClipのLoad In BackGroundオプションが有効だった場合、Audio Clipの読み込み状況を取得（Unloaded、Loading、Loaded、Failedのいずれかのステート）
AudioClip.samples	Audio Clipの長さをint型のサンプル数で取得（読み取り専用）。たとえば、サンプリングレート周波数が44100Hzで1秒のサウンドデータの場合、「44,100」が返る

Audio Clip のメソッドとデリゲート

　Audio Clip はアセットですが、スクリプトから呼び出すことができるメソッドを持ちます。Preload audio data の項目で紹介した「AudioClip.LoadAudioData」と「UnloadAudioData」のほか、音声データの波形をサンプル単位で取得、または生成する「AudioClip.GetData」「AudioClip.SetData」があります。

　これらのメソッドについては、次の 2 章 6 節の「マイク音量の測定」で使用します。

1-4　Audio Source の機能

　Audio Source は、Audio Clip の再生処理を行うためのコンポーネントです。 Audio Source.clip プロパティに Audio Clip の参照を渡し、AudioSource.Play メソッドの呼び出しで音が鳴ります。

　序章「サウンド機能を開発する前に」でも述べましたが、Unity では不要なゲームオブジェクトの生成・破棄をなるべく避け、インスタンス化されたオブジェクトを使いまわすべきです。Audio Source のうち、ずっとゲームで使用する SE や BGM 再生用のインスタンスは Destroy せずに利用し続けるようにします。

　Audio Source の具体的な利用方法については、1-6 節以降で解説しますが、計画的に使いまわすことを心がけましょう。

Audio Source コンポーネント

　それでは、Audio Source コンポーネントの詳細を見ていきます。

Audio Clip

　Audio Clip アセットの参照を渡すフィールドです。コンポーネント上でドラッグ＆ドロップによる指定もできますが、基本的にはスクリプトから渡すことになります。

Output

　2 章で解説する Audio Mixer 機能において、どの Audio Mixer Group へルーティングするかを指定します。何も指定しない場合は、ルーティングなしでそのまま再生されます。

　スクリプトからアクセスする場合は、AudioSource.outputAudioMixerGroupと少し異なるプロパティ名になります。

Mute

　この Audio Source の処理をミュートします。何らかの Audio Clip を再生していた場合は、無音のまま再生処理は行われます。

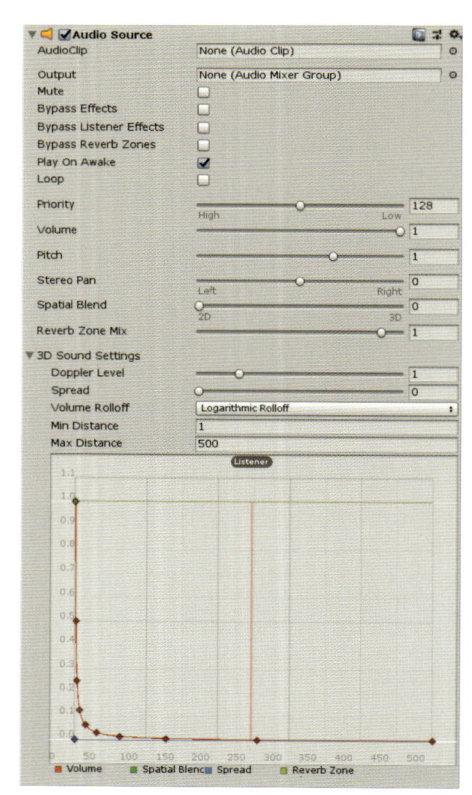

図 1-4-1 Audio Source のインスペクター

Bypass Effects

　Bypass とは「迂回」の意味です。オンにすると、この Audio Source と同じゲームオブジェクトにエフェクトコンポーネントがアタッチされていたとき、それらの処理を一括してスキップします。

　スクリプトからは、AudioSource.bypassEffects でアクセスできます。

Bypass Listener Effects

　オンにすると、Audio Listener に何らかの Audio Filter コンポーネントが付与されている場合に、その処理をスキップします。

Bypass Reverb Zones

　残響効果を管理する Audio Reverb Zone を使用している場合、チェックをオンにすると、残響処理をスキップします。

Play On Awake

　チェックを入れると、このコンポーネントがアタッチされたゲームオブジェクトが有効になった瞬間に再生処理が始まります。何らかの動作テスト時に、Play メソッドを呼ぶのが面倒な時などに利用できるでしょう。再生タイミングが管理しづらくなるので、普段は使いません。

Loop

　チェックを入れると、clip に指定されている Audio Clip をループ再生します。

Priority

　再生優先度の設定です。「0〜256」の数値で指定します。数字が小さいほど、優先度が高くなります。

　次の 2 章 2 節の「Audio Settings」で解説しますが、Unity 上で同時に再生できる音数は限られています。絶対に再生されて欲しい音には小さい数字、それほど重要でない音を再生する Audio Source の場合は大きい数字を割り当てます。

Volume

　音量設定です。「0〜1」の数値で指定します。この数値は、3D Sound Settings のボリュームとは異なり、距離による影響を受けません。

Pitch

　ピッチシフトを設定します。ピッチを上げると再生速度が上がり、音は高くなります。ピッチを下げると再生速度が下がり、音は低くなります。効果音などを少し加工して、変化をつけたい場合に有効です。具体的な利用方法は、「1-9 音の鳴り方をランダムに変える」で紹介します。

Stereo Pan

　2D サウンド処理において、ステレオの左右チャンネルにどれくらい音を偏らせるかを指定します。Left にスライダーを動かすと音量が左に寄っていきます。逆に、Right にスライダーを動かすと右に寄ります。ゲーム内の演出で、片方のスピーカーからのみ再生したい場面に利用するとよいでしょう。

Spatial Blend

　「スペィシャルブレンド」と読みます。スペース、つまり空間による影響量を調整します。ゲーム空間内の位置関係を加味した再生をしたいときに使用するパラメータです。序章の「3D サウンドとパンニング」で説明しましたが、3D のゲームではゲーム空間内における音源の位置によって、距離に応じて小さくなったり聞こえる方向が変わります。

　Audio Source は、ステレオの音声データを左右のチャンネルにそのまま再生する 2D 再生と、Audio Source と Audio Listener の scene 内での位置関係を使って距離減衰計算を行う 3D 再生の 2 つのモードがあります。これの処理をブレンドするためのパラメータです。パラメータのブレンドや 3D サウンドによるパフォーマンスの影響はほぼありません。

Reverb Zone Mix

　Audio Reverb Zone コンポーネントを使用してリバーブ（残響）処理の範囲指定をする場合に、リバーブの影響度を指定できます。近接した音や、遠くから聞こえる音を表現したい場合に利用します。値は「0 〜 1.1」です。最大値の「1.1」まで上げると、リバーブ処理された音が 10dB 増幅されます。

🔵 3D Sound Settings

　以降は、3D サウンドに関する設定を行うエリアです。数値を直接指定したり、下のグラフで複雑なカーブを指定することもできます。

Doppler Level

　近づいてくる音は音程が高く、遠ざかっていく音は音程が低くなる効果、いわゆるドップラー効果を調整するパラメータです。「0 〜 5」までの値で調整できます。

Spread

　音の「広がり」を設定するオプションです。カメラに Audio Listener がアタッチされている場合、Audio Source の座標をカメラが通過すると、音の聞こえる方向が急に切り替わってしまい違和感を生じます。このパラメータを使うと、この症状を緩和できます。

　「0」の状態においては、3D サウンドの影響を直接受けます。「180」に設定すると、スピーカーから 90 度ぶんの広がりを加味して 3D サウンドが再生されます。「360」を指定すると反対側のスピーカー位置に配置され、3D サウンド効果が反転します。

Volume Rolloff

　音がどのように減衰するかを設定します。

- **Logarithmic Rolloff**

対数的にボリュームが減衰する設定です。「無響室における反響」と同じ状態です。

- **Liner Rolloff**

直線的にボリュームが減衰する設定です。

- **Custom Rolloff**

名前のとおり、自分で Rolloff 設定のグラフをカスタマイズします。グラフにカーブを打ち込む方法で調整できます。距離減衰はさまざまな要因が関係するため、一概に正解がありません。調整しつつよい設定を探す形になります。

Min Distance

Audio Source の位置から、距離減衰の影響を受け始める最小距離を設定します。Audio Listener がこの範囲内に入っている場合、サウンドは距離減衰の影響を受けません。

コンポーネント内で数値指定ができるほか、Scene ウィンドウ内に表示される球形の影響範囲を実際に見ながら、ドラッグで調整できます。

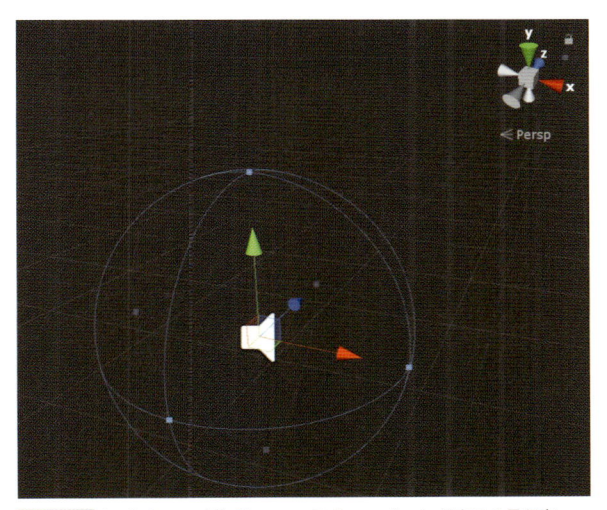

図 1-4-2 AudioSourceMInDistance の Scene ウィンドウでの見え方

Max Distance

音が聞こえる範囲の最大値です。この範囲を Audio Listener が超えると、減衰設定における最小値を維持します。Rolloff 設定の最低値を「0」に設定していた場合、音は聞こえなくなります。

Min Distance 同様に、Scene ウィンドウ内でも確認できます。Audio Listener が、MinDistance と MaxDistance の間にいる際、Rolloff グラフによる距離減衰処理の影響を受けます。

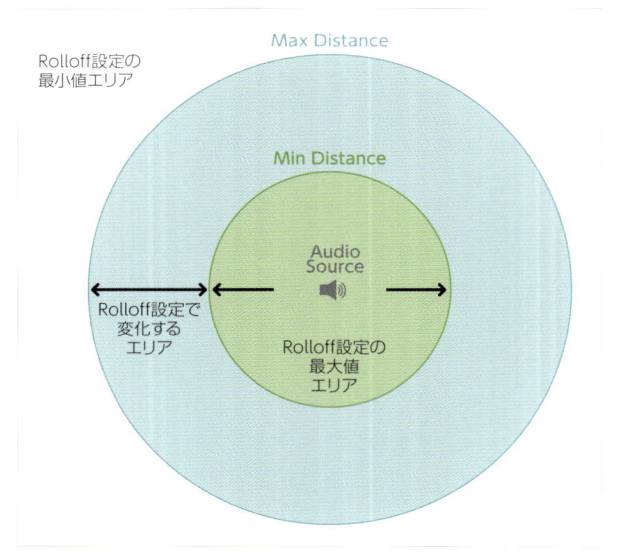

図 1-4-3 Distance 設定の概念図

Audio Source コンポーネントのプロパティ

Audio Source をプログラムで制御するための各種プロパティを解説します。

ignoreListenerPause

AudioListener.pause プロパティを「true」にすると、すべての Audio Source の処理が一時停止されますが、その指定の影響を受けなくなります。

ignoreListenerVolume

Audio Listener 側の音量設定を無視します。

AudioSource.isPlaying

AudioSource.clip に格納されている Audio Clip が再生されているかどうかを判定します。ただし、**PlayOneShot を使用した場合は、再生中かどうかが判定されません。**また、AudioSource.Pause メソッドを呼ばれて一時停止している際も false を返してしまうため、停止しているのかポーズ中なのか区別がつきません。

Unity Editor をウィンドウ切り替えなどでバックグラウンド動作にしているときは音が止まりますが、このときも false を返すことに注意してください。

isVirtual

numRealVoices を超えて、VirtualVoices として管理されていることを示します。true の場合、Audio Setting 内で設定された最大同時再生数よりも超えたため、処理が間引かれているということになります。

time

秒単位での再生位置を取得します。

timeSamples

現在再生中の Audio Clip における、再生サンプル時間を取得・設定します。サンプル単位で、再生開始位置を設定することができます。

velocityUpdateMode

ドップラー効果を使っているとき、どのような更新頻度で処理を行うかの設定です。デフォルトは「Fixed」です。

表 1-4-1 velocityUpdateMode の設定

設定項目	意味
Auto	同コンポーネントにRigidbodyがアタッチされているときにFixedUpdateループで処理を行い、そうでない場合はUpdateループを適用
Fixed	FixedUpdateループでドップラーの処理を行う
Dynamic	Updateでドップラーの処理を行う

Audio Source コンポーネントのメソッド

Audio Source をプログラムから制御するためのメソッドを解説します。

GetOutputData

再生している Audio Clip の音声データの波形の 1 フレーム分を取得します。

GetSpectrumData

再生中の Audio Clip の周波数成分（スペクトラム）データを返します。

Pause

再生中の Audio Clip を一時停止します。

UnPause

Audio Clip の一時停止を解除します。

Play

clip フィールドに指定された Audio Clip を再生します。

PlayDelayed

引数に指定した秒単位で遅延再生を行います。引数に遅延の秒数を指定して呼び出すことで、「n 秒後に再生」させることができます。遅延再生が開始される前に Play メソッドや PlayDelayed メソッドが呼ばれた場合、待ち状態はキャンセルされます。

PlayOneShot

第一引数に指定された Audio Clip を再生します。第二引数で音量の指定ができます。効果音など、再生ステータスを管理しない Audio Clip を再生するときに使用できます。ただし、同じ音をいくつも重ねて再生できてしまうので、注意が必要です。

PlayScheduled

Unity Audio が保持する絶対時間（ゲームが開始してからの正確な時間）を使って、再生開始タイミングをスケジュールします。AudioSettings.dspTime によりゲームが開始してからの正確な時間が取得できますので、「dspTime の値＋再生開始したい時間」の数値を設定します。

現在再生中か、先に遅延再生が指定されている場合、その再生はキャンセルされます。

SetScheduledEndTime

スケジュールされているサウンドの再生を終了する時間（再生終了位置）を指定します。処理のタイミングによっては、変更処理が適用されない場合があります。

SetScheduledStartTime

スケジュールされているサウンドの再生を開始する時間（再生開始位置）を指定します。処理のタイミングによっては、変更処理が適用されない場合があります。

Stop

再生を停止します。

PlayClipAtPoint

指定されたワールド空間の位置で Audio Clip を再生します。Audio Source インスタンスを作成せずに音を鳴らすことができますが、再生管理はまったくできませんので注意してください。

Audio Filter コンポーネントの機能

Audio Filter コンポーネントは、音に対してリアルタイムにエフェクトをかけることができます。Audio Source がアタッチされているゲームオブジェクトに追加することで、その Audio Source が再生する音にエフェクトを適用することができます。

Audio Filter が同じゲームオブジェクトに複数アタッチされていた場合は、上から順番に処理されます。Audio Listener に Audio Filter コンポーネントをアタッチすると、すべての音に対して一気にエフェクトを適用できます。

ヒエラルキー内のゲームオブジェクトを選択し、Add Component から「Audio Filter」を検索すると以下の 6 種類のフィルターがヒットします。

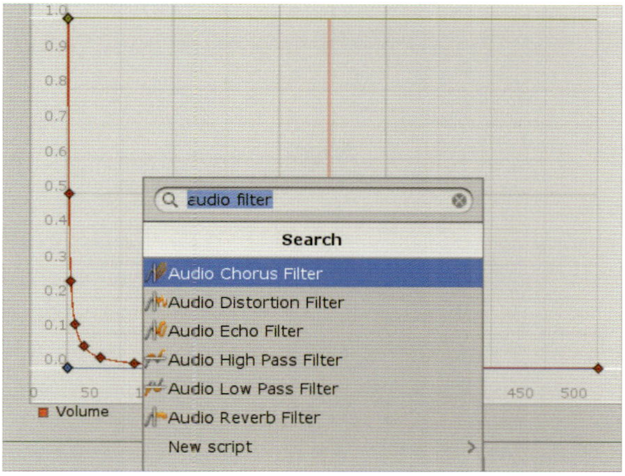

図 1-4-4 Audio Filter コンポーネントの種類

　ただし、サウンドエフェクトの利用は次の 2 章で紹介する Audio Mixer Group による処理がお勧めです。Audio Source の数が多くても、Audio Mixer ウィンドウ内で各エフェクトを一括して管理可能であるためです。ここでは、Audio Filter コンポーネントの機能を簡単に紹介します。

表 1-4-2 Audio Filter コンポーネントの機能

Audio Filterコンポーネントの種類	機能
Audio Chorus Filter	コーラス、合唱のような効果を与える
Audio Distortion Filter	音をガビガビにする。無線通信のざらざらエフェクトや、音割れしている状況などによく使われる
Audio Echo Filter	エコーをかける
Audio High Pass Filter	高い周波数帯のみ通すフィルター。低音域が出ないスピーカーから再生されるような、スカスカした音を表現できる
Audio Low Pass Filter	低い周波数帯のみ通すフィルター。音がこもった感じになり、壁越しの音などを表現できる。3D Sound Settings内のグラフで距離に応じた効果の設定を行うことも可能
Audio Reverb Filter	残響効果を与える。3D Sound Settings内のグラフで距離に応じた効果の設定を行うことが可能。残響具合には、さまざまなプリセットが用意されている

Audio Reverb Zone コンポーネントの機能

　リバーブ（残響効果）をかける範囲を指定するためのコンポーネントです。Audio Filter と異なり、リバーブゾーンのみのゲームオブジェクトを作ることもできます。
　これは、ゲーム中のプレイヤーキャラクターの位置などよって、リバーブのかかり具合を変化させたいときに使用できます。

1-5 Audio Listener の機能

Audio Listener は、ゲーム内空間の「耳」に当たるコンポーネントです。Audio Listener と Audio Source の位置関係によって、パンニングや距離減衰などの 3D サウンドが処理されます。このコンポーネントがシーン内になかった場合は、音は聞こえません。

Unity がデフォルトで生成するシーンでは、Audio Listener は Main Camera と同じゲームオブジェクトにアタッチされています。基本的にはそのままで構いません。

Audio Listener はゲーム実行中に 1 つしか存在できないため、カメラを切り替える場合は、都度そのカメラ位置に Audio Listener をオン／オフするか、位置をカメラに合わせて移動させることになります。

Audio Listener のプロパティ

Audio Listener をプログラムで制御するための各種プロパティを解説します。Audio Listener は、ゲーム中に 1 つしか存在しないため、すべて static プロパティです。

pause

true を与えると、すべての Audio Source が再生を一時停止します。時間経過の処理もポーズされるため、Audio Source で遅延再生を使っていた場合、ポーズ解除後に遅延処理が再開します。

簡単にサウンドのポーズを実装できますが、ボタンの音も含めたすべての音が止まってしまいます。ポーズ機能として使うには、止まって欲しくない Audio Source については、AudioSource.ignoreListenerPause を true にしておくことで、このプロパティの影響を回避できます。

volume

ゲーム全体の音量を設定できます。ゲーム内のオプションとして音量調整機能を作る場合は、2 章で紹介する「Audio Mixer」を使う方法がお勧めです。

velocityUpdateMode

ドップラー効果を使用しているときのアップデート頻度の設定です。

Audio Listener のメソッド

Audio Listener には、サウンドの情報を取得するための 2 つの static メソッドがあります。

GetOutputData

リスナーから出力される波形データを float の配列で取得します。

GetSpectrumData

リスナーの周波数成分（スペクトラム）データを float の配列に格納して返します。

これまで学んだ「Audio Clip」「Audio Source」「Audio Listener」の3要素を使って、単純な音の再生から、ゲーム開発において頻出のサウンド演出の解説をします。

音声データをただ再生するだけではなく、端末のCPUとメモリのリソースを使い過ぎないようにする工夫が必要です。

一般的なサウンド再生システムの構成

序章の「ゲーム内で再生される音の種類」では、ゲームの音の種類分けの一例を示しました。「BGM」「環境音」「ジングル」「メニューSE」「ゲームSE」「セリフ」の6種類を紹介しましたが、この種別をそのままシステムに落とし込んでみましょう。

3DのRPGやアクションゲームでは、まず「2Dサウンド」と「3Dサウンド」に分けて考えます。「BGM」「環境音」「ジングル」「メニューSE」は、プレイヤーやカメラの位置に依存しないサウンドです。これらは2Dサウンドと分類でき、ゲーム空間内での位置は関係ありませんから、単一のゲームオブジェクトでの一括管理がお勧めです。

2Dサウンドの管理

2Dサウンドの再生方法として、ゲーム起動時にあらかじめ必要なだけのAudio Sourceを持った、サウンドマネージャークラスの設計を考えます。たとえば「Sound Manager」などの名称でマネージャークラスを1つ作り、ゲーム実行中は常に1つのインスタンスが常駐してサウンドに関する処理を一括して行います。

SEが鳴るすべてのボタンにAudio Sourceをアタッチしたり、BGMを再生するたびにAudio Sourceのインスタンスを生成するようなスクリプトは避けましょう。ほとんど使われないAudio Sourceがわずかながらリソースを消費することと、シーンのUnloadの際に鳴らしている音が途中で切れてしまう可能性があるからです。

サンプルゲームには、シンプルなSingletonパターンを用いた典型的なSoundManagerの実装を「Assets/Scripts/Audio/SoundManager.cs」として用意しています。この実装を見ながら、自身のゲームプロジェクトにあるのサウンド再生システムをアップグレードしていきましょう。

マネージャークラスへの参照

サウンドに限らず、こうしたリソースのマネージャークラスはSingletonパターンを用いて、さまざまなクラスからアクセス可能にすることが多いです。もちろん、必ずしもSingletonパターンである必要はありません。マネージャークラスへの参照を、何らかの方法で利用側のインスタンスへ渡すことができればよいのです。

たとえば、GameObject.FindWithTagメソッドを使ってマネージャークラスのオブジェクトの参照を取得したり、ZenjectなどのUnityで使用できるDIフレームワークを用いて依存の注入を行う方式もあります。

3D サウンドの管理

ゲーム SE のうち、「プレイヤーの足音」や「敵の叫び声」「魔法の波動音」などの音は、ゲーム空間内の位置に応じて聞こえ方が変化する 3D サウンドです。Audio Source の 3D サウンドは、アタッチされたゲームオブジェクトの位置に応じて音の聞こえ方が変わります。そのため、プレイヤーや敵キャラクターなどの音源となるゲームオブジェクトに Audio Source をアタッチし、アニメーションに合わせて音を鳴らすシステムにします。

前準備－ Audio Source の機能拡張

はじめに前準備として、Audio Source の機能を拡張する拡張メソッドを作成します（本書で紹介する実装手法の情報量を減らすためのものです）。サンプルゲームのプロジェクトには、「Assets/Scripts/Audio/AudioSourceExtensions.cs」に次の拡張メソッドが実装されています。

リスト1-6-1 AudioSourceExtensions.csの拡張版Playメソッド

```
public static void Play(this AudioSource audioSource, AudioClip audioClip = null,
float volume = 1f)
{
    if (audioClip != null)
    {
        audioSource.clip = audioClip;

        //ボリュームが適切な値になるように調整//
        audioSource.volume = Mathf.Clamp01( volume );

        audioSource.Play();
    }
}
```

拡張メソッドは static クラス・static メソッドで実装することに注意してください。

この拡張を記述しておけば、次のように 1 行で Audio Clip 渡しと、Audio Clip の null チェック、ボリューム設定、再生開始処理を行うことができます。Mathf.Clamp01 を使って、値を 0 ～ 1 の間に収める処理を行います。

```
public AudioSource audioSource;
public AudioClip clip;

public void PlayClip()
{
    audioSource.Play(clip, 1f);
}
```

SoundManager クラスの概要

サンプルゲーム「ゆるっと林業せいかつ」のサウンドは、シングルトンクラス Sound Manager が中心となって処理を行っています。Assets/Scripts/Audio/SoundManager. cs を開いてみましょう。

```csharp
using UnityEngine;
using UnityEngine.Audio;

namespace SoundSystem
{
    public class SoundManager : MonoBehaviour
    {
        public static SoundManager Instance{get; private set;}

        (中略)

        private void Awake()
        {
            if (Instance == null)
            {
                Instance = this;
                DontDestroyOnLoad(this);
            }
            else
            {
                Destroy(this);
                return;
            }

    (中略)

        }
    }
}
```

SoundManager クラスは、名前空間「SoundSystem」のクラスとして実装していますので、ほかのスクリプトから参照する場合は SoundSystem をつけた完全修飾名にするか、呼び出し側で using ディレクティブを次のように宣言します。

```csharp
using SoundSystem;
```

サンプルゲームの Main シーンを開き、ヒエラルキー内の「SoundManager」ゲームオブジェクトを見つけてください。このスクリプトがアタッチされています。サウンドのマネージャークラスは、ゲーム起動直後に呼ばれるシーンか、音が鳴るよりも前に読み込まれるシーンへ配置するとよいでしょう。

また、音の再生には Audio Listener コンポーネントが必要です。シーン内のカメラなどに Audio Listener がアタッチされている場合はそのままで構いません。ない場合は、ひとまず Main Camera オブジェクトなどにアタッチします。Audio Listener はゲーム実行中に 1 つしか存在できませんので、複数の Audio Listener がシーンにある場合は、1 つになるまで削除してください。

 ## ボタンを押したときの音の実装

　まずは、メニューのボタンを押したときの音や、カーソルを動かしたときの音、「OK」「Cancel」を押したときの効果音の再生処理を確認しましょう。。

　前述のように、2D の音は、SoundManager のようなマネージャークラス経由での再生がお勧めです。

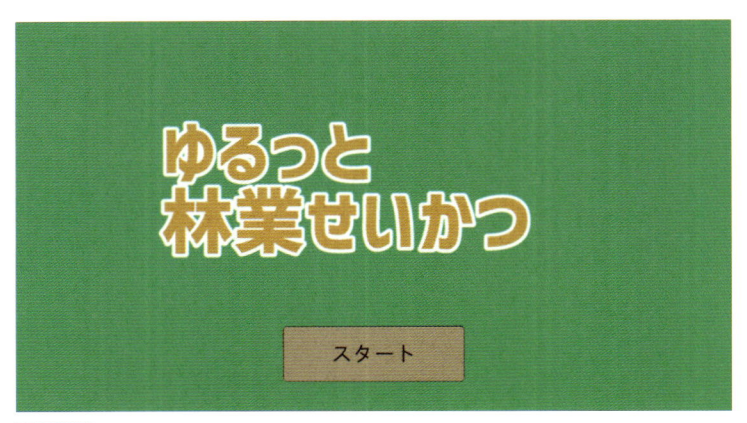

図 1-6-1 ゲームの起動時のタイトル画面

　まずは、SoundManager クラスの Audio Source のインスタタンス生成処理と、Audio Clip の参照を渡すためのフィールドを確認します。

リスト1-6-3 SoundManager.csのAudio Source生成処理

```
using System.Collections.Generic;

（中略）

public List<AudioClip> menuSeAudioClipList = new List<AudioClip>();
private AudioSource menuSeAudioSource;
public AudioMixerGroup bgmAMG, menuSeAMG, envAMG, voiceAMG;

private void Awake()
{
    （中略）
    menuSeAudioSource = InitializeAudioSource(this.gameObject, false, menuSeAMG);
}

private AudioSource InitializeAudioSource(GameObject parentGameObject, bool isLoop
= false, AudioMixerGroup amg = null)
{
    var audioSource = parentGameObject.AddComponent<AudioSource>();
    audioSource.loop = isLoop;
    audioSource.playOnAwake = false;
    if (amg != null)
    {
        audioSource.outputAudioMixerGroup = amg;
```

```
    }
    return audioSource;
}
```

Audio Mixer Group については、次の2章で説明しますのでひとまず置いておきます。

Audio Source インスタンスの生成

はじめに、メソッドの中で Audio Source コンポーネントのインスタンスを生成し、menuSeAudioSource フィールドに参照を代入します。

スクリプトから Audio Source を生成するときは、playOnAwake プロパティを false にしておく必要があります。Unity では playOnAwake がデフォルトで true のため、意図しないタイミングで音が鳴ってしまう可能性があるためです。

メソッド InitializeAudioSource は、第一引数に渡されたゲームオブジェクトへ Audio Source を AddComponent しつつ、playOnAwake を false にします。第二引数はループ再生するかどうかのオプションです。そのまま AudioSource.loop プロパティに渡します。ループ再生のオプションについては、BGM 再生用の Audio Source 生成時に利用します。

Audio Clip の参照をリストで持つ

SoundManager は、メニュー画面で使う SE の Audio Clip について、menuSeAudioClipList というフィールド名でリストを保持しています。サンプルゲームのプロジェクト内には、Assets/AudioClips/MenuSe にメニュー用の SE ファイルが用意されています。これらの Audio Clip は、インスペクターから参照を登録しています。

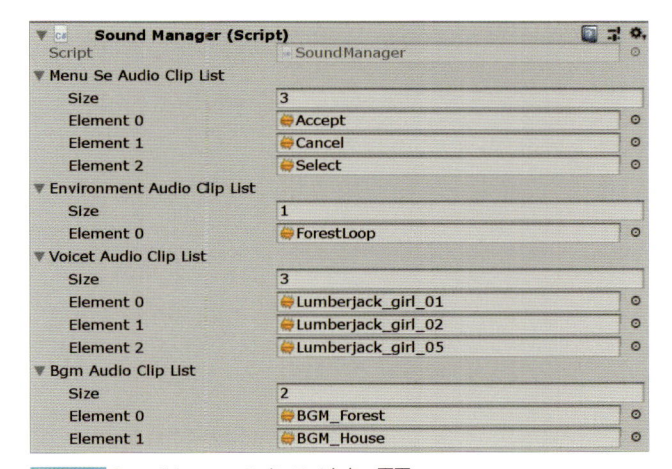

図 1-6-2 SoundManager のインスペクター画面

ゲームオブジェクトに Audio Clip の参照を保持することで、Unity Editor から実行ファイルをビルドしたときに、これらの Audio Clip が自動的に含まれます。また、このシーンを読み込んだタイミングで Audio Clip も読み込まれます。

次に、リストから Audio Clip を検索し、Audio Source に渡して再生するメソッドを見てみましょう。

```
using System.Linq;

（中略）

public void PlaySe(string clipName)
{
    var audioClip = menuSeAudioClipList.FirstOrDefault(clip => clip.name ==
clipName);

    if (audioClip == null)
    {
        Debug.Log(clipName + "は見つかりません");
        return;
    }

    menuSeAudioSource.Play(audioClip);
}
```

フィールド menuSeAudioClipList の中から、引数として渡された clipName 文字列と一致する名前を持つ Audio Clip を検索し、見つかった場合は一度だけ再生します。見つからなかった場合は、ログにその旨を表示します。拡張メソッドで追加した Play 関数は null チェックを行っているため、何も再生されずに終了します。

SoundManager を介してサウンドの再生を呼ぶ処理は、次のようになります。

```
using SoundSystem;

public class SomeClass
{
    public void SomeMethod()
    {
        SoundManager.Instance.PlaySe("Audio Clipの名前");
    }
}
```

サンプルゲームでは、タイトル画面で「スタート」ボタンが押されたとき、Assets/Scripts/Main.cs 内の StartMainGame メソッドが実行されるように設定されています。これにより、ボタンを押したタイミングで Audio Clip「Accept」が再生されます。

```
using SoundSystem;

（中略）

public void StartMainGame()
{
    titleUI.Close();

    SoundManager.Instance.PlaySe("Accept");
```

```
SceneLoader.Instance.LoadAdditiveWithCallback("GameBase");
}
```

なお、サンプルゲームの SoundManager は、Awake のタイミングで初期化を行います。別クラスの Awake 内でサウンドの再生処理を呼ぶと、初期化が終わる前に処理が呼ばれてしまい、音が鳴らない可能性があります。実行順序に注意してください。

Audio Clip の最適化

Audio Clip アセットの設定も見てみましょう。メニュー用の SE には「再生時間が短い」「何度も使用される」「再生レスポンスが重要」という特徴があります。これに合わせて、Audio Clip の設定は次のようにしています。

- ForceToMono オプションを有効にする
- Load In Background を使用しない
- Load Type を「Decompress On Load」にする
- Preload Audio Data オプションを有効にする
- Vorbis 圧縮を使い、Quarity は 30 程度にする

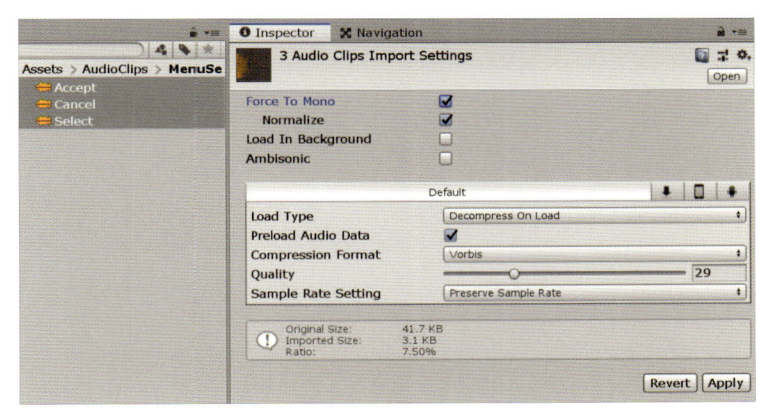

図 1-6-3 メニュー SE 用の Audio Clip の設定

ボタンの SE はモノラルで済むことがほとんどですので、モノラル化します。また、圧縮後は 1 つあたり 1KB 強という非常に小さいファイルであることから、Load In Background を使用せず、Preload Audio Data オプションを有効にして、シーンの読み込みが完了したタイミングで再生準備が完了している状態にします。

ボタンを押した音は遅れなく再生してほしいこと、展開後のメモリ使用量の小ささも加味して、Decompress On Load オプションを使っています。

Audio Clip が何百個もある場合にこの方法を取ると、ロード時のカクつきの原因になる可能性があります。その場合は Load In Background オプションを利用し、読み込み完了を待ってから、再生を行う処理に変更しましょう。各 Audio Clip の読み込み状況は、プロパティ AudioClip.loadState から取得できます。

1-7　BGM のクロスフェードの実装

　ゲーム中の BGM 再生に欠かせない処理が、「フェードイン」「フェードアウト」です。ボリュームを徐々に上げながら BGM の再生を行う「フェードイン」、逆にボリュームを徐々に下げながら再生を停止する「フェードアウト」で、BGM の自然な切り替わりを表現できます。

　フェードイン・フェードアウトの実装には、以下のようないくつかの手法があります。なお、（3）（4）については、本書では実装例を紹介していません。

（1）コルーチンを使う

　コルーチンは標準にある機能なので、Unity プロジェクトにプラグインやライブラリなどを入れていなくても使うことができます。非同期処理の手段として Task（async ／ await）がありますが、Task は処理の中断と再開を想定していない設計であるため、サウンド処理には不向きです。

（2）Tween ライブラリの機能を使う

　オブジェクトの移動アニメーションを滑らかにするための「Tween ライブラリ」には、サウンド用のフェードシステムが備わっているものがあります。実は、これを使ってしまうのが一番手っ取り早いです。

（3）UniRx を使用する

　Reactive Extensions for Unity ライブラリである「UniRx」をプロジェクトで使用している場合は、これを活用してフェード処理を作ることができます。

（4）Update メソッド内で処理する

　何らかの事情で上記すべての手段が使えない場合に、Update 内で AudioSource.volume プロパティを増減させるモジュールを作って利用します。

コルーチンを使ったフェードの実装例

　まずは、コルーチンを使った実装例を紹介します。フェードイン処理は Sound Manager などのマネージャークラス内に記述しても構いませんが、今回は Audio Source に拡張メソッドでフェードイン機能を追加してみましょう。

　1-6 節で紹介した AudioSourceExtensions にある、以下の拡張メソッドを確認してください。

リスト1-7-1 AudioSourceExtensions.csのフェードイン拡張メソッド

```
public static IEnumerator PlayWithFadeIn(this AudioSource audioSource, AudioClip
audioClip, float fadeTime = 0.1f, float endVolume = 1.0f )
{
```

```
    //目標ボリュームを0から1に補正//
    float targetVolume = Mathf.Clamp01(endVolume);

    //フェード時間がおかしかった場合は補正//
    fadeTime = fadeTime < 0.1f ? 0.1f : fadeTime;

    //音量0で再生開始//
    audioSource.Play(audioClip, 0f);

    for (float t = 0f; t < fadeTime; t+= Time.deltaTime)
    {
        audioSource.volume = Mathf.Lerp(0f, targetVolume, Mathf.Clamp01( t /
fadeTime) );
        yield return null;
    }
    audioSource.volume = targetVolume;
}
```

フェードアウトの実装処理は、次のとおりです。

リスト1-7-2 AudioSourceExtensions.csのフェードアウト拡張メソッド

```
public static IEnumerator StopWithFadeOut(this AudioSource audioSource, float
fadeTime = 0.1f)
{
    float startVolume = audioSource.volume;

    //フェード時間がおかしかった場合は補正//
    fadeTime = fadeTime < 0.1f ? 0.1f : fadeTime;

    for (float t = 0f; t < fadeTime; t+= Time.deltaTime)
    {
        audioSource.volume = Mathf.Lerp( startVolume, 0f, Mathf.Clamp01( t /
fadeTime) );
        yield return null;
    }
    audioSource.volume = 0f;

    audioSource.Stop();
    audioSource.clip = null;
}
```

　StopWithFadeOut メソッドでは、再生の終了と同時に Audio Source が持っていた Audio Clip の参照を消しています。シーンの破棄の際、使わない Audio Clip がメモリに残らないようにするためと、同じ Audio Clip を多数の Audio Source で再生したくない場合のチェックとして機能します。

　これらの拡張メソッドに対して、SoundManager 内ではコルーチンとして処理を開始します。以下のように呼び出せば、1 秒かけて音量が 0 から 1 に徐々に上がるフェードイン処理となります。

```
StartCoroutine(audioSource.PlayWithFadeIn(clip, 1f));
```

　拡張したメソッドは、SoundManager からコルーチンとして呼び出しています。

SoundManager のインスペクターを改めて確認してください。

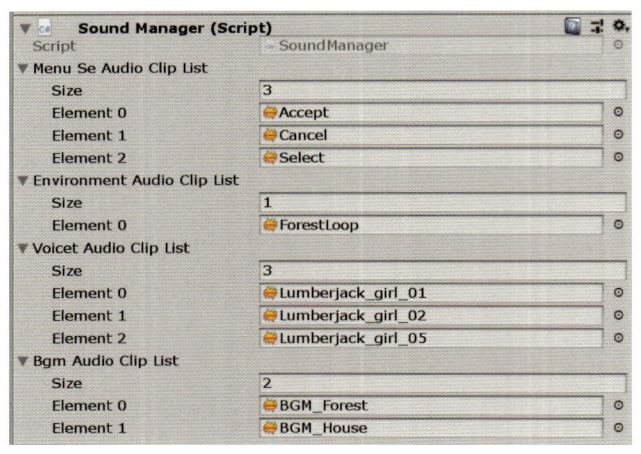

図 1-7-1 SoundManager のインスペクター画面（再掲）

　メニュー SE と同様に、Audio Clip の参照を持つためのフィールド bgmAudioClipList があります。BGM 再生用の Audio Source は 2 つ生成され、bgmAudioSourceList リストで参照を保持します。この後に説明するクロスフェード処理において、最大 2 音の同時再生が発生するためです。

リスト1-7-3 SoundManager.csのbgm用Audio SourceとAudio Clipのリスト

```
public List<AudioClip> bgmAudioClipList = new List<AudioClip>();
private List<AudioSource> bgmAudioSourceList = new List<AudioSource>();
```

　SoundManager には、複数の Audio Source を生成できるメソッドを用意しています。

リスト1-7-4 SoundManager.csの複数のAudio Sourceの生成処理

```
private List<AudioSource> InitializeAudioSources(GameObject parentGameObject, bool
isLoop = false, int count = 1)
{
    List<AudioSource> audioSources = new List<AudioSource>();

    for (int i = 0; i < count; i++)
    {
        var audioSource = InitializeAudioSource(parentGameObject, isLoop);
        audioSources.Add(audioSource);
    }

    return audioSources;
}
```

　SoundManager の InitializeAudioSources は、第三引数にいくつの Audio Source を生成するか指定し、結果をまとめて List で返してくれるメソッドです。
　このメソッドを Awake 内で呼んで、bgmAudioSourceList に参照を渡します。

```
private const int BGMAudiosourceNum = 2;

private void Awake()
{
    (中略)

    bgmAudioSourceList = InitializeAudioSources(this.gameObject, true, bgmAMG,
BGMAudiosourceNum);
}
```

　　BGM 用の Aucio Source 数は 2 つにしたいので、定数として BGMAudiosourceNum を宣言して利用します。また、BGM はループ再生させたいので、第二引数に true を指定します。Audic Mixer Group である「bgmAMG」については、次の 2 章で解説します。
　　一度、BGM のフェードイン処理の仮実装を考えてみましょう。

リスト1-7-6 SoundManager.csのBGM再生メソッド

```
public void PlayBGMWithFadeIn(string clipName, float fadeTime = 2f)
{
    var audioClip = bgmAudioClipList.FirstOrDefault(clip => clip.name == clipName);

    if (audioClip == null)
    {
        Debug.Log(clipName + "は見つかりません");
        return;
    }

    //サンプルゲームのプロジェクトには、次の1行はありません//
    StartCoroutine(bgmAudioSourceList[0].PlayWithFadeIn(audioClip, fadeTime));
}
```

　　「bgmAudioSourceList[0]」という記述部分で、リスト先頭の Audio Source を使っていますが、サンプルゲームの SoundManager では異なる実装になっています。サンプルゲームでは、後ほど説明するクロスフェード処理を行っているためです。
　　bgmAudioClipList から再生したい Audio Clip を探索してくる処理は、メニュー SE 再生と同じです。Audio Source に追加した拡張メソッド PlayWithFadeIn はコルーチンですので、StartCoroutine を経由して呼び出します。この SoundManager を使って BGM をフェードイン再生するには、次のように呼び出します。

```
SoundManager.Instance.PlayBGMWithFadeIn("BGM_Forest");
```

　　フェード時間は何も指定しない場合、2 秒を取る設定にしています。サンプルゲームでは、タイトル画面中は BGM が鳴らないようにしていますので、試しに Main クラスの Start メソッド内に、この 1 行を追加してみてください。Unity Editor でゲームを実行すると、徐々に音量が大きくなりながら BGM が再生されます。
　　フェードアウトの処理は、次のように実装されています。

リスト1-7-7 SoundManager.csのBGMフェードアウト処理

```csharp
public void StopBGMWithFadeOut(string clipName, float fadeTime = 2f)
{
    AudioSource audioSource = bgmAudioSourceList.FirstOrDefault(bas => bas.clip.
name == clipName);

    if (audioSource == null || audioSource.isPlaying == false)
    {
        Debug.Log(clipName + "は再生されていません");
        return;
    }

    StartCoroutine(audioSource.StopWithFadeOut(fadeTime));
}
```

　フェードアウト処理は、まず第一引数に指定されたAudio Clip名と、BGM用Audio Sourceが保持するAudio Clipの名前に一致があるかを調べます。一致があったらAudioSource.isPlayingを使って再生中であるかどうかを調べ、その場合にフェードアウト処理を開始します。

　この関数は、特定のBGMをフェードアウトしたいときに使用します。試しにBGMを再生開始してしばらくしたら、フェードアウトをさせてみましょう。たとえば、Main.csに次の追加を加えます。ゲームを再生すると、2秒かけてBGMが再生開始された後、3秒後にフェードアウトが開始し、2秒後に停止します。

リスト1-7-8 Main.csに追記するBGM再生のテスト

```csharp
private void Start()
{
    （中略）

    //再生開始//
    SoundManager.Instance.PlayBGMWithFadeIn("BGM_Forest", 2f);

    Invoke("StopBGM", 5f);
}

void StopBGM()
{
    //再生終了//
    SoundManager.Instance.StopBGMWithFadeOut("BGM_Forest", 2f);
}
```

Tweenライブラリを使った実装

　もしプロジェクトに何らかのTweenライブラリを導入している場合、その機能を使用してしまうことが一番簡単です。本書では、「DOTween」の例を紹介します。DOTweenはUnity Asset StoreでダウンロードできるTweenライブラリです。

●「DOTween」のダウンロード

https://assetstore.unity.com/packages/tools/animation/dotween-hotween-v2-27676

図 1-7-2 「DOTween」の Web ページ

　無償版で大部分の機能を利用でき、有償版ではソースコードの提供があります。DO
Tween を使用することで、数行でフェード処理を書くことができます。たとえば、フェー
ドインは次のような実装になります。

```csharp
using DG.Tweening;

public class DoTweenFade : MonoBehaviour
{
    public AudioSource audioSource;

    public void PlayBGMWithFadeIn(string clipName, float fadeTime = 2f)
    {
        audioSource.Play(audioClip, 0f);
        audioSource.DOFade(1f, fadeTime);
    }
}
```

　ほかの Tween ライブラリである「iTween」の機能を使う方法や、UI ライブラリの
NGUI に含まれている「Tweener」でボリュームを操作する方法もあります。

クロスフェードの実装

　続いては、クロスフェードを実装します。クロスフェードの実装方針は、「異なる 2 曲
でフェードインとフェードアウトを同時に行う」です。BGM の再生開始をしようとした
とき、別の BGM が再生されていたら、その BGM はフェードアウト処理を行うようにし
ます。
　さて、先ほど実装したフェードアウトは、Audio Clip の名前を指定するものでした。
クロスフェードの前準備として、名前を指定しなくても何らかの BGM が再生中の場合
は、その再生をフェードアウトする処理が必要です。BGM 再生用の Audio Source を調
べて、再生中であればフェードアウトを行う処理は、次のとおりです。

```
public void StopBGMWithFadeOut(float fadeTime = 2f)
{
    bgmAudioSourceList.ForEach(asb =>
    {
        if (asb.isPlaying == true)
        {
            StartCoroutine(asb.StopWithFadeOut(fadeTime));
        }
    });
}
```

これで、「何か BGM が再生されていたらフェードアウトさせる」という処理ができました。次に、「フェードアウト処理中でない方の Audio Source を使って再生を開始する」処理を考えます。

```
public void PlayBGMWithFadeIn(string clipName, float fadeTime = 2f)
{
    if (IsPaused) return;

    var audioClip = bgmAudioClipList.FirstOrDefault(clip => clip.name == clipName);

    if (audioClip == null)
    {
        Debug.Log(clipName + "は見つかりません");
        return;
    }

    if (bgmAudioSourceList.Any(source => source.clip == audioClip))
    {
        Debug.Log(clipName + "はすでに再生されています");
        return;
    }

    StopBGMWithFadeOut(fadeTime);    //現在再生中のBGMをフェードアウトする//

    AudioSource audioSource = bgmAudioSourceList.FirstOrDefault(asb => asb.
isPlaying == false);

    if (audioSource != null)
    {
        StartCoroutine(audioSource.PlayWithFadeIn(audioClip, fadeTime));
    }
}
```

bgmAudioClipList から Audio Clip を取り出したあと、bgmAudioSourceList のリストの中から、この Audio Clip が再生されていないかを確認します。この処理で、指定された Audio Clip がすでに再生中だった場合は、再生リクエストをキャンセルします。

次に、もし再生中の別の Audio Clip があった場合はフェードアウトさせたいので、StopBGMWithFadeOut メソッドをコルーチンで呼んでいます。今回は、bgmAudioSourceList から AudioSource.isPlaying が false を返すもの、つまり使用されていない Audio Source を見つけてくる処理を行います。

さて、これで完成したように思えるのですが、「フェードイン・アウトの処理が途中の時に、別の BGM 再生リクエストがかかる」状態を考えなくてはなりません。
これに対応するため、実行中のコルーチンの参照を保持しておき、フェード処理を任意のタイミングで停止できる処理をさらに足します。この処理は、のちに実装するポーズ機能でも利用します。SoundManager のフィールド fadeCoroutines を確認してください。

リスト1-7-11 SoundManager.csのコルーチン処理を保持するフィールド

```
public class SoundManager : MonoBehaviour
{
    （中略）

    private List<IEnumerator> fadeCoroutines = new List<IEnumerator>();

}
```

SoundManager.cs の PlayBGMWithFadeIn メソッドでは、audioSource.PlayWithFadeIn メソッドを実行する際に、そのコルーチンの参照を fadeCoroutines リストに格納します。

リスト1-7-12 SoundManager.csでBGM再生時にコルーチンを保持する

```
public void PlayBGMWithFadeIn(string clipName, float fadeTime = 2f)
{
    （中略）

    if (audioSource != null)
    {
        IEnumerator routine = audioSource.PlayWithFadeIn(audioClip, fadeTime);
        fadeCoroutines.Add(routine);
        StartCoroutine(routine);
    }
}
```

StopBGMWithFadeOut メソッドでは、まずフェード処理中のコルーチンが存在しているかを確かめます。ある場合はそのコルーチンを止めてから、リストを空にします。

リスト1-7-13 SoundManager.csのコルーチン処理を加味したBGM停止処理

```
public void StopBGMWithFadeOut(float fadeTime = 2f)
{
    fadeCoroutines.ForEach(StopCoroutine);
    fadeCoroutines.Clear();

    fadeCoroutines = bgmAudioSourceList.Where(asb => asb.isPlaying)
    .ToList()
```

```
    .ConvertAll(asb =>
    {
        IEnumerator routine = asb.StopWithFadeOut(fadeTime);
        StartCoroutine(routine);
        return routine;
    });
}
```

その後、bgmAudioSourceList の中に再生中のものがあれば、StopWithFadeOut メソッドを呼び出します。この停止処理については、ConvertAll メソッドを使って fadeCoroutines リストに格納しています。StopWithFadeOut メソッドのコルーチンも参照を保持しておく理由は、後に説明するポーズ機能で使用するためです。

Audio Clip を指定してフェードアウト処理をする StopBGMWithFadeOut メソッドについても、コルーチン処理を fadeCoroutines に Add しています。

リスト1-7-14 SoundManager.csのBGM停止処理

```
public void StopBGMWithFadeOut(string clipName, float fadeTime = 2f)
{
    (中略)

    fadeCoroutines.Add(StartCoroutine(audioSource.StopWithFadeOut(fadeTime)));
}
```

これらのクロスフェードは、サンプルゲームではシーンの読み替え時に実行しています。SoundManager クラスがシングルトンであり、DontDestroyOnLoad メソッドを使ってゲーム中生存し続けるのは、こうしたシーンの読み替え時にも音の処理を途切れさせないためでもあります。

サンプルゲームのステージシーン（Stage_Houce と Stage_Forest）には、ステージの管理クラスである StageParent.cs をアタッチしたゲームオブジェクト「StageParent」が存在します。スクリプトファイルは Assets/Scripts/StageParent.cs です。その public フィールド thisStageBGMName は、インスペクター内で BGM として流したい Audio Clip の名前を保持しています。

リスト1-7-15 StageParent.csの初期化メソッド

```
using SoundSystem;

public class StageParent : MonoBehaviour
{
    public string thisStageBGMName;

    (中略)

    public virtual void Initialize(GameBaseMain gameBaseMain)
    {
        this.gameBaseMain = gameBaseMain;

        SoundManager.Instance.PlayBGMWithFadeIn(thisStageBGMName);
```

```
    }
}
```

Stage_House シーンの StageParent ゲームオブジェクトには、thisStageBGMName
に「BGM_House」が指定されています。同様に、Stage_Forest シーンの thisStageBGM
Name には「BGM_Forest」が指定されています。

ゲームを実行すると、プレイヤーキャラクターが家の中と外を行き来するタイミングで、
BGM がクロスフェードします。

■ クロスフェードのさらなる改善指針

サンプルゲームに実装されているクロスフェードの実装には、厳密には課題が残ってい
ます。フェードアウト処理中の Audio Clip も「再生中である」と見なされるため、同じ
Audio Clip を続けて再生リクエストすると、その Audio Clip がフェードアウトし切る
まで再生できません。

フェード管理を厳格にする場合は、Audio Source がフェード中であるかどうかの管理
クラスを作成して、判定を行う設計が考えられます。BGM が短時間に連続して切り変わ
るようなゲームの場面が想定される場合は、機能拡張が必要になります。

また、今回紹介したフェード処理では毎フレームごとに定量的にボリューム値を変更し
て、音量が線形的に下がるアプローチで実装を行いました。実は、この設計でクロスフェー
ドを行うと、2 つの BGM の音量がちょうど半分になった時、総合的な音量が小さくなっ
てしまいます。

コルーチンでフェードを実装した場合は、音量の変化量にコサイン関数を用いること
でこの問題に対処できます。また、AnimationCurve を使って値の変化量をインスペク
ターで設定し、音量の変化に適用する手法もあります。DOTween を使用している場合
は、.SetEase（Ease.OutCirc）オプションで近い処理が可能です。

こうした問題を回避するための実装は、長い道のりになってしまうので、本書ではこれ
以上は追及しません。堅実かつ手軽にクロスフェードを利用する方法として、4 章でサウ
ンドミドルウェア「ADX2」を使ったフェード機能を紹介します。

1-8 効果音の再生

BGM に続いて、キャラクターや敵などのゲーム空間内の物体が発生する効果音についての実装を解説します。便宜上、「ゲーム SE」と呼びます。前節の BGM やメニュー SE とは異なり、聞こえてくる方向などを制御する必要があります。

ゲーム SE 再生用スクリプトの実装

3D アクションゲームやアドベンチャーゲームでは、カメラから見た距離と位置に応じて聞こえ方が変化する音があります。たとえば、右から敵が迫っているときは、敵の音は右の方から聞こえて欲しいものです。

Unity では、標準でこうした「音が聞こえてくる方向」の変化を自動処理できます。現在のカメラの位置と方向に Audio Listener を置き、音の発生源にしたいゲームオブジェクトに Audio Source をアタッチし、Audio Source の「Spatial Blend」プロパティの数値を上げることで、距離や方向による聞こえ方のシミュレーションが自動的に処理されます。

サンプルゲームのプロジェクトを使って、まずはプレイヤーの足音を例に 3D サウンドの処理を見ていきます。プレイヤーキャラクターの設定を確かめるために、Main シーンを開いてから、GameBase シーンをヒエラルキーにドラッグ＆ドロップして、2 つのシーンを同時に開きます。

開いたら、Assets/Script/Audio ディレクトリに、ゲーム SE 再生スクリプトとして「GameSePlayer.cs」が用意されていますので、中身を見てみましょう。

リスト1-8-1 GameSePlayer.csの効果音再生処理とResetオーバライドメソッド

```
using System.Collections.Generic;
using System.Linq;
using UnityEngine;

namespace SoundSystem
{
    [RequireComponent(typeof(AudioSource))]
    public class GameSePlayer : MonoBehaviour
    {
        public AudioSource audioSource;
        public List<AudioClip> audioClipList = new List<AudioClip>();

        （中略）

        //ゲームSEの再生
        public void PlaySe(string audioClipName)
        {
            if (IsPaused) return;

            AudioClip audioClip = audioClipList.FirstOrDefault(clip => clip.name ==
audioClipName);
```

```
        if (audioClip != null)
        {
            audioSource.pitch = 1f;
            audioSource.Play(audioClip);
        }
    }

    (中略)

    //コンポーネントがアタッチされたときの初期設定
    public void Reset()
    {
        audioSource = GetComponent<AudioSource>();
        audioSource.playOnAwake = false;
        audioSource.spatialBlend = 0.7f;
    }
  }
}
```

　GameSePlayer クラスは、RequireComponent アトリビュートを使用しています。ゲームオブジェクトへアタッチされた際、自動で Audio Source コンポーネントもアタッチされます。またその際、Reset オーバーライドメソッドを利用して、初期設定を行います。

　Audio Source に対して、playOnAwake を無効にし、3D サウンド設定である「spatial Blend」を有効にしています。GameSePlayer.cs は、ゲーム内のさまざまなオブジェクトへ繰り返しアタッチする作業が見込めるため、初期パラメータの設定を自動化しています。

ゲーム SE の再生

　はじめに、GameSePlayer を使った簡単なゲーム SE の再生スクリプトを見てみます。サンプルゲームでは、プレイヤーキャラクターが、ゲーム中のドアを開けたときの音を GameSePlayer を使って再生しています。

　Stage_House シーンのヒエラルキーの中から、DoorTrigger ゲームオブジェクトを見つけてください。このゲームオブジェクトは、プレイヤーのオブジェクトと OnTrigger Enter で当たり判定を取っており、プレイヤーが当たった時に指定のシーンをロードしてステージを移動する処理を行います。

図 1-8-1 Stage_House シーン内の DoorTrigger ゲームオブジェクト

先ほど紹介した PlaySe メソッドは、再生する Audio Clip の名前を指定するものですが、Audio Clip リストの先頭の要素を再生するメソッドも用意されています。

リスト1-8-2 GameSePlayer.csのリスト先頭のAudio Clipを再生するメソッド

```
public class GameSePlayer : MonoBehaviour
{
    （中略）

    public void PlayFirstAudioClip()
    {
        if (audioClipList.Count > 0)
        {
            audioSource.Play(audioClipList[0]);
        }
    }

    （中略）
}
```

インスペクターで audioClipList に 1 つだけ Audio Clip の参照を入れておき、PlayFirst AudioClip を呼ぶことで、単一の Audio Clip 再生用コンポーネントとして利用できます。

ステージの移動処理は、同じゲームオブジェクトにアタッチされている MoveStageTrigger.cs で実行されています。当たり判定内に入ったタイミングで、Game SePlayer の PlayFirstAudioClip を実行します。

リスト1-8-3 MoveStageTrigger.csの当たり判定処理

```
public class MoveStageTrigger : MonoBehaviour, IStageMoveTrigger
{
    （中略）

    public GameSePlayer gameSePlayer;
```

```
private void OnTriggerEnter(Collider other)
{
    if (other.CompareTag("Player"))
    {
        //ゲームSEの再生
        gameSePlayer.PlayFirstAudioClip();

        thisStageParent.PlayerTouchDoor(toStageName, nextStartPointName);
    }
}
}
```

　　DoorTrigger ゲームオブジェクトの GameSePlayer クラスには、インスペクターで Audio Clip「DoorOpen」の参照が入っています。これをドア接触時に再生しています。

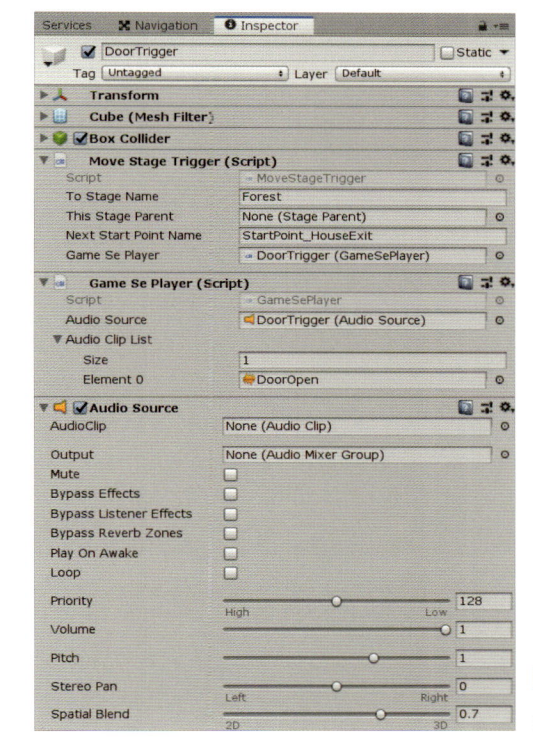

1

2

3

4

5

図 1-8-2
DoorTrigger ゲームオブジェクトの
GameSePlayer スクリプト

　　この「ドアを開ける音」ですが、サンプルゲームでは「3D サウンド」として、ドアの位置を加味してゲーム SE が鳴る仕組みにしています。しかし、この SE を「2D サウンド」のメニュー SE として再生して、よりはっきり聞こえるように設定しても構いません。SE の鳴らし方には決まったルールはありませんので、自身のゲームの雰囲気に合った方法を選ぶとよいでしょう。

アニメーションと連動したゲーム SE の再生

　サンプルゲームの GameBase シーン内に配置されている PlayerCharacter ゲームオブジェクトにも、GameSePlayer がアタッチされています。PlayerCharacter は、ほかにもキャラクターの 3D モデル、Animator や Rigidbody、Capsule Collider などのコンポーネントを持ちます。

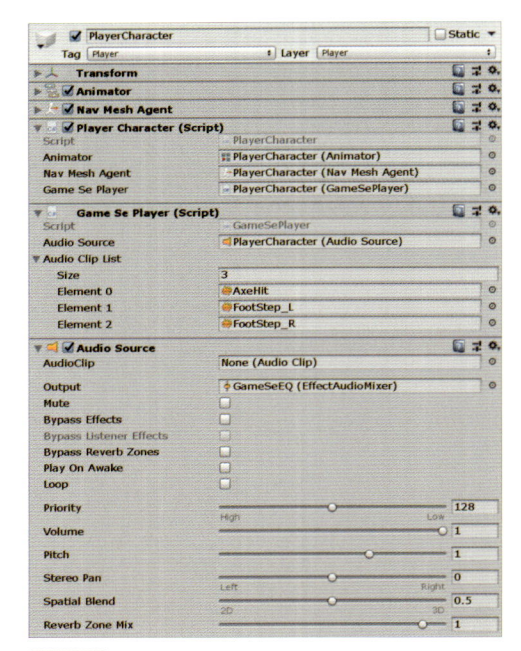

　GameSePlayer の audioClipList に は、Player Character から再生するゲーム SE の Audio Clip の参照が入っています。Assets/AudioClips/GameSe フォルダの中にある「AxeHit」と「FootStep_R」「FootStep_L」の 3 つです。

　ゲームを実行したときに、プレイヤーの足音や斧で木を切った時の音が、プレイヤーの画面内の位置に応じて変化することを確認してください。

Animation Event から SE の再生をする

　このような 3D モデルのアニメーションと連動した音の再生を行いたいときは、アニメーションデータ内にイベントを埋め込み、そのイベントから音の再生をトリガーするメソッドを用意する方法を使います。

　サンプルゲームでは、PlayerCharacter ゲームオブジェクトに、Animator コンポーネントがアタッチされています。Animator コンポーネントには、同じゲームオブジェクトにアタッチされているスクリプトのメソッドを任意のタイミングで呼び出す仕組みがあります。

　Assets/Graphics/Motions/Kikori/motion_walk アセットをクリックし、インスペクターの「Animation」タブをクリックして、Events 欄をクリックして開きます。一番下のプレビューウィンドウのシークバーを左右に動かすことで、アニメーションを確認できます。

　キャラクターが表示されないときは、プレビューウィンドウに Assets/Graphics/Models/kikorigirl をドラッグ＆ドロップしてください。

シークバーを動かすと、右足が地面に着いたタイミングに「FootStep_R」再生のイベントが、左足のときは「FootStep_L」再生のイベントが埋め込まれていることがわかります。

Events タイムライン内の白い縦線がイベントを設定している箇所です。インスペクター内でアニメーション再生のプレビューを行いながら、任意のタイミングで Function にメソッド名である PlaySe、引数 String に再生したい音の名前を指定し、Apply をクリックするとイベントがアニメーションに埋め込まれます。

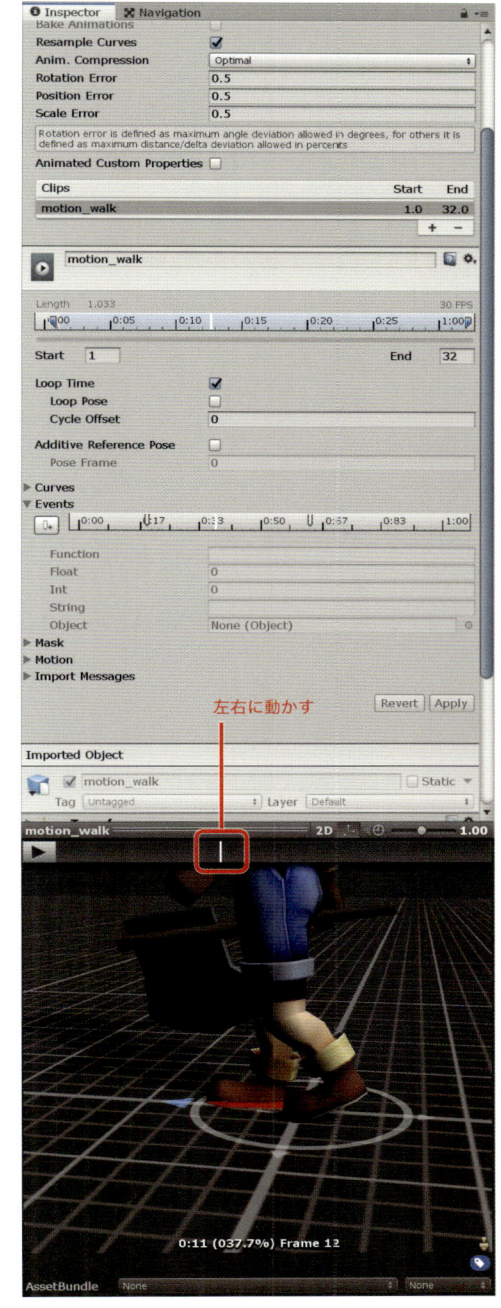

図 1-8-5 キャラクターアニメーションの確認

図 1-8-6 モーションアセットの Events 設定

アニメーションと連動した音の再生方法はこれだけではありませんが、Event を利用した実装方法は、SE の再生タイミングをエディター内で調整することができます。

ゲーム内で同じ音が繰り返し再生される現象は、単調な印象を持たれてしまう危険性があります。SE の種類を増やし、バリエーションを増やせば単調さを回避することができますが、ファイル数が多くなってしまうため、今度は容量の増大につながります。

ゲームでよく使われる単調さの回避方法として、音を再生する際にランダムな処理を加えて聞こえ方を変化させる手法があります。

SE のピッチをランダムに変更する

何度も鳴らされることがある SE に対して、再生時にピッチ（音の高さ）をランダムに変更することで、同じ音の連続感を減らす手法です。具体的には、AudioSource.pitch の値を再生時に変化させることで実装できます。

サンプルゲームのピッチランダム再生は、プレイヤーが斧を使った場面で使用されています。GameSePlayer の次のメソッドを確認してください。

リスト1-9-1 GameSePlayer.csのピッチランダム再生メソッド

```
public void PlaySePitchRandomize(string audioClipName, float range = 0.5f)
{
    if (IsPaused) return;

    AudioClip audioClip = audioClipList.FirstOrDefault(clip => clip.name ==
audioClipName);

    if (audioClip != null)
    {
        audioSource.pitch = Random.Range(1f - range, 1f + range);
        audioSource.Play(audioClip);
    }
}
```

PlaySePitchRandomize は、再生時に「0.5 〜 1.5」の範囲でピッチをランダムに変化させます。また、ピッチランダムを行わない PlaySe メソッドについて、再生時にピッチを元の数値に戻す処理があることに注目してください。

リスト1-9-2 GameSePlayer.csのPlaySeメソッドでピッチを戻す処理

```
public void PlaySe(string audioClipName)
{
    （中略）

    if (audioClip != null)
    {
        audioSource.pitch = 1f;   //ピッチ変更を元に戻す//
        audioSource.Play(audioClip);
    }
}
```

PlayerCharacter クラスの CutHit メソッド内で、PlaySePitchRandomize の呼び出しを行っています。ゲームを実行して、斧を振ったときの音の高さが、毎回変わることを確認してください。

リスト1-9-3 PlayerCharacter.csの斧が当たった時のサウンド再生呼び出し

```csharp
public class PlayerCharacter : MonoBehaviour, IPausable
{
    （中略）

    public void CutHit()
    {
        gameSePlayer.PlaySePitchRandomize("AxeHit");

        （中略）
    }
}
```

環境音の再生開始位置をランダムにする

ゲームの雰囲気を盛り上げる環境音は、アウトドアなら鳥のさえずりや川の流れる音、インドアなら空調のノイズや群衆のざわつきなどがあります。

これらは BGM のようにループ再生するものですが、たとえばステージを移動したときに環境音を再生開始する処理を考えてみます。プレイヤーがそのステージへ戻るたびに、毎回同じパターンで環境音が再生されたら、これも単調に聞こえてしまう原因になります。

そこで、環境音については再生開始の位置をランダム化して、「いつも同じところから始まる」状況をなくすようにしています。

サンプルゲームでは、Stage_Forest のシーンで環境音を再生しています。まずは、AudioSourceExtensions クラスのスタート位置をランダマイズする拡張メソッドを確認します。

リスト1-9-4 AudioSourceExtensions.csのPlayRandomStartメソッド

```csharp
namespace SoundSystem
{
    public static class AudioSourceExtensions
    {
        public static IEnumerator PlayRandomStart(this AudioSource audioSource,
AudioClip audioClip, float volume = 1f)
        {
            if (audioClip == null) yield break;

            audioSource.clip = audioClip;
            audioSource.volume = Mathf.Clamp01(volume);

            //結果がlengthと同値になるとシークエラーを起こすため -0.01秒する//
            audioSource.time = UnityEngine.Random.Range(0f, audioClip.length -
0.01f);
```

```
        yield return PlayWithFadeIn(audioSource, audioClip, volume);
    }
  }
}
```

　audioClip.length で AudioClip の長さが取得できます。−0.01 の引き算を行っている
のは、AudioSource.time に渡す再生開始時間が audioClip.length と同値になった場合、
エラーを起こすためです。

　この拡張メソッドを使って、環境音を再生するメソッドが SoundManager クラスに
用意されています。SoundManager ゲームオブジェクトのインスペクタを確認すると、
environmentAudioClipList フィールドに環境音の Audio Clip「ForestLoop」が格納さ
れていることがわかります。この Audio Clip を使用します。

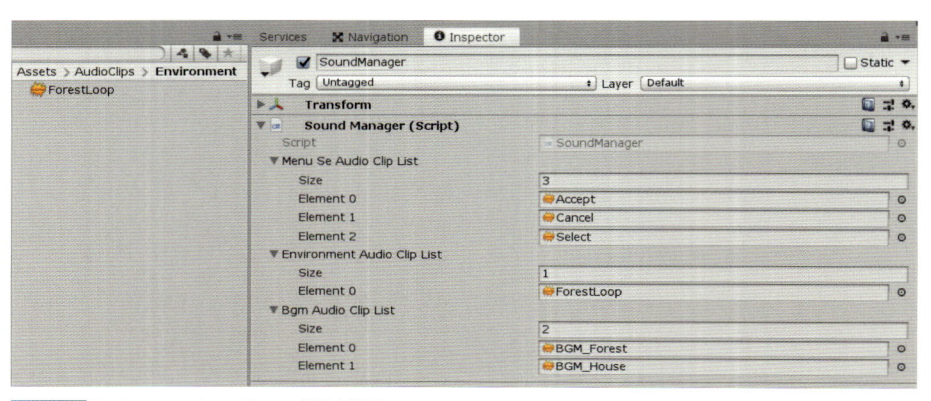

図 1-9-1 EnvironmentAudioClip の参照を確認

　Audio Source の生成については、環境音はループ再生を行うため、1-6 節で紹介した
InitializeAudioSource メソッドの第二引数 isLoop には、true を指定しています。

リスト1-9-5 SoundManager.csの環境音再生処理

```
public class SoundManager : MonoBehaviour
{
    (中略)

    public List<AudioClip> environmentAudioClipList = new List<AudioClip>();
    private AudioSource environmentAudioSource;

    private void Awake()
    {
        (中略)

        environmentAudioSource = InitializeAudioSource(this.gameObject, true,
envAMG);
    }

    public void PlayEnvironment(string clipName)
    {
```

```
        var audioClip = environmentAudioClipList.FirstOrDefault(clip => clip.name
== clipName);

        if (audioClip == null)
        {
            Debug.Log(clipName + "は見つかりません");
            return;
        }

        StartCoroutine(environmentAudioSource.PlayRandomStart(audioClip));
    }

    public void StopEnvironment()
    {
        if (environmentAudioSource.isPlaying)
        {
            environmentAudioSource.Stop();
        }
    }
}
```

　PlayEnvironment の内部で、拡張メソッドで実装した PlayRandomStart を呼んでいるところがポイントです。このメソッドの呼び出しは、StageParent クラスから行っています。Initial ze メソッド内でステージデータの初期化を行うのですが、フィールド thisStageEnvironmentSoundName に入っている Audio Clip 名を使って、環境音再生のトリガを行っています。

　Stage_Forest シーンを開いて、StageParent ゲームオブジェクトのインスペクターで thisStageEnvironmentSoundName フィールドに「ForestLoop」文字列が入っていることを確認してください。このフィールドに値が入っていたら環境音の再生を開始し、入っていなかったら停止する処理になっています。

リスト1-9-6 StageParent.csのInitializeメソッド

```
public virtual void Initialize(GameBaseMain gameBaseMain)
{
    this.gameBaseMain = gameBaseMain;

    SoundManager.Instance.PlayBGMWithFadeIn(thisStageBGMName);

    if (string.IsNullOrEmpty(thisStageEnvironmentSoundName))
    {
        SoundManager.Instance.StopEnvironment();
    }
    else
    {
        SoundManager.Instance.PlayEnvironment(thisStageEnvironmentSoundName);
    }

    (中略)
}
```

ランダム再生のさらなる機能追加方針

　ピッチや再生位置のランダム再生は、限られた音声データを使ってプレイヤーの飽きや違和感を減らすことができます。ほかにもサウンドエフェクトをランダマイズしたり、パンニング（左右スピーカーの音量バランス）をランダマイズするなど、ゲームの場面に応じた変化を作ることで、音の聞こえ方を豊かにできます。

　また、音声データをリアルタイム加工するランダマイズだけではなく、複数の音声データの中からランダムに1つを選んで再生する仕組みを作ることもできます。「パンチを出したときの掛け声」「物がぶつかったときの衝撃音」などの SE において、あらかじめ複数の音声データを用意しておき、再生リクエストがあったときにランダムに選び出して再生する機構が考えられます。

　こうしたシステムは、スクリプトで実装することも不可能ではありませんが、本書では掘り下げません。4章にて、サウンドミドルウェア「CRI ADX2」の機能を使って、さらに踏み込んだランダム再生について解説します。

1-10 ポーズ機能の実装

ゲームに欠かせない機能の1つとして、プレイの中断である「ポーズ」機能があります。サウンドにもポーズ処理が必要です。しかし、ただ単に再生されているすべての音を一時停止すればよいというわけではなく、いくつかの場面に応じてポーズの範囲を管理する必要があります。

2種類のポーズ

ゲームの種類にもよりますが、サウンドのポーズには2つの場面が考えられます。

ポーズボタンなどでゲーム自体が止まるとき

プレイヤーがコントローラーのポーズボタンや、画面上のポーズボタンをタップしたときに発生するポーズについて考えます。

ポーズ画面に「ゲームに戻る」「タイトルに戻る」などのボタンがある場合は、メニュー操作に関するSEは再生されるため、これらの再生処理に対してはポーズ処理を行いません。加えて、ポーズ中にもBGMを小さく流したり、別のポーズ画面用のBGMを流す場合は、そのBGMを再生する処理も別途用意し、ポーズ処理から除外します。

カットシーンなどの演出が入るとき

RPGで会話シーンに入ったときや、ゲーム中のパズルシーンに入ったとき、敵キャラクターの音や環境音など「ゲーム内の時間の流れ」に関係する音だけをポーズする場合があります。また、「時間停止魔法」のような演出で音をポーズしたいときもあるかもしれません。

この場合は、ゲームSEの中でもポーズするものとしないものが分かれてきますので、管理に注意が必要です。

SoundManagerでのポーズ実装

「1-4 Audio Sourceの機能」でも紹介したように、AudioSource.Pauseメソッドを呼び出した後でも、AudioSource.isPlayingはポーズ状態でもfalseを返してしまいます。ポーズしているかどうかの状態は、独自に管理する必要があります。

SoundManager.csのポーズ管理を確認します。ポーズ状態を管理するIsPausedプロパティを用意し、SoundManagerが生成したBGMと環境音に関するAudio Sourceに対してPause処理を行います。

今回は、BGMと環境音をポーズさせる仕組みにしてみましょう。ポーズ開始時にBGMがフェードイン・アウト中であった場合のことも考え、フェード処理のコルーチンも一時停止できるようにします。1-7節のクロスフェード実装において、フェードアウト処理のコルーチンもfadeCoroutinesに格納していたのは、このためです。

リスト1-10-1 SoundManager.csのポーズ関連処理

```csharp
public class SoundManager : MonoBehaviour
{
    （中略）

    public bool IsPaused { get; private set; }

    private void Awake()
    {
        （中略）

        IsPaused = false;
    }

    public void Pause()
    {
        IsPaused = true;

        fadeCoroutines.ForEach(StopCoroutine);

        environmentAudioSource.Pause();
        bgmAudioSourceList.ForEach(bas => bas.Pause());
    }

    public void Resume()
    {
        IsPaused = false;

        fadeCoroutines.ForEach(routine => StartCoroutine(routine));

        environmentAudioSource.UnPause();
        bgmAudioSourceList.ForEach(bas => bas.UnPause());
    }
}
```

Pause を呼ぶことでポーズ、Resume を呼ぶことでポーズ解除します。このメソッド名は「Resume」としていますが、お好みで「UnPause」でもよいでしょう。1-7 節のクロスフェード実装において、Coroutine のリストではなく IEnumerator のリストにコルーチン処理の参照を格納していた理由は、StartCoroutine を使用するときに引数として Coroutine を指定できないためです。

SoundManager の各 Play 系メソッドは、ポーズ中の場合は BGM や効果音の再生・停止処理を受け付けないように、先頭で IsPaused プロパティを使った判定を行っています。

リスト1-10-2 SoundManager.csのPlay系処理におけるポーズ判定

```csharp
public void PlayBGMWithFadeIn(string clipName, float fadeTime = 2f)
{
    if (IsPaused) return;

    （中略）
}
```

Unity Audio―基礎編

```
public void StopBGMWithFadeOut(string clipName, float fadeTime = 2f)
{
    if (IsPaused) return;

    (中略)
}

public void StopBGMWithFadeOut(float fadeTime = 2f)
{
    if (IsPaused) return;

    (中略)
}

public void PlayEnvironment(string clipName)
{
    if (IsPaused) return;

    (中略)
}
```

　サンプルゲームを実行し、右上のボタンをタップしてポーズの動作を確かめてみましょう。ゲーム自体がポーズかどうかの状態は、スクリプト Assets/Scripts/GameBaseMain.cs で管理しています。GameBaseMain クラスの Pause メソッドの中で SoundManager.Instance.Pause、Resume メソッドの中で SoundManager.Instance.Resume が呼ばれています。

リスト1-10-3 GameBaseMain.csのポーズ関連処理

```
using SoundSystem;

public class GameBaseMain : MonoBehaviour
{
    (中略)

    public void Pause()
    {
        IsPaused = true;
        playerCharacter.Pause();

        SoundManager.Instance.Pause();
    }

    public void Resume()
    {
        IsPaused = false;
        playerCharacter.Resume();

        SoundManager.Instance.Resume();
    }
}
```

ゲームを実行してみて、ゲーム右上のポーズボタンをクリックしたとき、ゲームのポーズと同時に BGM もポーズされることを確認してください。

 ## ゲーム SE のポーズ

　次に、1-8 節で紹介したゲーム SE の再生スクリプト、GameSePlayer のポーズ処理を見ていきます。実装自体はシンプルで、SoundManager に付与したのと同じような bool プロパティと、Audio Source に対する Pause と Resume メソッドが用意されています。

リスト1-10-4 GameSePlayer.csのポーズ関連処理

```
namespace SoundSystem
{
    [RequireComponent(typeof(AudioSource))]
    public class GameSePlayer : MonoBehaviour
    {
        public bool IsPaused { get; private set;}

        private void Awake()
        {
            IsPaused = false;
        }

        public void PlayFirstAudioClip()
        {
            if (IsPaused) return;

            (中略)
        }

        public void PlaySe(string audioClipName)
        {
            if (IsPaused) return;

            (中略)
        }

        public void Pause()
        {
            IsPaused = true;
            audioSource.Pause();
        }

        public void Resume()
        {
            IsPaused = false;
            audioSource.UnPause();
        }
    }
}
```

PlayerCharacter ゲームオブジェクト（GameBase シーン内）にアタッチされている

GameSePlayer クラスは、PlayerCharacter クラスのポーズ処理内でポーズ処理が呼ばれています。

リスト1-10-6 PlayerCharacter.csのポーズ関連処理

```csharp
[RequireComponent(typeof(NavMeshAgent))]
public class PlayerCharacter : MonoBehaviour, IPausable
{
    （中略）

    public void Pause()
    {
        （中略）

        gameSePlayer.Pause();
    }

    public void Resume()
    {
        （中略）

        gameSePlayer.Resume();
    }
}
```

ゲームを実行してゲーム内のポーズボタンを押したとき、足音や斧を振る音がポーズされます。

ポーズ機能のさらなる改修方針

実は、サンプルゲームではドアを開ける音を鳴らす GameSePlayer については、ポーズ処理を行っていません。サンプルゲームの仕様において、ステージ移動中にはゲームのポーズが発生しないためです。

仮に、このゲームで会話シーンの要素が増えた際は、ゲーム SE についてもポーズする必要があるかもしれません。その場合は、ステージに関するゲームオブジェクトのマネージャークラスを用意して、GameSePlayer を持つオブジェクトのリストを持ち、Pause と Resume を都度呼ぶような処理になります。

カットシーンにおけるポーズ実装も、特別に考えないといけません。ポーズ時にフェード処理をしていた場合は、ポーズするたびに映像と音がどんどんずれてしまいます。

また、ポーズ処理には別の課題もあります。Audio Source には、AudioSource.Pause と UnPause というポーズ用メソッドがあります。しかし、Pause メソッドの使用は、プラットフォームによっては「プチッ」というノイズが入ってしまう場合があります。Android ではこうしたノイズは特に起きがちです。4 章で説明する「CRI ADX2」を使うことで、この問題を抑えることができます。

どうしても Unity Audio のみでノイズを回避したい場合は、1-6 節で実装したフェードイン・アウト機能を使って、ポーズ時に 0.1 秒などわずかにフェードアウトしてから停止し、ポーズ解除時もわずかにフェードインしながら再生開始を行うことで、ノイズを回

避する実装は可能です。

　ところが、「足音」「クリック音」などの短い音に対してフェードを適用すると、音の鳴り方がおかしくなってしまいます。短い音に限り AudioSource.Pause と UnPause を使う処理にすることも考えられますが、その判定機構が必要ですから、さらに煩雑になりそうです。どの程度までのクオリティで手を打つかは、実装工数と相談しながら作っていく必要があります。また、ゲームの企画に応じて、サウンドミドルウェアを使うか独自実装するかを検討するとよいでしょう。

「フォーリー」とは何か

株式会社 INSPION　和泉 雅弘／サウンドデザイナー、フォーリーエディタ
　大手ゲーム会社のサウンドデザイナーとして 10 年勤務後、株式会社 INSPION に入社。
リアル系効果音を得意とし、MA、ゲーム内効果音制作、インプリメント、フォーリー関連、
フィールドレコーディングなどを専門に行う。
https://inspion.izene.co.jp/

　みなさんは、「フォーリー」という言葉をご存知でしょうか？ フォーリーとは映画などで用いられる録音手法の 1 つで、映像を見ながら実際の音を鳴らして収録する方法です。映像で人が歩けば足音を鳴らし、食事をすれば食器をカチャカチャ鳴らす、そうすることで映像にリアリティと深みを出すことができるわけですね。

　では、単に映像に合わせて適当に音を鳴らせれば「それでよいのか？」と問われると、それは違います。お城に忍び込んだ忍者がドカドカ足音を鳴らさないように、状況や心情によって足音を変える必要があります。こうした音の演技をする人のことを「フォーリーアーティスト」と呼びます。

　フォーリーアーティストは、演技する以外にもさまざまな道具を使って意外な音を作ります。たとえば、スライムやコンニャクでモンスターの動作音を作ったり、アイロンにウェットティッシュをつけて煙草のチリチリ音を作ったりなど、非現実的なものや収録が難しいものをいろいろな道具で表現します。

　また、音を出すための小道具を揃えているスタジオのことを「フォーリースタジオ」と呼びます。フォーリースタジオには、食器やドア、土や木の床、武器や一見何に使うのかわからないような小道具まで、所狭しと置かれています。

　いやいや、俺アーティストじゃないし機材を借りる予算なんてないよ、と思うかもしれません。でもご安心を。最近では数万円で買えるマイク付きレコーダーが各社から発売されています。実は、大手の AAA タイトルの作品でもこうしたマイク付きレコーダーで録られた音が多いのです。高級なマイクでなくても大丈夫。これを使えば、あなたも立派なフォーリーアーティストです。

　まずは、録音の前に収録したい映像を何度も何度も見て、頭の中でどのような音が必要なのかを想像します。映像を見ながら「ブシュ、バシッ」と擬音を口に出すのも効果的ですね。要はイメトレです。この場面でどのような音が鳴るべきなのかを想像すると、自然と演技に反映されます。

　最初はマイクと音源の位置を変えながら、何度も収録してみてください。マイクから離れすぎず、近すぎず、ほどよい距離感を保てばそれだけで音がよくなります。何度も演技してみて、音の鳴らし方を覚えましょう。

　こうして作られたオリジナルの効果音は、あなたの作品をグッと引き立ててくれると思いますよ。

2 Unity Audio －応用編

　2章では、1章で学んだサウンド再生の基礎を踏まえつつ、より実践的なゲームのサウンド演出について解説を行います。この章では、以下の項目について解説します。

- Audio Mixer
- Audio Settings
- Profiler を使ったサウンド負荷の確認方法

　引き続きサンプルゲーム「ゆるっと林業せいかつ」を使いながら、ゲームに必須のボリューム調整機能の実装と、ゲームの場面に合わせたサウンドエフェクトの使用方法について学びます。また最後に、今後の機能拡張に向けた Unity Audio の利用のヒントについて紹介します。

▶ この章のポイント

- Unity Audio の構成機能をすべて学ぶ
- Unity Audio が持つ機能の活用方法を知る

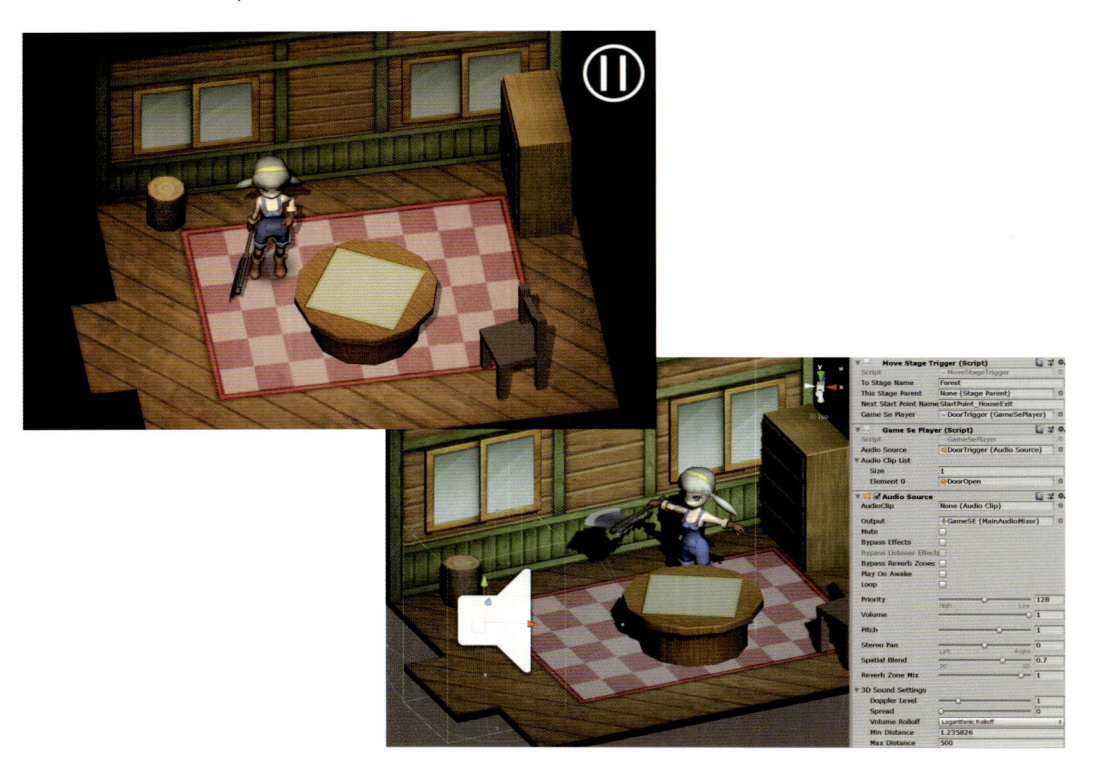

Audio Mixer の機能

Audio Mixer は、ゲームシーン中の Audio Source が鳴らしている音を分類し、分類ごとにボリューム調整やサウンドエフェクト処理を行う機能です。

1章で解説したように、Unity のサウンド再生は、シーンに配置された複数の Audio Source で処理されます。Audio Source の各コンポーネントで再生処理が行われ、Audio Listener との位置情報によって距離減衰やボリュームなどが調整され、最終的にスピーカーから出る1本の出力音声を作ります。これを「ミキシング」と言います。

Audio Mixer は、開発者が設定した Audio Source のグループでミキシングを行い、音量調整やサウンドエフェクトをかける処理を挟むことができます。

Audio Mixer のウィンドウを開く

Uniy Editor のメニュー「Window → Audio → Audio Mixer」から Audio Mixer ウィンドウを呼び出してみましょう。Audio Mixer 自体は「アセット」の扱いです。Unity Editor のメニューかプロジェクト内で、右クリックメニューを表示して新規作成します。

Audio Mixer の初期状態では何の動作もしません。Audio Source をグループ分けする「Audio Mixer Group」を、開発者が任意に追加することで機能します。

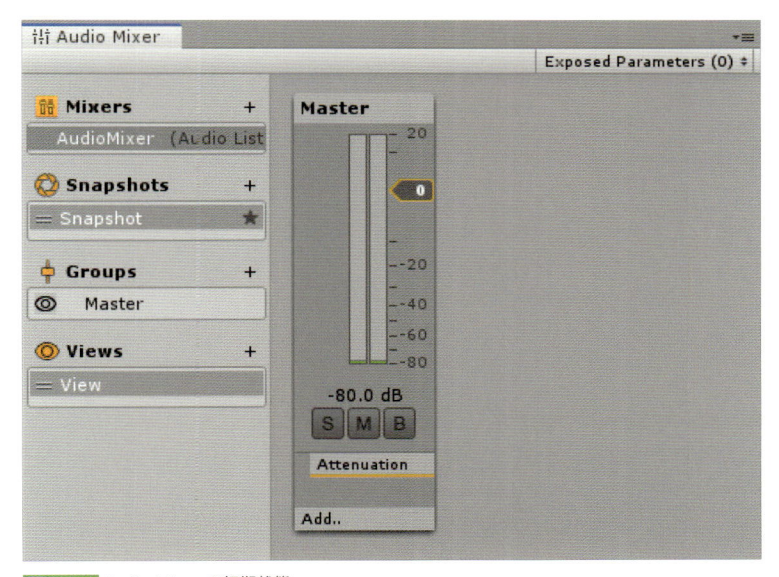

図 2-1-1 Audio Mixer の初期状態

1章4節で少し説明しましたが、Audio Source と同じゲームオブジェクトにアタッチするためのサウンドエフェクトコンポーネントも存在します。しかし、本書では使用せず、Audio Mixer 側のサウンドエフェクトを使います。その利点は、処理負荷の軽減です。

同じエフェクトを適用する Audio Source がシーン内にあったとき、それらを1本の音声にミックスしてから、1回だけエフェクトをかけるほうが、処理負荷の効率がはるか

によいからです。

　また Audio Mixer には、ある音が鳴ったら別の音の設定を変える「サイドチェーン」の仕組みが用意されています。この機能は、セリフが再生されている間だけ BGM の音量を下げる「ダッキング」という演出が最もわかりやすい利用方法です。詳しくは、4 節「ボリューム設定画面の実装」で解説します。

Audio Mixer のインスペクター

Audio Mixer の設定項目を解説します。

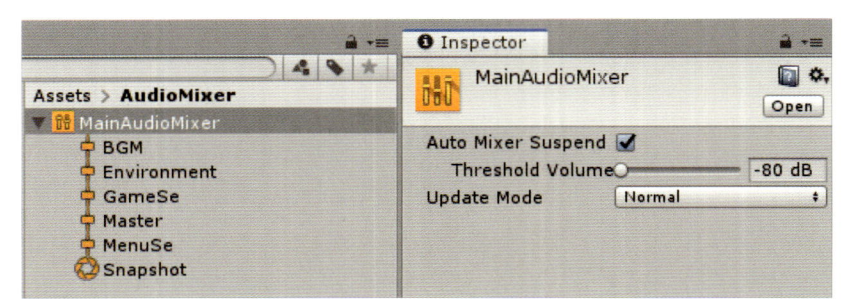

図 2-1-2 Audio Mixer のインスペクター画面

Auto Mixer Suspend と Threshold Volume

　「Auto Mixer Suspend」は、ボリュームをトリガとして Audio Mixer の処理を一時停止する機能です。

　Audio Mixer アセットは、シーンにその Audio Mixer を使用する Audio Source が存在したときに、自動的にロードされアクティブ化されます。そのため、Audio Mixer アセットが多数存在するプロジェクトの場合は、CPU の使用率が問題になることがあります。

　Auto Mixer Suspend は、Audio Source から送られてくる信号が指定ボリューム以下の場合、この Audio Mixer の処理を一時停止するオプションです。判定基準になるボリュームは、下の「Threshold Volume」パラメータに設定します。

　ただし、Audio Mixer でエコーや残響音が処理されている場合は、一時停止処理が遅延しますので、注意が必要です。

Update Mode

　後述する Snapshot の遷移処理における時間経過の設定です。「Normal」を設定すると、ゲーム内の時間設定（Time.timeScale）に合わせて遷移処理をします。「UnscaledTime」を設定すると、ゲーム内の時間設定を無視して実際の時間で処理します。

Audio Mixer Group の設定

　Audio Mixer 内に作成する、エフェクトやボリュームの設定を行う単位を「Audio Mixer Group」と呼びます。デフォルトでは「Master」が生成されています。

　すべての Audio Mixer Group の音声を「Master」グループへ経由させて、スピーカーへの最終出力とします。「あるグループでサウンドの処理を行ってから、次のグループ経

由させる」ことをルーティングと言います。

基本操作

　試しに、エコーエフェクトをかける Audio Mixer Group を追加してみましょう。
Audio Mixer ウィンドウの「Groups」の横にある「＋」マークから追加できます。

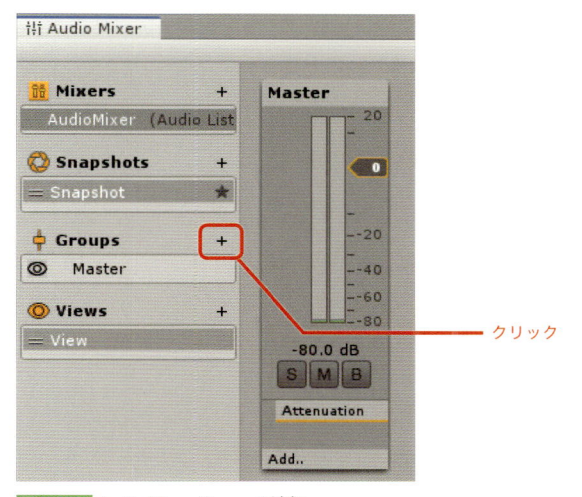

図 2-1-3 Audio Mixer Group の追加

　新規作成した Audio Mixer Group の名前は、ひとまず「Echo」としています。

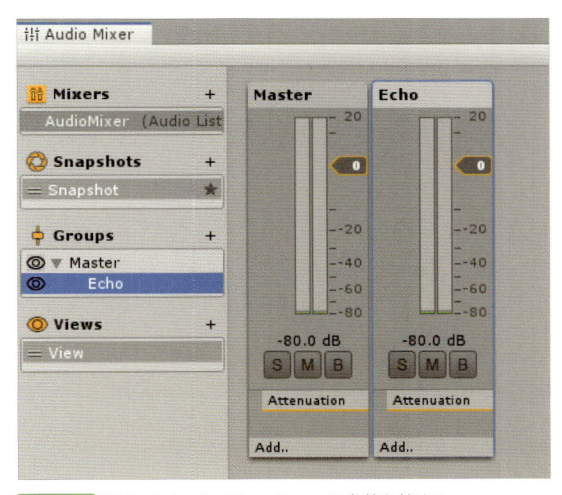

図 2-1-4 追加した Audio Mixer Group に名前を付ける

　この段階では、まだ「エコー用のグループ」ができただけです。下部の「Add..」をクリッ
クすると、追加できるエフェクトのドロップダウンメニューが表示されます。

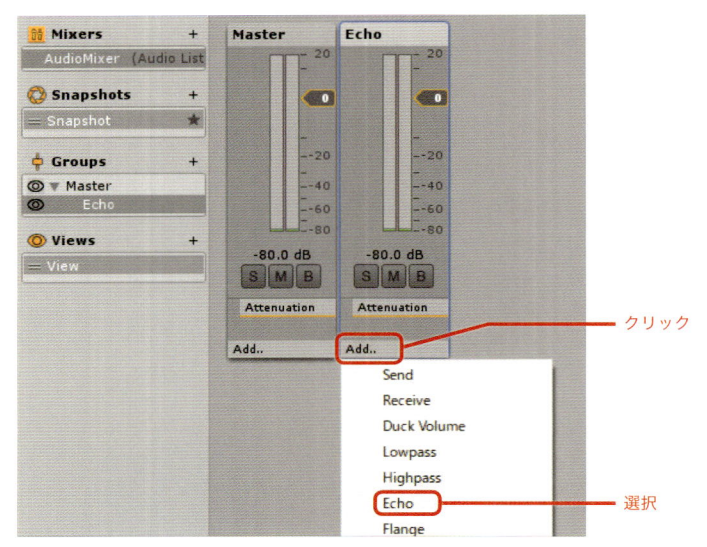

図 2-1-5 追加したグループに、エフェクトを追加

　その中からエコー処理を行うユニット「Echo」を選んでください。「Echo」という名前のユニットがこの Audio Mixer Group にアタッチされます。インスペクターから、Echo の詳細な設定を確認できます。

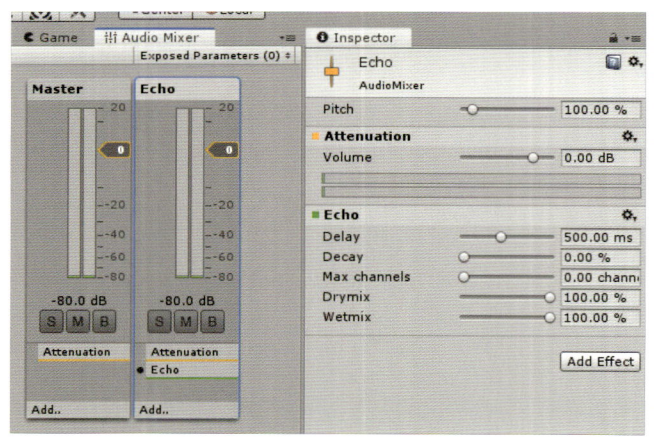

図 2-1-6 Echo のインスペクター画面

　この Audio Mixer Group を機能させるためには、特定の Audio Source の音がこの Audio Mixer Group へ流れるように設定します。設定は、Audio Source のインスペクター内の「Output」フィールドに、この Audio Mixer Group をドラッグ＆ドロップするだけです。

　もしくは、「Output」フィールドの隣にある「○」ボタンをクリックして、セレクトウィンドウから Audio Mixer Group を指定できます。

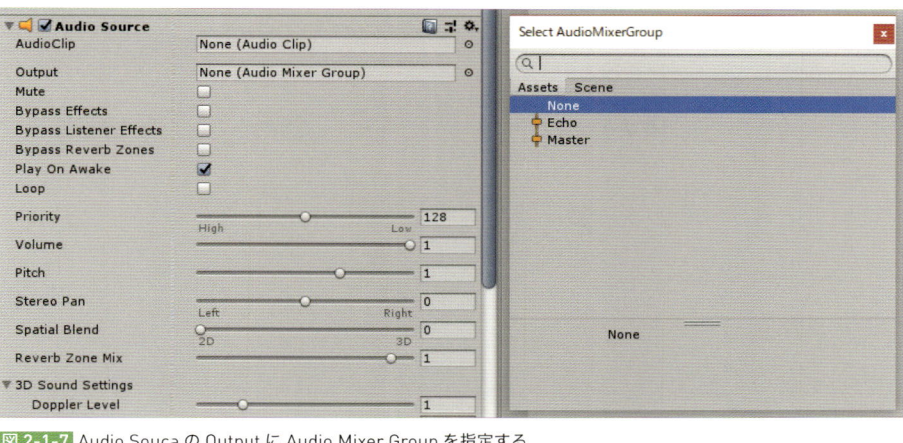

図 2-1-7 Audio Source の Output に Audio Mixer Group を指定する

　Audio Mixer ウィンドウを見ながら、この Audio Source を使って何か音を鳴らしてみてください。Echo の Audio Mixer Group のレベルメーターに反応が来ていて、音にエコーのエフェクトがかかっていたら成功です。

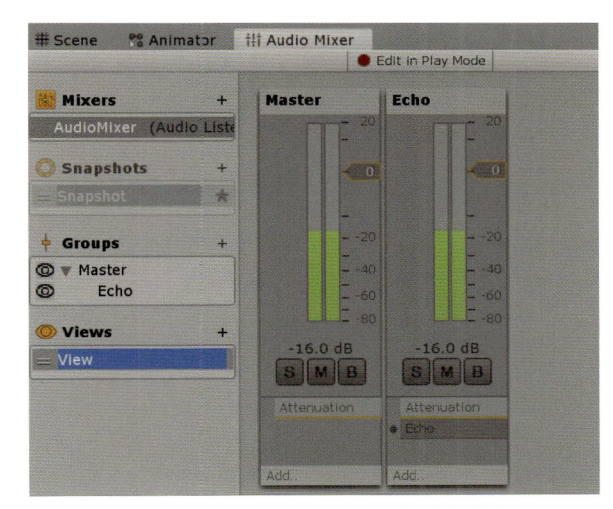

図 2-1-8 Echo の Audio Mixer Group を経由して音を鳴らす

● Audio Mixer Group のボタンとスライダー

　Audio Mixer Group のボタンとスライダーの機能は、次のとおりです。

表 2-1-1 Audio Mixer Group のボタンとスライダー

ボタン／スライダー	機能
Attenuation Fader（アテニュエーション フェーダー）	レベルメーターの隣についているオレンジ色のスライダーで、このAudio Mixer Groupを経由している音のボリュームをデシベル単位で操作
Sボタン（「ソロ」ボタン）	このグループに属するAudio Sourceのみの音声をMasterに通す
Mボタン（「ミュート」ボタン））	このグループに属するAudio Sourceの音声をミュート
Bボタン（「バイパス」ボタン）	このグループに設定しているすべてのエフェクトの処理を無効化

エフェクト名の隣の黒丸は、個々のエフェクトが有効かどうかを表示します。クリックすると、エフェクトのオン／オフが切り替わります。

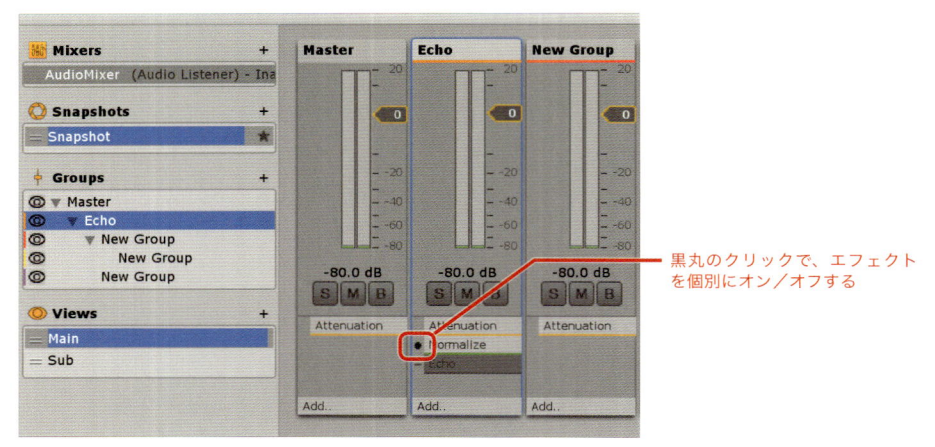

黒丸のクリックで、エフェクトを個別にオン／オフする

図 2-1-9 Audio Mixer Group のボタンとスライダー

Audio Mixer Group の階層構造と表示切り替え

Audio Mixer Group は、階層構造を持つことができます。階層は、Audio Mixer ウィンドウの左部分に表示されています。子要素のグループで行われた処理は、すべて親のグループへルーティングされます。たとえば、「セリフ」の Audio Mixer Group の子要素として「キャラ A」と「キャラ B」のグループを作っておけば、キャラクター別にボリューム調整をしつつ、セリフ音声の全体ボリュームを一括して調整できます。

Master は、Audio Mixer アセットごとに 1 つですので、すべての Audio Mixer Group は「Master」の子要素になっています。

SnapShot によるパラメータ設定の保存

Audio Mixer Group 内のすべてのパラメータ設定は、「Snapshot」を使って保存できます。Audio Mixer 内のパラメータの調整をゲーム内のシチュエーションに応じて作成して SnapShot として保存しておき、ゲーム実行中にスクリプトから切り替え処理を行います。

たとえば、「屋内シーン」と「屋外シーン」で各エフェクトやボリュームのバランスを変える処理を考えます。パラメータの違いを「House」と「Forest」のような 2 種類の Snapshot として保存しておき、ゲーム実行中になめらかに変化させることができます。この機能については、この章の 5 節で解説します。

Audio Mixer Group の表示切り替え

大量のグループを使用するプロジェクトの場合は、グループを一時的に非表示にできます。グループ名の左隣の目玉アイコンをクリックすると、非表示になります。非表示操作は、Editor 上の操作用オプションで、ゲーム実行時には影響しません。

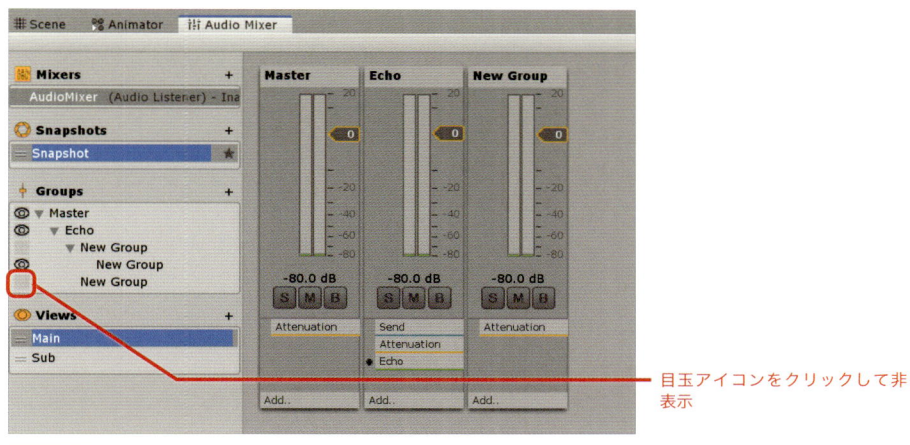

目玉アイコンをクリックして非表示

図 2-1-10 Audio Mixer Group の階層化と表示／非表示

View による表示設定の保存

View は、Audio Mixer Group の表示／非表示状態を保存しておける機能です。作業をしやすくするための機能であり、ゲーム側には影響ありません。

Audio Mixer Group をいくつか非表示にしたうえで、Views の「+」ボタンをクリックすると、新しい View が生成されます。グループが大量にある場合、用途に合わせた表示セットを View に保存しておくことで、確認が楽になります。

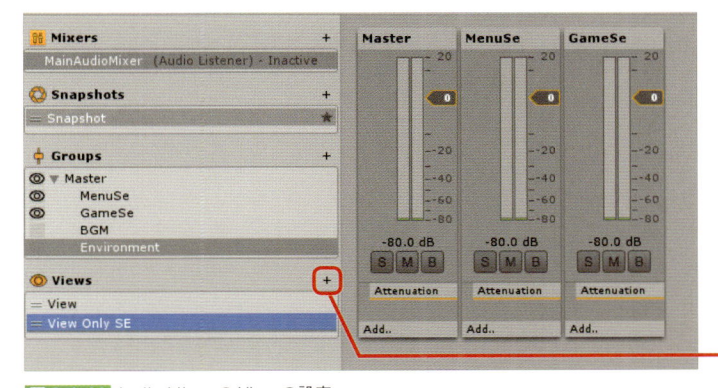

グループの表示／非表示を設定した後、プラスボタンをクリックする

図 2-1-11 Audio Mixer の View の設定

Audio Mixer Group の色分け

Audio Mixer Group は、色分けができます (非常に小さなエリアですが)。グループの名前部分か、目玉アイコンで右クリックすると色が選べます。

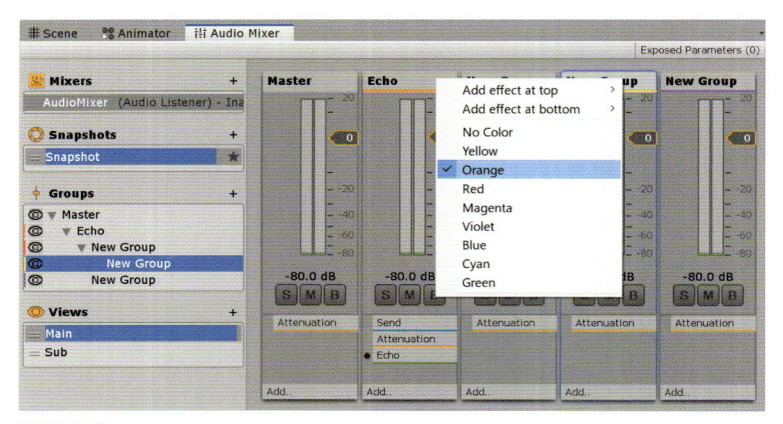

図 2-1-12 Audio Mixer Group に色を付けて整理できる

Audio Mixer Group のインスペクター

　Audio Mixer Group それぞれの詳細な設定は、インスペクターから行います。グループにアタッチできる各部品を「ユニット」と呼びます。

　右下の「Add Effect」ボタンで、1つのグループに複数のサウンドエフェクトユニットを設定できるほか、上下の順を入れ替えると、エフェクトがかかる順序や信号を受け取るタイミングを調整できます。エフェクトは、上から順番に適用されます。

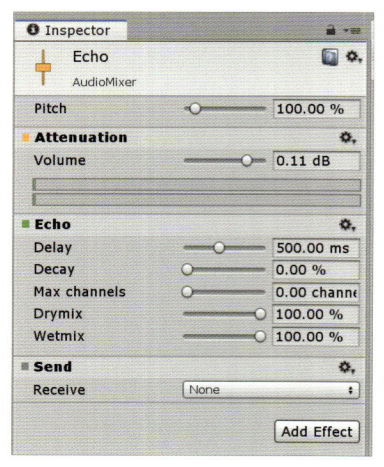

図 2-1-13
Audio Mixer のインスペクターで、複数の「ユニット」をアタッチできる

インスペクターヘッダー

　インスペクターヘッダーは、Audio Mixer Group のインスペクターの一番上の部分です。このグループの名称と、ピッチ変更のオプションを持ちます。ピッチ変更のスライダーを変化させると、このグループを経由する音のピッチが変化します。

　また、インスペクターヘッダーは Unity Editor のゲーム実行中にのみ「Edit in Playmode」ボタンが表示されます。このボタンは名前のとおり、ゲーム実行状態でグループのパラメータが操作可能になるオプションです。このモード中は、ゲーム実行が終わっ

てもパラメータ操作が残ります。すなわち、**設定を上書きします**ので、利用前によく確認しましょう。

　なお、Edit in Play Mode ボタンは、Audio Mixer ウィンドウ側にもあり、機能は同じです。

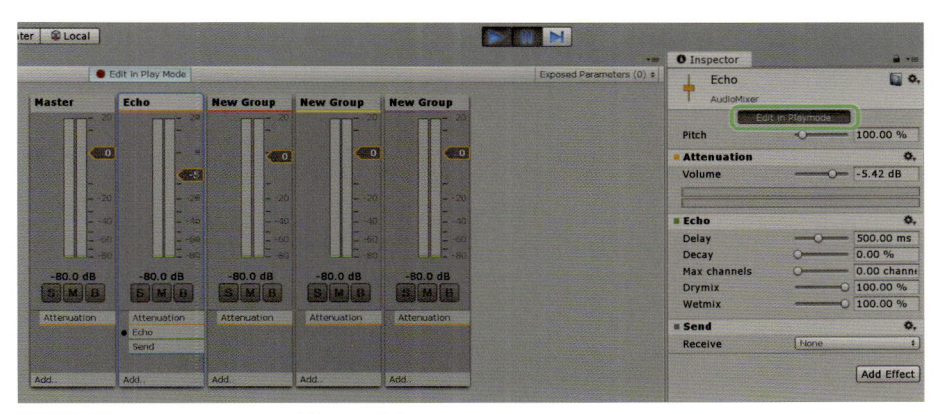

図 2-1-14 「Edit in Playmode」を有効にした状態

● Attenuation ユニット（減衰ユニット）

　このグループを通過する音に対して、ボリューム調整をするユニットです。「20dB 〜 − 80dB（無音）」の間で変更できます。

● Audio Effect ユニット

　グループにアタッチできるサウンドエフェクトを、Audio Effect ユニットと呼びます。使用できるエフェクトユニットは、以下のとおりです。

Low Pass Effect

　ローパスフィルタです。LPF とも言われます。パラメータ Cutoff freq に設定した値よりも高い周波数をカットします。もう 1 つのパラメータ Resonance は、カットした指定周波数を強調するためのパラメータです。「10」になるほど音が強調され、音が鋭くなります。

　設定単位は Q 値（Quality factor）で、サウンドエフェクトの影響を受ける周波数の範囲の大きさを設定します。

High Pass Effect

　ハイパスフィルタです。パラメータ Cutoff freq に設定した値よりも低い周波数をカットします。

Echo Effect

　エコー効果を付与します。Delay で音の遅れ具合、Decay でエコーの減衰割合を指定します。単位は ms です。Drymix で元の音の音量、Wetmix でエコー信号の音量をそれぞれ設定できます。

Flange Effect

音に波打つような「うねり」を加えることができます。扇風機に向かって声を出す遊びがありますが、アレに近い形で音が変化します。Drymix で元の音の音量、Wetmix でフランジャー信号の音量をそれぞれ設定できます。

Distortion Effect

音をざらざらとした感触に歪ませることができるエフェクトです。「品質の低い無線機」のような効果を与えることができます。Level パラメータで、歪みの大きさを指定します。

Normalize Effect

音量を正規化します。このエフェクトで音割れの発生を防ぐことができます。デフォルトでは Maximum amp の値が「20.00 x」になっており音量が大きくなるので、「1.00 x」にしてから使います。

Parametric Equalizer Effect

特定周波数帯の増幅や減衰を行います。

Pitch Shifter Effect

ピッチ変更のフィルタです。Audio Mixer Group に標準でついているピッチ変更機能より細かな設定ができます。

Chorus Effect

コーラスの効果を得ることができます。フランジャーより大きく波打つ音が作れます。3 つまでのコーラス信号を出力でき、それぞれの音量を個別に指定できます。

Compressor Effect

コンプレッサーは、ダイナミックレンジを調整して大きな音の音量を減衰し、小さな音を増幅して平坦化します。

SFX Reverb Effect

さまざまなリバーブ効果を設定できます。洞窟や広い部屋で声が響いている効果を付けることができます。

Lowpass Simple Effect ／ Highpass Simple Effect

ローパスフィルタ／ハイパスフィルタのシンプル版です。設定が少ない分、動作が軽いと言われています。

● Send ／ Receive ユニット

Audio Mixer Group の標準設定では、エフェクトの処理結果は親のグループへ渡されます。Send ユニットと Receive ユニットは、処理結果を任意のグループにルーティングできる仕組みです。

Recive は、信号を受け取る側のユニットです。Recive は、エフェクトユニットより上の位置で作成します。Send ユニットは、信号を送る側のユニットです（Unity のバージョンによっては「BJS」と表示される）。Send は、ユニットの一番下にアタッチされることがほとんどです。

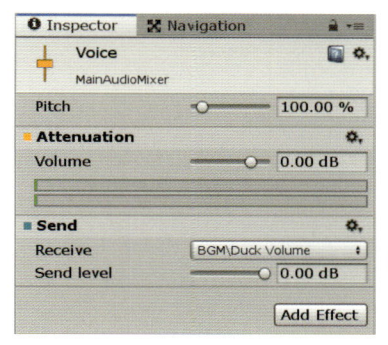

図 2-1-15
Send ユニットをアタッチした
Audio Mixer Group のインス
ペクター

　Send ユニットのインスペクターで、どの Receive へ信号を流すかを指定でき、Send level スライダーでどのくらい信号を流すかを設定できます。この機能の具体的な利用方法は、この章の 5 節「ダッキング」で解説します。

　なお、「Unity 2019.1.8f1」より古い一部のバージョンでは、不具合によりインスペクター側の Send level スライダーが機能しません（0dB 設定でも信号が送られません）。Send level は、Audio Mixer ウィンドウの Send ユニット表示を左右にドラッグすることでも変更できますので、バグに遭遇した場合はこちらを使用します。

Duck Volume ユニット

　Send が付いているグループから送られてきた信号をもとに、音量を操作します。詳細は、この章の 2-5 節の「セリフが再生されたときに BGM の音量を自動で下げる（ダッキング）」で説明します。

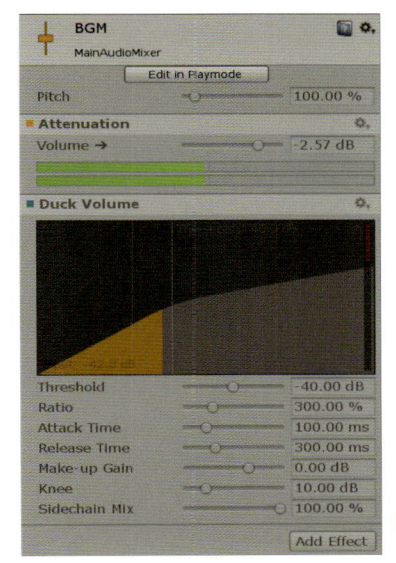

図 2-1-16
Duck Volume ユニット

パラメータをエクスポーズしてスクリプトから操作する

Audio Mixer を使った各フィルターのユニットは「コンポーネント」ではないため、そのままではスクリプトから直接操作できません。Audio Mixer Group 中の操作可能なパラメータを定義する「エクスポーズ（抽出）」を行う必要があります。

たとえば、あるグループに設定した Echo フィルターの Decay パラメータをスクリプトから操作したい場合、インスペクターのパラメータの上で右クリックをして「Expose」を選択します。

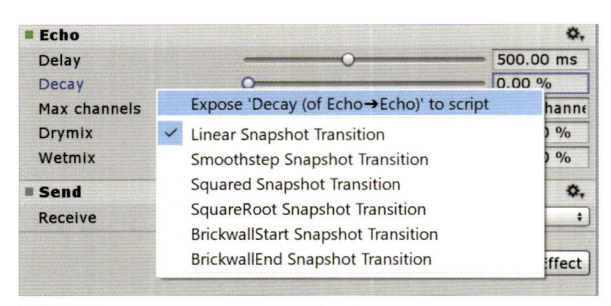

図 2-1-17 フィルターのパラメータをエクスポーズして、スクリプトから使用可能にする

エクスポーズ操作では、遷移先の数値がパラメータへ渡されたときに、現在の値からどのように遷移するかを指定できます。図 2-1-17 で選んでいる「Linear Snapshot Transition」は、数値が直線的に遷移します。

グループ内でエクスポーズされているパラメータには、「→」マークが付きます。エクスポーズされたパラメータは、Audio Mixer ウィンドウの右端にある「Exposed Parameters」から確認できます。

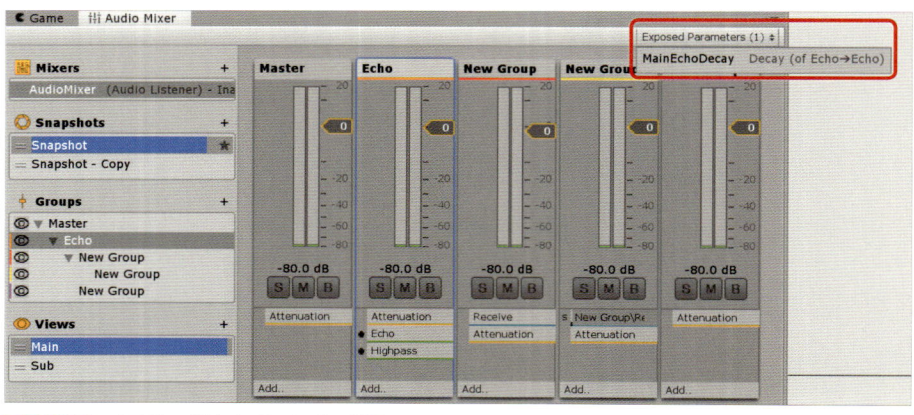

図 2-1-18 エクスポーズされたパラメータの確認

エフェクトユニット以外にも、Attenuation（ボリューム操作）や Audio Mxier Group のルートについている pitch を操作する場合も、このエクスポーズ操作を経由します。

エフェクトの Wet Mixing

「Wet Mixing」とは、エフェクトのかかり具合を個別に設定できるオプションです。どのくらいの音声信号をエフェクトにより処理させるかを数量で調整できます。

デフォルトでは、各エフェクトユニットごとの制御は「オン」と「オフ」のみが可能です。Wet Mixing を有効にすると、エフェクトユニットごとにエフェクトのかかり具合を調整できます。

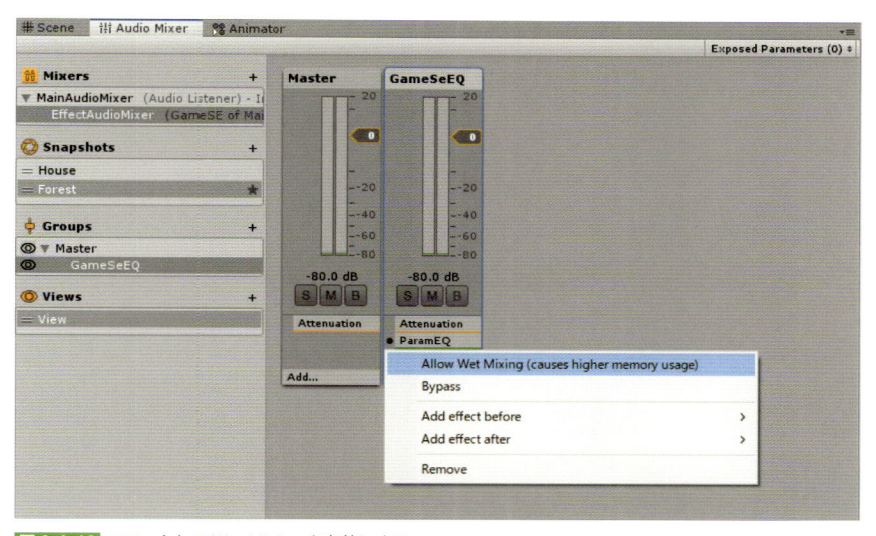

図 2-1-19 エフェクトの Wet Mixing を有効にする

ただし、UI 上でも警告されているとおり、Unity の Wet Mixing システムはメモリを多く消費します。オンにすると、エフェクトをかけた信号（Wet）とエフェクトをかけなかった信号（Dry）の 2 本が生成され、指定された割合でミックス処理を行うためです。

なるべくこのオプションは使用せず、Audio Mixer Group を分けて Attenuation のパラメータを使って調整するなどの手段を取りましょう。

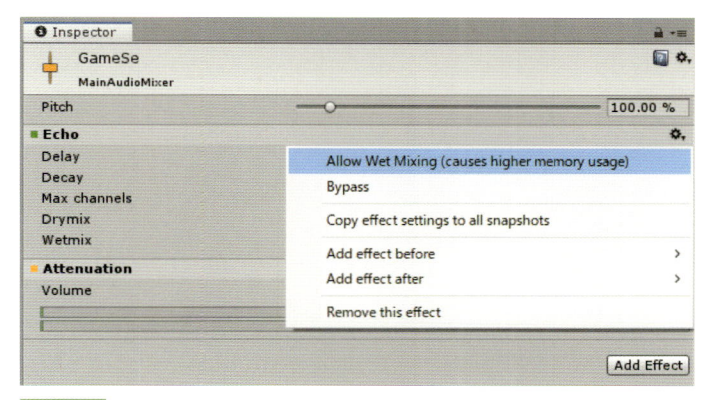

図 2-1-20 Wet Mixing のメニュー

Audio Mixer クラスのメソッドとプロパティ

Audio Mixer の機能をスクリプトから利用するためのメソッドとプロパティをまとめておきます。

表 2-1-2 Audio Mixer クラスのメソッド

メソッド	機能
SetFloat	エクスポーズされたパラメータに対して値をセット
GetFloat	エクスポーズされたパラメータの値を取得
ClearFloat	エクスポーズされたパラメータを初期値に戻す
TransitionToSnapshot	複数のAudioMixerSnapshotをミックスしたい場合に使用。AudioMixerSnapshotの配列、ミックスのウェイト値、遷移時間を指定する
FindSnapshot	指定した名前のSnapshotがあるかどうかを検索

表 2-1-3 Audio Mixer クラスのプロパティ

変数	機能
AudioMixer.outputAudioMixerGroup	このAudio MixerがどのAudio Mixer Groupにルーティングするかの設定

AudioMixerSnapshot クラスのメソッド

SnapShot は、スクリプトからは AudioMixerSnapshot クラスのオブジェクトとして扱うことができます。

表 2-1-4 AudioMixerSnapshot クラスのメソッド

メソッド	機能
TransitionTo	指定したSnapShotに遷移。引数に何秒かけて遷移するかを指定

2-2　Audio Settings の機能

　Audio Settings は、このプロジェクト全体の Unity Audio の設定を行うセクションです。Unity Editor の「Project Settings → Audio」から、現在の設定を確認できます。

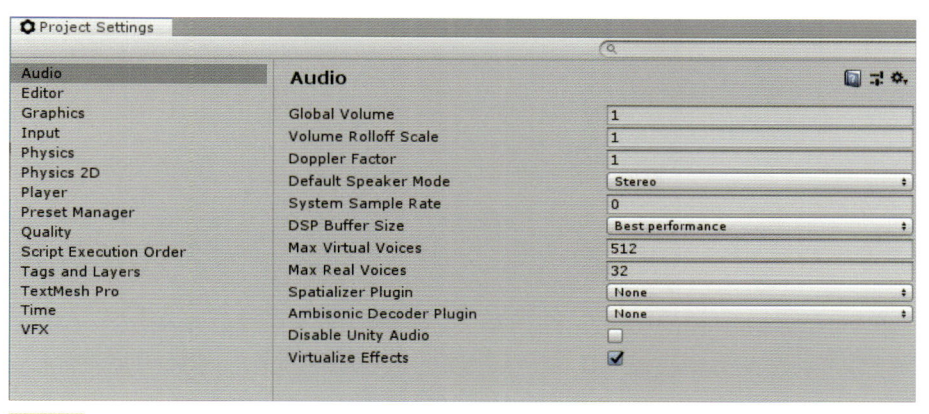

図 2-2-1 Audio Settings の設定画面（Unity 2018.3 以降）

　Unity 2018.2 より古いバージョンでは、「Audio Manager」という名称でインスペクターに表示されます。設定できる内容は同じです。

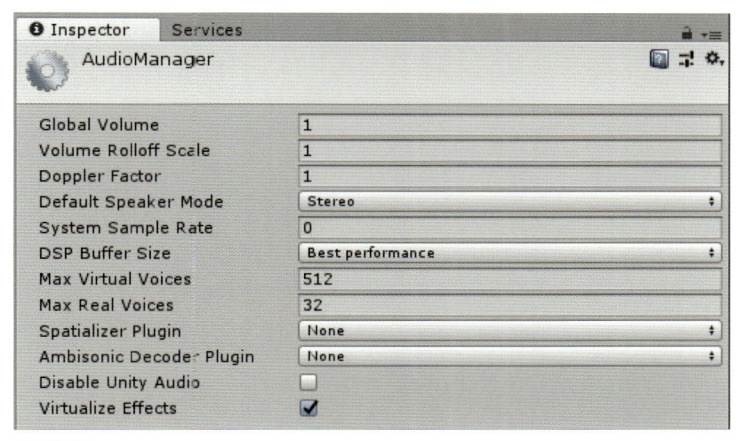

図 2-2-2 Audio Manager の設定画面（Unity 2018.2 以前）

Audio Settings の設定項目

　Audio Settings の設定画面を順番に解説します。

Global Volume

　その名のとおり、ゲーム全体のボリューム設定です。ゲーム内で変更できる音量オプションでの変更は、Audio Source 側や Audio Mixer で行うほうが一般的です。

Volume Rolloff Scale

距離減衰処理を行うときの、プロジェクト全体の「減衰ロールオフ係数」を設定します。この値が高いほど音量の減衰速度が上がり、低いほど減衰速度は下がります。

Doppler Factor

Audio Source でドップラー効果を使用しているときの強さを指定します。0 を指定すると完全にオフになり、1 に近づけるとドップラー効果が強くなります。

Default Speaker Mode

名前のとおりデフォルトのスピーカーモードを指定します。モノラルやステレオ、5.1ch などのスピーカータイプが設定できます。

System Sample Rate

ゲームの最終出力時のサンプリング周波数を指定します。「0」の場合、プラットフォームごとのデフォルト設定になります。デフォルト設定は、PC やハイエンド機は「48,000Hz」、iOS/Android は「24,000Hz」です。

このため、スマートフォン向けにビルドしたときに音質が違って聞こえる場合は、この項目を 48000 に設定するとよいでしょう。

DSP Buffer Size

再生レイテンシーに関係する設定です。Android など、音が遅延しやすい環境での開発の場合、このパラメータを調整します。

Best Latency 設定を使うと遅延は多少改善しますが、CPU 負荷が増大するほか、ノイズが発生しやすくなります。

表 2-2-1 再生レイテンシー関連の設定（DSP Buffer Size）

設定値	意味
Default	デフォルト
Best Latency	パフォーマンスの低下と引き換えにレイテンシーを抑える
Good Latency	バランス
Best Performance	レイテンシーの増加と引き換えにパフォーマンスを改善する

Max Virtual Voices

Unity 内部で管理可能なサウンド再生リクエストの数です。これを超えると、再生リクエストそのものがキャンセルされます。スクリプトからは、numVirtualVoices で取得できます。

Max Real Voices

実際に同時再生が可能な数です。ハードウェアによっては、固定されている場合があります。Audio Source で再生優先度を指定したときは、この範囲内で管理されます。

Spatializer Plugin

VR 向けの設定です。次の 3 章で詳しく紹介します。

Ambisonic Decoder Plugin

同様に VR 向けの設定です。次の 3 章で詳しく紹介します。

Disable Unity Audio

4 章で紹介するサウンドミドルウェアを使う際に、Unity Audio の動作を停止させるオプションです。ただし、録音系の機能もいっしょに止まってしまうため、マイク機能などを使う際は、このオプションをオフにしてはいけません。

Virtualize Effects

CPU 負荷を下げるため、サウンドエフェクトや VR 用のサウンド処理（Spatialize）を動的にオフにするオプションです。

Audio Settings クラスのメソッド

Unity Audio の設定をスクリプトから取得したり変更する場合は、AudioSettings クラスを経由します。Unity Audioの設定はプロジェクトで単一のため、すべて static メソッドです。

GetConfiguration

現在のオーディオ設定を GetConfiguration 構造体で取得します。

Reset

AudioConfiguration 構造体で用意した設定パラメータを反映させることができます。実行すると、現在再生中のサウンドはすべて停止します。bool の戻り値を持ち、設定に失敗した場合は false が返ります。

指定された設定になるべく沿うように処理されますが、デバイスの状況によっては指定が無視されます。

AudioConfiguration 構造体のフィールドは、次のとおりです。

表 2-2-2 AudioConfiguration 構造体のフィールド

フィールド	内容
dspBufferSize	DSPバッファーサイズ
numRealVoices	実際に再生される同時再生数
numVirtualVoices	管理できる同時再生数
sampleRate	出力時のサンプリングレート周波数
speakerMode	モノラル、ステレオなどのスピーカーモード

GetDSPBufferSize

サンプル内でミキサーのバッファサイズを取得します。

GetSpatializerPluginName

現在実行されている Spatializer Plugin の名前を返します。次の 3 章で詳しく紹介します。

GetSpatializerPluginNames

現在のプラットフォームで有効な Spatializer Plugin の名前をすべて返します。次の 3 章で詳しく紹介します。

Audio Settings クラスのプロパティ

Audio Settings をスクリプトから参照したり、変更するためのプロパティをまとめておきます。すべて static プロパティです。

speakerMode

再生時のスピーカーの数を指定します。

driverCapabilities

現在の環境における最大チャンネル数を取得します。AudioSpeakerMode 列挙型で数値が取得できます。「Mono」が 1 チャンネル、「Stereo」が 2 チャンネル、「Mode5point1」が 5.1 チャンネルを示します。

dspTime

Unity がサウンド処理を初期化した直後からカウントしているタイマーです。Audio Source.PlayScheduled メソッドなどで、正確なタイミングで音の処理を行いたい場合に利用します。

サウンドシステムが処理している実際のサンプル数に基づくため、Time.time プロパティから取得される時間よりも正確です。

outputSampleRate

現在の出力サンプリングレートを取得します。

Audio Settings クラスのデリゲード

Audio Settings クラスには、設定変更が行われた際に別の処理を呼び出すためのデリゲートが用意されています。

OnAudioConfigurationChanged

Unity Audio の設定が変更されたタイミングで呼ばれるデリゲートです。パラメータ「deviceWasChanged」は、たとえば OS 側の設定などにより、外部のデバイスが変更された場合に true が入ります。Reset メソッドでスクリプトから変更した場合は、false が入ります。

AudioConfigurationChangeHandler

OnAudioConfigurationChanged のイベントハンドラです。

Profiler を使ったサウンド処理負荷の確認

　Unity Editor で実行中の動作をビジュアライズできる「Profiler」には、サウンドの再生状況が確認できる「Audio」の項目があります。「Window → Analysis → Profiler」から Profiler ウィンドウを起動して、「Audio」項目を見てみましょう。

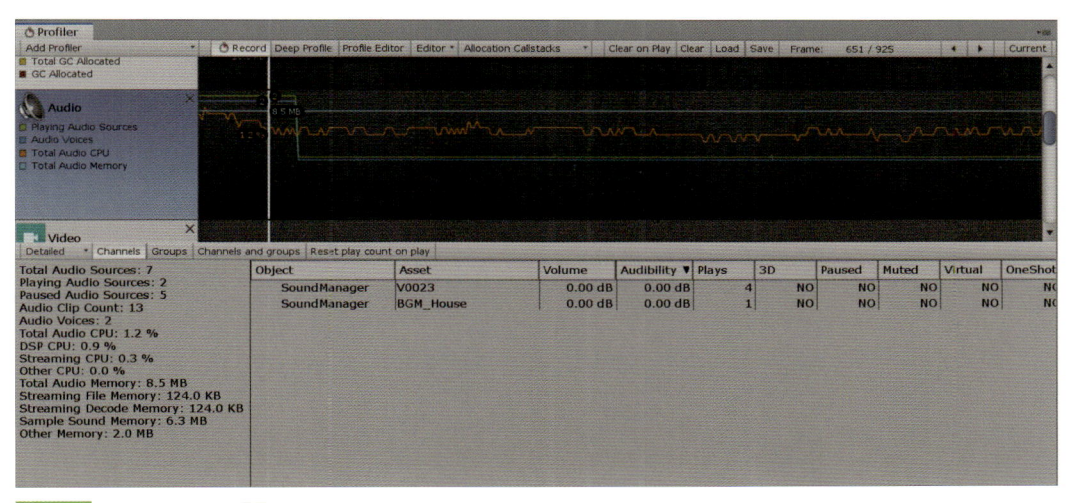

図 2-3-1 Profiler の Audio 項目

　Audio 項目のグラフは、「現在再生している Audio Source の数」「同時に再生している Audio Clip の数」「CPU 負荷」「メモリ使用量」が確認できます。下部の詳細ウィンドウでは、「現在読み込まれている Audio Clip の数」と「ストリーミング再生で使用されているメモリ使用量」などが確認できます。

　表示設定を「S mple」から「Detailed」に変更することで、より細かな監視が可能です。「Channels」タブでは、「現在鳴っている Audio Clip の名前と関連するゲームオブジェクト」「ボリューム」「再生回数」など大量のパラメータが確認できます。

　「Groups」タブでは、Audio Mixer Group ごとのボリュームなどが確認でき、「Channels and Groups」タブでは、現在鳴っている音声をグループごとに分類した状態で閲覧できます。

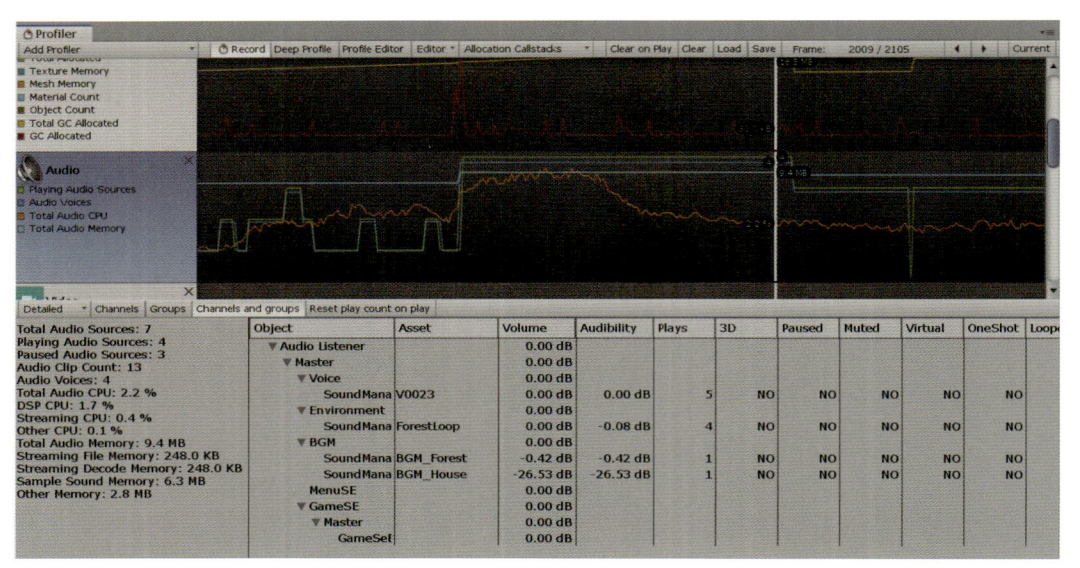

図 2-3-2 「Detailed」設定で、さらに詳細を確認

　　Audio を選択しているときの詳細画面の左側で、CPU 負荷が確認できます。「DSP CPU」は音声デコード時の CPU 負荷を示し、「Streaming CPU」は、ストリーミング再生のために費やしている CPU 負荷を示します。音が多く鳴る場面では、Profiler のこの項目を確認しましょう。

2-4 ボリューム設定画面の実装

　ほとんどのゲームには、ボリューム設定のオプションがあり、BGM やセリフなどのジャンルごとに音量を自由に決定できます。この節では、Unity の Audio Mixer 機能を使って、ゲームによくある「ボリューム設定画面」を作ります。

　Audio Mixer は、Audio Source の出力結果をグループ化して、まとめてエフェクトをかけることができる機能です。「ボリューム」もエフェクトのうちに含まれているので、ボリューム設定画面を比較的簡単に実装できます。

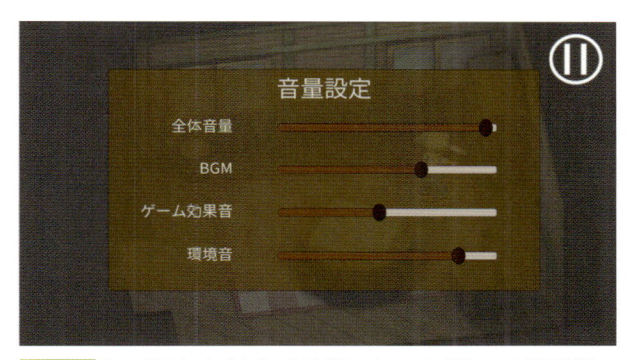

図 2-4-1 サンプルゲーム「ゆるっと林業せいかつ」のボリューム設定画面

Audio Mixer を用意する

　まずは、音量をコントロールするための「Audio Mixer」と「Audio Mixer Group」が必要です。サンプルゲーム「ゆるっと林業せいかつ」には、Assets/AudioMixer ディレクトリに Audio Mixer「MainAudioMixer」が用意してありますので、これを開いてみましょう。

　Audio Mixer Group は、「Master」「MenuSE」「GameSE」「Environment」「BGM」「Voice」の 6 つが用意されています。

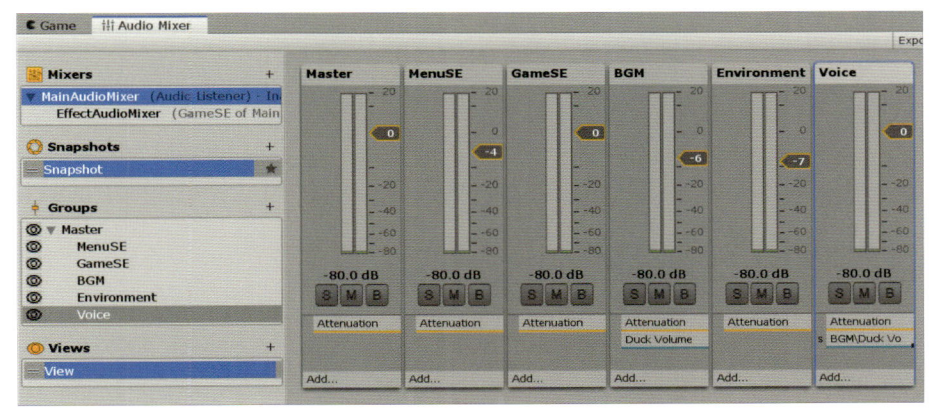

図 2-4-2 サンプルゲームの Audio Mixer

Audio Mixer Group を Audio Source に設定

「Master」以外の5つの Audio Mixer Group は、音の種類ごとにシーン内の Audio Source と紐づけられています。1章8節で「GameSePlayer」スクリプトによる、ドアの開閉音などゲーム SE の再生について解説しました。

Stage_House シーンの DoorTrigger ゲームオブジェクトを改めて見てみましょう。Audio Source の Output フィールドに、「GameSE」Audio Mixer Group が指定されています。

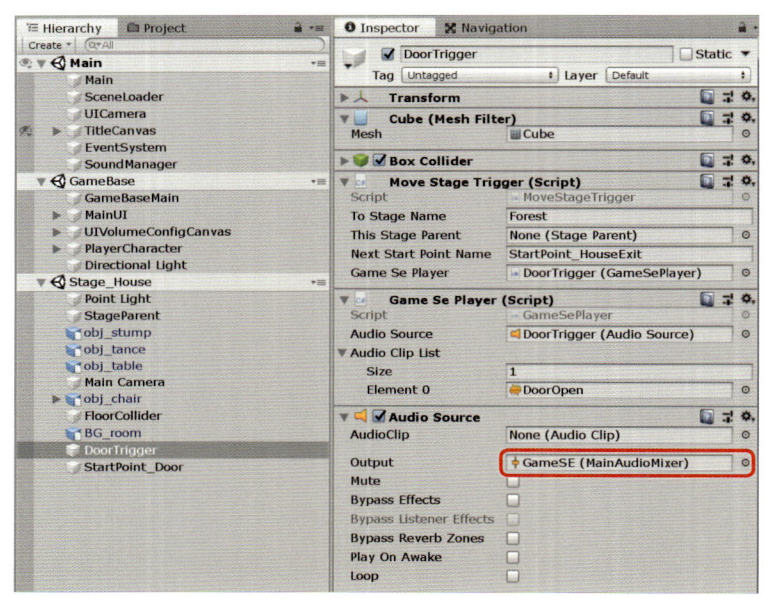

図 2-4-3 GameSE 用の Audio Source の Output を確認する

「output」に Audio Mixer Group を指定するにはドラッグ＆ドロップするか、フィールドの右の○ボタンから選択できます。

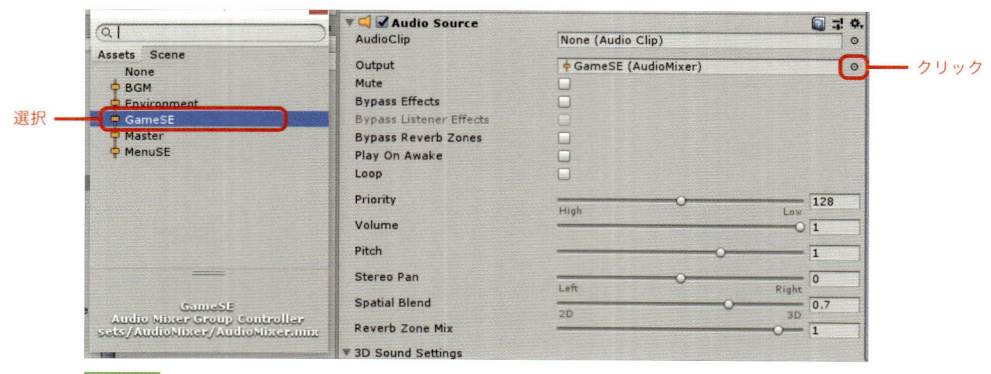

図 2-4-4 Audio Source の Output フィールドに GameSE の Audio Mixer Group を指定する

Game ウィンドウと Audio Mixer ウィンドウを両方表示しながら、Unity Editor を実

行してゲームを動かしてみましょう。キャラクターがドアへ近づいたときにドアを開ける音がしますが、そのとき「GameSE」のレベルメーターに音が来ていることを確認してください。

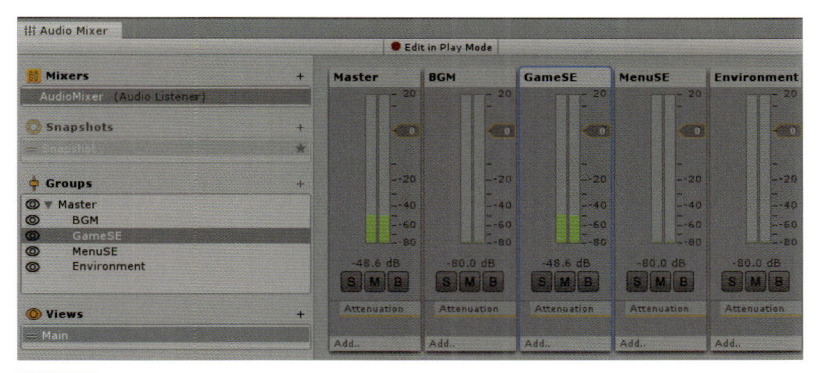

図 2-4-5 GameSE グループのレベルメーターを確認

　GameSE グループの「M」ボタンをクリックすると、ゲーム SE に属する音はミュートされます。ボリュームスライダーはデフォルトでは動かすことができませんが、「Edit in Play Mode」をクリックすると操作可能になります。ボリュームを上げ下げして効果を確かめましょう。ただし、「Edit in Play Mode」で操作した内容は、ゲームを停止しても残りますので注意しましょう。

スクリプトで Audio Mixer Group の参照を Audio Source に設定する

　足音やドアの効果音を再生する Audio Source は、シーンにインスタンスが保存されています。しかし、BGM 用、MenuSE 用、環境音用の Audio Source は、SoundManager .cs スクリプトがゲーム実行時に生成しています。これらについては、生成時に Audio Mixer Group を指定する処理を行います。

　まずは、SoundManager.cs を開き、次のフィールドを確認してください。

リスト2-4-1 SoundManager.csのAudioMixer、AudioMixerGroupフィールド

```
[SerializeField, HeaderAttribute("Audio Mixer")]
public AudioMixer audioMixer;
public AudioMixerGroup bgmAMG, menuSeAMG, envAMG, voiceAMG;
```

　これらのフィールドには、「Main Audio Mixer」と、各 Audio Mixer Group の参照が入っています。Main シーンを開き、SoundManager ゲームオブジェクトを選択して、インスペクターを確認します（HeaderAttribute はインスペクター内でタイトルを付けて見やすくするためのものです）。なお、「Voice」グループは後ほど使用します。

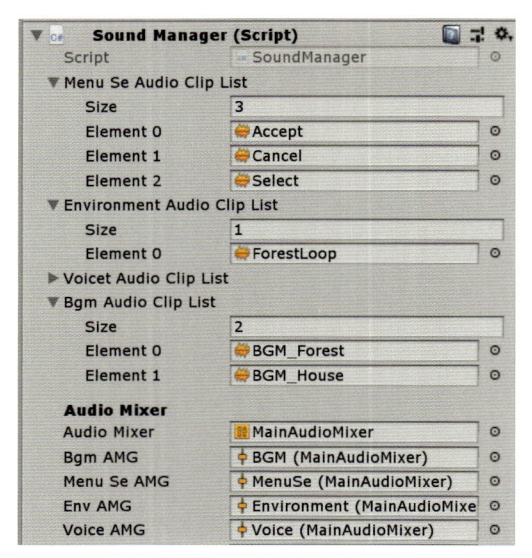

図 2-4-6 Audio Mixer Group を指定した SoundManager

これらのグループは、Audio Source 生成時に output へ渡しています。Sound Manager.cs の InitializeAudioSource メソッドでは、引数としてこれらの Audio Mixer Group を指定できるように作っています。引数にしていたグループは、outputAudio MixerGroup フィールドに代入されます。

リスト2-4-2 SoundManager.csのAudio Source生成メソッド

```
private AudioSource InitializeAudioSource(GameObject parentGameObject, bool isLoop
= false, AudioMixerGroup amg = null)
{
    var audioSource = parentGameObject.AddComponent<AudioSource>();

    audioSource.loop = isLoop;
    audioSource.playOnAwake = false;

    if (amg != null)
    {
        audioSource.outputAudioMixerGroup = amg;
    }

    return audioSource;
}
```

Awake メソッド内で行っているこれらのメソッドの呼び出し部分では、冒頭で SoundManager.cs のフィールドに追加した Audio Mixer Group の参照が指定されています。

リスト2-4-3 SoundManager.csのAwake()内の処理

```
private void Awake()
{
    （中略）
```

```
    menuSeAudioSource = InitializeAudioSource(this.gameObject, menuSeAMG);
    bgmAudioSourceList = InitializeAudioSources(this.gameObject, true, bgmAMG,
BGMAudioSourceNum;
    environmentAudioSource = InitializeAudioSource(this.gameObject, true, envAMG);

    （後略）
}
```

ゲームを実行すると、生成された Audio Source にそれぞれの Audio Mixer Group が指定されます。インスペクターで確認してみましょう。

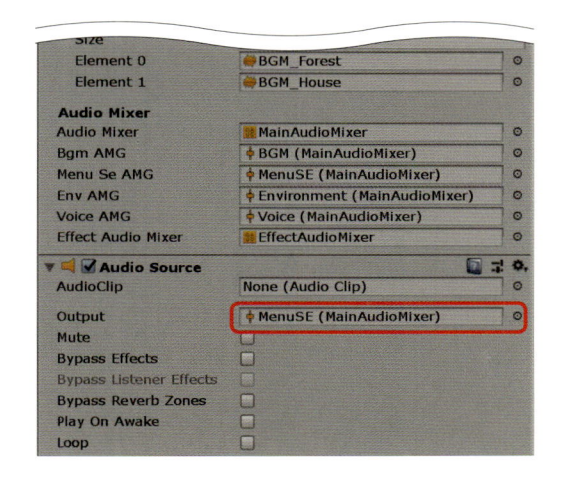

図 2-4-7 ゲーム実行中の SoundManager のインスペクター画面

Audio Mixer ウィンドウを確認しながら、プレイヤーキャラクターを操作して、各 Audio Mixer Group のレベルメーターが動いているかを確認しましょう。また、ゲームを実行したまま、各グループの「S」（ソロ再生）ボタン、「M」（ミュート）ボタンをクリックして、各オプションの動作を試してみましょう。

ゲーム中で鳴る音がジャンルごとにミュートできるだけでも、デバッグには大いに役に立ちます。

ボリュームスライダーとの紐づけ

次に、ゲーム内のボリュームスライダーと作成した Audio Mixer Group の動作を紐づけます。

この章の冒頭で紹介したように、Audio Mixer Group にある各ユニットのパラメータをスクリプトから操作するには、「エクスポーズ」という操作が必要です。ボリューム操作のために、各 Audio Mixer Group の Attenuation ユニットの Volume パラメータをエクスポーズします。

サンプルゲームでは、「Master」「GameSE」「BGM」「Environment」の 4 つの設定をエクスポーズし、それぞれ全体音量、ゲーム SE 音量、BGM 音量、環境音の音量変更パラメータとしています。

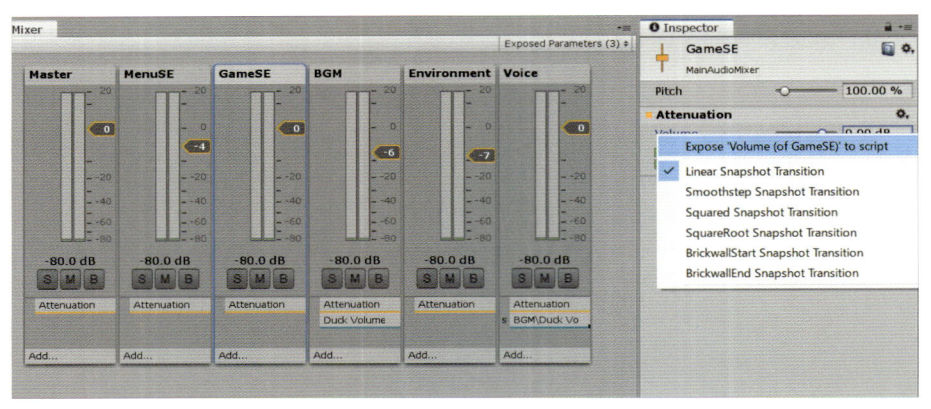

図 2-4-8 Volume パラメータのエクスポーズ

　エクスポーズ直後は、MyExposeParam などの名前が自動で作られます。これら
の名称をスクリプトから操作しやすいように、「BGMVolume」「GameSEVolume」
「MasterVolume」にそれぞれ変更してあります。

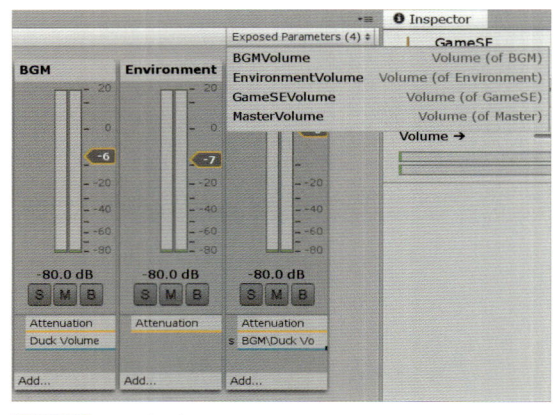

図 2-4-9 エクスポーズしたパラメータをわかりやすい名前に変更

　これらのパラメータに対して、AudioMixer.GetFloat メソッドで数値を取得し、Set
Float メソッドで数値を設定します。ただし、Audio Mixer はボリュームの単位がデシ
ベルです。そこで、「0 ～ 1」の Linear 値をデシベルに変換したり、その逆を行いながら
パラメータの設定を行う拡張メソッドを用意しました（デシベルについては、序章で紹介
しています）。

　Assets/Scripts/Audio に、AUdio Mixer クラスを拡張するスクリプト AudioMixer
Extensions.cs があります。

リスト2-4-4 AudioMixerExtensions.cs

```
using UnityEngine.Audio;

namespace SoundSystem
{
    public static class AudioMixerExtensions
    {
```

```
        public static float GetVolumeByLinear(this AudioMixer audioMixer, string
exposedParamName)
        {
            float decibel;

            audioMixer.GetFloat(exposedParamName, out decibel);

            if( decibel <= -96f )
            {
                return 0.0f;
            }

            return Mathf.Pow(10f, decibel / 20f);
        }

        public static void SetVolumeByLinear(this AudioMixer audioMixer, string
exposedParamName, float volume)
        {
            float decibel = 20.0f * Mathf.Log10(volume);

            if (float.IsNegativeInfinity(decibel))
            {
                decibel = -96f;
            }

            audioMixer.SetFloat(exposedParamName, decibel);
        }

    }
}
```

　GetVolumeByLinear で、デシベルから「0 〜 1f」の値に変換したボリューム値を取得します。SetVolumeByLinear で、「0 〜 1f」のボリューム値をデシベルに変換して指定したパラメータに渡します。

　SoundManager.cs には、これらの拡張メソッドを介して、別のスクリプトからボリューム値の設定、取得ができるプロパティを用意しました。

リスト2-4-5 SoundManager.csのAudio Mixer操作プロパティ

```
private const string MasterVolumeParamName = "MasterVolume";
private const string GameSeVolumeParamName = "GameSeVolume";
private const string BGMVolumeParamName = "BGMVolume";
private const string EnvVolumeParamName = "EnvironmentVolume";

（中略）

public float MasterVolume
{
    get { return audioMixer.GetVolumeByLinear(MasterVolumeParamName); }
    set { audioMixer.SetVolumeByLinear(MasterVolumeParamName, value); }
}
```

```
public float GameSeVolume
{
    get { return audioMixer.GetVolumeByLinear(GameSeVolumeParamName); }
    set { audioMixer.SetVolumeByLinear(GameSeVolumeParamName, value); }
}

public float BGMVolume
{
    get { return audioMixer.GetVolumeByLinear(BGMVolumeParamName); }
    set { audioMixer.SetVolumeByLinear(BGMVolumeParamName, value); }
}

public float EnvironmentVolume
{
    get { return audioMixer.GetVolumeByLinear(EnvVolumeParamName); }
    set { audioMixer.SetVolumeByLinear(EnvVolumeParamName, value); }
}

（中略）
```

最後に、このプロパティを UI 側の操作と紐づけます。ボリュームコンフィグ画面の UI 操作スクリプトは、「Assets/Scripts/VolumeConfigUI.cs」です。

ゲームの進行を管理する GameBaseMain クラスの Start オーバーライドメソッドで、これらの UI と SoundManager の操作を紐づけています。スライダーを動かすと、その値が各 Audio Mixer Group のボリューム値に反映されます。

サンプルゲームでは、ポーズ画面がそのままボリューム設定画面になっているのですが、ポーズ処理を呼んだ時に現在のボリュームパラメータを取得して、UI に反映させています。

リスト2-4-6 GameBaseMain.csのボリュームスライダーの初期化と値の反映

```
private void Start()
{
    （中略）

    volumeConfigUI.SetMasterSliderEvent(vol => SoundManager.Instance.MasterVolume =
vol);
    volumeConfigUI.SetBGMSliderEvent(vol => SoundManager.Instance.BGMVolume = vol);
    volumeConfigUI.SetGameSeSliderEvent(vol => SoundManager.Instance.GameSeVolume =
vol);
    volumeConfigUI.SetEnvSliderEvent(vol => SoundManager.Instance.EnvironmentVolume
= vol);
}

（中略）

public void Pause()
{
    IsPaused = true;
```

```
    playerCharacter.Pause();

    SoundManager.Instance.Pause();

    volumeConfigUI.Show();
    volumeConfigUI.SetMasterVolume(SoundManager.Instance.MasterVolume);
    volumeConfigUI.SetSeVolume(SoundManager.Instance.GameSeVolume);
    volumeConfigUI.SetBGMVolume(SoundManager.Instance.BGMVolume);
    volumeConfigUI.SetEnvVolume(SoundManager.Instance.EnvironmentVolume);
}
```

　　昨今のゲームにおいては、ボリューム設定のオプションはほぼ必須です。この実装を例にして、自身のプロジェクトにもぜひ導入してみてください。

2-5 サウンドエフェクトの利用

Audio Mixer は、エコーやリバーブ（残響）などのサウンドエフェクトを Audio Mixer Group 単位で処理します。サウンドエフェクトをうまく取り入れることで、ゲーム内の音の質感を向上でき、音に説得力が増します。

サンプルゲーム「ゆるっと林業せいかつ」では、家の中のシーンでリバーブをかけるようにしています。変化がわかりやすいように、かなりきつめのリバーブがかかっているので、洞窟内のような音になっています。

図 2-5-1 サンプルゲームの家の中のシーン

複数の Audio Mixer Group を使う

まずは、特定の音にエフェクトをかけてみましょう。サンプルゲームでは、音のカテゴリ分け用 Audio Mixer の「Main Audio Mixer」とは別に、エフェクト用の「Effect Audio Mixer」を用意しています。

Audio Mixer は、プロジェクトフォルダでは別々のアセットになっていますが、Audio Mixer ウィンドウでは階層構造を持っています。これについては、後ほど説明します。

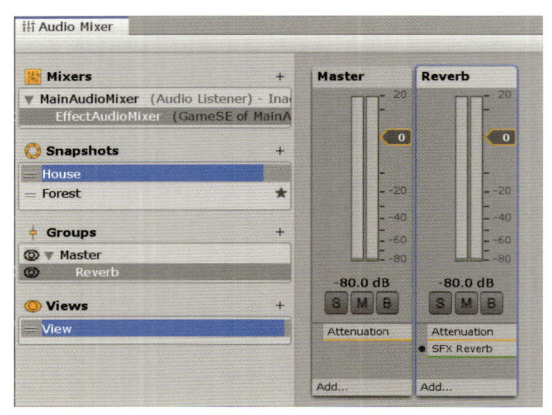

図 2-5-2 サウンドエフェクト用の Audio Mixer

Effect Audio Mixer には、リバーブ処理を行う Audio Mixer Group として「Reverb」を用意しています。エフェクトユニットは、「SFX Reverb」をアタッチしています。SFX Reverb のパラメータ設定は、図 2-5-4 のとおりです。

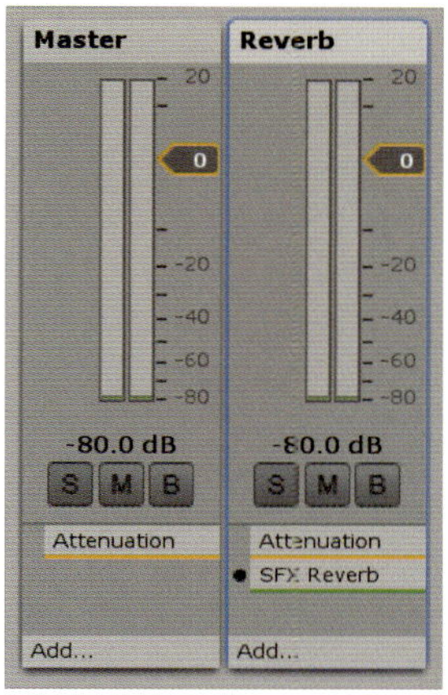

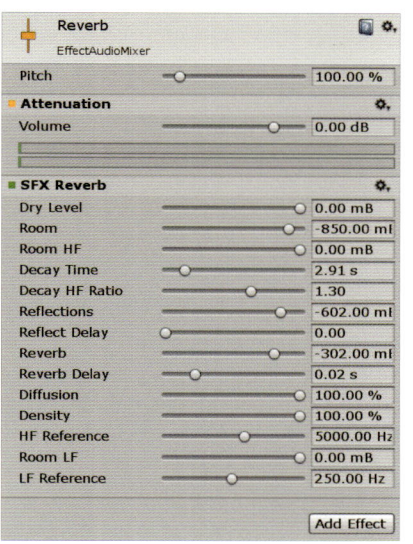

図 2-5-3
Reverb を用意した Audio Mixer

図 2-5-4 Reverb Audio Mixer Group のインスペクター

COLUMN

SFX Reverb の小技

　1 章 4 節で紹介した Audio Filter の Audio Reverb や、後述する Audio Reverb Zone には「Rocm（部屋）」「Cave（洞窟）」といったシチュエーションごとの残響プリセットがあります。しかし、なぜか Audio Mixer の SFX Reverb にはプリセットがありません。

　Reverb パラメータは数が多く、直感的に操作することが難しいため、参考値として Audio Reverb のパラメータを手でコピーして Audio Mixer でも使う手段があります。

▶ Audio Mixer 同士の処理をつなぐ

　Audio Mixer は、処理の結果である Master グループの信号を、別の Audio Mixer のグループに流し込んで処理を合成できます。具体例を紹介します。

　足音を再生する Audio Source は、GameBase シーンの PlayerCharacter オブジェクトにあります。この Audio Source の output フィールドへ、Effect Audio Mixer の「Reverb」の参照が入っています。

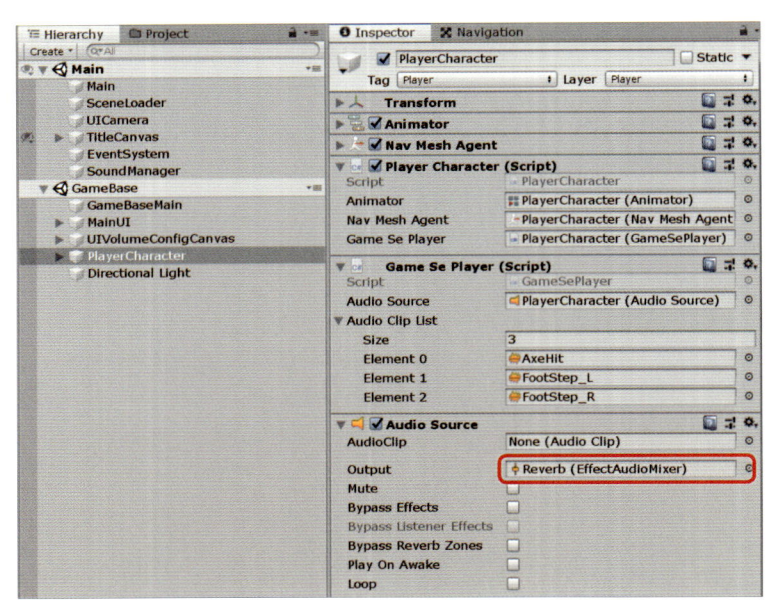

図 2-5-5 Reverb グループを設定した Audio Source

　PlayerCharacter ゲームオブジェクトの Audio Source には、4 節で作ったボリューム調整用 Audio Mixer のグループは指定していないのですが、「ゲーム SE」のボリューム設定の影響をちゃんと受けます。それは、Effect Audio Mixer でのサウンドエフェクト処理結果を、Main Audio Mixer の GameSE グループへルーティングを行っているためです。

　階層化の手順は、簡単です。新規に Audio Mixer Group を作ったあと、信号を渡す先の Audio Mixer の上にドラッグ＆ドロップします。「Select Output Audio Mixer Group」ダイアログが表示されるので、信号を渡したいグループを指定します。

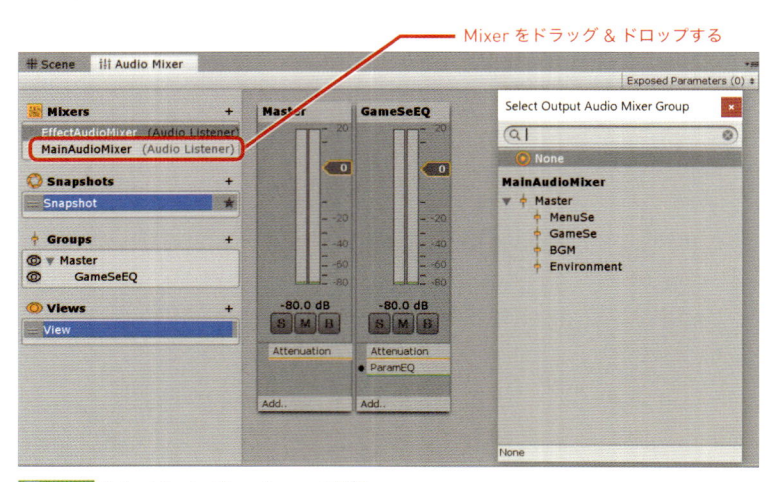

図 2-5-6 Output Audio Mixer Group の選択

　このダイアログは、ドラッグした Audio Mixer の出力結果を、ドロップ先 Mixer の

どの Group に流し込むかを決めるウィンドウです。今回は、エフェクトをかけた結果を「GameSE」グループに流したいので、このダイアログで「GameSE」を選択しています。これにより、Effect Audio Mixer は Main Audio Mixer の下の階層となっています。

　Effect Audio Mixer の隣に、薄い字で「GameSE of MainAudioMixer」と表示されています。これは、このミキサー内での処理が、どのミキサーの何のグループへルーティングされているかを示しています。

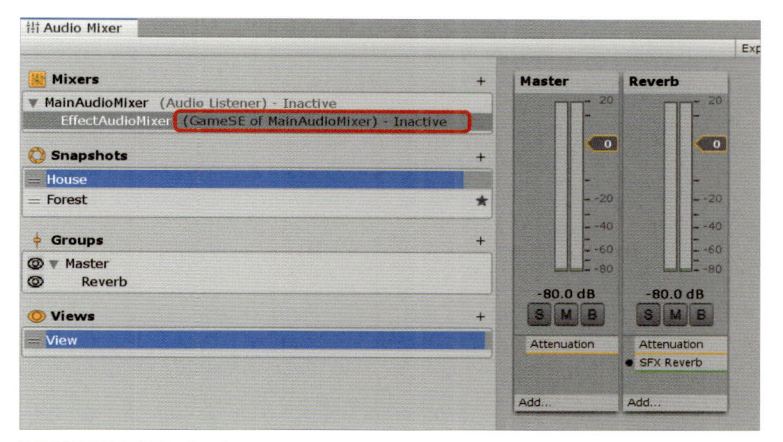

図 2-5-7 階層状態になった Audio Mixer

ゲームの場面に応じてエフェクトパラメータを切り替える

　サンプルゲームは家の中からゲームが始まり、この時点では足音にリバーブ処理がかかっています。ドアから外に出ると、リバーブはなくなります。これは、Audio Mixer の Snapshot 機能を使って実装しています。

　前節では「パラメータのエクスポーズ」を使い、スクリプトから各エフェクトユニットのパラメータを操作する方法を紹介しました。同じやり方でもエフェクトのかかり具合を自由に変更できますが、今回は「Snapshot」機能の例を紹介します。

Snapshot 機能とは

　Snapshot 機能は、各 Audio Mixer のパラメータを保存しておき、ゲーム実行中に切り替えができる機能です。「屋内」「屋外」「土の上」などのゲーム内のシチュエーションに合わせた複数パラメータのセットを作っておけば、複数のエフェクトにまたがってパラメータをまとめて切り替えできます。

　サンプルゲームでは、この Snapshot をステージごとに作成して、ステージ移動時に切り替えています。Snapshot は、Audio Mixer ウィンドウの左側中段にある「Snapshots」欄の＋ボタンから、新規作成できます。

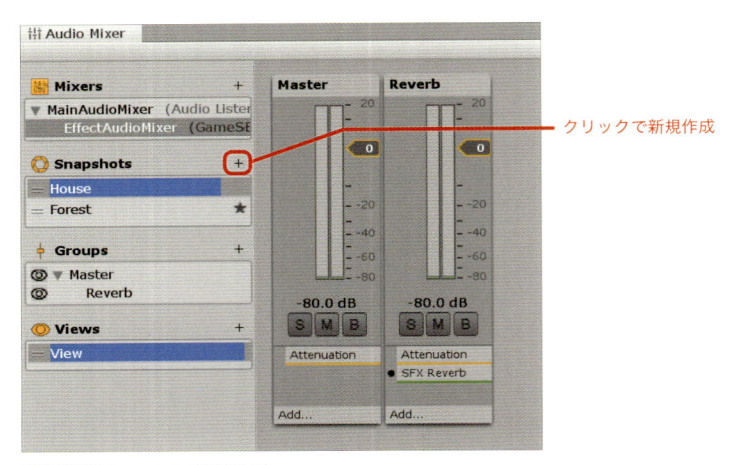

図 2-5-8 Snapshot の新規作成

　サンプルゲームには、「House」と「Forest」の 2 種類の Snapshot が用意されています。Reverb グループを選択して、インスペクターに SFX Reverb のパラメータが見えている状態で、Snapshot「House」と「Forest」を切り替えてみます。それぞれの Snapshot で、パラメータの数値が違なります。

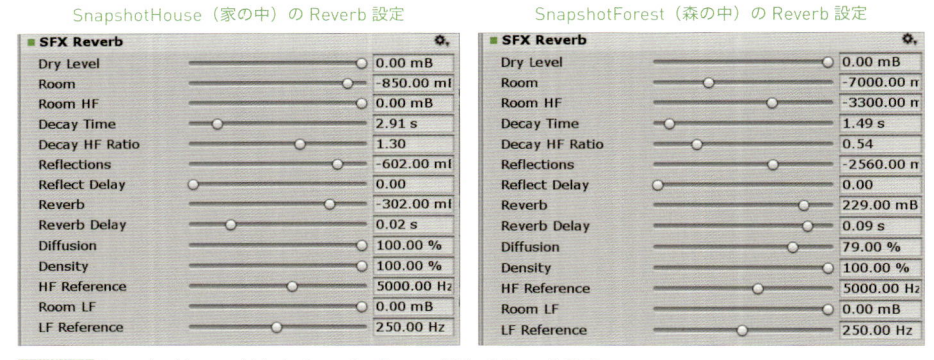

図 2-5-9 SnapshotHouse（左）と SnapshotForest（右）の Reverb 設定

　再び Unity Editor を実行し、SFX Reverb のパラメータを見ながら、キャラクターを外に出したり、家に入ったりを繰り返しましょう。2 つの設定の間を滑らかに変化します。

🟢 Snapshot をスクリプトから切り替える

　サンプルゲームでは、ステージを移動する際に Snapshot を変更しています 。Snapshot から別の Snapshot へ変化するスクリプトは次のとおりです。

　Snapshot の変更は、Snapshot クラス自体にある TransitionTo メソッドを使います。Audio Mixer から Snapshot が存在するかどうかを検索し、あった場合は TransitionTo メソッドを呼び出します。引数は、遷移を行う時間です。現在は、1 秒かけて変化する設定にしています。

```
public AudioMixer effectAudioMixer;

（中略）

public void ChangeSnapshot(string snapshotName, float transitionTime = 1f)
{
    AudioMixerSnapshot snapshot = effectAudioMixer.FindSnapshot(snapshotName);

    if (snapshot == null)
    {
        Debug.Log(snapshotName + "は見つかりません");
    }
    else
    {
        snapshot.TransitionTo(transitionTime);
    }
}
```

作成した ChangeSnapshot メソッドは、ゲーム内でステージを移動するタイミングで呼び出します。ステージ移動時にシーンをロードする処理は、GameBaseMain クラスの MoveStage メソッドで処理しています。

リスト2-5-2 GameBaseMain.csのステージ移動メソッド内でのSnapshot切り替え

```
public void MoveStage(string fromStageName, string toStageName, string
startPointName)
{
    （中略）

    SoundManager.Instance.ChangeSnapshot(toStageName);
}
```

サンプルゲームでは暗転中に切り替わりが処理されますが、なめらかにパラメータを切り替えることができますので、たとえば「平地から洞窟に入るタイミングでシームレスに残響を加える」といった表現も可能です。

🟩 Audio Mixer を分ける粒度

サウンドエフェクトのユニットは、ルートとなる Audio Mixer にグループを増やして処理させることもできます。たとえば GameSE グループの下の階層に「エフェクトあり」「エフェクトなし」のグループを作り、Audio Source にそれぞれアタッチすることで、同じような処理ができそうです。ただし、エフェクト設定を個別に切り替えたい場合、Snapshot の組み合わせパターンが増えてしまうことがあります。

Audio Mixer の総数が少ないほうが処理の負荷は低いのですが、音ごとにエフェクトの切り替えを細かく行いたい場合は、その切り替え粒度ごとに Audio Mixer を分けてしまうほうが見通しがよくなります。

セリフが再生されたときに BGM の音量を自動で下げる（ダッキング）

ダッキングは、「何かの音が鳴ったことをトリガーに、ほかの音の音量を下げる」という操作を指します。たとえば、ボイスが再生されたときに、BGM の音量を下げる演出がこれにあたります。スクリプトを書かなくても、Audio Mixer の Send ユニットと Duck Volume ユニットを使うことで、この演出を簡単に実装できます。

セリフの再生処理を確認

まずは、サンプルゲームの SoundManager にあるセリフ音声再生処理を確認します。メニュー SE や環境音と同じように、セリフ再生用の Audio Source と、セリフの Audio Clip を格納する Audio Clip のリストがあります。PlayVoice メソッドは、第二引数に delayTime を渡すことができます。

今回は、ステージに入って数秒してからボイスが再生されて欲しいので、AudioSource.PlayDelayed メソッドを使って、再生時間をずらす処理を加えています。

```
リスト2-5-3 SoundManager.csのセリフ再生処理
public List<AudioClip> voiceAudioClipList = new List<AudioClip>();
private AudioSource voiceAudioSource;

private void Awake()
{
    （中略）

    voiceAudioSource = InitializeAudioSource(this.gameObject, false, voiceAMG);
}

public void PlayVoice(string clipName, float delayTime = 0f)
{
    var audioClip = voiceAudioClipList.FirstOrDefault(clip => clip.name ==
clipName);

    if (audioClip == null)
    {
        Debug.Log(clipName + "は見つかりません");
        return;
    }

    voiceAudioSource.clip = audioClip;
    voiceAudioSource.PlayDelayed(delayTime);
}
```

voicetAudioClipList フィールドには、セリフ用の Audio Clip の参照が入っています。Audio Clip は Assets/AudioClips/Voice フォルダに格納されています。

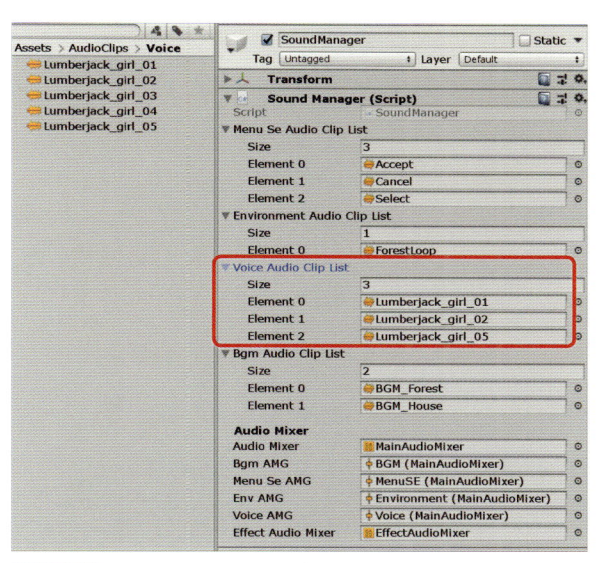

図 2-5-10 セリフ用の Audio Clip の参照

Audio Mixer のダッキング設定

次に、Audio Mixer 側の設定を確認します。「MainAudioMixer」アセットを開いて、BGM グループと Voice グループを見てください。それぞれ、Attenuation の下に「Duck Volume」と「Send」ユニットがアタッチされています。

図 2-5-11 Duck Volume ユニットと Send ユニット

BGM グループには、Duck Volume ユニットがアタッチされています。別のグループから送られてきた信号を受け取り、その値をもとにボリュームを変化させます。

Send ユニットは、信号を別の Audio Mixer Group へ送るためのユニットです。Voice グループにアタッチされている Send ユニットは、表示名が「BGM¥Duck Volume」となっています。名前の隣には小さく「s」と付いており、これが Send ユニットであることを示します。

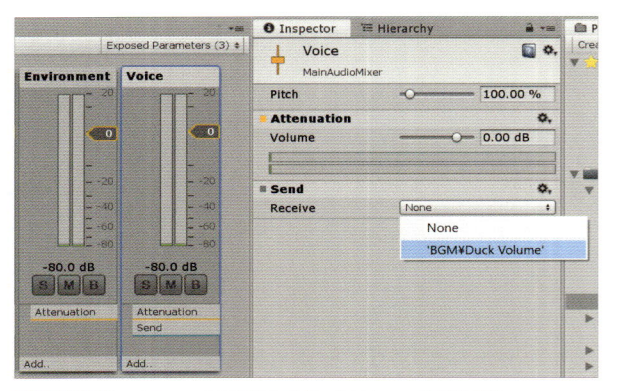

図 2-5-12 Send ユニットに BGM の Duck Volume を指定する

　Send ユニットは、新規追加時には信号の送り先がありません。インスペクターの
「Receive」パラメータで、どこに流すかを指定します。

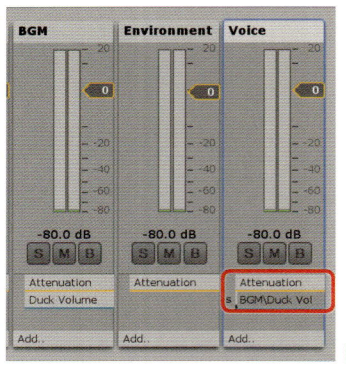

図 2-5-13 Send ユニットの名前が変わる

　この表示箇所は、実はセンドの信号の強さを変化させるスライダーになっています。マ
ウスでドラッグすると、センド量を変更できます。

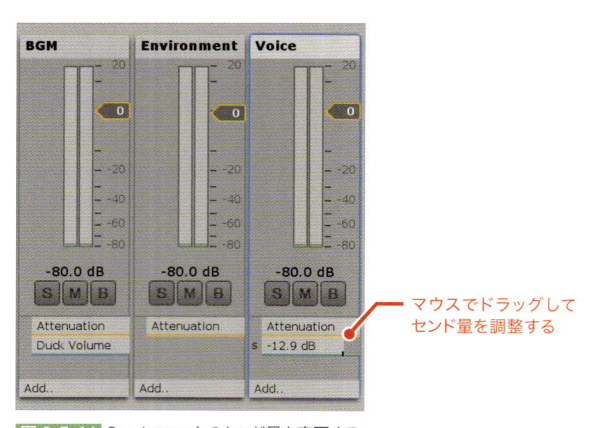

マウスでドラッグして
センド量を調整する

図 2-5-14 Send ユニットのセンド量を変更する

　この章の 1 節で紹介したように、「Unity 2019.1.8f1」より古い一部のバージョンでは

Send ユニットの挙動にバグがあります。Duck Volume 作成直後は 0dB（最大設定）になっているように見えますが、実は内部では動作していません。1 回マウスで左右に動かすと、内部の値が正常に設定されます。

　本来は、インスペクター側のパラメータ「Send level」でも設定できるのですが、これも動作しないことがありますので、注意してください。

▶ ダッキングの動作確認

　サンプルゲームでは、StageParent.cs の初期化処理を行っている Initialize メソッドの最後に、PlayVoice メソッドを呼び出しています。

　SoundManager.PlayVoice メソッドには、再生タイミングをずらす機能がありますので、第二引数に 2 を指定して「2 秒待って再生」としています。

リスト2-5-4 StageParent.csのセリフ再生メソッド呼び出し

```
public string voiceName;

（中略）

public virtual void Initialize(GameBaseMain gameBaseMain)
{
    （中略）

    SoundManager.Instance.PlayVoice(voiceName,2f);
}
```

　Audio Mixer の BGM グループを選択して、Duck Volume ユニットのインスペクターを見ながらゲームを実行します。Send のボリューム設定と Duck Volume ユニットがうまく動いている場合は、信号が来ている様子がオレンジ色で表示されます。

　この信号が、Duck Volumeの閾値である「Threshold」を超えると、ダッキング処理がスタートします。次の図の状態はまだこの値を超えていないので、ダッキングには入りません。

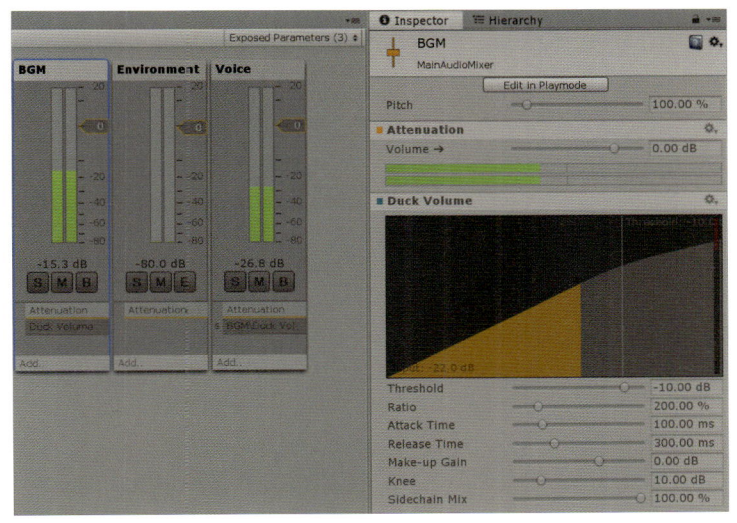

図 2-5-15 Duck Volume ユニットに信号が来ている様子

効果をわかりやすくするために、Threshold は小さい値にしてあります。セリフ用データが上限で－20dB 程度のボリュームなので、Threshold は－40dB、BGM 側の変化量を示す Raito は 300% に設定されています。

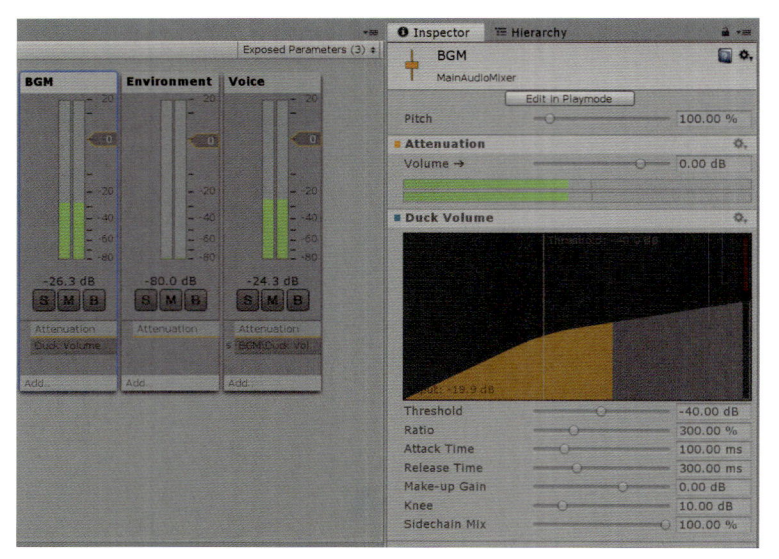

 図 2-5-16 ダッキングが動作している状態の Duck Volume ユニット

Unity Editor を実行すると、BGM のボリュームがセリフの再生に合わせて下がる様子が確認できます。ダッキングはセリフをはっきり聞かせたいときに有効な手法ですが、頻繁に BGM の音量が上下するとおかしな音になってしまいます。Threshold と Raito で閾値を設定し、Attack Time と Release Time でどのくらいこの効果を維持するか変更できます。ゲーム内でテストしながら、調整していくとよいでしょう。

キャラクターの位置に応じて残響音を変化させる

ゲーム内容によっては、キャラクターのゲーム空間内の位置関係によって、エフェクトを変えたい場合があります。キャラクターの位置に応じて残響音（Reverb）を変化させるには、Audio Reverb Zone コンポーネントを使用します。

Audio Reverb Zone は、ゲームオブジェクトにアタッチしてシーン内に配置するコンポーネントです。リバーブの影響範囲は、「Min Distance」と「Max Distance」の値で設定します。図の水色の球の内側が Min Distance で影響度が最大値になる範囲、外側が Max Distance で影響が始まる範囲です（Audio Source の Volume Rolloff 設定と似ています）。

この水色の範囲に、Audio Listener をアタッチしたコンポーネントが入ると残響の処理がスタートし、Max から Min までの範囲でだんだんと影響度が大きくなります。

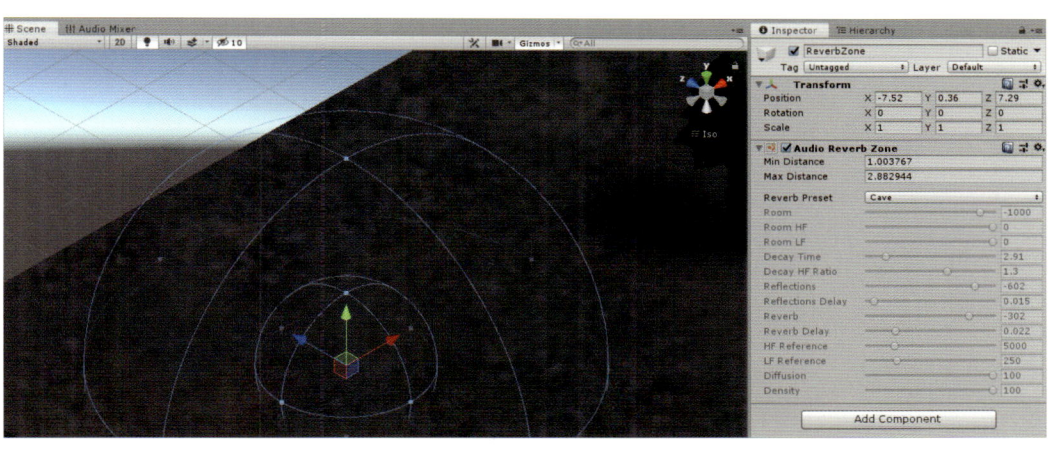

図 2-5-17 AudioReverbZone コンポーネントのインスペクター画面

　範囲内でどのような残響を行うかについては、Reverb Preset パラメータで指定します。「Room（部屋）」や「Cave（洞窟）」などのたくさんのプリセットがありますので、一般的な 3D ゲームではほぼ困らないでしょう。

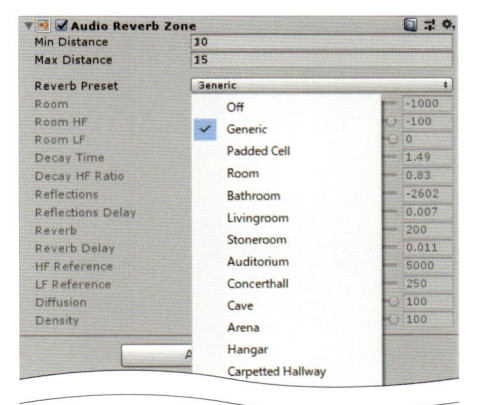
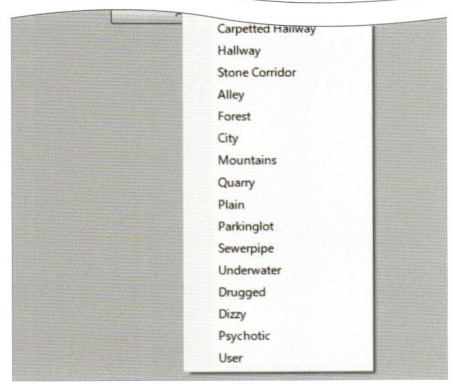

図 2-5-18 Audio Reverb Zone のプリセット設定

　細かく設定したい場合は、Preset を「Off」に指定することで、パラメータを手動で調整できます。

　Audio Reverb Zone はシーン内の Audio Source すべてに影響があり、距離減衰の影響（Spatial Blend）を 2D にしていても影響されます。影響度をコントロールする場合は、Reverb Zone Mix パラメータを調整します。

　Reverb Zone Mix の値を「0」にセットすれば、Audio Reverb Zone の影響はなくなります。リバーブを適用したくない音には、この設定を行うとよいでしょう。

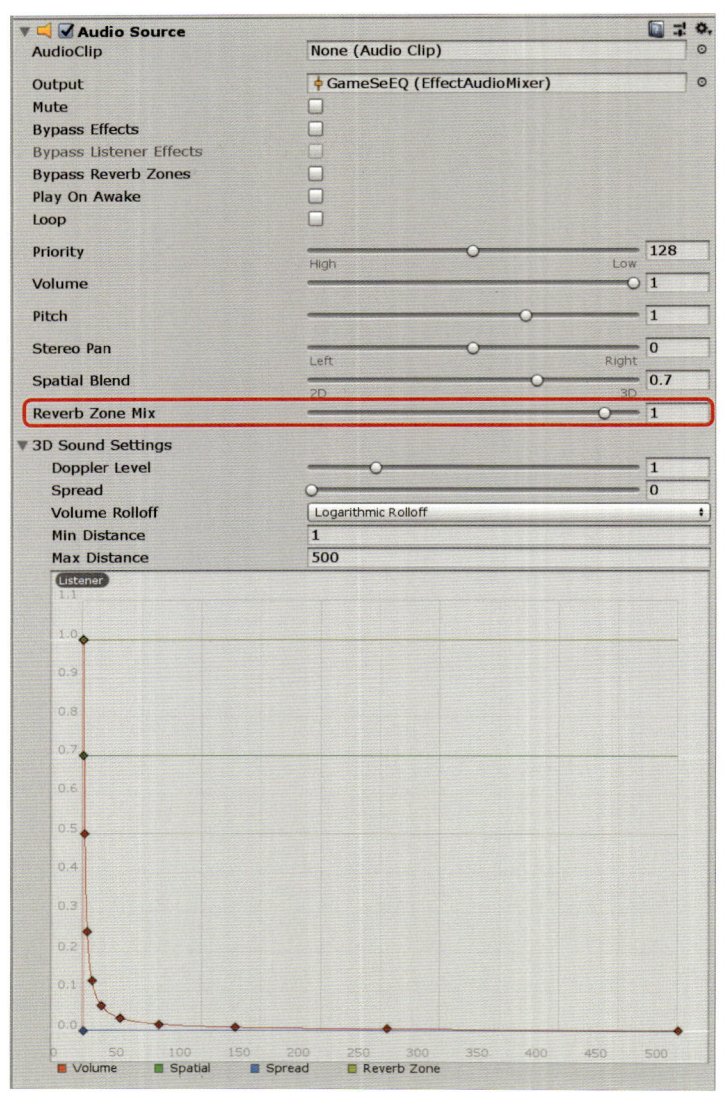

図 2-5-19 Audio Source の Reverb Zone Mix パラメータの調整

Unity Audio 活用ガイド

ここまでは、Unity Audio の活用方法について紹介してきました。この節は、さらに
Unity Audio の機能を拡張したいエンジニア向けのガイドになります。

具体的には、疑似的なイントロ付きループ再生や連続再生、再生優先度や同時再生上限
の設定などについて触れます。

ただし、これらの機能は必要なスクリプトの量が多く、ケースバイケースの状況も多い
ため、すべての手順は紹介しません。エンジニアが自前で開発しなくてはならない場合の
開発のヒントとして活用してください。

加えて、マイク録音や音声解析など、特殊用途の機能開発をする場合のガイドを後半で
紹介します。

圧縮設定やロード方式をディレクトリごとに自動設定する

1 章で紹介したように、Audio Clip は再生される状況や音声ファイルの特性に合わせ
て、圧縮設定や読み込み設定のパラメータを都度変更する必要があります。扱う音声ファ
イルの数が多い場合、Editor にインポートするたびに毎回操作するのは面倒です。

そこで、アセットインポート時の処理を挟むことができる Unity Editor 拡張を使って、
ディレクトリごとに Audio Clip のパラメータを自動設定する仕組みを作ってみましょう。

AssetPostprocessor の利用

AssetPostprocessor は、Editor 拡張で利用できるクラスです。Unity プロジェクトに
アセットがインポートされた時のイベントをフックすることで、アセットパラメータへの
自動設定が可能になります。使い方は、AssetPostprocessor を継承したクラスで、On
PostprocessAudio メソッドをオーバーロードして操作します。

インポートされたアセットは、assetImporter プロパティに格納されていますので、
AudioImporter にキャストしてからパラメータを変更します。AudioImporter は、エディ
タースクリプトから Audio Clip のインポート設定を変更できるクラスです。

たとえば、フォルダ「MenuSE」「BGM」にインポートされた Audio Clip へパラメー
タ設定を行う処理は、次のようになります。

```
using UnityEngine;
using UnityEditor;

public class AudioClipImporter : AssetPostprocessor
{
    public void OnPostprocessAudio(AudioClip audioClip)
    {
        AudioImporter audioImporter = assetImporter as AudioImporter;
        string path = audioImporter.assetPath;
```

```
        // MenuSeフォルダの中身は全部モノラル化//
        if (path.Contains("MenuSE"))
        {
            audioImporter.forceToMono = true;
        }

        //BGMフォルダの中身は全部バックグラウンド読み込み//
        if (path.Contains("BGM"))
        {
            audioImporter.loadInBackground = true;
        }
    }
}
```

インポートされたアセットを OnPostprocessAudio でフックして、パスからどのディレクトリに入ったかを判定します。結果に応じて、Audio Clip のパラメータを変更します。

■ プラットフォームごとの設定

Audio Clip には、プラットフォームごとに個別に設定できる項目があります。プラットフォームごとの Audio Clip 設定は、audioImporter 内の AudioImporterSample Settings 構造体を経由して適用します。

デフォルト設定は、audioImporter.defaultSampleSettings からアクセスできます。個別のプラットフォームは、「GetOverrideSampleSettings(" プラットフォーム名 ")」で取得します。取得した設定を変更した後は、「SetOverrideSampleSettings(" プラットフォーム名 ", 加工後の AudiSampleSettings 構造体)」を呼び出してセットします。

先ほどの AudioClipImporter クラスに、デフォルト設定と iOS の設定変更を追加してみます。

```
//BGMフォルダの中身は全部バックグラウンド読み込み//
if (path.Contains("BGM"))
{
    audioImporter.loadInBackground = true;

    //デフォルト設定//
    AudioImporterSampleSettings defaultSettings = audioImporter.
defaultSampleSettings;

    defaultSettings.loadType = AudioClipLoadType.Streaming;
    defaultSettings.compressionFormat = AudioCompressionFormat.Vorbis;
    defaultSettings.quality = 80;
    audioImporter.defaultSampleSettings = defaultSettings;

    //iOS設定//
    AudioImporterSampleSettings iosSettings = audioImporter.
GetOverrideSampleSettings( "iOS" );

    iosSettings.loadType = AudioClipLoadType.Streaming;
```

```
iosSettings.compressionFormat = AudioCompressionFormat.MP3;
iosSettings.quality = 50;
audioImporter.SetOverrideSampleSettings( "iOS", iosSettings );
}
```

Audio Clip は、ほかのアセットと比較して数が多くなりがちで、プレビューも少し手間がかかるため、データの位置を間違えたり、実装時の指定を間違えることがよくあります。エディタ拡張を活用して設定を自動化することで、そうしたミスを未然に防ぐことができます。

ただし、これらの設定はエディター側からは目視できないため、アセット管理のルールを自分で忘れてしまうこともあります。特に複数人での開発においては、インポートのルールを明記したドキュメントなどを通じて、作業ルールを別途管理する必要があるでしょう。

ちなみに、アセットインポート時のデフォルト設定を変更できる「Presets」という機能もありますが、これはアセットの種類1つに対して1個しか設定を持てないため、この例のように用途ごとに設定を変える運用はできません。

再生優先度の指定

Unity Audio では、Audio Source ごとに再生の優先度設定ができます。

「2-2 Audio Settings の機能」で、プロジェクト全体のサウンド再生上限数の設定について解説を行いました。「Max Virtual Voices」が Unity 内部で管理可能なサウンド再生リクエストの数、「Max Real Voices」が実際に同時再生が可能な数です。

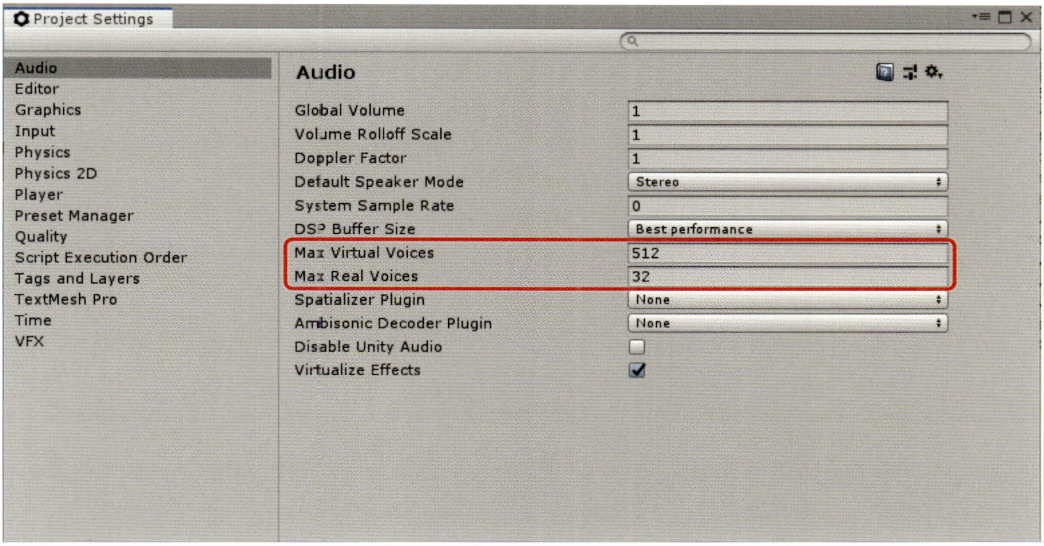

図 2-6-1 Audio Settings の画面

たくさんの Audio Source から同時に再生処理が開始され、再生上限数を超えた時は、パラメータ「priority」の値をもとに優先度判定を行い、どの音を鳴らすかを決定します。priority は「0 〜 256」まで設定でき、数字が少ないほど優先度が高くなります。

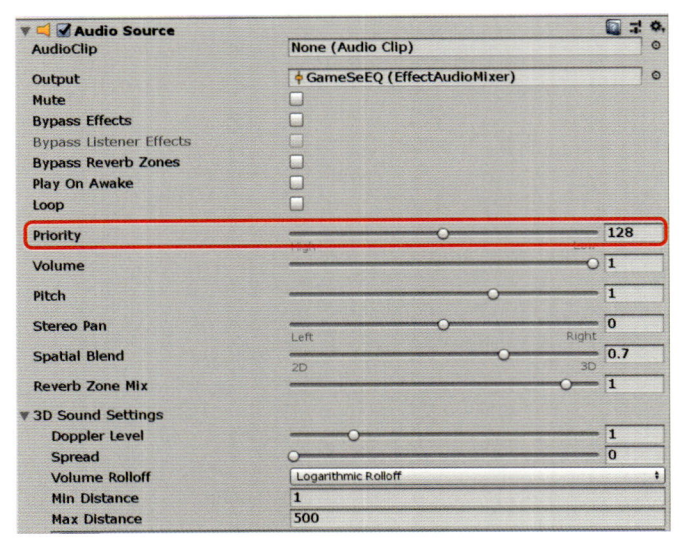

図 2-6-2 Audio Source の優先度設定（priority パラメータ）

　たとえば BGM 再生用の Audio Source は優先度を高くしておき、さほど重要でない
ゲーム中の SE は priority を低くしておくことで、最大再生数を超えてしまったときに、
BGM が鳴らなくなってしまうような事態を回避できます。

　3D ゲームの場合は、リスナーとの距離を計算しながら優先度をリアルタイムに変更す
る処理も有効です。ただし、計算コストには注意してください。

　実際のゲーム開発においては、ゲーム内の SE などは音声データの種類によって、優先
度を変えたいことは往々にしてあります。Unity Audio では、音声データごとの優先度
は設定できません。すなわち、優先度の調整をしたい音ごとに Audio Source を用意す
る必要があるため、Audio Source の管理が複雑になり過ぎないように注意が必要です。

複数の Audio Clip を連続して再生する

　ゲームのサウンド演出において、特定のタイミングで音を連続して再生したい場合があ
ります。たとえば RPG の魔法を唱えるシーンで、キャラクターが「アルティメット」＋「サ
ンダー」＋「バースト」のように、3 種類のバラのセリフデータをつなげる仕様だったと
します。

　AudioSource.PlayScheduled メソッドを使用すると、Audio Clip の再生を任意の時
間分遅延させて再生できますので、これを使って実現します。先の 5 節で紹介したセリ
フ再生処理で使用している AudioSource.PlayDelayed メソッドは、秒単位で再生タイ
ミングを指定できるメソッドです。

　これに対して AudioSource.PlayScheduled メソッドは、ゲームが起動してからの正
確な時間である AudioSettings.dspTime の値を使って指定を行います。これにより、正
確な再生タイミングの管理が可能です。

　PlayScheduled を使って 3 つの音声データをつなげて再生する場合は、次のような手
続きになります。

```
public void PlayVoice(AudioClip firstVoice, AudioClip secondVoice, AudioClip thirdVoice)
{
    audioSource1st.clip = firstVoice;
    audioSource1st.Play();

    audioSource2nd.clip = secondVoice;
    audioSource2nd.PlayScheduled (AudioSettings.dspTime + firstVoice.length);

    audioSource3rd.clip = thridVoice;
    audioSource3rd.PlayScheduled (AudioSettings.dspTime + firstVoice.length +
secondVoice.length);
}
```

Audio Source は遅延再生の指定を一度に 1 つの Audio Clip しか指定できないため、連続再生をしたい分の Audio Source が必要になります。また、いずれも CPU 負荷の高い状況では、再生ずれを起こす可能性がありますので、負荷が高くなりそうな場面には適していません。

▶ イントロ付きループ再生を疑似的に実装する

Unity Audio には、イントロ付きのループ再生機構はありません。ですが、作曲部分を工夫することで、疑似的にイントロループを実装できます。

具体的には、作曲の時点でイントロ部分とループ部分を独立したファイルとして出力して、2 つの Audio Source で時間をずらして再生する方法です。

はじめにイントロ部分の再生を開始し、AudioSource.PlayScheduled を使って「イントロ分の長さ－余韻の長さ」の時間だけループ部分の再生開始を遅延させれば、疑似的なイントロ付きループ再生が表現可能です。

```
const float introTailTime = 1f;

public void PlayPseudoIntroLoopBGM(AudioClip intro, AudioClip loop)
{
    introAudioSource.clip = intro;
    introAudioSource.Play();

    loopAudioSource.clip = loop;
    loopAudioSource.PlayScheduled (AudioSettings.dspTime + intro.length -
introTailTime);
}
```

このサンプルソースにおける introTailTime 定数は、イントロ部分の余韻の長さを指定します。ループ部分にイントロの余韻（テール）を用意しておき、ループ部分と重ねて再生することで、多少のズレを気づきにくくさせる効果があります。

ただし、負荷の高い状況においては、再生タイミングがずれる可能性があります。また、PlayScheduled と Play を混ぜるとタイミングがおかしくなる現象も起きがちです。ズレを最小化するには、再生する Audio Clip のロード設定を「Preload」かつ「Decompress OnLoad」にして、メモリ上に展開しておく必要があります。この場合、ループ部分が長

ければ長いほど、メモリを圧迫します。

　Unity Audio では、端末の特性や、CPU 負荷の状況によってズレが発生します。ループポイント埋め込みによる正確なイントロ付きループ再生を実装したい場合は、4 章 3 節の CRI ADX2 による「イントロ付きループ再生の手順」を参照してください。

同時再生数の上限管理を実装する

　ゲーム内で同じ音が重なって鳴ってしまうと、音が歪んでしまったり、雑音のような聞こえ方になってしまいます。また、無駄に CPU 負荷が大きくなる原因にもなります。特に AudioSource.PlayOneShot を使っている場合は、1 つの Audio Source でいくつも音を重ねることができてしまうため、この現象に陥りやすいです。

　物理挙動やユーザーのボタンに連動して音を鳴らしている場合は、再生数の上限管理が必要になります。現在鳴っている SE と、同じ SE を鳴らさない仕組みを考えてみましょう。

```csharp
public List<AudioSource> audioSourceList = new List<AudioSource>();
public void PlaySe(AudioClip audioClip)
{
    if (audioSourceList.Any(source => source.clip == audioClip && source.isPlaying
== true))
    {
        return;
    }
    AudioSource playableSource = audioSourceList.FirstOrDefault(source => source.
isPlaying == false);
    if (playableSource != null)
    {
        playableSource.Play(audioClip);
    }
}
```

　この実装例では、PlaySe メソッドに渡された Audio Clip が、まず現在何かしらの音を再生中の Audio Source が持つ Audio Clip と同じでないかを確認してから、再生を開始します。こうした管理を行う場合、シーンにあるすべての Audio Source の参照が必要です。

　また、ある 1 つの音の再生数管理はできますが、異なる Audio Clip が一斉に再生リクエストをかけられた場合の制御はできません。そのため、「ゲーム SE の再生に使っている Audio Source 全体の同時再生数を常にカウントする」などの仕組みを作らなくてはなりません。

　さらに、音の種類ベースでの上限指定が必要な場合もあります。たとえば、対戦ゲームでキャラクターのセリフはキャラごとに最大 1 音、攻撃音はキャラごとに 3 音…などの管理が想定できます。

　加えて、音ごとに「3 つまでは同時再生を許容したい」などの要望もありえるでしょう。こうなってくると、Scriptable Object などで Audio Clip のメタデータを用意して、音ごとのパラメータを別途管理するようなアプローチになってきます。

Audio Clip のロードを管理する

　序章で述べたように、アセット読み込み方法としての Resources フォルダを利用することは非推奨です。サンプルゲーム「ゆるっと林業せいかつ」では、必要な Audio Clip を SoundManager オブジェクトが参照を保持している形でシーンに含め、シーンロード時に読み込んでいました。Audio Clip を動的にロードしたい場合について、以降で解説します。

サウンドセット管理シーンの作成

　まとまった数の Audio Clip を動的にロードするもっとも簡単な方法は、Audio Clip アセット管理用のシーンを作ることです。そのシーンを「サウンドアセットを保持するもの」として、非同期ロードして使用します。例として、SE 用 Audio Clip を保持しておくクラスを考えてみましょう。

```
public class AudioAssetHandler:Monobehaviour
{
    public List<AudioClip> seAudioClips = new List<AudioClip>();

    public AudioClip GetSeAudioClipByName(string clipName)
    {
        return seAudioClips.FirstOrDefault(clip => clip.name == clipName);
    }
}
```

　このスクリプトをアタッチしたゲームオブジェクトのみが存在するシーンを作成し、インスペクターから seAudioClips のフィールドに必要な Audio Clip の参照を貼り付けます。あとは、Audio Clip が必要な時にシーンを非同期ロードすれば、ゲームを止めずに Audio Clip をひと固まりでロードできます。

Audio Clip のアンロード

　Audio Source を使って音を鳴らすときは、AudioSource.clip フィールドに Audio Clip を渡してから再生を呼びます。この clip をスクリプトから別の Audio Clip に置き換えた場合、前の Audio Clip はメモリに残ってしまっています。

　Audio Source が過去に使っていた Audio Clip は、シーンの破棄を行うタイミングではじめてメモリから解放されます。そのため、メモリ容量が限られている環境でたくさんの音を鳴らすと、メモリを圧迫する可能性があります。

　Audio Clip は、個別に UnloadAudioData メソッドを呼ぶことで、明示的にメモリからアンロードできます。また、Resources.UnloadUnusedAssets を呼ぶことで、Audio Clip を含む、シーンから参照がないリソースをすべて破棄できます。

　セリフデータなど、一度しか再生しない Audio Clip が長く続いた後は、忘れずにメモリ開放の処理を行っておきましょう。

ネットワーク経由でサウンドデータを取得する

　Networking 名前空間下の UnityWebRequestMultimedia.GetAudioClip メソッド

を使うと、ウェブサーバーなどから直接サウンドデータを取得できます。WAVE、AIFF、ogg、mp3などが利用できます。第一引数にURL、第二引数に圧縮タイプを指定します。

UnityWebRequestMultimedia.GetAudioClipメソッドの戻り値は、UnityWebRequestクラスです。これ対してSendメソッドを実行し、取得したコンテンツ内容をDownloadHandlerAudioClip.GetContentメソッドでAudioClipクラスにキャストします。

```csharp
using UnityEngine;
using UnityEngine.Networking;
using System.Collections;

public class GetAudioClipFromURL : MonoBehaviour
{
    void Start()
    {
        StartCoroutine(GetAudioClip());
    }

    IEnumerator GetAudioClip()
    {
        using (UnityWebRequest www = UnityWebRequestMultimedia.GetAudioClip("http://www.hoge.co.jp/audiofile.ogg", AudioType.OGGVORBIS))
        {
            yield return www.Send();

            if (www.isError)
            {
                Debug.Log(www.error);
            }
            else
            {
                AudioClip myClip = DownloadHandlerAudioClip.GetContent(www);
            }
        }
    }
}
```

この方式は、外部サービスなどからOgg VorbisやMP3ファイルを直接ダウンロードする場合に有効です。しかし、メインスレッドでAudio Clipの生成が行われるため、サイズが大きい場合やCPUリソースが少ない場合は、ゲームの進行が止まってしまいます。

そのため、単純に外部リソースとしてサーバーからAudio Clipを取得したい場合は、Asset Bundleでパックするか、4章で紹介する「CRI ADX2」のパックファイルを用いて非同期に取得するとよいでしょう。

Timelineとサウンド

Unityの Timeline 機能は、動画編集ソフトのようにカットシーンなどを作成できる機能です。時間軸に画面イベントやアニメーション、カメラの動作を配置して、カットシーンの演出を作成できます。

Timeline 機能においてサウンドを再生したい場合は、「Audio Track」という要素を使います。Timeline ウィンドウの Add Track から Audio Track を用意し、Audio Clip を

ドラッグ＆ドロップすることで、簡単にサウンドの再生が可能です。

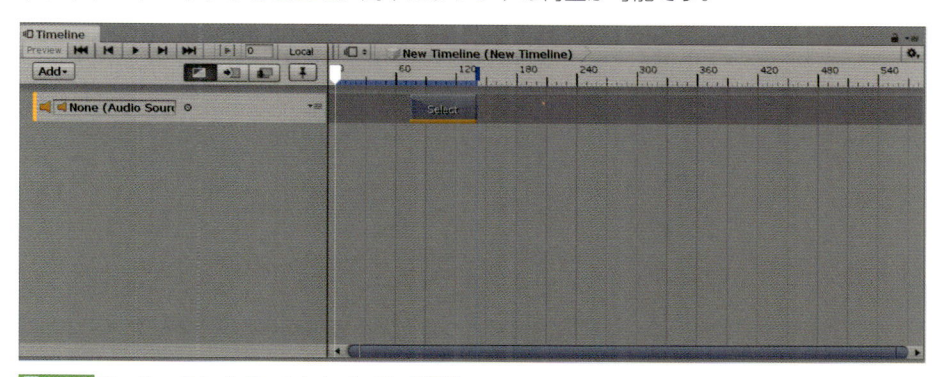

Timeline の Audio Track と Audio Clip の配置

Audio Track に Audio Clip を張り付けると、「Timeline Clip」という単位として、Timeline アセットに保存されます。インスペクターから、各種設定が確認できます。

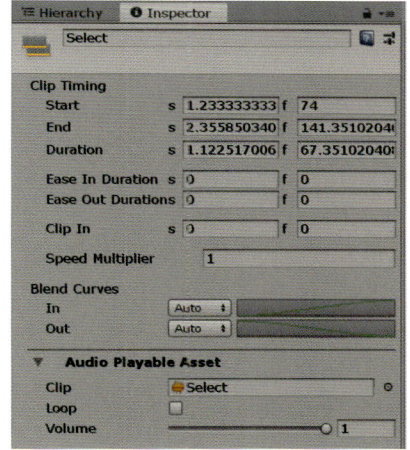

図 2-6-4
Audio Track の
インスペクター画面

Timeline は、Audio Source を介さずに音を鳴らすことができますが、Audio Mixer との連携はできません。Timeline で音を鳴らしつつ Audio Mixer に音をルーティングするためには、シーンにあらかじめ用意した Audio Source インスタンスを Timeline と紐づけて使います。Timeline ウィンドウのトラックへ Audio Source をドラッグすることで、紐づけができます。

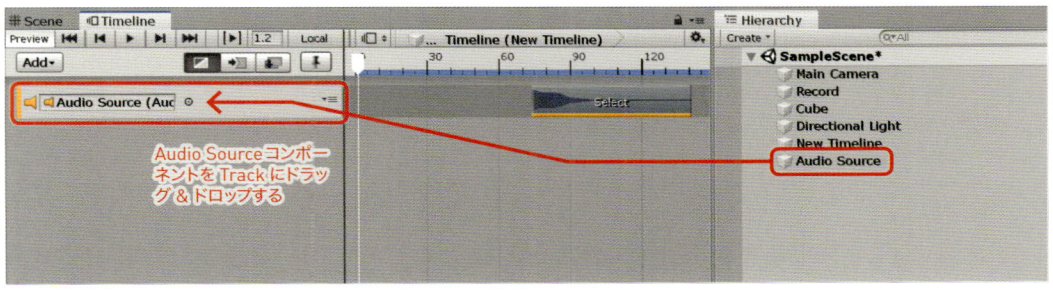

図 2-6-5 ヒエラルキー上の Audio Source を Audio Track に紐づける

マイク録音（Microphone クラス）と音声解析

　Unity を使ったゲームやコンテンツの企画で「マイク入力」を使いたい場合は、Microphone クラスを使って実装が可能です。Microphone クラスは、スクリプトから利用する static クラスになります。

　たとえば、以下の用途で活用できます。

- **キャラクターのリアルタイムなリップシンク**
- **マイク入力のビジュアライズ**
- **音声録音**

　なお、「ボイスチャット」の実装については、ネットワークの要素なども絡むため、サードパーティーの SDK を利用することをお勧めします。ごく最近、Unity は「Vivox」というボイスチャット技術の会社を買収したため、しばらくすれば Unity の本体機能か Package に統合される見通しです。

マイク音量の測定

　Microphone クラスを使って、マイクから取得した音の音量測定ができます。Audio Source.GetOutPutData メソッドで波形データを取得して、これを解析します。データ形式は float の配列です。1 サンプルが「− 1.0f ～ 1.0f」の範囲の float 値としてデータを得ることができます。このとき使用する Audio Source は、ループ設定にします。

　はじめに、データを取得するための float の配列を用意します。配列の長さは、「Audio Clip のサンプル数×チャンネル数」を用意します。ステレオデータの場合は 2ch 分の配列が必要で、L と R のサンプルが交互に入ったデータが返ってきます。

```
using System.Collections;
using System.Linq;
using UnityEngine;

[RequireComponent(typeof(AudioSource))]
public class RecordTest : MonoBehaviour
{
    public AudioSource audioSource;
    private float[] samples = new float[256];

    IEnumerator Start()
    {
        Debug.Log("Mic num " + Microphone.devices.Length);

        audioSource.clip = Microphone.Start(null, true, 999, 44100);

        while (!(Microphone.GetPosition("") > 0))
        {
            yield return null;
        }
```

```
        audioSource.Play();
    }

    private void Update()
    {
        audioSource.GetOutputData(samples,0);

        float volume = samples.Select(Mathf.Abs).Sum() / 256;

        Debug.Log("Mic volume " + volume);
    }

    private void Reset()
    {
        audioSource = GetComponent<AudioSource>();
        audioSource.loop = true;
    }
}
```

　GetOutputDat メソッドの第 1 変数に用意した float 配列を渡し、第 2 変数には開始位置のオフセットをサンプル数で指定します。

　なお、このサンプルソースではスピーカーからマイク音声が、そのまま再生されてしまいます。Audio Source をミュートにすると、今度は波形データが取得できなくなります。そのためマイク用の Audio Source は、ボリュームを− 80dB に設定した Audio Mixer Group へつなげておきます。

▶ Audio Clip の解析を行う

　AudioSource.GetOutputData メソッドは、マイク入力以外にも Audio Clip の解析にも利用できます。AudioSource.clip に目的の Audio Clip を渡して、再生中に GetOutput Data メソッドを呼びます。

　セリフデータの音量を解析して、キャラクターの口パクアニメ設定に利用することが可能です。その場合、Audio Clip アセットの LoadType 設定が「Decompress on Load」になっている必要があります。この設定が適用されていない場合は、エラーではなく中身が「0」の配列が返ってくるので注意しましょう。

▶ Windows におけるマイク利用の注意

　マイク機能を利用する際、一部の Windows ノートパソコンでは、仮想的なマイクデバイスが有効になっていると、次のエラーが発生します。

```
Starting microphone failed: "Unsupported file or audio format. " (25)
```

　その場合は、Windows タスクバーのボリュームアイコンを右クリックして「サウンド」の「録音」タブを確認します。おそらく複数のマイクデバイスが表示されていますので、どちらか 1 つだけが有効になるように、右クリックから設定を行います（正常に音が取れるデバイスの名前は環境によって異なります）。

スマートフォンにおけるマイク利用の注意

Android でマイクを使う場合は、ユーザーに対してアプリがマイク入力を利用する旨のダイアログを表示し、アクセス許可を得る必要があります。

Microphone クラスを使用し、かつ Player Settings において Target SDK Version の API Level を 23 以上に設定していると、アプリ起動時にパーミッションダイアログが自動的に表示されます。これは、AndroidManifest.xml にマイクのパーミッション設定が追記されるためです。

アプリ起動時ではなく、マイクを使う直前にダイアログを出したい場合は、手動でマニフェストファイルを編集します。

iOS でマイクを使う場合は、同様にダイアログが表示されますが、こちらは表示される文言を自分で設定できます。Player Settings の Other Settings 内に、Microphone Usage Description という項目があるのでここに記入します。記入した内容は、ビルド時に Info.plist に設定されます。

フーリエ変換による音声データの解析

「フーリエ変換」とは、ある信号をさまざまな周波数の合成物として表す考え方です。概念を説明すると説明が長大になりますので、本書では「音声データの特徴を抽出する手法」と考えてください。たとえば、いま流れている音が高い音なのか、低い音なのかの判定ができます。

Unity では、フーリエ変換を高速で行う高速フーリエ変換（FFT：Fast Fourier Transform）メソッドがあります。特定の Audio Source からデータを取得する Audio Source.GetSpectrumData メソッドと、ミックス後の最終音声からデータを取得する AudioListener.GetSpectrumData メソッドの 2 つが利用できます。

```
private float[] spectrum = new float[1024];

void Update()
{
    AudioListener.GetSpectrumData(spectrum, 0, FFTWindow.BlackmanHarris);
}
```

GetSpectrumData を使うことで、音に合わせてエフェクトが変化するような、ビジュアライズ機能が実現できます。

Audio Mixer 処理後のサウンドデータを取得する

MonoBehaviour 継承クラスで OnAudioFilterRead をオーバーライドすることで、Audio Listener からスピーカーに音が出る直前の音声データを加工できます。

たとえば、ゲーム内に録画要素がある場合の録音や、自作 DSP フィルタの作成に使用できます。

Unity Audio を拡張する外部スクリプト

Web 上に、Unity Audio の機能を拡張する便利なライブラリやスクリプトが公開され

ていますので、一部を紹介します。

Native Audio Plugin SDK

Unity で DSP（デジタル信号処理）を行うプラグインを独自開発できる SDK です。Unity 公式が提供しています。

- **Unity NativeAudioPlugins**
  https://bitbucket.org/Unity-Technologies/nativeaudioplugins

しかしながら、この URL で公開されているサンプルは、Unity 5 時代で開発が止まっています。インスペクターの表示がおかしい箇所があり、Unity 2018.3 以降では一部でエフェクトが動かなくなっています。

UnityWav

マイク入力の結果を WAVE ファイルとしてでストレージに書き出すことができるライブラリです。

- **Wav Utility for Unity**
  https://github.com/deadlyfingers/UnityWav

Music Engine

音楽に合わせた演出を簡単に作ることができるライブラリです。

- **MusicEngine**
  https://github.com/geekdrums/MusicEngine

音楽タイミングの取得や、クオンタイズ（タイミング調整）によるビートとゲーム演出の連動が可能になります。4 章で紹介する CRI ADX2 にも対応しています。

COLUMN

楽曲を発注してみよう

株式会社 INSPION　稲葉 和彦／プロデューサー
サウンドクリエイターとしてキャリアをスタートした後、オーディオプログラマーとして、数々のツールやサウンドドライバの制作に携わる。近年は、開発プロデューサー・ディレクターに転身。プランナー視点でのアイデア提案も得意とする。
https://inspion.izene.co.jp/

「ウチはサウンドに詳しい人間がいないから、ちょっと困っているんだよねぇ…」楽曲制作の依頼をお受けする際、このような話をよく耳にします。

明確なイメージを持っているけれど、それをうまく伝えられない方。細かい注文はないけれど、ここだけは押さえて欲しいポイントがあるのに…と、お悩みの方。

実にさまざまなお客様がいらっしゃいますが、あまり発注経験のない方ほど、不安そうに相談してきます。でも、安心してください！サウンドに詳しい方からの発注は、意外にも少ないのが現実です。発注者に専門の知識がなくても、希望をうまく汲み取り、それを楽曲制作に反映できるサウンドクリエイターは大勢います。

さて、ではどのように発注したらいいのでしょうか。依頼したいシーンを細かく伝え、あとはある程度お任せで作ってもらうのも1つの手でしょう。しかし、うまく言い表せないけれども、作ってもらいたいイメージがある場合には…？

そのような時には、『参考曲』を提示する方法をオススメします。

「テンポはこのくらいで」「ドラムの音色とか激しさはこんな感じ」「この部分のギターみたいにカッコよく弾いて欲しい」「曲はこれくらい明るいイメージで」…などなど。

このように、複数の参考曲のなかから一部分のニュアンスを抽出し、積み重ねていきます。これで、作りたい方向性は概ね伝わるはずです。あとはメロディを尊重するか、それとも雰囲気重視で作るかなども、重要な要素となります。

ここではちょっと書き切れませんでしたが、大丈夫！ サウンド制作会社、サウンドクリエイターは、きっとあなたの味方になってくれるはずです。さあ、怖がらずに、あなたも楽曲を発注してみましょう！

Unity Audio―応用編

3 VR コンテンツのサウンド

この章では、Unity を用いた VR コンテンツ開発における、サウンド実装の基礎と注意点について紹介します。

言わずもがな、VR コンテンツにおいてサウンドは非常に重要な要素です。サウンド演出が作り込まれていると、VR の没入感や実在感（プレゼンス）を大きく引き上げることができます。そのためのシミュレーション技術も向上しており、Unity を介して手軽に導入することもできます。

はじめに、VR コンテンツで活用されている空間音響シミュレーションの技法を紹介します。それを踏まえ、Unity で利用できる空間音響 SDK の概要と利用方法について解説します。

最後に、それらのプラグインのうち「Oculus Audio SDK」を使い、VR ならではのサウンド演出を Oculus Go ／ Oculus Quest に導入する実装方法について、詳しく解説します。

▶ この章のポイント

- ● VR コンテンツにおけるサウンド実装の特徴について学ぶ
- ● Unity に対応している各種 VR 音響プラグインの概要を理解する
- ● Oculus Audio SDK の仕様と用途を学ぶ
- ● デモゲーム「船にコンテナをぎりぎりまで積む VR Edition」で、VR サウンドを体験してみる

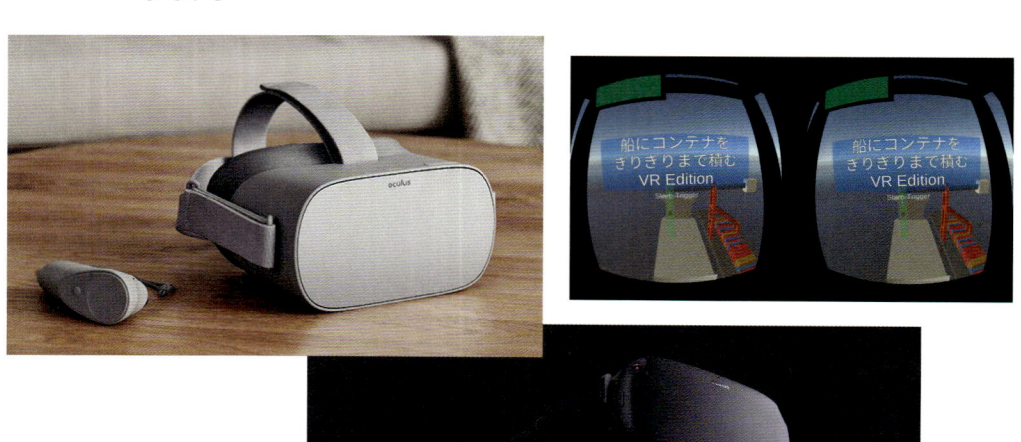

VR コンテンツにおけるサウンドとは

VR コンテンツのサウンドには、没入感を向上させるための多数の技術的なアプローチが投入されています。空間の音の響きをシミュレーションする処理や、多方向にマイクが付いた機材で収録した環境音を使う手法などを使って、プレイヤーにその場所にいるかのような感覚を与えることができます。

しかし、VR コンテンツは全般的にグラフィクス面の処理負荷が大きくなりがちであるため、開発時はハードウェアリソースが足りないことがほとんどです。サウンドの処理は、CPU 負荷をむやみに上げないように気をつけながら、効果的に導入する必要があります。

ゲームには、「2D の音」と「3D の音」があることを序章で紹介しました。VR コンテンツにおいては、新たに「空間化した音」と「360 度録音した音」という 2 つが加わります。

空間音響用 SDK はいくつも存在しますが、Unity での具体的な実装を紹介する前に、VR 向けのサウンド技術とはどのようなものかを解説します。

サウンドの空間化（Audio Spatialization）

通常のゲームにおける「3D の音」は、ゲーム空間内の音源の位置とリスナー（カメラ）の位置を使って、「どの方向から、どのくらいの音量で」音が聞こえるかを計算して処理しています。1 章の「3D サウンド」では、パンニングと距離減衰を使って、方向と距離を表現していました。VR ではバーチャル空間の音響を再現するため、音に対する Spatialize（スペイシャライズ、空間化、立体化）処理を行います。

VR でパンニングと距離減衰のみを使ってサウンド演出を行うと、音が「平たく」聞こえてしまいます。人間は左右の耳から「音量の差」とともに、「音の到達する時間」で方向と距離感をつかんでいるからです。単に音を小さくしただけでは、それが遠くからの音なのか、近くにあるけど小さい音なのかを知覚できません。

現実世界の音は、距離や方向によって聞こえ方がわずかに異なります。耳の形が上下左右非対称の形状をしていることと、頭や身体の形状からわずかな音の反射の違いが生じるためです。人間はそれらの音の「変化」によって、音を発する物体が前後左右どこにあるのかを総合的に知覚します。

その知覚を活用した音響処理が「Spatialize」です。Spatialize は、いくつかの技術的手法が組み合わされています。頭の形状による位置感を再現する手法と、反射・残響処理によって空間の演出をする手法です。

耳・頭部・肩の形状による影響の再現（HRTF）

音の表現方法に「バイノーラル立体音響」と呼ばれる手法があります。これは、ダミーヘッドと呼ばれる人間の頭部を模したマイクで音を収録した音を、イヤフォンまたはヘッドフォンで再生するものです。

バイノーラルは、左右の耳の位置の違いによるわずかな音の遅延と、頭と耳の形状による高周波帯への影響を表現でき、まるでその場の空間にいるかのような臨場感を収録・再現できます。

ゲームのように音が鳴る状況がリアルタイムに変化するコンテンツの場合は、このバイノーラル立体音響をデジタル処理でシミュレーションします。これを「バイノーラル・プロセッシング」と言います。これにより、モノラルの音素材から、「音の響き感」（音場）を再現します。

耳と頭の形による影響を計算するため、頭部伝達関数 HRTF（Head Related Transfer Function）を用います。これによって、ヘッドフォンのステレオチャンネル環境だけで、上下前後左右の位置感を表現できます。

これらの HRTF は、各 VR 音響 SDK が独自に実装しており、基本的にオンにするだけで適用できます。ただし、それらの HRTF は平均的な頭の形状から導き出された関数です。頭の大きさや耳の形は人それぞれですので、人によっては音の位置が逆から聞こえているように感じることもあります。

最新の VR サウンドシステムでは、耳の形状を写真撮影してキャリブレーションするものや、逆に人間側が 30 分ほど音のトレーニングをして、HRTF で処理された音に感覚を合わせる方法など、さまざまな研究がされています。

▣ 反響音の再現

現実の空間において、音は常に反響しています。壁・床・天井までの距離と空間の大きさ、材質など、反響音が変化する要素がたくさんあります。Spatialize 処理では、音を「直接音」「初期反射」「後期残響」と 3 つに分けて考えます。

- **直接音（Direct Sound）**：名前のとおり、音源から発生して直接耳に届いた音。最も強い信号になる
- **初期反射（Early Reflections）**：壁などに 1 回だけ反射して耳に届いた音
- **後期残響（Late Reverberation）**：初期反射以外の、音が何度も反射したあとの音

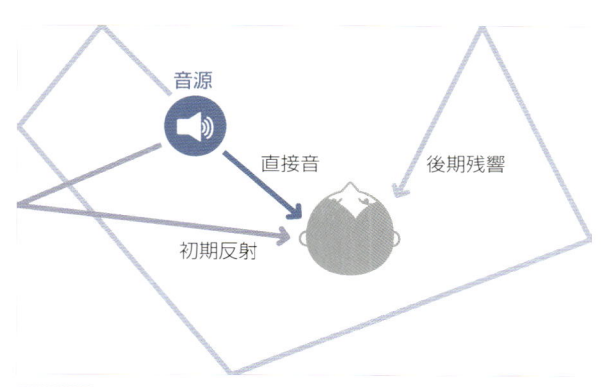

図 3-1-1 直接音、初期反射、後期残響の模式図

たとえば、足音を強く鳴らしながら壁に近づくと、反響で壁との距離感がつかめると思います。直接音と初期反射の時間差は、方向と距離感の再現に役立ちます。この直接音と初期反射の時間差を「プリディレイ」と言います。

後期残響は、空間の広さによって変化します。基本的に部屋が広いと長くなり、狭いと短くなります。後期残響に対して、直接音や初期反射の音を小さくすると音が遠くに感じます。音が何度も反射するということは、音が遠くまで届いていることを示すからです。

原理的には、なるべくたくさんの音の反射をシミュレーションすれば精度の高い再現が実現できるのですが、利用できるハードウェアリソースは限られています。そこで、初期反射と後期残響は主にリバーブとエコー処理の組み合わせで疑似的に再現します。リバーブやエコーは多数のパラメータがありますが、空間のシチュエーションに応じて、パラメータを自動的に設定する方法がいくつかあります。

- 決まった空間の種類における反射・残響具合をプリセットとして持つ
- 部屋の大きさを指定してからシミュレーションする
- 位置による反射・残響の変化をゲームのマップに焼き込む
- レイを飛ばしてリアルタイムに部屋の大きさを計測し、壁の材質情報をマップに埋め込む

最初のプリセット式は、VR 以前に通常のゲームでも用いられてきました。「コンサートホール」「屋外」「アパートの部屋」など、残響音を決まったプリセットで適用する方法です。

現状の VR コンテンツでは、2 番目の「部屋の大きさを指定してシミュレーションする」方法がよく使われているようです。直方体の内部の反射をシミュレーションする反射モデル（「シューボックス」とも呼ばれます）を使って、音の空間化処理を行います。プレイヤーが別の空間へ移動するごとに、この反射モデルを切り替える方法です。

比較的軽量な反面、リスナーが部屋の中央にいることを前提にシミュレーションしているため、壁に近づいたときに違和感を感じることがあります。

プレイヤーが空間の中を動き回るタイプのゲームでは、ダイナミックに反射や残響を変化させたくなります。その場合は、ライトマップベイキングのように残響のパラメータをあらかじめマップに焼き込む方法があります。

さらに、マップそのものもダイナミックに変化するタイプのゲームでは、ゲーム実行中にレイキャスティングを実行し、プレイヤーの位置と部屋の大きさで空間化処理を動的に変化させる手法もあります。

これらの手法の実装や使用方法は、空間音響 SDK によって異なります。後者のほうが処理が重くなっていくので、ハードウェアの状況や表現したいことの内容と照らし合わせながら、導入する手法を決める必要があります。

▶ 線・面音源と容積のある音源の再現

現実世界では、音が 1 点からの発生ではなく、線状のものや面状のものから発生しています。川の音や海の音などは、まさにこれです。同様に、現実世界では音の発生源が頭の中央に来ることはありません。近くに寄れる距離には限界があります。

しかし、デジタル処理の 3D サウンドはある 1 点が音源となります。この場合、プレイヤーが音源の中を通り過ぎるケースが想定される場合、聞こえる方向が瞬時に切り替わってしまい、違和感の原因になります。

こうした長さや容積を持つ音源の表現も、VR では難しい点の 1 つですが、空間音響 SDK のうちいくつかは、容積を持つ音源をある程度シミュレーションする機能を持っています。

▶ そのほかの音響シミュレート要素

そのほかにも、音源が移動する際にドップラー効果をかけたり、音の発生に対して指向性を持たせ、コーン状のパーティクルのように音の発生方向をコントロールするなど、VR 音響にはさまざまな手法があります。

また、ゲーム内の床や壁に材質情報を埋め込んで、反射パラメータも加味しながらシミュレーションする手法も注目されています。たとえば、引っ越しの物件探しなどで、壁の厚さを調べるためにコンコン叩いて調べると、壁材やその厚さを感じ取ることができます。人間は音を発した物体の特性を無意識に感じ取っており、中身が詰まっているのか空なのか、音を出した物体の重さも感じ取ることができるのです。

このように、VR サウンドのシミュレーションに対する切り口は大量にあります。しかしながら、先進的な機能の活用は専門知識を必要とするため、プロジェクトの規模によっては導入が難しいものもあります。また、コンテンツによっては、無理に空間音響を導入する必要がない場合もあります。

たとえば、ユーザーが常に正面方向を向いていて、音源が後ろに回らないコンテンツであれば、パンニングと距離減衰だけでも十分な演出が行えます。これから作る VR コンテンツで、やりたいことに必要なものかどうかを吟味しながら導入するとよいでしょう。

▶ 360 度録音した音（Ambisonics Audio）

VR コンテンツでは、BGM や単調な環境音などの「位置感」をあまり気にしない音の場合は、通常のモノラルやステレオ再生で処理しても問題ありません。たとえば、空調が動いているブーンという音（ベースノイズ）や雑踏の音など、どこから鳴っているかは気にならない音には適しています。

静かな森で鳥がさえずる音や、近くで川が流れている音など、位置感や方向性が必要な環境音もあります。これを表現するための方法として、「Ambisonics（アンビソニック）」という手法があります。

アンビソニックは空間の音をマルチチャンネルで録音し、360 度のデータとして再構成

する方式です。その登場は古く70年代から存在していましたが、近年のVRコンテンツの躍進によって一躍注目を浴びるようになりました。

　映像技術においては、360度撮影できるビデオカメラがあります。複数のカメラがドーム状のガラス画面の中に配置されており、あらゆる方向の絵を撮影したのち、録画したデータを合成して36C度の映像に再構成します。

　アンビソニックは、このアプローチの音バージョンと考えることができます。何方向もあるマイクから録音した音を再構成して特別なデータを生成し、聴く人が360度好きな方向に向くことができます。

　先ほど、反射と残響のシミュレーションについて説明をしましたが、アンビソニックはそうした音場もいっしょに録音できます。これをまるごと再現できるのが、アンビソニックの強みです。

▶ アンビソニック用機材とデータ形式

　アンビソニックのフォーマットは、「A-Format」と「B-Format」の2種類があります。
　A-Formatは、アンビソニック録音の機材で収録した生データです。このA-Formatから、再生用のB-Formatに変換します。
　B-Formatは、4チャンネル分の音声データです。ステレオ音声のLRチャンネルと異なり、4つのチャンネルはW、X、Y、Zと呼ばれます。XYZは3方向の軸（前後、左右、上下）の音の指向性成分が入っており、Wは無指向性の成分が入ります。
　たいていのアンビソニックマイクには、B-Formatへの変換ツールがバンドルされていますので、変換を行ってからUnityにインポートします。B-Formatのなかにも、「AmbiX」と「FuMa」という2種類があります。Unityは、AmbiXに対応しています。

　アンビソニックを収録できるマイク機材は、近年低価格化が進み、4万円程度の機材があります。高級方向では、マイクの数を増やし、4チャンネルデータよりもさらに精度の高い録音と再生を行うものもあります。
　4チャンネル方式は「1st Order」（1次アンビソニック）と呼ばれ、ここから9チャンネル、16チャンネルといったように数が増えていきます。合計で64個のマイクを使う機材もあるそうです。

▶ アンビソニックの使い道

　アンビソニックは、VRコンテンツにおいては「遠景の環境音」を再現するのに最も向いています。大自然の中が舞台のVRコンテンツでは、風の音や木がこすれる音、鳥のさえずりなどが、あらゆる方向から聞こえてくるような効果を作ることができます。
　ただしアンビニックは、ユーザーの位置が移動するタイプのVRコンテンツでは注意が必要です。ユーザーから近い音が「頭に音が付いてくる」ような聞こえ方になってしまうからです。ある音楽鑑賞VRコンテンツは、音の「響き」のみをアンビソニックで再生し、楽器それぞれの音は、空間化処理を行って位置感を出す手法が採られました。このように、双方の特性を補助する使い方が理想的です。

そのほかの VR サウンドのコツ

　VR コンテンツにおけるサウンドは、少しのミスが強い不快感の原因となってしまい、ユーザーにとって負担になりやすい部分でもあります。VR では音をヘッドフォンで聞いてもらう仕組み上、ユーザーは自分で耳をふさぐことができないからです。大きな音や急な音、多すぎる音は、没入感を削ぐ原因にもなります。

　VR におけるサウンド実装のコツは、次のとおりです。

- 見た目と音のテクスチャを合わせる
- 何もない位置から音を発生させない
- 音数を増やし過ぎない
- 前触れなく大きな音を出さない（大きな音を入れたい場合は、その予感をさせる演出や別の音を入れる）

　また、UI のボタンを押したときの音などにも指向性を持たせ、3D 空間内のボタンの位置から聞こえるようにするべきです。単なるモノラルサウンドを割り当ててしまうと、目の前にボタンがあるのに、音が自分の頭の中心から聞こえるような感覚になってしまいますので、注意しましょう。

3-2 Unity における VR サウンド導入の手段

　VR コンテンツにおけるサウンドの概要を理解したところで、具体的に Unity に導入するための方法を解説していきます。

　Unity で VR コンテンツを作る場合は、VR サウンドの導入手段が複数が存在します。Unity Editor には VR サウンド向けの機能がいくつかビルドインされていますので、簡易的にはそれを適用するだけでも音の品質が向上します。

■ ビルドインの VR 音響プラグイン

　Unity は、VR 技術各社が開発している空間化プラグイン（Spatializer Plugin）をいくつかビルトインしており、選択して使うことができます。どのプラグインを使うかは、「PlayerSettings → Audio」のウィンドウから指定できます。

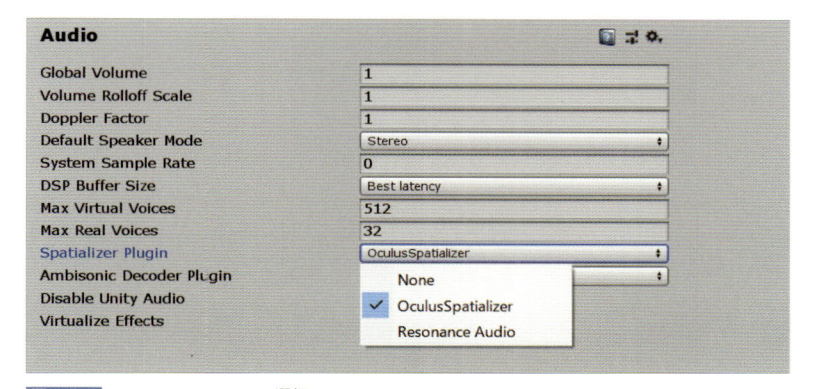

図 3-2-1 Spatializer Plugin の選択

　ビルドインされているプラグインは、Unity のバージョンによって異なります。

Oculus Spatializer

　Oculus（Facebook）が開発した Spatializer を使います。Android、macOS、Windows で動作します。あとで説明する Oculus Integration パッケージをインポートすることで、最新版に更新できます。

Resonance Audio

　Google が開発した Spatializer を使います。Android、iOS、Windows、macOS、Linux で動作します。

■ ビルドイン機能の利用方法

　上記のいずれかのプラグインを選択すると、Audio Source コンポーネントのインスペクター下部に「Spatialize」チェックボックスが現れます。このチェックを入れ、Spatial Blend パラメータを「1」に設定することで、空間化の処理が適用されます。

149

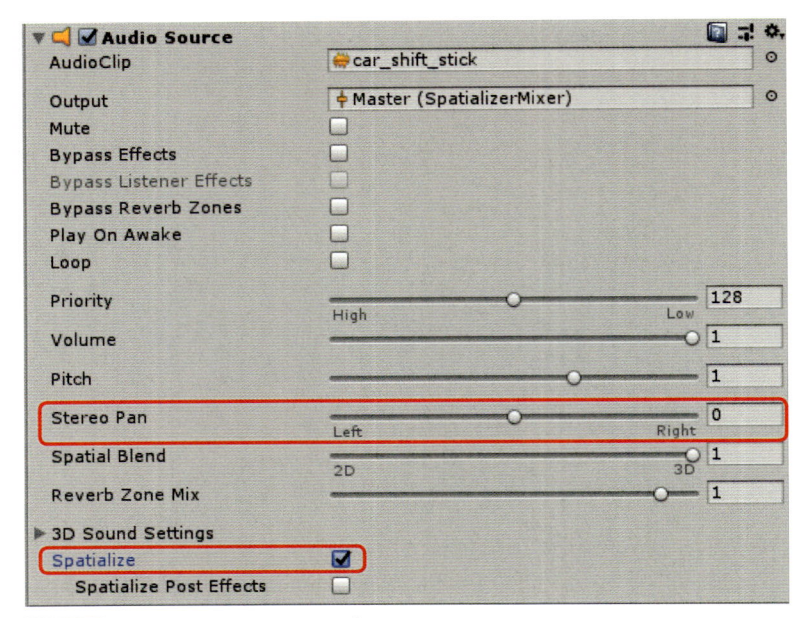

図 **3-2-2** Audio Source の Spatialize オプション

　スクリプトから現在使用されている Spatialize plugin を調べたい場合は、Audio Settings クラスの static メソッドである GetSpatializerPluginName メソッドから名前を取得できます。また、GetSpatializerPluginNames メソッドから、現在のプラットフォームで有効な Spatializer Plugin の名前をすべて取得できます。

■ ビルドインのアンビソニック音源再生プラグイン（Ambisonic Decoder Plugin）

　アンビソニックのオーディオデータを再生するための機能です。Oculus 製のものと、Google 製の 2 つがビルトインされています。いずれかを選択後、アンビソニック音声ファイルを Audio Clip としてインポートすると、「Ambisonic」のチェックボックスが現れます。

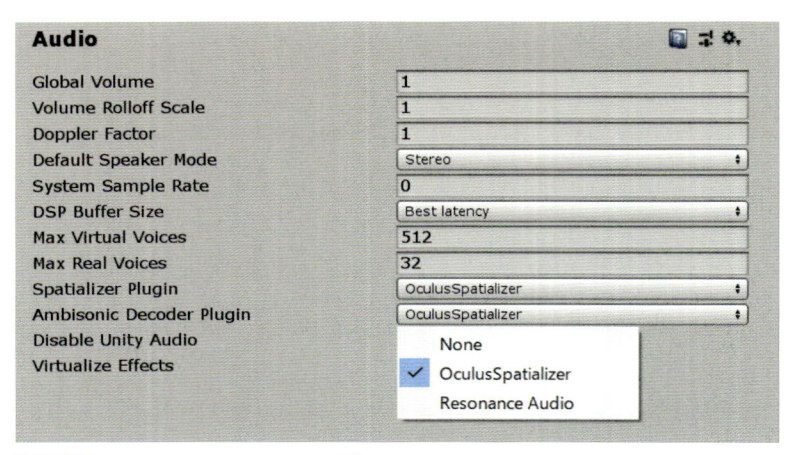

図 **3-2-3** Ambisonic Decoder Plugin の選択

空間音響 SDK の導入

さらにリアルな VR のサウンドシステムを導入するためには、サードパーティーの空間音響 SDK を入れる必要があります。

Oculus や Steam などのストア・プラットフォームが、似たような機能を持つ SDK を競ってリリースしているのですが、ほとんどが無償で利用できる上、PC VR の場合はプラットフォームに制限がほぼありません。Oculus の SDK を使っていても Steam で販売できますし、HTC Vive でも動作します。

本書では、「Oculus Audio SDK」を利用します。

Oculus Audio SDK（Oculus Integration に同梱）

Oculus（Facebook）が開発している SDK です。音の空間化と Ambisonics データ再生のほか、レイキャストオクルージョンを使ったダイナミックな反響音の再現、壁を伝わる音の再現機能があります。単体でも入手可能ですが、Oculus Integration パッケージに含まれていますので、これをインポートする方法が楽です。

Steam Audio（Beta）

Steam プラットフォームを提供する Valve が開発している SDK です。レイキャストオクルージョンを使って、マップの形状に応じた遮蔽音やリバーブを再現できます。まだベータ段階ですが、リアルタイムに音響の伝播を処理したり、伝播具合をマップにベイクできる機能が含まれています。

Google Resonance Audio

Google が提供しているオープンソースの SDK です。指向性のある音源の再生処理を実装していることが特徴で、キャラクターのボイスが正面からはよく聞こえるが、後ろからはあまり聞こえない、といった演出ができます。

Resonance Audio Room という反響プリセットを、壁・床・天井ごとに設定できます。リバーブ設定を事前計算で焼き込んで設定できる Reverb Probe 機能もあります。

CRI ADX2 for VR

次の 4 章で紹介する統合型サウンドミドルウェア「CRI ADX2」も VR 環境で利用できます。物理音響をベースにした立体音響シミュレーションに対応しています。プラットフォームとして Windows、Oculus Go ／ Oculus Quest に加えて、PlayStation® VR に対応していることが特徴です。

VR では、たくさんの音が意図せず同時に鳴ってしまうと、ユーザーの不快感を生じやすくなります。ADX2 は、音単位で再生数の上限設定と優先度の設定ができますので、こうした問題を回避しやすくなっています。

なお、無償版の「ADX2 LE」では VR 向け機能が利用できない（2019 年 7 月現在）ため、Oculus Audio SDK などと併用し、BGM などの空間化を行わない音に積極的に ADX2 を使って、負荷の軽減に役立てることができます。

dearVR

　Dear Reality 社が開発し、Unity アセットストアで販売されているプラグインです。DAW 用のプラグインもあるため、ある程度はコンポーザーや音響担当者が DAW 上で作業できます。また、空間プリセットの数が非常に多いです。ただし、現在（2019 年 7 月）は IL2CPP ビルドに非対応のため、利用できるプラットフォームに制限があります。

図 3-2-4 dearVR は、アセットストアから購入できる

　そのほか、海外のいくつかのサウンドミドルウェアが、VR 向けの機能を提供しているほか、GPU ベンダーも独自のサウンドシステムを開発しています。AMD がオープンソースで提供している「TrueAudio Next」や、NVIDIA「VRWorks Audio」などがあります。

Unity Audio Spatializer SDK

　ここまで紹介した空間音響 SDK は、「Audio Spatializer SDK」を通じて実装されています。

　これは、Unity に VR 用の音響処理を追加するためのインターフェースです。Native Audio Plugin SDK の拡張であり、Unity のパンニングシステムを置き換えることができます。

　Audio Spatializer SDK を通じて、あえて HRTF などを独自に実装することも可能ですが、独自実装には高度な音響技術の知識を必要とします。

Oculus Go ／ Quest で Unity アプリを実行する

　この章では事例として、Oculus Go と Oculus Quest 向けの VR コンテンツ開発におけるサウンドシステムを紹介します。Oculus Go は、スタンドアローン型の VR ヘッドマウントディスプレイです。3DoF（Degree of Freedom）の自由度を持ち、360 度の動画やゲームなどの VR コンテンツに適しています。3DoF なので 360 度の方向を向くことはできますが、頭の位置はトラッキングしません。

　対する Oculus Quest は、2 つの位置トラッキングコントローラーと 6DoF の自由度を持ち、VR 空間内を自由に動き回ることができる進化版です。いずれも、システムはAndroid ベースになっています。

図 3-3-1 「Oculus Go」の外観

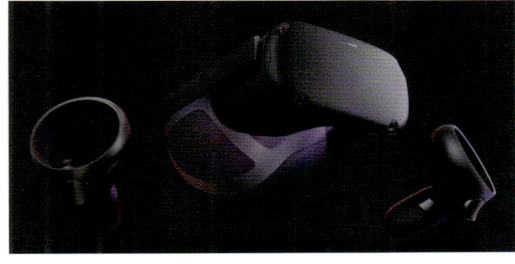

図 3-3-2 「Oculus Quest」の外観

Oculus Go ／ Oculus Quest アプリを Unity で開発する環境

　Oculus Go または Oculus Quest アプリの開発には、次の環境が必要です。

- Oculus Go ／ Oculus Quest 本体
- Oculus アプリをインストールした iOS、または Android 端末
- Windows PC、または mac

　また、Oculus Audio SDK を導入する手段として、Oculus が提供する Unity 向けパッケージ「Oculus Integration」を使用します。

図 3-3-3 「Oculus Integration」は、アセットストアから無償で導入できる

「Oculus Integration」は、Oculus Audio SDK に加え、Oculus の各種コントローラー対応や、VR 向けのグラフィックスシステム、サウンド、ストア機能などをまとめた無償のパッケージです。PC 向け VR や、Oculus Quest とも共通して利用できます。 この章では、次の環境で機能の紹介を行います。

- Windows 10 Pro
- Unity 2018.4.5f1
- Oculus Integration 1.39

Oculus Integration の動作環境として、推奨の Unity バージョンが指定されています。執筆時点では 2018.4 LTS が推奨されているため、サンプルゲームの開発には 2018.4.5f1 を使用しています。

現在の対応バージョンについては、Oculus 開発者向けサイトの「Compatibility and Version Requirements」ページで確認できます。なお、Oculus Rift ／ Rift S で VR をプレビューする場合は、「Oculus（Desktop）パッケージ」が Unity Package Manager でインストールされている必要があります。

- ● Compatibility and Version Requirements
  https://developer.oculus.com/documentation/unity/latest/concepts/unity-req/

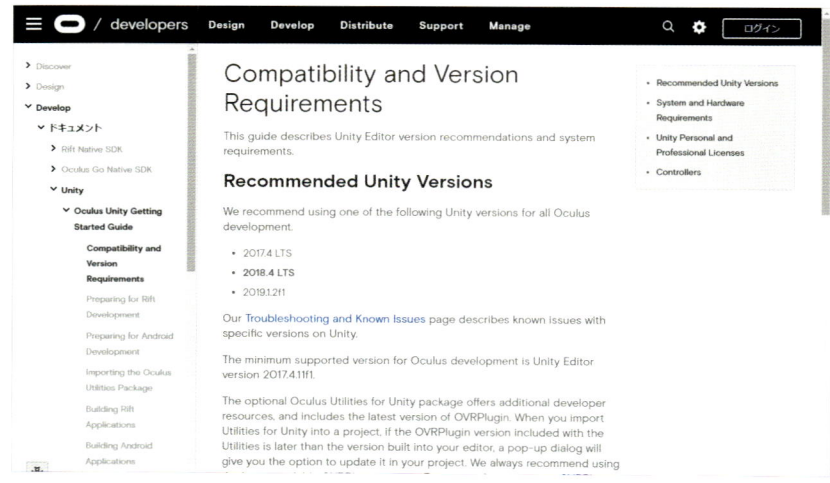

図 3-3-4 「Oculus Integration」の対応バージョンの確認

Unity プロジェクトのセットアップ

Unity で作ったアプリを、Oculus Go または Oculus Quest で起動するまでの最低限の手順を説明します。本書はサウンド機能の解説書籍であるため、VR コンテンツ開発の手順のすべては解説しません。グラフィックス関連の設定情報については省略しますので、ほかのガイド書籍や Web サイトの情報を合わせてご確認ください。

Oculus Integration の導入とセットアップ

　まずは、Unity 2018.4 の最新版をインストールします。Unity の過去バージョンについては、次のページからダウンロードできます。

● Unity download archive

https://unity3c.com/get-unity/download/archive

　Oculus Go は Android ベースのシステムであるため、Unity Editor の Android Build Support モジュールのインストールと、Android SDK Tools が必要になります。次のサイトの下部にある「Command line tools only」から、Windows または Mac のパッケージをダウンロードしてください。

　なお、「Android Studio Package」は必要ありません。「SDK Tools」のみをダウンロードしてください。

● Android SDK Tools のダウンロード

https://developer.android.com/studio/

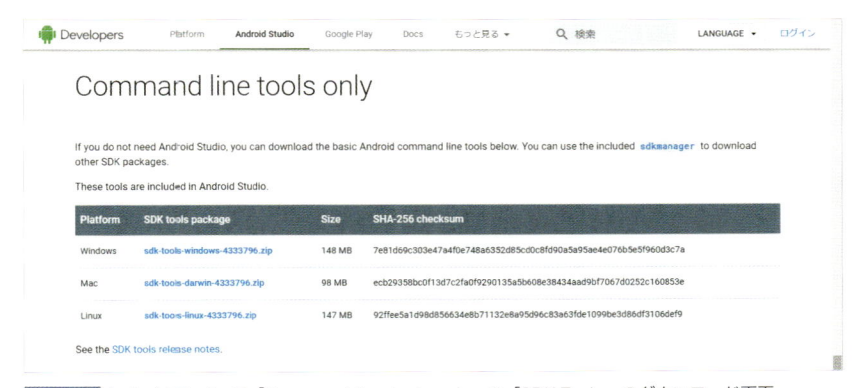

図 3-3-5 Android Studio の「Command line tools only」の「SDK Tools」のダウンロード画面

　Android SDK Tools をダウンロードしたら、zip ファイルを解凍し、中身の tools フォルダを任意のディレクトリに配置します。お勧めは「C:¥Android」フォルダを用意して、その下に tools フォルダを格納しておく形です。

図 3-3-6 Android SDK Tools の解凍と配置

　Unity Editor で、この SDK のパスを指定します。メニューの「Edit → Preferences」から、

External Tools の項目を開き、tools を展開したフォルダの 1 つ上の階層を設定します。

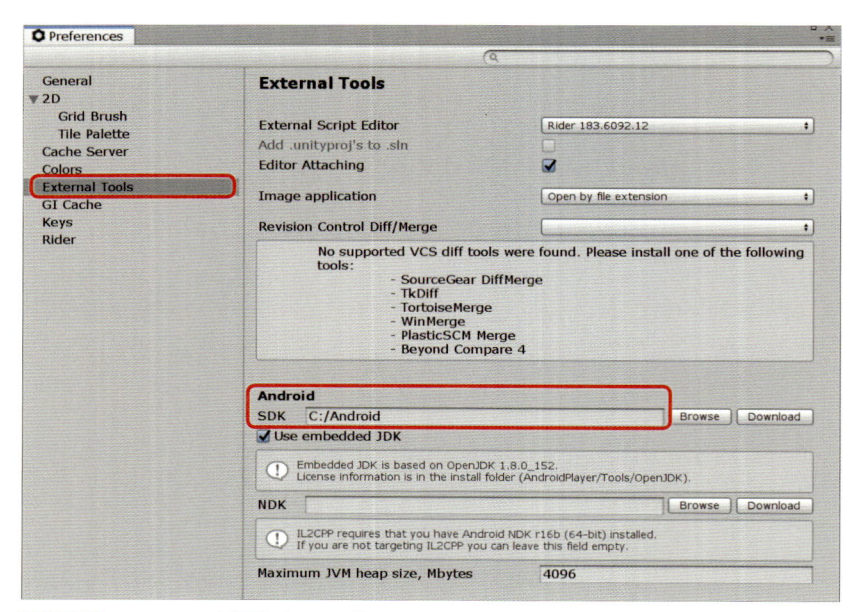

図 **3-3-7** Android SDK を設置したフォルダを External Tools に指定

　Android のビルドに必要なパッケージは、sdk-tools を通じて、最初のビルドを実行するタイミングで Unity Editor が自動的にダウンロードします。

　Android ビルドの設定が終わったら、「Oculus Integration」を Unity アセットストア経由でダウンロードします。

● Oculus Integration（アセットストア）

https://assetstore.unity.com/packages/tools/integration/oculus-integration-82022

　Oculus Integration は、Oculus 開発者向けサイトで配布されている「Oculus Utilities for Unity」と同一です。まずは、このパッケージをインポートします。

　Oculus Integration のパッケージには、OVRPlugin 最新版が含まれています。Unitiy Editor にビルドインされている OVRPlugin が古かった場合は、次のダイアログが出ますので「Yes」をクリックします。

　OVRPlugin を更新すると、Unity Editor を再起動するように促されますので、再起動します。

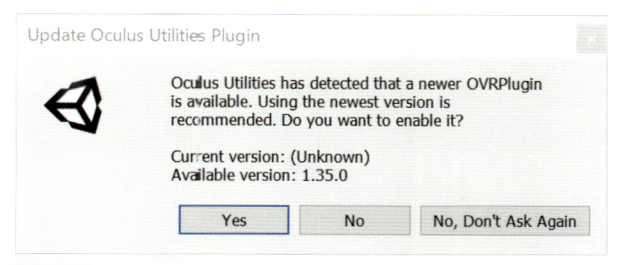

図 3-3-8 OVRPlugin が古い場合は、更新が促される

ビルド設定の変更

　続いて、ビルド用のいくつかの設定を行います。Unity Editor の「Edit → Project Settings」を開き、Audio セクションの DSP Buffer Size の設定を「Good latency」に設定してください。

　2 章でも紹介しましたが、DSP Buffer Size はサウンド再生の遅延を最小限に抑えるための設定です。Good latency は Oculus Go ／ Quest ではほとんど問題ありませんが、モバイル VR などでは再生遅延が発生することがあります。ノイズが気になる場合は「Best latency」に変更してください。

　また、Spatializer Plugin、Ambisonic Decoder Plugin に対して、それぞれ「Oculus Spatializer」を指定してください。

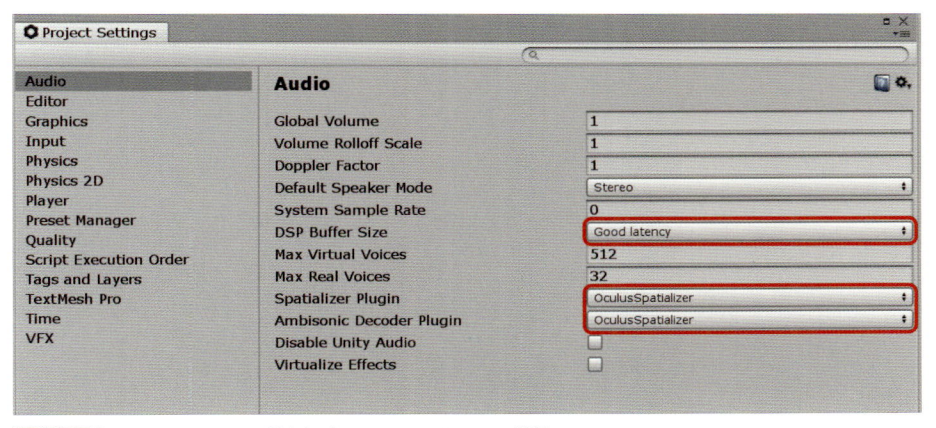

図 3-3-9 「DSP Buffer Size」の設定と「OculusSpatializer」の選択

　続いて、「File → Build Settings」を開き、ビルドターゲットを Android に変更します。Oculus Go ／ Oculus Quest では、テクスチャ圧縮形式に ASTC の利用が推奨されているため、Texture Compression を「ASTC」に変更します。

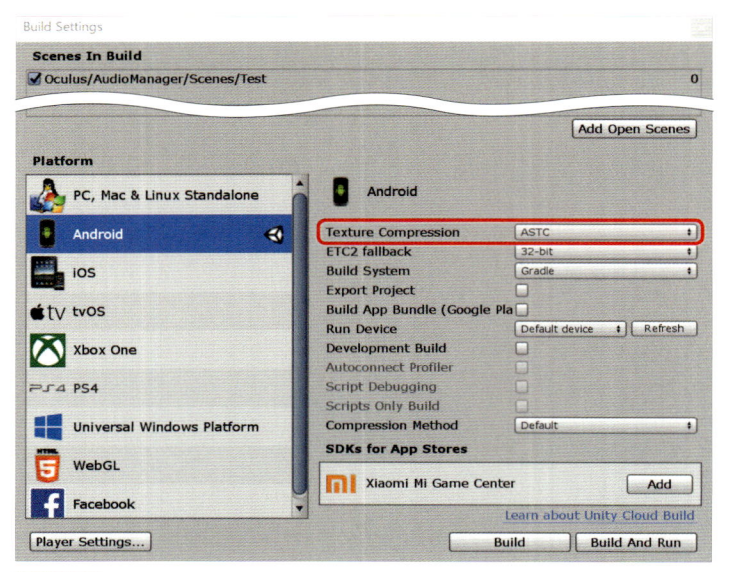

図 3-3-10 プラットフォームで「Android」、Texture Compression で「ASTC」を選択

　ダイアログ左下の「Player Settings」を開き、Android 設定のタブをクリックしてから、Other Settings セクションの Identification グループで Package Name を変更します。Package Name は「ドメイン名 . あなたの組織名 . アプリ名」のフォーマットで記入します。そして、Minimum API Level を「Android 4.4 'KitKat' '（API level 19）」に変更します。

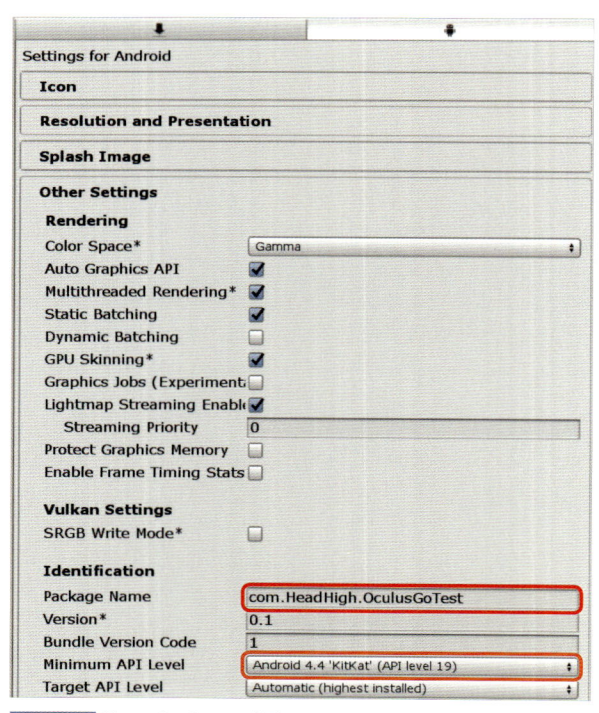

図 3-3-11 Player Settings の変更

少し下の Configuration セクションでは、対応するプロセッサのアーキテクチャを指定します。Oculus Go は ARM アーキテクチャのチップを使用していますので、「x86」のチェックを外します。

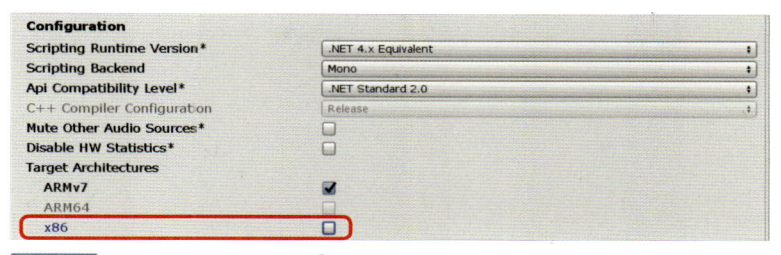

図 3-3-12 Target Architectures から「x86」を外す

Player Settings の下部には「XR Settings」があります。このセクションを開き、「Virtual Reality Supported」にチェックマークを入れます。また、Virtual Reality SDKs のリストで「+」マークをクリックし、「Oculus」を追加します。

これで、Oculus Go ／ Oculus Quest 用のビルド設定は完了です。

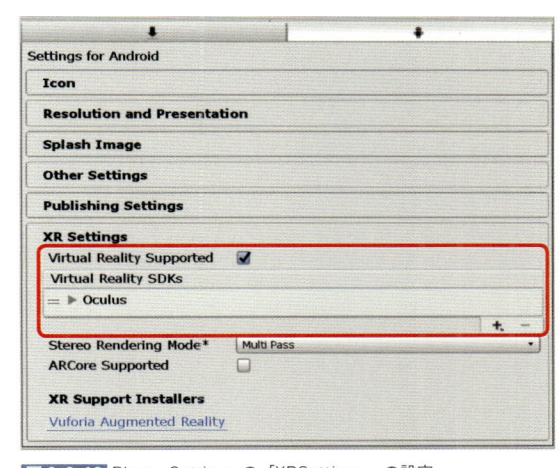

図 3-3-13 Player Settings の「XRSettings」の設定

Oculus Go ／ Quest でテストビルドを実行

Unity Editor 側のセットアップが完了したところで、Oculus Go または Oculus Quest の本体設定を行い、テストアプリを実行してみます。

Oculus Go ／ Quest 本体を開発者モードにする

Oculus Go と Oculus Quest は、スマートフォン用のコンパニオンアプリ「Oculus」と Bluetooth で接続し、各ハードウェア設定を行います。まず、アプリを使って「開発者モード」に変更できます。Oculus アプリをインストールしていない場合は、App Store または Google Play からダウンロードとインストールを行ってください。

Oculus アプリでは、Oculus Go または Oculus Quest とスマートフォンをペアリン

グし、端末名をタップすると「その他の設定」が現れます。「開発者モード」から、開発者モードをオンにしてください。

図 3-3-14 「開発者モード」をオンに設定

その後、USB ケーブルで PC と Oculus Go または Oculus Quest を接続します。ヘッドマウントディスプレイ側に「Allow USB Debuging?」または「USB デバッグを有効にしますか？」というダイアログが出ますので、コントローラーで「OK」を選択してください。PC とのデバッグ接続が有効になります。

ダイアログが出ない場合は、開発用 PC にドライバをインストールする必要があります。Oculus が配布している「Oculus Go ADB Drivers」の zip ファイルをダウンロード・解凍して、そのなかの「android_winusb.inf」の右クリックメニューから「インストール」を実行します。このドライバは、Oculus Quest でも使用できます。

● Oculus Go ADB Drivers のダウンロード Web ページ

https://developer.oculus.com/downloads/package/oculus-go-adb-drivers/

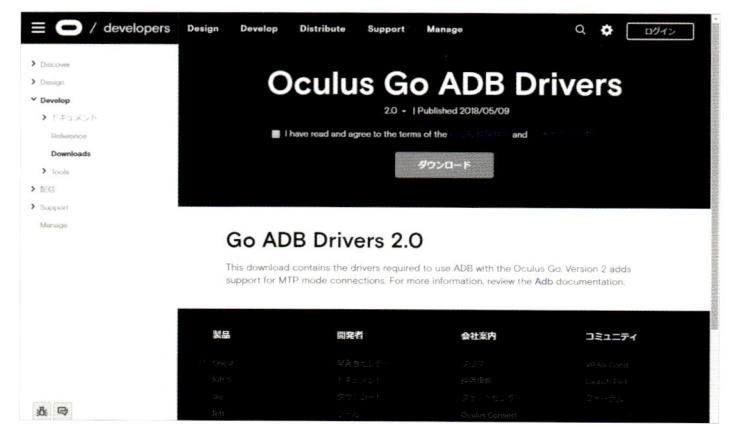

図 3-3-15 Oculus 開発者向けサイトから、ドライバをダウンロード

■ テストビルド用のシーンを構成する

VR 用サウンド機能のテストの前に、まずはテストビルド用のシーンを用意します。

新規シーンを用意し、VR 描画用カメラとして、Oculus Integration に同梱されている「OVRCameraRig」プレハブを配置します。ディレクトリは Assets/Oculus/VR/Prefabs です。

配置したら、インスペクターで OVR Manager コンポーネントを確認します。Target プロパティの設定を、Oculus Go 向けなら「Gear Vr Or Go」、Oculus Quest 向けなら「Quest」にセットします。

なお、シーンに Main Camera など、ほかのカメラがあった場合は削除しておきます。

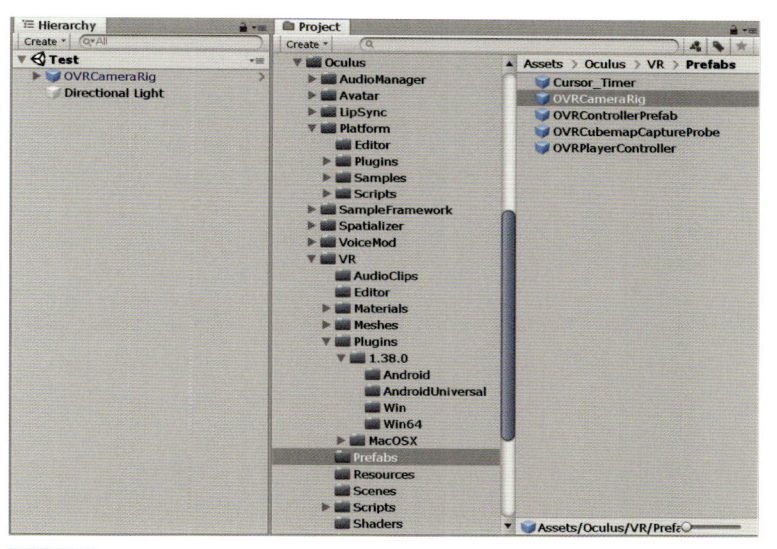

図 3-3-16 OVRCameraRig プレハブをシーンに配置

続いて、コントローラー用のプレハブを配置します。OVRCameraRig と同じディレクトリに、Oculus の各種コントローラーのモデルデータを含む「OVRControllerPrefab」プレハブがあります。

シーンに配置した OVRCameraRig の子要素に、「LeftHandAnchor」「RightHandAnchor」という手の位置をトラックするゲームオブジェクトがあります。Oculus Go の場合は、どちらか片方の子要素として 1 つ OVRControllerPrefab を配置します。Oculus Quest の場合は、両方に配置します。

LeftHandAnchor にアタッチした Prefab は、インスペクターの OVR Controller Helper コンポーネントの「Controller」設定を「LTrackedRemote」に変更してください。

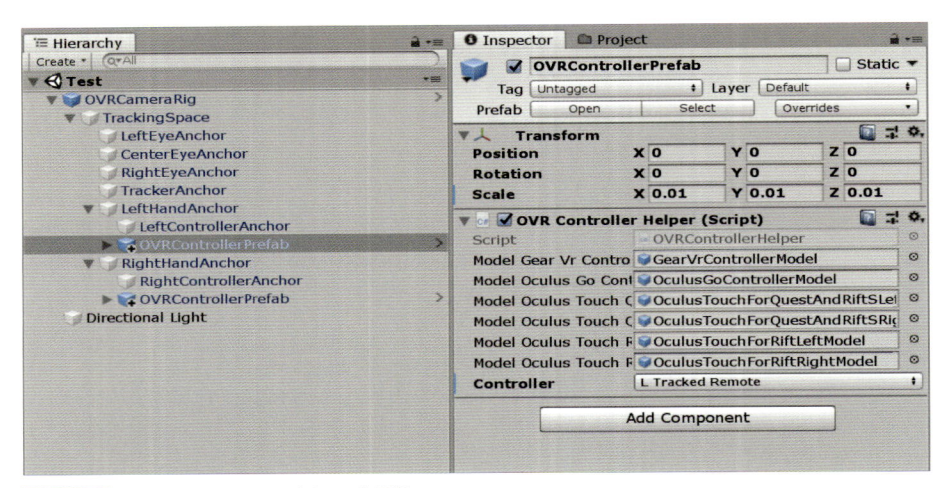

図 3-3-17 OVRControllerPrefab をシーンに配置

　これで、テストビルド用シーンのセットアップが完了しました。ただ、このままでは何も映らず方向感がわからないので、任意の Cube などをいくつかシーンに配置しておくとよいでしょう。

■ テストビルドの実行

　実際にビルドを行ってみましょう。初回のビルドは、ASTC テクスチャの生成や Oculus Integration パッケージに含まれるシェーダーの処理が入るため、時間がかかります。

　また、Android SDK の更新が入る場合があります。Build ボタンを押した後に次のダイアログが表示されたら、「Update Android SDK」をクリックしてください。

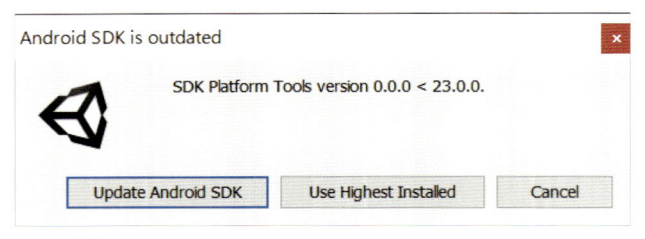

図 3-3-18 SDK Platform Tools のアップデート

　同様に、ビルドには API Level 26 のパッケージが必要です。こちらも Update Android SDK を選択してください。

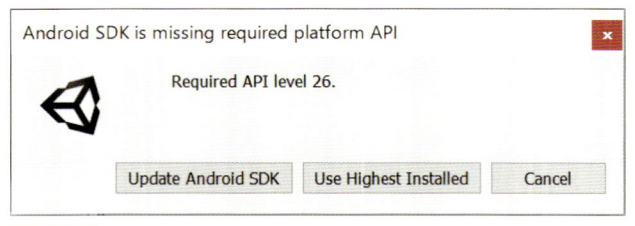

図 3-3-19 「API Level 26」に対応した SDK へのアップデート

もし、Android SDK が見つからない旨のエラーが表示された場合は、Android SDK Tools を配置したディレクトリを確認してください。Android SDK のディレクトリを指定するダイアログが表示される場合もあります。

また初回ビルドでは、OpenJDK の警告が出ます。こちらも「アクセスを許可する」をクリックして先に進んでください。

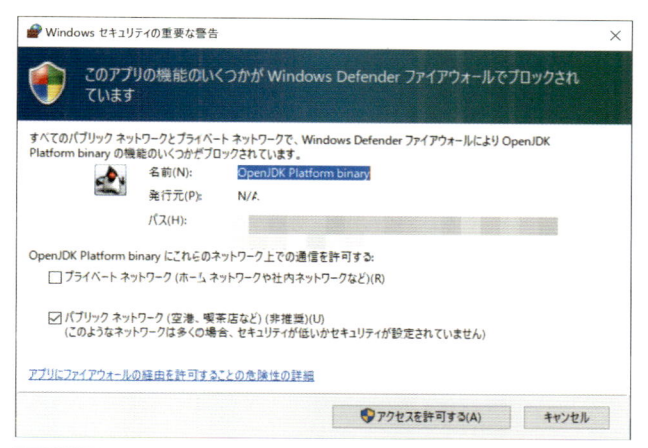

図 3-3-20 OpenJDK のアクセス許可

無事に実行ファイル（apk ファイル）がビルドされ、転送が完了すると、Oculus Go または Oculus Quest でアプリを確認できます。ビルド時に接続がうまくいっていない場合は、「No Android devices connected」警告がデバッグログに表示されますので、接続設定を確認してください。

アプリが起動しない場合は、Unity Editor のメニューから「Oculus → Tools → Remove AndroidManifest.xml」を実行して既存の AndroidManifest を削除してから、同メニューの「Create store-compatible AndroidManifest.xml」を実行してください。

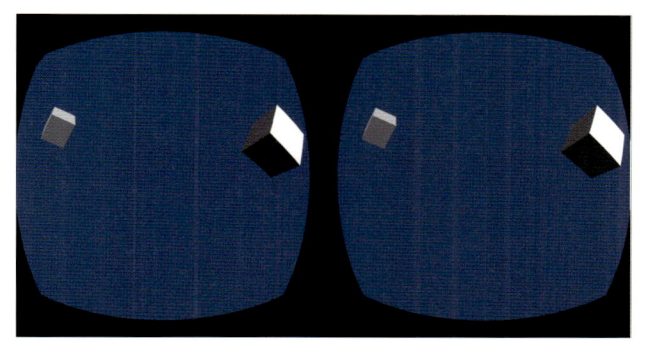

図 3-3-21 テストアプリの画面が表示

Unity から転送したアプリは、Oculus Go または Oculus Quest の本体に保存されます。メニューからは「ライブラリ」の「提供元不明のアプリ」の中から起動できます。

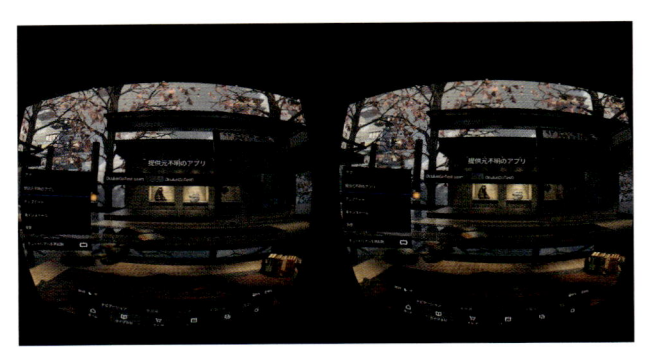

図 3-3-22 「提供元不明のアプリ」の中から起動

　ビルドマシンを変えたり Unity のバージョンを変更した場合、同じ Package Name の apk ファイルがインストールできなくなる場合があります。Unity のデフォルト設定では、Android の証明書ファイルは自動的に生成されるためです。その場合は、一度アプリをアンインストールします。

　アンインストールは、Android SDK Tools に含まれる「adb（Android Debug Bridge）」というコマンドラインツールから Package Name を指定して削除を行います。Windows の場合は、コマンドプロンプトから次のコマンドで削除を実行できます。

```
adb uninstall com.［あなたの組織名］.［アプリ名］
```

　上記の「あなたの組織名」「アプリ名」は、Unity の Player Settings に設定した Package Name です。

Oculus Integration の諸注意

　Oculus Integration はさまざまな VR 向け機能を搭載していますが、音声関連では、マイク入力を使ってリップシンクを行う「OVRLipsync」というクラスも用意されています。ただし、このソースは端末に対するマイクへのアクセスを要求するため、プロジェクトに含んでいると AndroidManifest.xml にマイクを使っている旨の記述が入ります。

　これは、アプリの仕様として「マイクを使っている」ことになってしまい、ストアの配信時に問題になります。マイク機能を使わない場合は、関連のソースコードを削除してしまうことをお勧めします。

　また、Oculus Integration を新しいバージョンに更新したとき、Package 側に古い dll が残っているせいでビルドできなかったり、正常に音が鳴らなかったりする場合があります。その場合は Unity Editor の Package Manager 経由で Oculus のパッケージを削除したのち、Assets/Oculus/VR/Plugins 以下の古いバージョンのフォルダを削除してください。

この節では、Oculus Integration に含まれる Oculus Audio のコンポーネントについて解説します。大きく分けて、5 つの機能があります。

Spatialization（固定 shoebox）

モノラル音声にバイノーラル・プロセッシングを行い、空間化します。Unity の Native Audio Plugin を使って実装されており、独自の HRTF を搭載しています。

Audio Mixer 用の Oculus Spatializer Reflection ミキサー経由で処理を行います。ミキサーのプロパティで shoebox のサイズを規定しておき、snapshot で場面を切り替える方式です。固定の shoebox 処理は軽量で、Oculus Go や Oculus Quest でもある程度使用できます。VR 空間内のユーザーの位置が変わらず、地形も固定なコンテンツに有効です。

Dynamic Room Modeling

レイを飛ばしてリスナー位置の空間の広さを計測し、shoebox のサイズを動的に変化させる機能です。ユーザーが空間内を自由に移動するタイプのコンテンツに有効です。

本機能は処理が重く、Oculus Go や Oculus Quest ではほとんど動作させられません。レイの数や頻度を減らしても、音の処理がカクついてしまいます。PC VR 向けの機能と考えてよいでしょう。

Audio Propagation（Beta）

ゲーム空間内のオブジェクトに材質のタグ付けを行っておき、反射や反響のための事前データをマップに焼き込んで利用する機能です。Oculus Integration 1.39 の時点ではまだベータ機能のため詳細は紹介しませんが、ユーザーが自由に空間を動き、かつオブジェクトの種類が豊富なコンテンツに適しています。

Ambisonic Audio

アンビソニック音源を再生するための機能です。

ONSP Audio Source

ONSP Audio Source は、Audio Source といっしょにアタッチして使用する Spatialize 処理コンポーネントです。

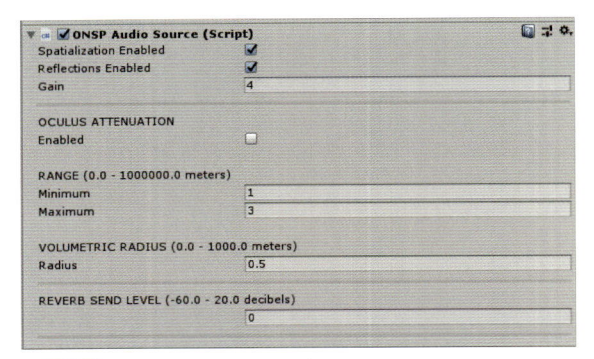

図 3-4-1 ONSP Audio Source の設定画面

Spatialization Enabled

空間化処理を有効化します。AudioSource 側の「Spatialize」オプションと同義です。

Reflections Enabled

初期反射によるリバーブを有効化します。この機能を使用するには、Oculus Spatializer Reflection ユニットがアタッチされた Audio Mixer Group を、同じゲームオブジェクトの Audio Source の output に指定する必要があります。

Gain

音の増幅を行います。値を 0 にしたとき、Unity 側の設定と同値になります。

OCULUS ATTENUATION

Enabled にチェックを入れると、Spatializer 専用の減衰カーブ「Internal attenuation falloff」を適用します。リスナーに近い音源の場合、初期反射はほとんど聞こえず直接音のみになります。遠くにある音ほど残響が多くなり、初期反射が直接音とほぼ同じ大きさになります。

減衰範囲を設定する Range は、メートル単位です。Minimum に減衰が始まる距離を設定し、Maximum に減衰処理を行う最大距離を設定します。Minimum よりも内側に Listener がある場合は、HRTF 関数を使った空間化処理を行います。Minimum 以上 Maximum 以下では、距離減衰の処理のみ行います。Maximum より離れると、音が聞こえなくなります。

VOLUMETRIC RADIUS

音の発生源を球形に拡張するオプションです。音源をリスナーが通過する際に、急に音の方向が変わったりすることを防ぐことができます。デフォルト設定の 0 では点音源になり、数値を大きくすると音源位置がぼやけるように聞こえる範囲が広がります。

REVERB SEND LEVEL

この Audio Source から発生するリバーブ処理の影響量をデシベル単位で調整できます。

Oculus Spatializer Reflection（Mixer ユニット）

ONSP Audio Source を使った音響処理のうち、反射と残響音の処理は Audio Mixer で集中的に処理します。処理を担うのは、Oculus Integration に同梱された Oculus Spatializer Reflection ユニットです。

各パラメータで、シミュレーションする空間の大きさや壁の反響の強さを設定します。

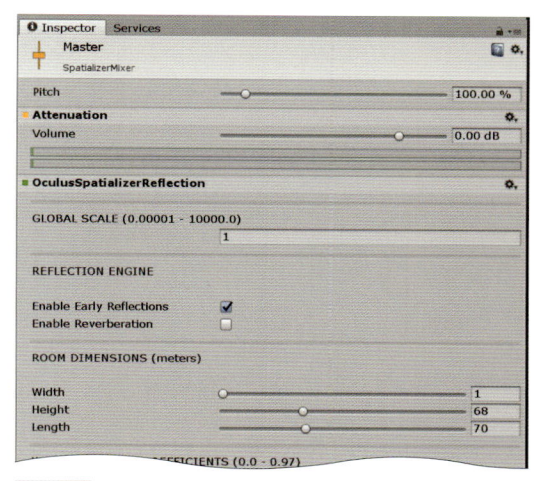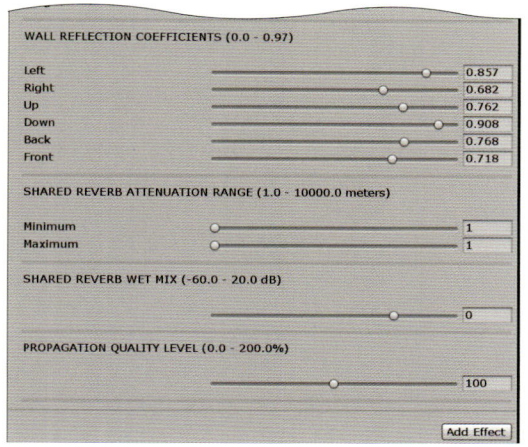

Oculus Spatializer Reflection ユニットの設定画面

GLOBAL SCALE

Unity の標準設定では、シーン内の 1 ユニットサイズ＝ 1m のスケールですが、プロジェクトによってはスケールを変更している場合があります。その場合に、このプロパティを変更して対応します。

REFRECTION ENGINE

初期反射と残響のオンオフをコントロールします。「Early Reflections」は、初期反射のシミュレーションをオンにします。「Reverberation」は、残響のシミュレーションをオンにします。

ROOM DIMENSIONS

反射・反響処理を行う部屋の大きさを、幅・高さ・長さ（この単位は**メートル**です）で設定します。

WALL REFLECTION COEFFICIENTS

部屋の 6 面の反射の強さを、「0 〜 1」で指定します。

SHARED REVERB ATTENUATION RANGE

リバーブの減衰計算を行う範囲を指定します。

SHARED REVERB WET MIX

リバーブ処理をどの程度かけるか、全体的な調整を行います。

PROPAGATION QUALITY LEVEL

後ほど紹介する音の伝播処理の処理精度を変更します。

● ONSP Reflection Zone

コライダーを使って、Audio Mixer Snapshot を切り替える機能を持つコンポーネントです。このコンポーネントはあくまで Snapshot の切り替えを行うもので、Oculus Spatializer Reflection に空間の大きさを指定するものではないことに注意してください。

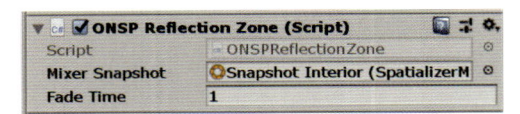

図 3-4-3 ONSP Reflection Zone の設定画面

Mixer Snapshot プロパティに、切り替え先のスナップショットを指定します。Fade Time プロパティには、このスナップショットに何秒かけて遷移するかを指定します。

なお、本コンポーネントはコライダーにヒットしたゲームオブジェクトに Audio Listener がアタッチされているかの判定を、GetComponentInChildren メソッドで行っているため処理が重いです。

そこで、たとえば Audio Listener を持つゲームオブジェクトに tag をつけて、collision.gameObject.tag で判定するように改造することをお勧めします。

● ONSP Ambisonics Native

アンビソニック音源を再生する際に、Audio Source にアタッチするコンポーネントです。

図 3-4-4 ONSP Ambisonics Native の設定画面

Use Virtual Speakers

このオプションがオフの場合は、「OculusAmbi」という球面上に音が聞こえるデコーダーを使用します。ただし、アンビソニック音源の特性によっては、きれいに聞こえないことがあります。たとえば、水が激しく流れる音や、風の音など広帯域な音には不向きとされます。

その場合、このオプションをオンにすると、アンビソニック音源がゲーム空間内の立方体の各頂点8つからの音として聞こえるようになります。

● Oculus Spatializer Unity

少しややこしいのですが、Oculus Spatializer Unity は「Dynamic Room Modeling」

VR コンテンツのサウンド

機能を使うためのコンポーネントです。Oculus Spatializer Unity をシーン内に配置すると、Audio Listener の位置からレイを飛ばしてリアルタイムに空間の広さを計測し、空間化処理に適用します。

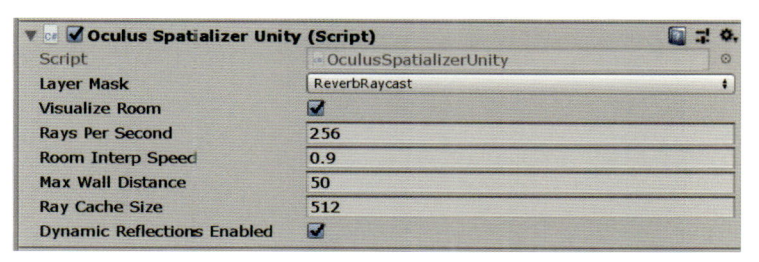

図 3-4-5 Oculus Spatializer Unity の設定画面

Layer Mask
空間化処理の対象とする壁や床などのレイヤーマスクを指定します。

Visualize Room
動的に変化する shoebox のサイズを可視化します。対象のレイヤーを指定されたジオメトリと、レイキャスティングの様子も描画されます。Unity Editor だけでなく、実行ファイルでも描画されるので注意してください。

Rays Per Second
リスナーの位置から 1 秒にいくつのレイを飛ばすかを指定します。値を大きくすれば正確性が増しますが、CPU リソースを多く消費します。

Room Interp Speed
ユーザーが部屋から部屋へ移動したときに、どのくらいの速度で反射モデルが切り替わるかを指定します。数値を大きくすると遷移が遅くなります。

値が小さすぎると、反射や残響が不規則に跳ねるような音になってしまいます。逆に大きすぎると、小さな部屋から大きな空間から出た瞬間に反射と残響の処理が遅れて聞こえることがあります。ゲームの展開に応じて、変更するとよいでしょう。

Max Wall Distance
レイを飛ばす距離の最大値を指定します（**フィート単位**）。壁がこの数値より遠い場合は、計測が動作しません。

Ray Cache Size
飛ばしたレイの情報をどのくらい保持して計算に利用するか設定します。この数値が小さいと、部屋の大きさや形が違う空間に移動したとき、計算が間に合わず反射や残響が不自然になることがあります。

Dynamic Reflections Enabled

このオプションをオフにすると、反射の処理がなくなります。

Legacy Reverb

このオプションをオンにすると、一時的に Dynamic Room Modeling の処理を停止して、リバーブの処理を Unity 標準の機能を利用します。

◗ ONSP Propagation Geometry ／ ONSP Propagation Material

ゲーム空間内のジオメトリに材質情報を付与し、反響をシミュレートする「Audio Propagation」のためのコンポーネントです。

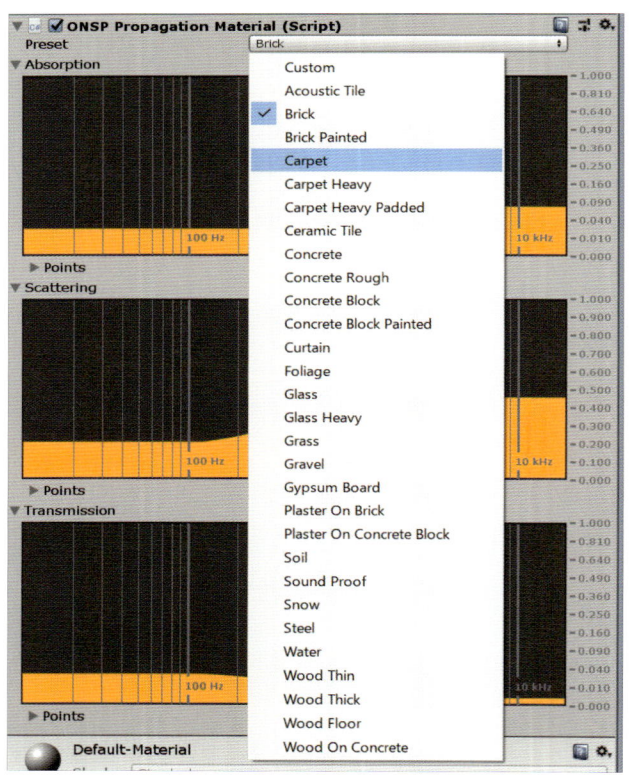

図 3-4-6 ONSP Propagation Material のプリセット

VR のサウンド演出設定

この節では、Oculus Integration に含まれるサウンド機能を使った VR サウンドの設定を紹介します。これらはデモゲームに実装していますので、実際に試してみることが可能です。

デモゲームの概要と遊び方

デモゲーム「船にコンテナをぎりぎりまで積む VR Edition」は、Oculus Go ／ Oculus Quest 用のミニゲームです。プレイヤーはクレーン操縦士となって、タンカーにコンテナをどんどん積んでいきます。コンテナを海に落としたり、船が転覆したらゲームオーバーです。

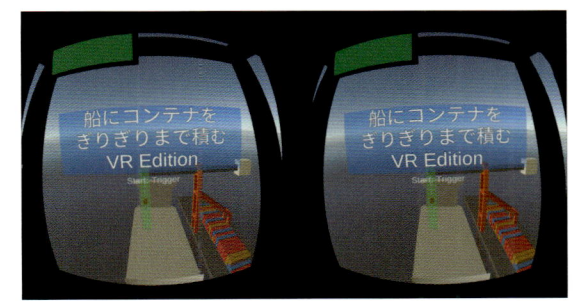

図 3-5-1
デモゲーム「船にコンテナをぎりぎりまで
積む VR Edition」の起動画面

コントローラーのトリガーを引くと、コンテナを一個落とします。そのとき、ゲーム内の左上にある点数表示モニターからボイスが聞こえてきます。

また、コントローラーを傾けると、クレーンの位置が動きます。このときは、「ガチャ」というレバー音が聞こえます。この 2 つの音は空間化処理を行っており、頭の方向を回転させると、ちゃんとその方向から鳴っているように聞こえます（前述のように、HRTFの効果には個人差があります）。

Oculus Go でタッチパッドを押し込むか、Oculus Quest では A ボタンを押すと、コクピットの外装が（なぜか）消えます。このときに Audio Mixer の Snapshot 切り替えを行っており、狭い空間内の反響設定から大きな空間の設定に変更されます。また、アンビソニック音源として「ブーン」という低い機械動作音が 360 度音源として再生されます。

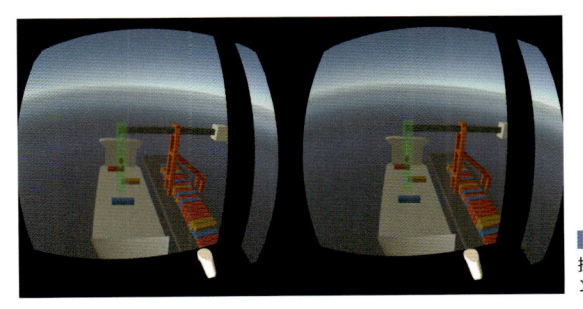

図 3-5-2
操縦士になってコントローラーでクレーンを操作する

サンプルゲームのプロジェクトファイルは、以下からダウンロードできます。ただし、

このプロジェクトからは動作に必要な「Oculus Integration」を取り除いています。そのままではエラーになりますので、同梱の「Readme.txt」を読んで、動作手順を確認してください。

- ● デモゲームのダウンロード
  https://www.borndigital.co.jp/book/15163.html

この節で紹介するサウンドの設定は、サンプルゲームの内容に依存しないため、前節で作成した Oculus Integration を入れて動作確認をしたプロジェクトで作業をしても構いません。すでに開発中の VR プロジェクトがある場合は、そこに追加する形で作業可能です。

Unity Editor の「Editror → Project Settings」の Audio Settings 内で、Spatializer に「Oculus Spatializer」がセットされているかを確認してください。

Spatialize 設定と再生

はじめに、音の空間化設定を行います。手順としては、Spatialize 用のコンポーネントを付与した Audio Source を配置し、Spatialize 処理を行う Audio Mixer の設定を変更していきます。

Audio Clip 設定の最適化

空間化処理を行う Audio Clip は、モノラル音声である必要があります。また、Oculus の Unity Audio ベストプラクティスには、次の指針が書かれています。

- Audio Clip の Decompress on Load オプションの使用を避けること
- Audio Clip の Preload Audio オプションを使わないこと
- ONSP reflections を Android ベースのハードウェアで使わないこと
- Audio Clip の Preload Audio Data 設定をすべてオフにすること

Unity Editor にインポートしたオーディオデータは、特別な必要がない限りは、この指針に従って設定を行いましょう。

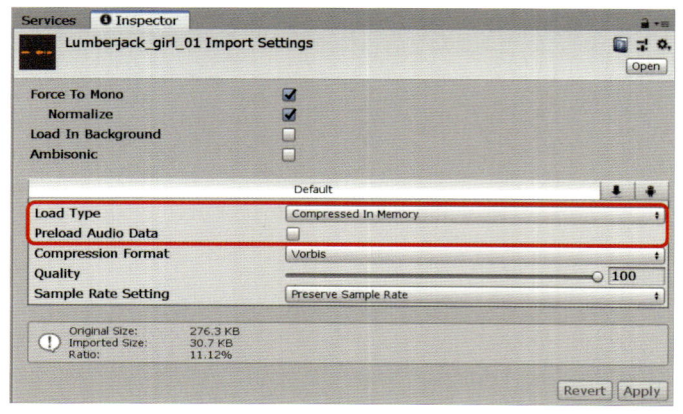

図 3-5-3 Audio Clip の Spatialization 用の設定

172

VR コンテンツのサウンド

ONSP Audio Source の配置

次に、空間化処理を行う音源を配置します。シーンに空のゲームオブジェクトを用意し、ONSP Audio Source コンポーネントと Audio Source コンポーネントをアタッチします。

Oculus の Unity Audio ベストプラクティスでは、「Audio Source の数は 16 個以下にすること」が推奨されています。シーン内に有効な Audio Source が増え過ぎないように注意しましょう。

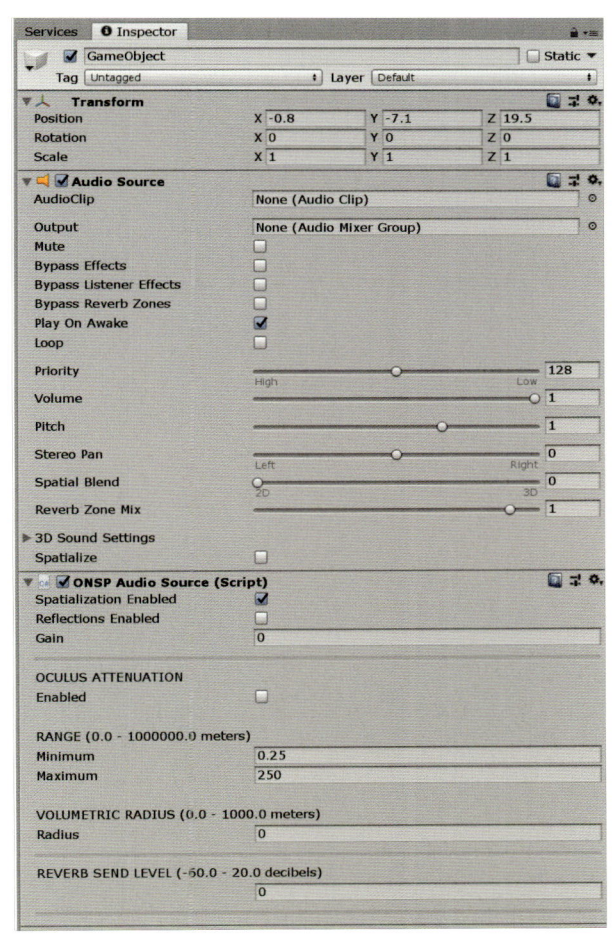

図 3-5-4 ONSP Audio Source と Audio Source をアタッチ

ONSP Audio Source のパラメータを確認します。リスナーや音源の位置が変わらない場合は、音源の減衰処理をスキップするので、OCULUS ATTENUATION ENABLED をオフにします。音量については、Gain の値で調整します。

Spatializer 処理用の Audio Mixer と Snapshot の切り替え

Oculus Integration には、Spatialize エフェクトユニットがアタッチされた Audio Mixer が用意されていますので、このファイルをそのまま使います。ディレクトリ位置は、

Assets/Oculus/Spatializer/Scenes/mixers です。

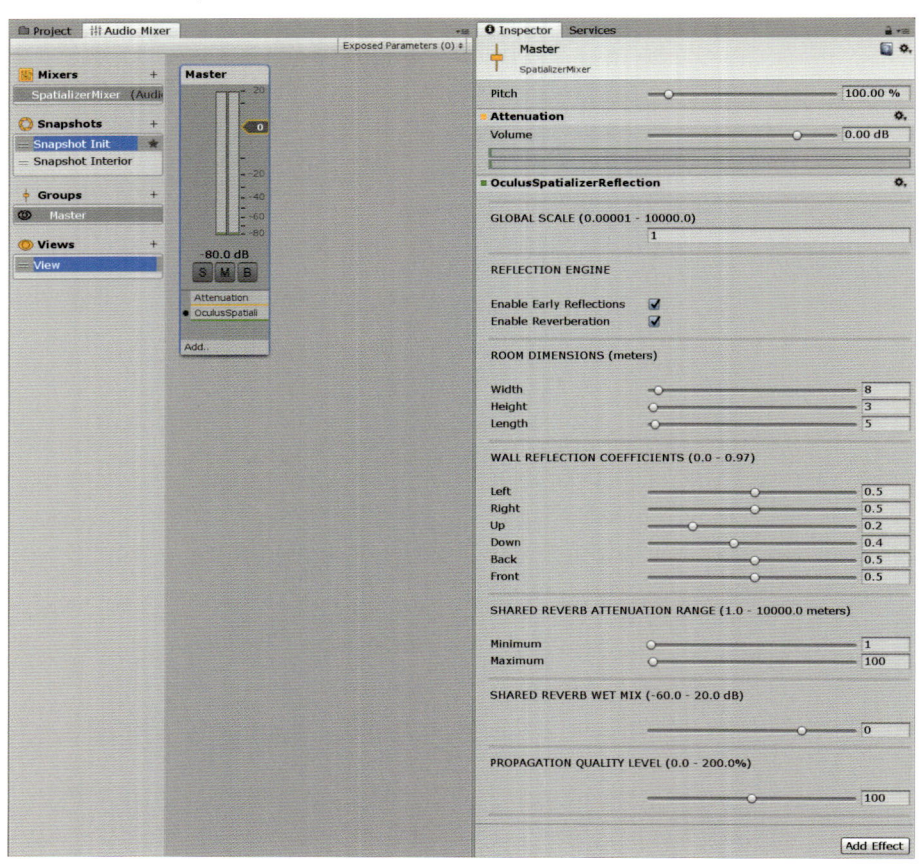

図 3-5-5 Mixer「SpatializerMixer」の Oculus Spatializer Reflection ユニット

　ONSP Audio Source を使う場合は、付属する Audio Source が必ずこのユニットを通るように Mixer Group を指定する必要があります。「SpatializerMixer」ファイルには、Master グループに Oculus Spatializer Reflection ユニットがアタッチされていますので、Master グループを Audio Source の output プロパティに指定します。

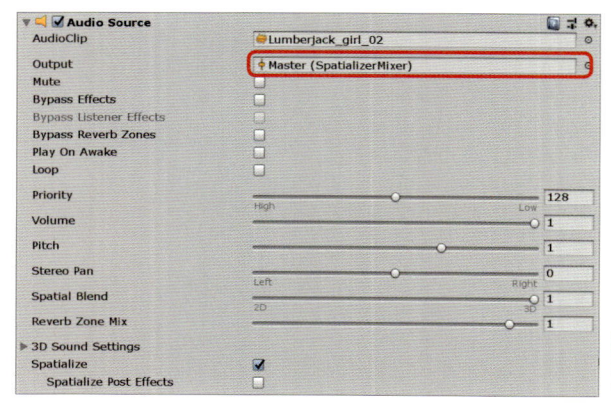

図 3-5-6
Spatialize 処理用の Audio Mixer Group を指定する

Snapshot のプリセットとして、「Init」と「Interior」が用意されています。これらの Snapshot を、通常の Audio Mixer 同様 AudioMixerSnapshot に対する TransitionTo メソッドで切り替えを行うことで、空間の設定が変更され、反射・反響の音が変わります。

Oculus Go ではタッチパッドの押し込み、Oculus Quest では A ボタンで Snapshot を切り替えます。スクリプトは次のとおりです。

```csharp
using UnityEngine;
using UnityEngine.Audio;

public class ChangeSnapshot: MonoBehaviour
{
    public AudioMixerSnapshot initSnapshot, interiorSnapshot;
    private bool isInterior = false;
    public GameObject cockpitObject;

    private void Update()
    {
        OVRInput.Update();

        if (OVRInput.GetDown(OVRInput.Button.PrimaryTouchpad) || OVRInput.
GetDown(OVRInput.Button.One))
        {
            if (isIntericr)
            {
                initSnapshot.TransitionTo(1f);
                isIntericr = false;
            }
            else
            {
                interiorSnapshot.TransitionTo(1f);
                isInterior = true;
            }

            cockpitObject.SetActive(isInterior);
        }
    }
}
```

プレイヤー位置の移動などでスナップショットを切り替えたい場合は、ONSP Reflection Zone コンポーネントをシーン内に配置して、プロパティには切り替え先の Snapshot を指定します。

空間化処理を行った音の再生

空間化処理を行った音源の再生方法は、1 章で紹介した Unity 標準と同様です。

Audio Source に対して、インスペクターまたはスクリプトで Audio Clip を渡し、AudioSource.Play メソッドで再生します。Snapshot を切り替えると、音場がガラッと変わります。

音がうまく聞こえなかった場合は、OCULUS ATTENUATION ENABLED が有効のま

までリスナーから遠かったり、Audio Mixer Group が正しく設定されていない可能性があります。

音源またはリスナーが移動する場合の設定

音源の位置が移動する場合、もしくはリスナー位置が移動する場合は、減衰と VOLUMETRIC RADIUS の設定が必要です。

ONSP Audio Source コンポーネントの OCULUS ATTENUATION RANGE に、減衰開始の距離（Minimum）と減衰し切る最大距離（Maximum）の値をメートルで指定します。指定した数値は、Unity Editor の Scene ウィンドウでも確認できます。

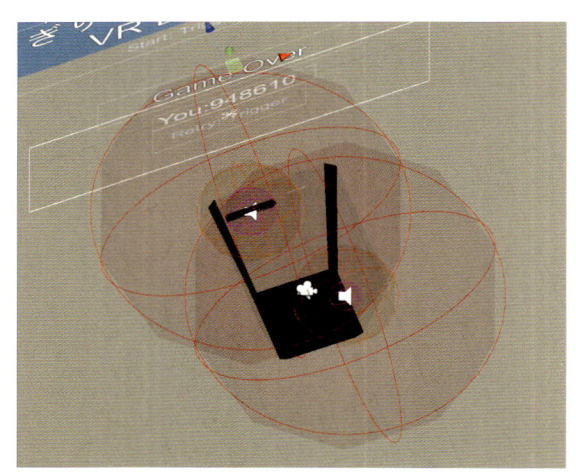

図 3-5-7 ONSP の減衰エリア表示

赤い枠が「Maximum」、オレンジの枠が「Minimum」を示します。紫の枠は、VOLUMETRIC RADIUS の範囲を示しています。これは、点音源のオーディオシステムで起きる違和感（音の発生ポイントにリスナーが重なった時、音の方向が急に回り込んでしまう）を防止するためのシステムです。

VR を体験させたときのプレイヤー心理として、どこから音が鳴っているか音源の位置を探したくなるのだそうです。プレイヤーが自由に動けるコンテンツの場合は、すべての音源に VOLUMETRIC RADIUS 設定を行っておくとよいでしょう。

アンビソニック音源の再生

最後に、アンビソニック音源の再生手順を説明します。Unity Editor の「Editr → Project Settings」の Audio Settings 内 で、Ambisonic Decoder Plugin に「Oculus Spatializer」がセットされているかを確認してください。

アンビソニック音源の入手

アンビソニック音源は、専用のマイクを使って録音する必要があります。デモゲームでは、Oculus が無償で配布している Ambisonics 音源集を利用しています。次のリンクからダウンロードできます。

ライセンスは CC4.0 で、商用利用や再配布にはクレジット表記のみ必要です。容量は、約 5GB と大きめです。

- ● Oculus Ambisonics Starter Pack
  https://developer.oculus.com/downloads/package/oculus-ambisonics-starter-pack/

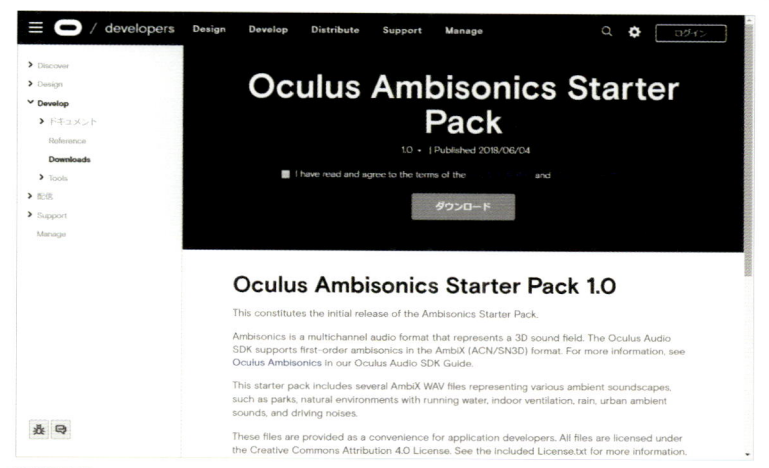

図 3-5-8 Oculus 開発者向けサイトから、Ambisonics 音源集をダウンロード

　「クレーンのコクピット内」というシチュエーションの音源はないのですが、近いものとして、Urban フォルダの中にある「Evening Office Stairwell Low Harmonics ST450 01_ambiX」を使っています。これはオフィスの階段フロアの音響データで、低い空調音が響いているものです。

　これ以外にも、Unity アセットストアや効果音などの販売サイトで Ambisonics 音源が入手できます。外部の素材サイトで購入する際は、Unity で再生できる AmbiX フォーマットに準拠したデータであるかどうかを確認してから購入しましょう。

Unity が採用している AmbiX フォーマット
- ・チャンネル順序：ACN（W、Y、Z、X の順）
- ・ノーマライズ方式：SN3D

▶ Audio Clip 設定の変更

　それでは、実際に Unity Editor で Ambisonics 音源再生の手順を行っていきます。

　まずは、音声ファイルをプロジェクトにインポートします。インポート後、Audio Clip のインスペクターで「Ambisonic」の項目にチェックを入れます。

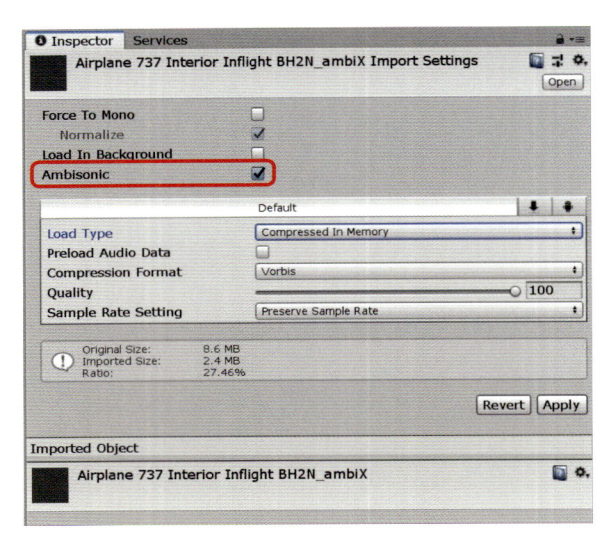

図 3-5-9 Audio Clip の Ambisonics 設定

アンビソニック再生用 Audio Source の配置

　次に、Ambisonics を再生するためのオブジェクトをヒエラルキー内に作成します。
空のゲームオブジェクトを用意し、名前を「Ambisonics Player」などに変更した後、
ONSP Ambisonics Native コンポーネントと Audio Source コンポーネントをアタッチ
してください。

　2 つともアタッチしたら、Audio Source に先ほど設定した Audio Clip の参照を指定
します。Output プロパティには Spatializer 同様、Audio Mixer「SpatializeMixer」の
Master グループを指定します。また、ループ再生を行いたいので「Loop」にチェック
を入れます。

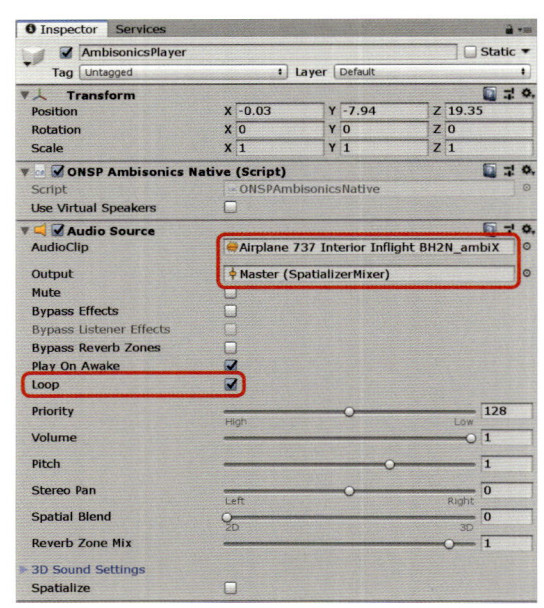

図 3-5-10
Ambisonics 音声再生の設定

VR コンテンツのサウンド

これだけで、Ambisonics ファイルの再生設定は終了です。通常の Audio Source のようにスクリプトから Play メソッドを呼ぶか、インスペクターで PlayOnAwake のチェックをオンにしてゲーム実行時にすぐ再生されるようにします。

　アプリをビルドし、実際に確かめてみましょう。環境音として聞こえてくる音が響き、顔の方向を変えるとわずかながら響きに変化があることがわかかります。こうした実在感のある環境音が、VR コンテンツの没入感を引き立てます。

　Oculus Ambisonics Starter Pack には、ほかにも車の音、道路の音、アウトドアの音などさまざまなデータが収録されています。開発している VR コンテンツの雰囲気に合うものがあったら、ぜひ活用してください。

「インタラクティブミュージック」とは何か

音楽プログラマー　岩本 翔
前職では FINAL FANTASY XV にも搭載された音楽制御システム「MAGI」を開発。インタラクティブミュージックに関する先達の知見を積極的に集め、勉強会やブログなどを通じて発信している。

コンテンツを作る上で音楽による演出は欠かせませんが、ゲームのようなインタラクティブなコンテンツでは、音楽もインタラクティブに表現できます。1つの音楽をさまざまな部品に分けて、リアルタイムに再構成していく技術は「インタラクティブミュージック（Interactive Music）」「アダプティブミュージック（Adaptive Music）」などと呼ばれています。

縦の遷移と横の遷移

たとえば、打楽器などのパートとそれ以外のパートを2つの波形に分けて同時に鳴らしておけば、状況に応じて打楽器をフェードイン、フェードアウトすることで、音楽の緊張感をリアルタイムに変化させることができます。

縦に並んだ曲のレイヤーを抜き差しするイメージから、「縦の遷移（Vertical Remixing）」などと呼ばれます。ADX2 を使う場合、AISAC などの機能を使って実現できます。

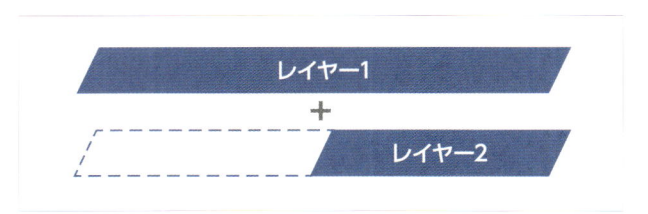

図 パートを重ねる縦の遷移のイメージ

さらに、A メロ、B メロ、サビといった音楽的な展開も、別々の波形にしておいて、小節の区切りなどで次の展開につなげることで、ゲームの流れに沿って音楽を進行させることもできます。

横に並んだ曲の時系列を差し替えることから、「横の遷移（Horizontal Resequencing）」などと呼ばれます。ADX2 を使う場合、ブロック遷移の機能を使って実現できます。

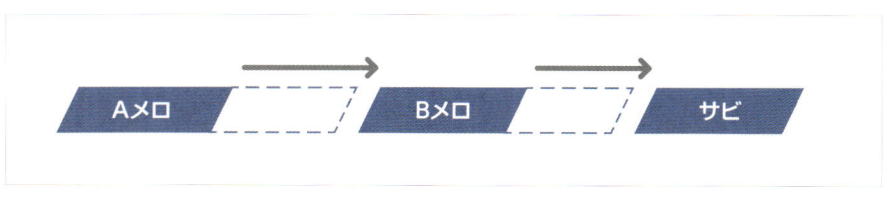

図 音楽の展開を作るための横の遷移のイメージ

縦の遷移、横の遷移は曲によって好きなほうを使えますが、得意な場面はそれぞれ少し違います。

　縦の遷移は、音量バランスを変えるだけなので、行ったり来たり、頻繁に状態が変わる時にも手軽に使えます。それに対し、横の遷移は「Aメロ→Bメロ」のような音楽的な流れがあったり、小節と合わせるために遷移までの「待ち」が発生します。そのため、ある程度ゲームの進行が決まっている場合に合わせやすいと言えます。

インタラクティブミュージックの使いドコロ

　「インタラクティブミュージック」は手応えを増やす非常に強力な演出ですが、やたらに使えばよいというものでもありません。変化させることは音楽としての印象が薄くなることとのトレードオフでもありますし、気づいてほしい変化に気づかれない、あるいはその逆ということもあります。

　では、どこで音楽を変化させるべきかを、どのように考えるとよいのでしょうか。

　そこで参考になるのは、映像作品の音楽演出です。みなさんが親しむ映画やアニメなどは、場面に合わせて音楽が展開・終了し、また場面のリズムそのものが、音楽に合わせて作られていたりします。

　自分のゲームのプレイ映像を録画して、それを1つの映像作品と考えて音楽を当てることを考えてみてください。そのままでは当然プレイヤーによってタイミングがズレてしまうので、そのズレを吸収するために音楽を部品に分け、技術によって繋ぎ変えるのです。

　さて、映像作品は大いに参考にすべき演出の先輩ですが、そこにゲーム音楽演出の正解があるとは限りません。今回紹介した「縦の遷移」と「横の遷移」の技術だけでも基本的な演出は可能になるとはいえ、アイデアと技術次第でリアルタイムに音楽を構築・生成していく方法はほかにも数多くあります。

　リズム、フレーズ、ハーモニー、それらのパターン、フィルターや音色や音量など、何をユーザーに委ね、何を技術でコントロールするかによって、まだまだ音楽制御の技術には未踏の領域が広がっています。

4 サウンドミドルウェア 「CRI ADX2」を使った実装

前章までは、Unity Audio を使ってサウンド演出の実装を行いました。ゲームのさまざまな場面を想定して入念に機能開発を行い、継続的にメンテナンスをしていけば、Unity の標準機能だけでも十分なサウンド機能の実装は可能です。

しかしながら、商業クオリティの品質まで到達したい場合は、一朝一夕ではいきません。たとえば、運営型のモバイルゲームにおいては、多種多様なスマートフォン端末で安定して動作するための最適化が必要です。また、大量の音声データをハンドリングするワークフローも構築しなくてはなりません。プロフェッショナルな開発現場におけるサウンド実装には、サウンドミドルウェアの活用が近道です。

本書で紹介するサウンドミドルウェアとは、ゲーム開発におけるサウンドの再生システムを搭載したランタイムと、そのシステム上で音を鳴らすためのツールのセットを指します。

Unity に対応したサウンドミドルウェアはいくつか存在しますが、本書では特にスマートフォンゲームの開発に強い「CRI ADX2」を使った実装を紹介します。

▶ この章のポイント

● サウンドミドルウェア「CRI ADX2」の概要を知る
● ADX2 の導入方法を学ぶ
● ADX2 各種機能の利用方法を理解する

CRI ADX2 とは

「CRI ADX2」は株式会社 CRI・ミドルウェア（シーアールアイ・ミドルウェア）が提供する統合型サウンドミドルウェアです。

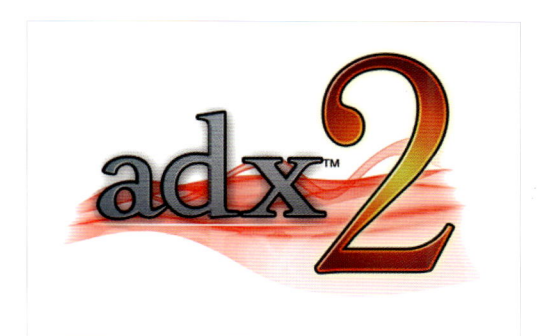

図 4-1-1 「CRI ADX2」のロゴ

CRI ADX2 の特徴

CRI ADX2 の主な特徴は、次のとおりです。

- ゲームに最適化されたサウンド圧縮形式（HCA、HCA-MX）
- Android 端末における低遅延なサウンド再生モード
- 多くのサウンド演出をランタイムに内蔵
- 専用ツールによる大量音声データの管理、サウンドデザインの効率化
- 音声データの暗号化によるプロテクト（法人版「ADX2」のみ）

ADX2 は「CRI Atom ランタイムライブラリ」と「CRI Atom Craft」の 2 つで構成されています。「CRI Atom ランタイムライブラリ」は、圧縮音声のデコーダーやさまざまなサウンド再生演出の仕組みを内蔵したライブラリです。

「CRI Atom Craft」は、音声素材の管理やサウンドデザインを設計するオーサリングツールです。この関係は、Unity がツールである「Unity Editor」と、ビルドデータに含まれる「実行用ライブラリ」を持つ構造とよく似ています。

図 4-1-2 「CRI Atom Craft」の画面

　サウンドの機能を拡張する「サウンドミドルウェア」は、ほかにもいくつか存在します。本書で「ADX2」を取り上げる理由は、スマートフォン対応の強さと、日本で開発とサポートが行われているという信頼性によるものです。

　また、5,000 近くのゲームに採用されている実績も強さの１つです。CRI 社のミドルウェア群を総称して「CRIWARE」といいます。採用タイトルについては、「Titles Powered by CRIWARE」として、CRIWARE のゲーム開発者向けポータルサイトで紹介されています。

● CRI 社のゲーム開発者向けポータルサイト「CRIWARE for Games」

https://game.criware.jp/

図 4-1-3 ゲーム開発者向けポータルサイト「CRIWARE for Games」

対応ゲームエンジンとプラットフォーム

　本書は Unity 向けの解説書ですが、ADX2 自体はさまざまなゲーム開発環境に対応しています。各種ゲームエンジンのほか、C++ などによるネイティブ環境での開発にも対応しています。

　ADX2 の対応プラットフォームは、Windows、macOS、iOS、Android、家庭用ゲーム機、VR、ブラウザゲームなどです。ADX2 の専用ツールである「CRI Atom Craft」は、すべての開発環境で使用しますので、Atom Craft の使い方は Unity 以外の環境でも応用できます。

ゲーム専用のサウンド圧縮形式（HCA、HCA-MX）

　CRI ADX2 には、ゲーム用に開発された圧縮コーデック「HCA」が内蔵されています。音声の圧縮形式には、mp3 や Ogg Vorbis が広く利用されています。Unity Audio も Ogg Vorbis を採用しています。

　ADX2 は、そうした汎用圧縮形式を使わず、「HCA」というゲーム専用に開発された独自形式で圧縮を行います。独自形式の利点は、以下のとおりです。

高音質、高圧縮

　圧縮率と品質は Ogg Vorbis や mp3 と同じぐらいですが、人間の耳の特性を活かして圧縮率を上げるアルゴリズムを採用しています。高圧縮時にも女性の声にある高音域をなるべく削らずに、こもった感じが出ないように調整されています。

急な負荷が発生しない設計

　ゲームで使用されることを前提に設計されているため、Ogg Vorbis や mp3 と比較して、CPU のスパイク（一時的に負荷が急に上がること）が発生しにくくなるように作られています。また、メモリ使用量も小さく抑えられています。

　Unity Audio には、再生遅延や CPU 負荷を抑えるための「Decompress on Load」設定がありますが、ADX2 にはありません。HCA コーデックはメモリへの展開を行わなくても、速いレスポンスでの再生が可能です。

イントロ付きループ再生のサポート

　サンプル単位のイントロ付きループ再生をサポートしています。DAW（Digital Audio Workstation）ソフトウェア上でループポイントを埋め込んでおけば、ツールが設定を読み取ってそのまま利用できます。

データ暗号化機能

　HCA 形式は、PC 向けの一般的な音楽プレイヤーでは再生できません。つまり、ゲームからセリフの音声データなどを抜き出すカジュアルハッキングによる被害を抑止できます。法人向けには、さらにデータを暗号化する機能も提供しています。

低負荷再生が可能な特殊モード

　HCA には、「HCA-MX」という特殊モードがあります。品質は HCA と同一ですが、再

生時の処理負荷に特徴があります。HCA-MX を 1 つだけ再生しているときは、CPU 負荷に違いはありません。しかし、数十個の音を同時再生する場合には、CPU 負荷が抑えられる仕組みを持ちます。

これは、CPU 負荷の主な要因である圧縮音声のデコード処理を 1 本化するシステムを持つためです。この機能の利用方法については、以降の 4-6 節で解説しています。

Android 端末用の低遅延なサウンド再生システム

Unity Audio では、利用している API の都合上、画面をタップしてから音が再生されるまでの遅延にばらつきがあります。Android 端末では特に顕著なため、音楽ゲームなどを開発する際は大きな問題になっていました。Unity 2019.1 でレスポンスが改善されたものの、端末による差は依然大きく、根本解決には至っていません。

ADX2 は、独自技術によって Android 上でのサウンド再生処理を行っており、かつ遅延をなるべく減らす「低遅延再生モード」を内蔵しています。音楽ゲームでの採用率が高いのは、このためです。

大量音声データの管理と調整が可能なツール

ADX2 SDK に付属するオーサリングツール「Atom Craft」は、「大量のサウンドデータの管理と音量調整を行う」ことに長けています。

最近のスマートフォンゲームでは、何千、何万という数のセリフ音声データを収録することが多くあります。それらすべてのリソースを Unity Editor の中で管理することは困難です。次のような Excel ファイルを使いながら、セリフの実装や管理を行っているのではないでしょうか？

	A	B	C	D	E	F	G	H
1	ID	ファイル名	キャラ名	AssetBundle	場面	長さ	セリフ内容	注釈
2	V0001	v_0001	Stacy_R	audio_voice_001	battle_normal	1.5	くらえ！	v0003~4と合わせてランダムに再生されます
3	V0002	v_0002	Stacy_R	audio_voice_001	battle_normal	2	やったか？	v0002 3と合わせてランダムに再生されます
4	V0003	v_0003	Stacy_R	audio_voice_001	battle_normal	1	えい！	v0001 2と合わせてランダムに再生されます
5	V1004	v_0004	Stacy_R	audio_voice_001	battle_end	9	がんばったね〜	2パターン実装されます（未装）
6	V2005	v_2005	D_Bayne	audio_voice_002	battle_normal	2	なにやってんだ！	低確率で再生されます
7	V2006	v_2006	D_Bayne	audio_voice_002	battle_normal	1.5	よけろ！	場面home_normalでも使用します（予定）
8	V2007	v_2007	D_Bayne	audio_voice_002	battle_normal	1	今だ！	場面home_normalでも使用します（予定）

図 4-1-4 Excel によるサウンド関連ファイルの管理の例

この方法は、最新ファイルがどれかわからなくなったり、複数作業者の間でずれが起きたりと、事故が起きやすく煩雑になりがちです。ADX2 を導入することで、こうした「管理用 Excel」が不要になります。

ADX2 のオーサリングツール Atom Craft は、ツリー型の音声データの管理機構を持ち、音に対するコメント付けと、「カテゴリ」と呼ばれるタグによる分類が可能です。こうしたタグ付け分類や再生設定を、音声データそのものに埋め込むことができます。

また、Atom Craft は Unity Editor とは独立しており、このツール単体で、複数の音を同時に鳴らしたときの再生確認が行えます。Unity を直接触らないサウンドデザイナーやイベントプランナーが、BGM を流しながらセリフを再生して音量調整を行う、といったワークフローが可能になります。Atom Craft についての詳細は、以降の 4-4 節で紹介します。

オーサリングツール Atom Craft の真価は、サウンドに関する演出設定を音声データ側に埋め込むことができるワークフローを実現することです。

1 章と 2 章では、Unity Audio を使ってサウンド演出のスクリプトを実装する方法について紹介しましたが、実は CRI ADX2 にはそれらすべての演出がすでにランタイムに組み込まれています。ADX2 では、専用ツール「Atom Craft」で音に対するフェードやランダム再生などの演出を音声データ側に埋め込んで、Unity のスクリプト側ではただその音を再生するだけで、演出が付与される仕組みになっています。

Unity Audio では、ゲームで鳴らす「音」は「WAVE ファイル」と 1 対 1 の関係になっています。1 章で紹介したように、音声データは Unity Editor によって Ogg Vorbis などの圧縮形式に変換され、Audio Clip アセットとして扱われます。再生する際は、シーン内に配置された Audio Source コンポーネントが再生を行います。

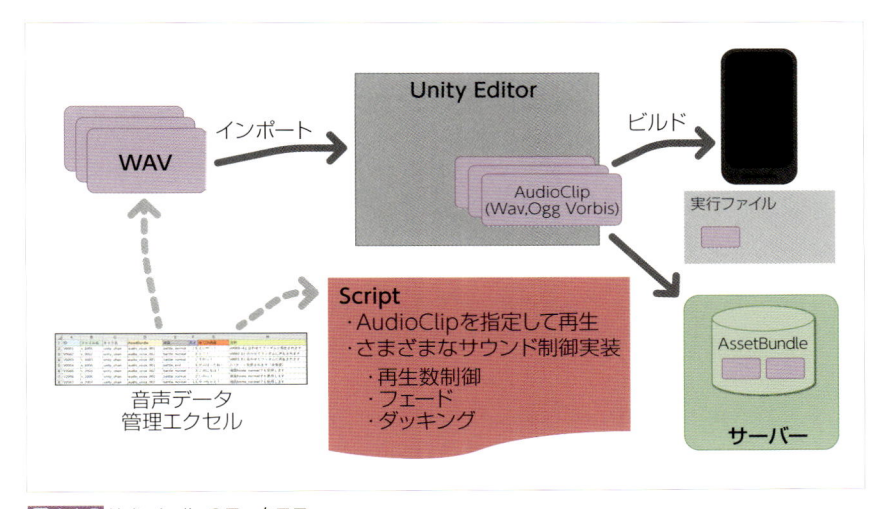

図 4-1-5 Unity Audio のワークフロー

Audio Source は、サウンド再生の基本的な機能しか搭載していないため、サウンドの演出を行うには開発者自身がスクリプトを記述する必要があることは、1 章と 2 章で解説しました。

それに対して、ADX2 にはサウンド演出がランタイムに実装されています。ADX2 を導入した場合のサウンド実装のワークフローは、次のとおりです。

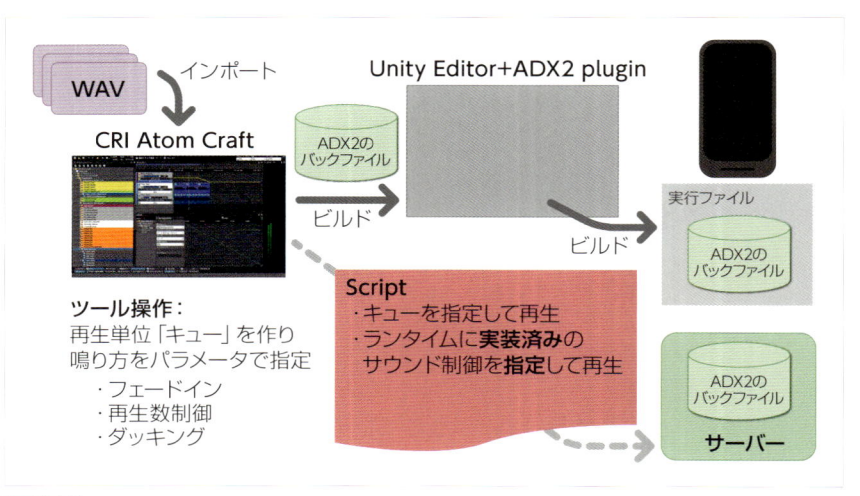

図 4-1-6 Unity+ADX2 のワークフロー

ADX2 の場合は、ゲーム内での「音」の単位は「WAVE ファイル」と1対1になりません。ADX2 では音の再生単位を「キュー（Cue）」と呼んでいます。

たとえば、「ピコン」というボタンを押したときの効果音があった場合を考えます。Unity Audio では、「picon.wav」のようなファイルが Audio Clip「picon」として扱われます。そして、再生する際にピッチ（音の高低）を変えて再生したい場合は、スクリプト内で実行時に Audio Source のパラメータを変化させて実現します。

ADX2 の場合は、オーサリングツール側で「高いピコン」「低いピコン」のようにピッチ設定を変えた音（キュー）を作成しておいて、スクリプトからはそのキューの再生を行う、というアプローチになります。

音声データが同一のキューをたくさん作ってパラメータを変えたとしても、パラメータ分のわずかなデータが増えるだけでバリエーションを作ることができます。

WAVE ファイルはオーサリングツール Atom Craft にインポートしてから、圧縮と設定を行った上で複数の音を含むパックファイルとして出力されます。パックファイルは、テクスチャパックシステムである Sprite Atlas と近いイメージです。

Unity Audio において音声データを外部のサーバーなどから取得したい場合、「Asset Bundle」を使って Audio Clip をパックする必要がありました。ADX2 では、音声データがはじめから Unity と独立したバイナリデータとして扱われるため、Asset Bundle を使わずに、音声データのパックデータを直接読み込むことができます。

インタラクティブサウンドの実現

市販されているゲーム内のサウンドを注意深く聴いていると、ゲーム内のさまざまな状況に応じて変化する音がいくつか発見できます。

わかりやすい例としては、「車のエンジン音」があります。スピードが上がると徐々に回転数が上がっていき、同時に風を切る音や振動音も加わってきます。キャラクターが歩く音は、床の材質や壁の状況に応じて、残響音が変わります。このようなゲームの状況に

合わせて変化する音を「インタラクティブサウンド」と呼びます。

ADX2 は、複数の音要素やパラメータが絡み合うインタラクティブサウンドを自在に設計可能です。ゲーム側から「車のスピード」「エンジンの回転数」や、「キャラクターの位置」などのいくつかのパラメータを取得し、音が変化する仕組みを作ることができます。

また、「ある音が再生されているときは別の音に変化が加わる」という、音同士の反応もインタラクティブサウンドに含まれます。2 章で紹介した、キャラクターのセリフ音声が再生されたときに BGM の音量が下がる「ダッキング」もこれに含まれます。ADX2 は、複雑な条件下においても音同士の反応を混乱なく設計できます。

特にゲームの BGM（曲）におけるインタラクティブサウンドは、「インタラクティブミュージック」と言われています。ゲームの状況に応じて楽器のパートを抜き差ししたり、ゲームの展開に合わせて音楽もいっしょに展開させる、などの演出があります。

ADX2 は、そうしたインタラクティブミュージックを実現するためには欠かせないミドルウェアです。詳細な設定については、4-9 節で紹介します。

ADX2 のエディションと利用ルール

ADX2は、利用者やプラットフォームごとにいくつかのエディションに分かれています。それぞれの概要を、以降で解説します。

無償版「ADX2 LE」

「ADX2 LE」は、同人ゲームやインディーゲームの開発者、学生や教育関係者が利用できる無償エディションです。対応プラットフォームは、Windows、macOS、iOS、Android に限定されています。

本書では、この「ADX2 LE」バージョン 2.10.04 をベースに紹介を行います。

図 4-1-7 「ADX2 LE」のロゴ

無料である代わりに、専門スタッフによるサポートサイトの利用ができません。そのため、以下のオープンコミュニティでのサポートが利用できます。

● ADX2 ユーザー助け合い所

https://www.facebook.com/groups/adx2userj/

「ADX2 LE」のツールや SDK は誰でも利用できますが、ゲームを販売・配信する場合は、利用できるプロジェクトが限られています。

「ADX2 LE」を使用したコンテンツ配信の条件（コンテンツの無償／有償に関わらず）

下記条件をすべて満たす場合のみ、ADX2 LE を使用したコンテンツをライセンス許諾料無償で配信できます。

- 前年度年商が 1,000 万円以下の会社、または団体・個人であること
- コンテンツの配信元が自身であること（販売権を自身で持っていること）
- コンテンツの売上が 1,000 万円以内であること

※ 1,000 万円を超えた場合は、「ADX2」に移行いただきます。

上記の条件に当てはまるプロジェクトでは、「ADX2 LE」を使ったゲームアプリを配信できます。有料ゲームでも、無料の広告アプリでも大丈夫です。

配信時には、「アプリストアの説明文での CRIWARE の権利表示」と「権利表記ファイルの同梱」のルールがあります。最新の権利表示ルールやテキストファイルは、次の Web ページで公開されています。

● ADX2 LE アプリを配布する方へ
https://game.criware.jp/products/adx2-le/#copyright

製品版「ADX2」

「ADX2」は、法人向けのフル機能版になります。評価・機能検証は無償で、ゲーム配信が決まったタイミングで有償契約を結ぶスタイルです。「ADX2」はツール購入というよりも、ゲームのサービス中におけるサウンド専門スタッフによるサポート契約のイメージが近いです。

ゲームプロジェクトへの ADX2 組み込みを通じて、サウンド機能全般をスペシャリストが支援します。費用はゲームの販売形態によって異なりますので、詳細はこの章の最後に掲載したコラム「CRI ADX2 の費用と、法人で利用する際のポイント」をご覧ください。

ツールとランタイム側の機能は「ADX2 LE」とほぼ同等で、本書で解説する内容もそのまま使えます。ADX LE にはないデータ暗号化機能と、HTML5（ブラウザゲーム）や VR、家庭用ゲーム機など、幅広いプラットフォームに対応しています。

CRI ADX2 Unity Plugin/AssetStore 版

Unity Asset Store にて、$99（税別）で販売されているエディションです。購入者は個人・法人でもゲーム開発にそのまま使用できますが、スマートフォンに非対応で、Windows ／ macOS にのみに対応しています。

個人開発では「ADX2 LE」が無償で使えますので、「年商 1,000 万円を超えた法人かつ、PC 向けゲームのみを開発する人」が対象になります。

各プラットフォーム向けの ADX2

家庭用ゲーム機向けには、個別の SDK パッケージが提供されています。法人向け製品になりますが、ADX2 LE を使った PC 向けのゲームを家庭用ゲーム機に出したい場合な

どは、パブリッシャーを介した契約を行えば個人開発者でも利用可能です。詳しくは、この章の最後に掲載したコラム「CRI ADX2 の費用と、法人で利用する際のポイント」をご覧ください。

また、家庭用ゲーム機以外にもさまざまなプラットフォーム向けのエディションが用意されています。ADX2 の基本機能を継承しつつ、プラットフォームの特徴を活かした対応機能が含まれています。

CRI ADX2 for VR

VR 向けの機能をエンハンスした拡張版エディションです。3 章で紹介した、音の空間化に対応します。Windows、Android OS（Oculus Go）、PlayStation® VR に対応しています。

CRI ADX2 for HTML5

HTML5 + JavaScript で開発されるブラウザゲーム向けエディションです。

CRI ADX2 for STADIA

Google のクラウドゲーミングプラットフォーム「STADIA」向けのエディションです。STADIA のサーバーはカスタムの x86 CPU と AMD 製 GPU、Linux OS で動作していますが、この環境に対応したバージョンです。

ADX2 機能の利用方針

次の 4-2 節では、ADX2 の最短組み込み手順を紹介します。4-3 節では、ADX2 を使ったゲーム開発のワークフローや、出力データの解説、コンポーネントの解説を行います。4-4 節では、オーサリングツールである Atom Craft の概要を紹介します。

ADX2 にはサウンドに関するさまざまな機能が内蔵されていますが、そのすべてを勉強して使う必要にありません。「HCA コーデック」や「Android 向け低遅延再生モード」を使用したいだいなら、4-2 節のクイックスタートと 4-6 節の設定手順のみで十分です。

しかし、ADX2 をせっかく導入したのでしたら、内蔵されている機能もぜひ活用してみましょう。これまでスクリプトを書いて制御する必要のあった箇所が、ツール側の設定だけで解決するようになります。

4-7 節以降は、Atom Craft を使ったサウンド演出の設定方法がケースに応じて紹介されています。ぜひ、ゲームのサウンドクオリティアップに挑戦してみてください。

4-2 ADX2 クイックスタート

　この節では、Unity プロジェクトに ADX2 を導入し、音を 1 つ鳴らしてみるまでの最短手順を紹介します。手っ取りばやく ADX2 をプロジェクトに導入し、動作確認することを目標としたもので、内部機構の説明を省いています。詳細な ADX2 の機能やワークフローについては、次の 4-3 節で説明します。

SDK の入手

　まずは、下記のいずれかの手順で SDK 一式を入手します。

個人の場合

　個人ゲーム開発者は、無償版である「ADX2 LE」が利用可能です。ADX2 LE 公式サイトの「ダウンロード」から、「CRI ADX2 LE に関するユーザー使用許諾契約書」をよく読んだ上、SDK を入手してください。

- **ADX2 LE 公式サイト**
  https://game.criware.jp/products/adx2-le/

図 4-2-1 ADX2LE 公式トップページ

　法人でも試用目的のみに限り利用できます。ただし、サポートがないことと、機能更新が製品版と比較して更新頻度が低いため、あまりお勧めしません。

ゲーム開発会社の場合

　利用者が法人のゲーム開発プロジェクトに関わっている場合は、製品版「ADX2」を試用できます。お問い合わせフォームの「ゲーム開発向け」ページから、アカウントを取得

してください。

　申し込みには、法人ドメインのメールアドレスが必要です。Gmail などの誰でも取得できるメールアドレスは使用できません。

● 法人向けのお問い合わせページ（ゲーム開発向け）

http://www.cri-mw.co.jp/contact/game.html

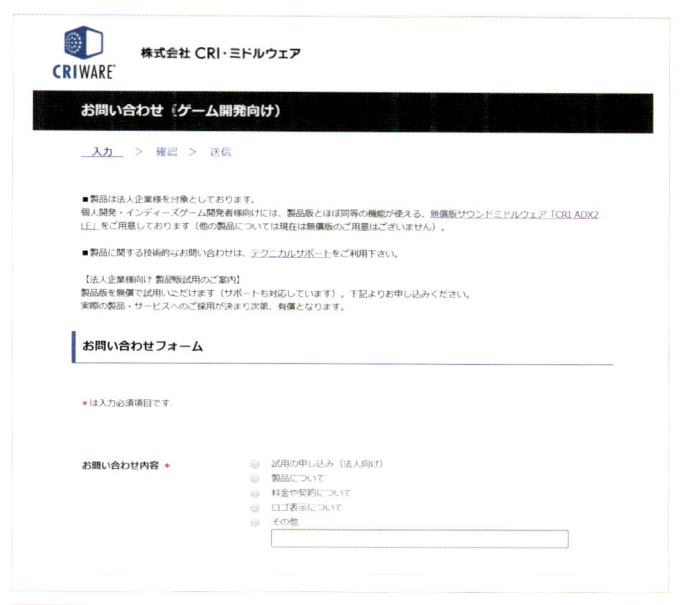

図 4-2-2 法人向けのお問い合わせ Web 画面

　アカウント取得後、テクニカルサポートのページからログインして最新の「CRI ADX2」SDK を入手してください。「ADX2」製品版の試用は無償ですが、CRI・ミドルウェアの機密情報が含まれるため、会社間での機密保持契約が必要です。

■ ゲーム開発会社以外の場合

　法人のゲーム開発プロジェクトに関わっているフリーランスのコンポーザーや、サウンド制作スタジオなどに所属している方は、製品版 ADX2 を使用できます。「お問い合わせ内容詳細」に現在関わっているプロジェクトと発注元の会社名を沿えて連絡しましょう。

　ゲーム以外のコンテンツ開発を行う法人で、製品開発に ADX2 の試用を検討している場合は、次のページから当該する分野のボタンを選んで申し込みを行います。

● 法人向けのお問い合わせページ（ゲーム開発以外）

https://www.cri-mw.co.jp/contact/?type=trial

　CRIWARE は ADX2 以外にも、VR や組み込み機器など、さまざまな事業分野向けの製品を提供しています。迷った場合は、「その他」から申し込むとよいでしょう。

CRI Atom Craft の動作環境とセットアップ

CRI Atom Craft の動作環境を確認し、ダウンロードした SDK を解凍して、セットアップを行います。本節では、Windows 10 Pro、Unity 2019.1.12f1、CRI ADX2 LE version 2.10.04 を使って解説します。

SDK には、オーサリングツール「CRI Atom Craft」と、各開発環境向けのライブラリパッケージが含まれています。

CRI Atom Craft の動作環境

以下が、サウンドのオーサリングツールである「CRI Atom Craft」の動作環境です。

表 4-2-1 CRI Atom Craft の動作環境

動作環境	スペック
CPU	Intel/AMDデュアルコアプロセッサー以上
メインメモリ	2GB以上推奨
OS	macOS（10.11以上）、またはWindows 8.1/10

SDK のセットアップ（Windows 10）

はじめに、解凍した「cri」フォルダをCドライブ直下などの場所に移動します。このとき、パスやフォルダ名に日本語などの2バイト文字が含まれていると正常に動作しないことがありますので注意してください。Windows のバージョンによっては、デスクトップに解凍してそのまま使おうとした場合「デスクトップ」という日本語パスにより正常に動作しないことがあります。

「cri」フォルダの中身は、次の構成です。

図 4-2-3 cri フォルダの中身（Windows）

フォルダの場所移動が終わったら、再生用のデータを作成するオーサリングツール「CRI Atom Craft」の位置を確認しましょう。ディレクトリ位置は、「cri¥tools¥criatomex¥win¥CriAtomCraft.exe」です。

このツールを常に使って作業を行っていきますので、デスクトップにショートカットを作成したり、スタートメニューへのピン留めをしておきましょう。

サウンドミドルウェア「CRI ADX2」を使った実装

「CRI Atom Craft」の実行ファイルの
ショートカット

CriAtomCraft - ショ
ートカット

SDK のセットアップ（macOS）

macOS で ADX2 を利用する場合は、ツールのインストーラーを使用します。

zip ファイル内の「cri¥tools¥criatomex¥mac」に、インストーラーのディスクイメージとして「cri_adx2le_tools_packing_3_40_17.dmg」が格納されています。こちらをクリックしてイメージをマウントします。

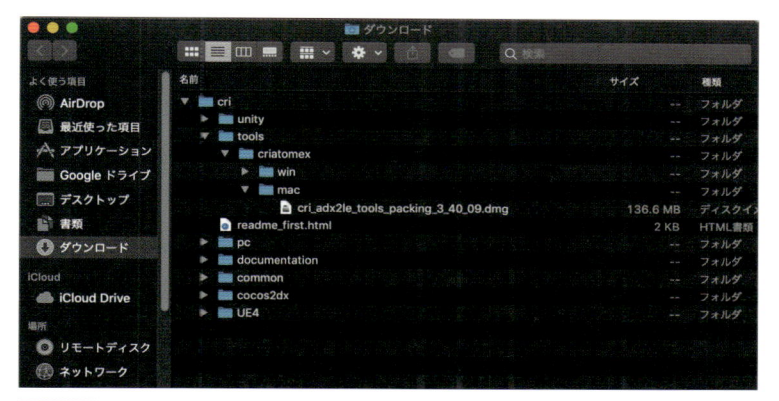

図 4-2-5 ディスクイメージをマウント

イメージの中に CRIADX2LETools.pkg がありますので、クリックしてインストーラーを起動します。

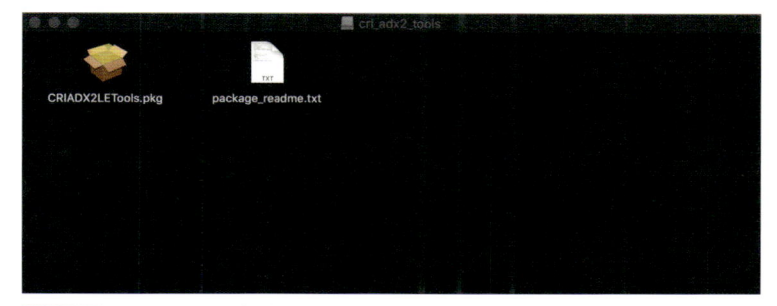

図 4-2-6 インストーラーの起動

ダイアログに従い、インストールします。

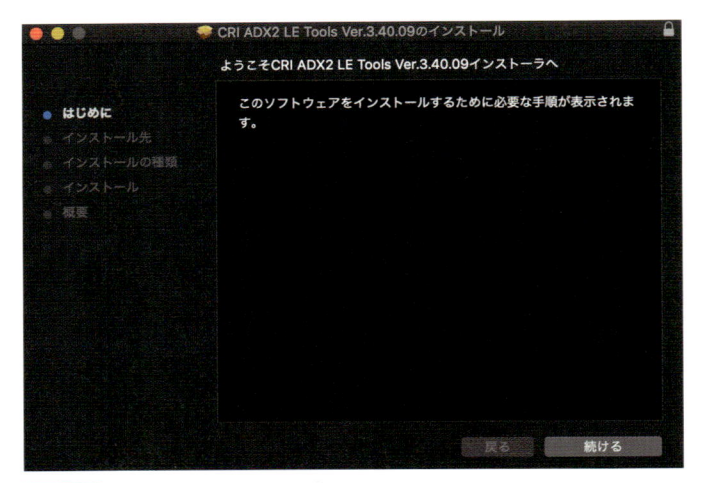

図 4-2-7 インストーラーの実行画面①

標準のインストール位置は、アプリケーション下の CRIWARE/Tools Ver.3.40/CriAtomCraft です。

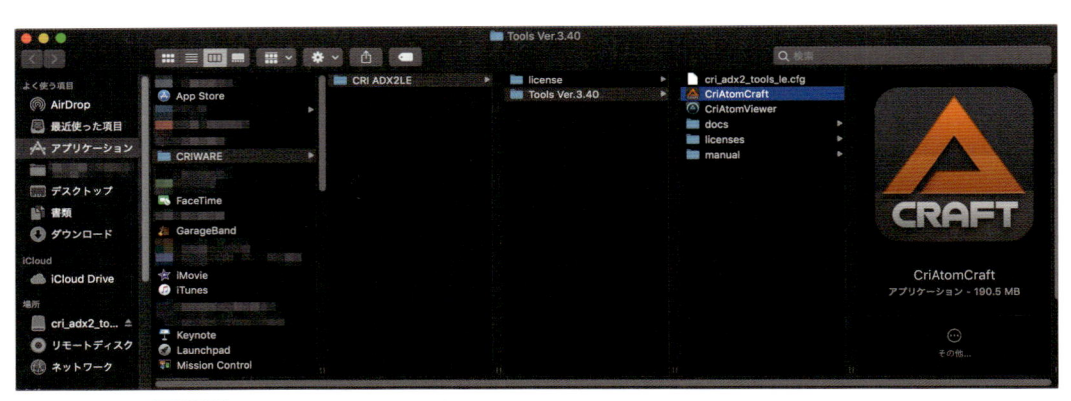

図 4-2-8 インストーラーの実行画面②

Launchpad にも登録されますが、今後ずっと使用するため、Dock に追加しておきましょう。

CRI Atom Craft で再生用データを生成する

ここから先は、ADX2 LE をベースに解説していきます。製品版である ADX2 は機能更新が早いため、フォルダ構造やツールの見た目がバージョンよって少々異なります。

新規プロジェクトの作成

Atom Craft を起動して作業していきます。起動直後は「スタートページ」が表示されます。スタートページは直近に利用したプロジェクトファイルを開いたり、Tips や最新のお知らせを表示する画面です。

図 4-2-9 Atom Craft のスタートページ

　左上の「新規作成」ボタンをクリックすると、「プロジェクトの新規作成ウィザード」が表示されます。

　デフォルトのプロジェクト名は「NewProject」ですので、これを任意の名前に変更します。設定したプロジェクト名は、Atom Craft から出力されるデータのデフォルトファイル名になります。ADX2 を導入するゲームのタイトルが決まっている場合は、それと同じ名前にするとよいでしょう。

　「プロジェクトルートパス」は、プロジェクトデータとサウンドデータの元ファイルを保存するフォルダの設定です。デフォルトでは Documents 以下にフォルダが作られますので、変えたい場合はここで指定します。

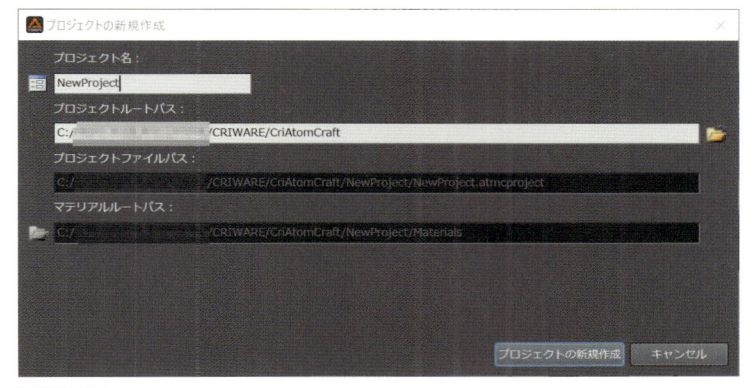

図 4-2-10 プロジェクトの新規作成ウィザード

　パスの確認後、「プロジェクトの新規作成」をクリックすると「ワークユニットの追加ウィザード」が表示されます。

　「ワークユニット」は、プロジェクトの作業領域を区切る単位です（詳細は、次の 4-3 節で解説）。今回は、そのまま「追加」ボタンをクリックしてください。

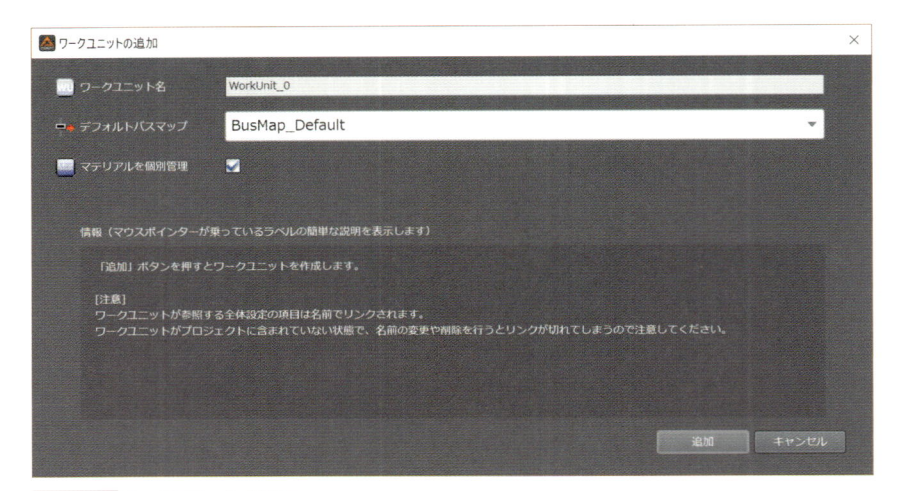

図 4-2-11 ワークユニットの追加

これで新規プロジェクトが作成されました。もし、ツールの見た目が図と違う場合は、メニューの「レイアウト→ユーザーレイアウト」から「波形登録」を選んでください。

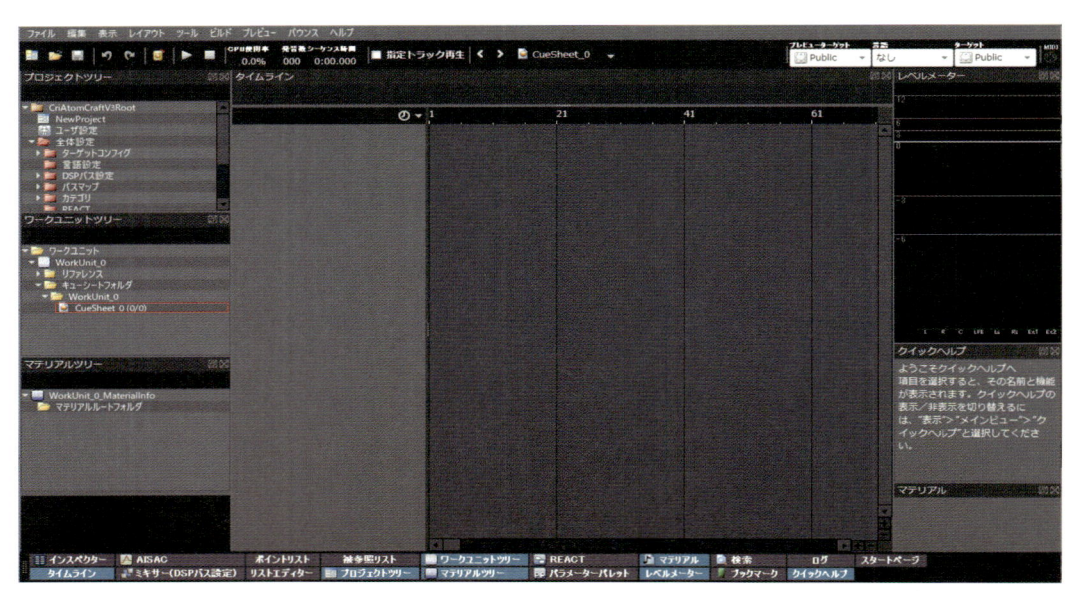

図 4-2-12 CRI Atom Craft の起動画面

操作中のビューを誤って消してしまった場合は、ツール下部のビューボタンをクリックすると再表示できます。

図 4-2-13 Atom Craft 画面下部のビューボタン

サウンドデータの登録

まずは、Atom Craft に元となる音声データを登録しましょう。CRI Atom Craft では、圧縮・設定前のサウンドデータを「波形データ」もしくは「マテリアル」と呼びます。先ほど作成したプロジェクトフォルダのディレクトリには、マテリアルの保存場所である「マテリアルルートフォルダ」が作成されており、ツールからマテリアルを登録すると、このフォルダにコピーされます。

何か音声データを登録してみましょう。何でも構わないので、WAVE ファイルまたは aiff ファイルをマテリアルツリービュー内の「マテリアルルートフォルダ」にドラッグ＆ドロップしてください。手元に音声データがない場合は、1 章で使ったサンプルプロジェクト内にある Assets/AudioClips/MenuSe/Accept.wav を使ってください。

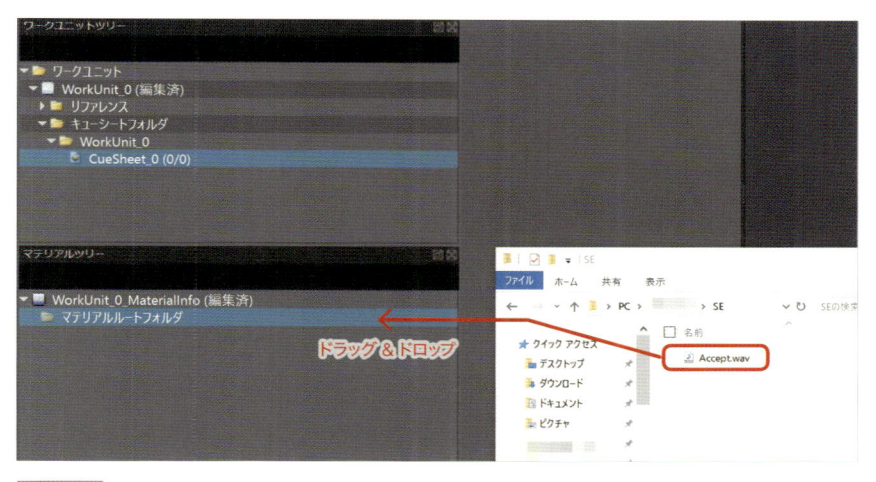

図 4-2-14 元データを「マテリアルルートフォルダ」に登録

もし、マテリアルツリーに波形データが表示されない場合は、Windows のファイルアクセス制限が影響している可能性があります。管理者（Administrator）権限のあるアカウントから操作を行ってみましょう。

キューの作成

続いて、「キュー」の作成を行います。キューとは、Unity のスクリプト側から再生を指定する音の単位です。マテリアルルートフォルダから先ほど追加したマテリアルを、ワークユニットツリーの「CueSheet_0」へドラッグ＆ドロップします。

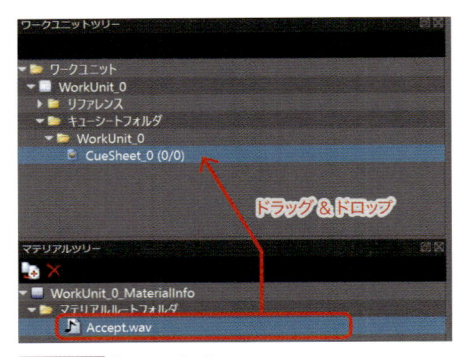

図 4-2-15 キューの作成

　「CueSheet_0」は、プロジェクトに自動作成された「キューシート」です。キューシートとは、キューを複数含むパックファイルのようなものです。Atom Craft は、このキューシートごとにデータをパックして出力します。

　ドラッグ＆ドロップ後にキューが見えない場合は、「CueSheet_0」の左隣にある小さな三角をクリックするとツリーが開き、追加したキューが確認できます。

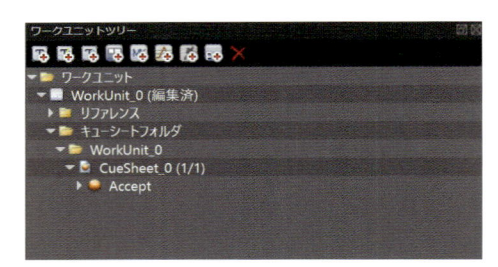

図 4-2-16 キューシートに追加されたキューを表示

　「キュー」をクリックして選択した状態で、「F5 キー」を押してみてください。エンコード処理が走った後、ツール上でのプレビュー再生が実行されます。

　このとき、OS の設定によってはセキュリティ警告のダイアログが出ます。これは、Atom Craft がバックグラウンドで動作している ADX2 のランタイムとローカルで通信接続するためです。

　Windows10 の場合は、「Windows セキュリティの重要な警告」ダイアログが表示されます。「アクセスを許可する」をクリックして続行します。

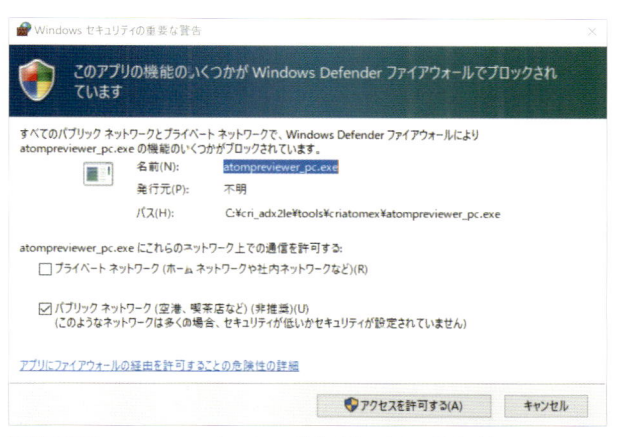

図 4-2-17 Windows のセキュリティ警告が表示される場合がある

　macOS の場合は、「アクセシビリティアクセス」のダイアログが表示されます。

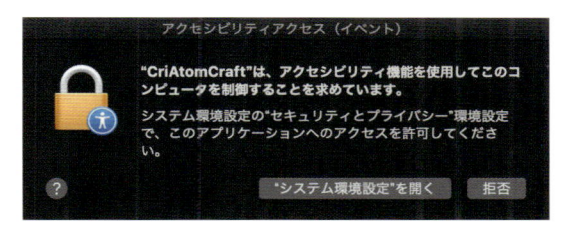

図 4-2-18 アクセシビリティアクセスのダイアログ（macOS）

　システム環境設定の「コンピュータの制御を許可」リストでチェックを入れてください。チェックが入れられない場合は、管理者アカウントで左下の南京錠マークを解除すると操作できるようになります。

図 4-2-19 システム環境設定の変更（macOS）

　Atom Craft 上ではキューの多重再生ができます。F5 キーを連打すると、いくつもの音が重なって再生されます。時間が長いキューを再生した場合は、F6 キーで再生停止ができます。

　ここまでの確認が終わったら Atom Craft に戻り、左上の保存アイコンをクリックして、プロジェクトファイルを保存しておきましょう。

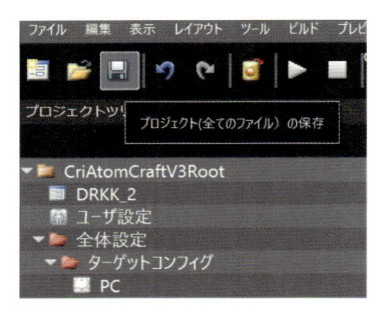

図 4-2-20　プロジェクトの保存

データの出力

　続いて、Atom Craft から Unity 用のデータ出力を行います。Atom Craft からは、再生に必要なファイルとして「ACF ファイル」「ACB ファイル」「AWB ファイル」の 3 種類が出力されます。それぞれのファイルの役割については、次の 4-3 節で紹介します。

　Atom Craft 左上のビルドボタンをクリックして、ウィザードを起動します。実行用のバイナリデータの作成を ADX2 では「ビルド」と呼びます。

図 4-2-21　ビルドボタンでウィザードの起動

　ウィザードでは、今回作成したキューを含むキューシート「CueSheet_0」にチェックを入れ、Unity Assets 出力のオプションにもチェックを入れます。左側のリスト「ターゲット」は、どのプラットフォームに出力するかを選びます。ADX2 LE の場合は「Public」の選択で、iOS、Android、Windows、macOS 用のデータが出力できます。

　右下の「ビルド」ボタンをクリックすると、データのビルドを実行します。

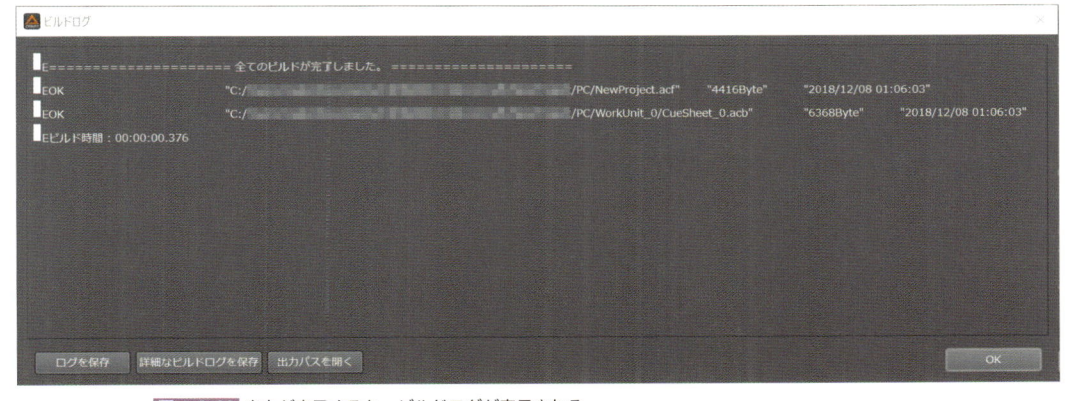

図 4-2-22 ウィザードで項目を設定し、ビルド開始

　ビルドされたデータの出力先は、後ほど Unity Editor 側で参照します。ビルドログウィンドウの「出力パス」をクリックすると、データを出力した先のパスが開きますので、見失わないように開いておきましょう。

図 4-2-23 出力が完了すると、ビルドログが表示される

ADX2 for Unity パッケージの導入

　Unity Editor 側での操作を解説します。まずは、ADX2 for Unity のプラグインパッケージをインポートしましょう。Unity Editor で新規のプロジェクトを作成するか、ADX2 を導入したい既存のプロジェクトを開きます。

　Unity のメニューから「Import Package」を選択し、フォルダ cri/unity/plugin 内にある「criware_unity_plugin.unitypackage」を選択してインポートを行います。

■ CRIWARE コンポーネントの配置

　パッケージのインポートに成功すると、Unity Editor のメニューにいくつか項目が追加されます。メニューから、ADX2 データの再生に必要なコンポーネントを 2 つ生成します。

　GameObject メニューを開き、「CRIWARE」項目から「Create CRIWARE Library Initializer」「Create CRIWARE Error Handler」をそれぞれクリックして、2 つのゲームオブジェクトを生成します。これらゲームオブジェクトは、ゲームの実行中に常駐させる必要があります。起動直後に呼ばれるシーンの中へ配置し、破棄しないようにしてください。

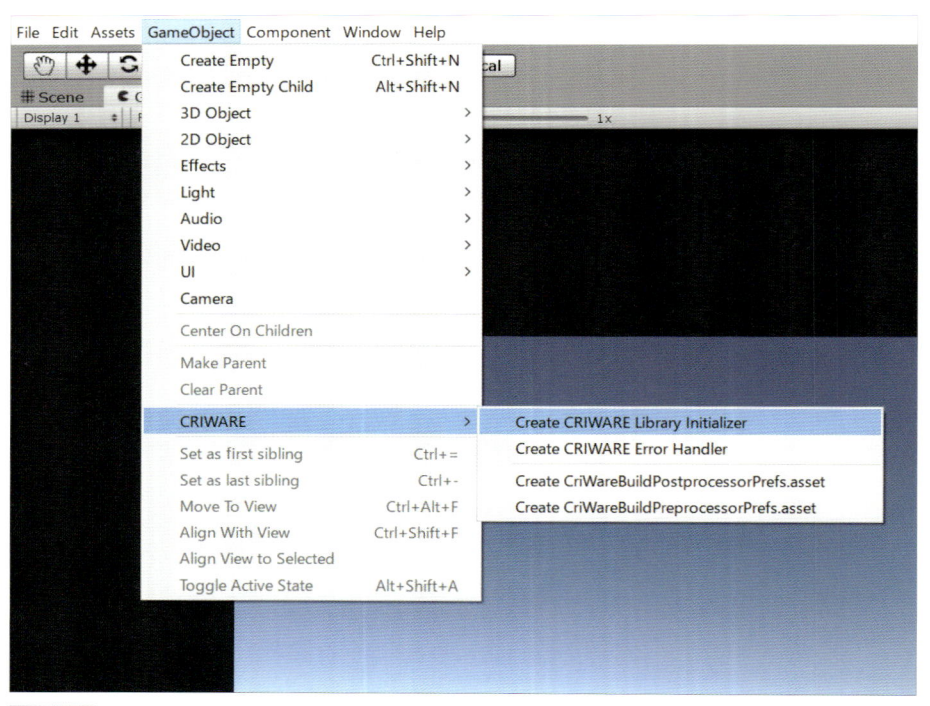

図 4-2-24 CRIWARE のゲームオブジェクトの生成

　いずれのゲームオブジェクトにも「Dont Destroy On Load」のオプションがインスペクターの下部にあります。シーンの読み替えが発生する場合は、チェックを付けるようにしましょう。

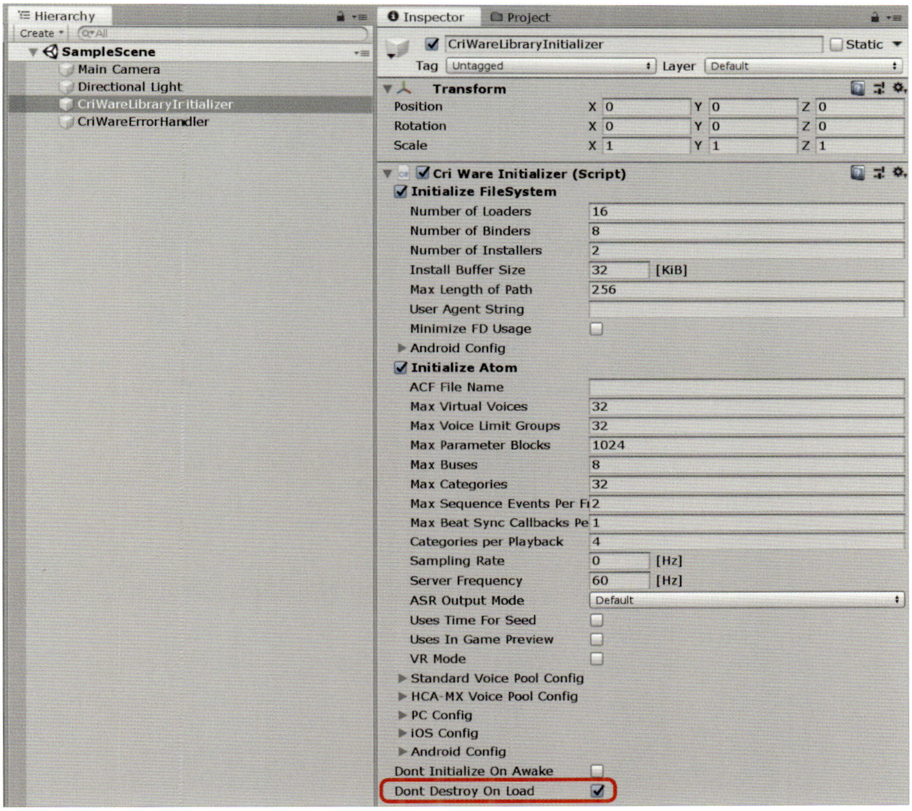

図 4-2-25 「Don't Destroy On Load」のオプション

　また、プロジェクトで Unity のマイク入力機能を使用しない場合は、Unity Audio の
機能をオフにすることをお勧めします。「Edit → Project Settings → Audio → Disable
Unity Audio」から、Unity Audio を完全にオフにできます。

ADX2 のデータを Unity Editor にインポートする

　続いて、先ほど Atom Craft でビルドしたキューシートを含むデータを Unity のプロジェ
クトにインポートします。Unity Editor のメニュー内の「Window → CRIWARE → Open
CRI Atom Window」を選択してください。

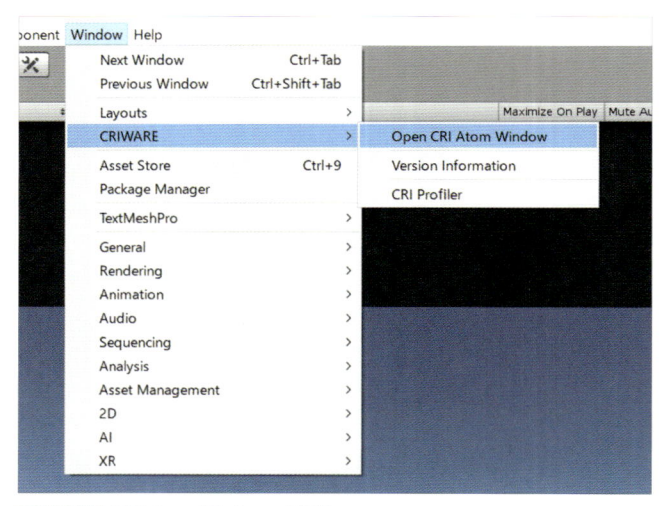

図 4-2-26 「CRI Atom Window」を選択

CRI Atom Windowは、Atom Craftで作成したデータをインポートしたり、キューシートに格納されたキューのリストが確認できるウィンドウです。

Atom Window は、Atom Craft から出力された ACF、ACB、AWB ファイルを Streaming Assets にコピーします。「Use Copy Assets Folder」のチェックを入れるとメニュー項目が増え、コピー元のパスが指定できるようになります。

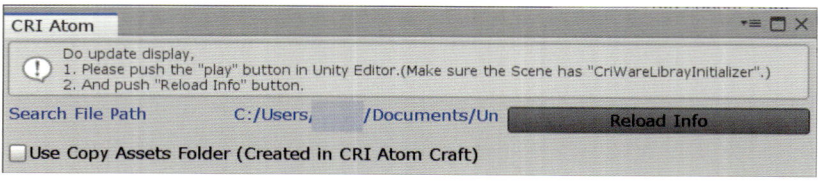

図 4-2-27 「CRI Atom Window」の初期画面

「Select Assets Root」をクリックすると、パスをエクスプローラー（macOS の場合は Finder）で選択できますので、Atom Craft の「出力先パス」で表示されていた、ビルドデータの出力先ディレクトリ以下の「/Public/Assets」フォルダまでを選択します。

フォルダを指定したら、緑色の「Update Assets of "CRI Atom Craft"」をクリックします。

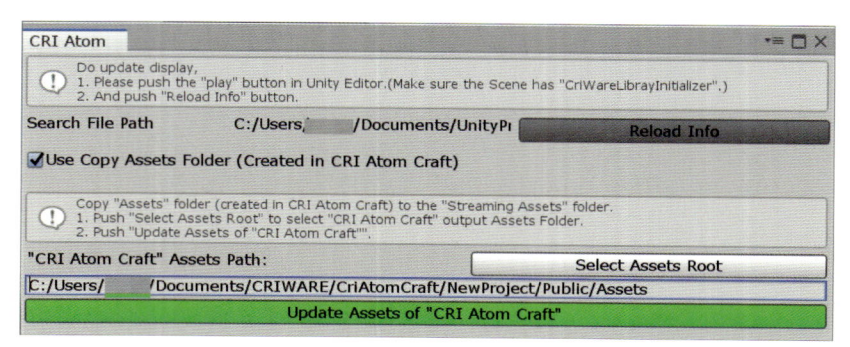

図 4-2-28 ビルドしたアセットフォルダの指定

指定したパスから ADX2 の動作に必要なバイナリデータが、StreamingAssets フォルダにコピーされます。

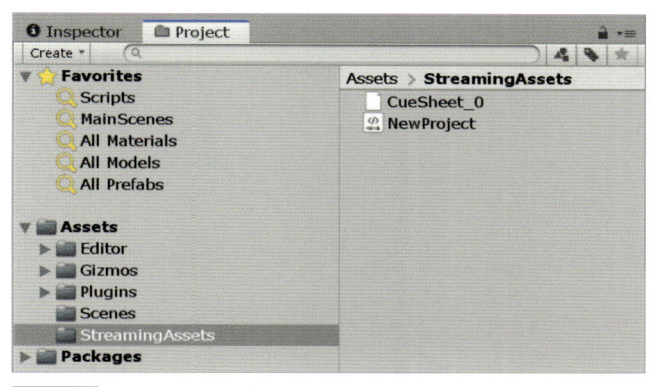

コピーが終わったら Unity Editor の Play ボタンをクリックし、ゲームを一度実行して停止します。バックエンドで動作している CRIWARE のファイルシステムが StreamingAssets 内の ADX2 ファイルの中身を解析し、Unity Editor 側でキューの一覧が確認できます。

先ほど Atom Craft で作成したキューが見えているようでしたら、読み込み成功です。Atom Window の Create GameObject ボタンをクリックすると、作成したキューを単発で再生するゲームオブジェクトがシーン内に生成されます。合わせて、キューシートをロードする「CRIWARE」ゲームオブジェクトも生成されます。

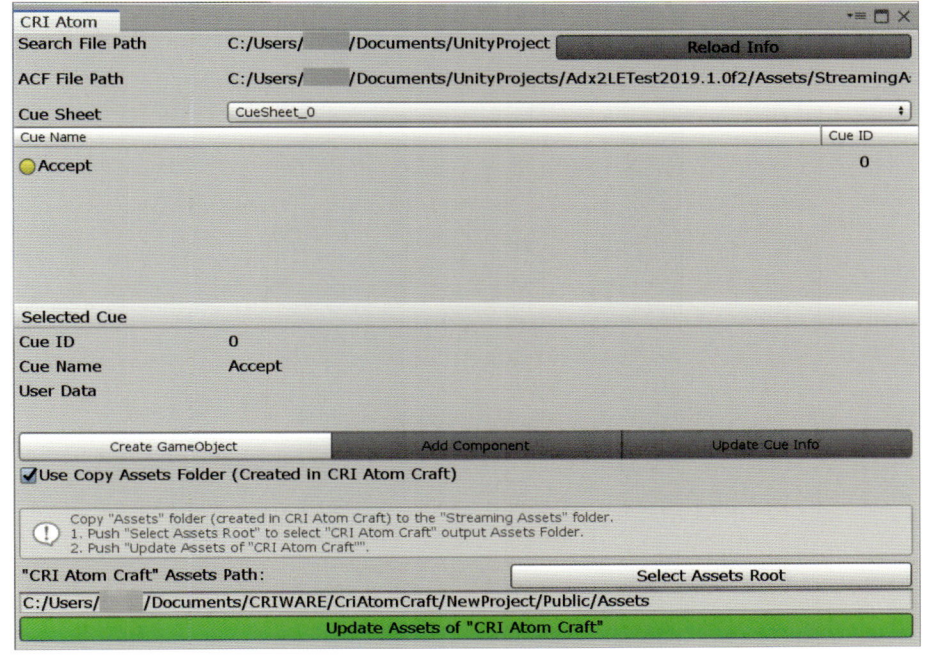

図 4-2-30 Atom Craft で作成されたキューの確認とゲームオブジェクトの生成

207

Unity の Audio Source に似たコンポーネントである CRI Atom Source は、インスペクター内にプレビュー再生機能が付いています。「Play」をクリックして、キューが再生されるかを確かめてみましょう。

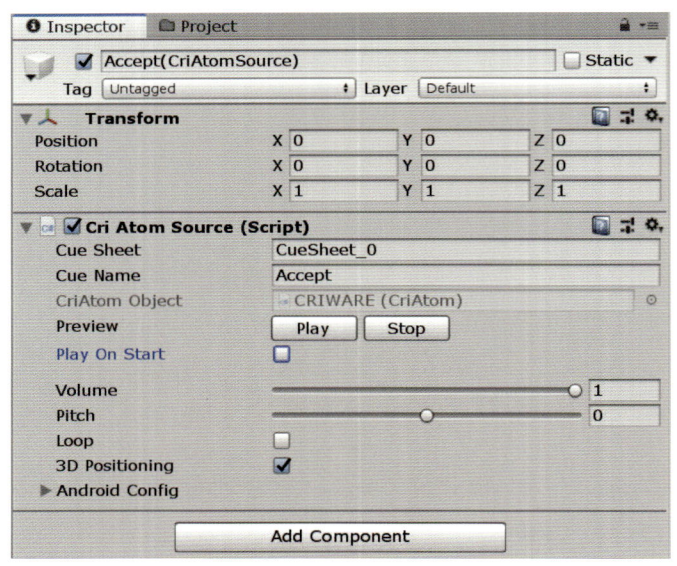

図 4-2-31 Atom Source コンポーネントのインスペクター内のプレビュー再生機能

音の再生テスト

CRI Atom Source は、ADX2 で作成したデータの再生用コンポーネントです。「Play On Start」のオプションにチェックを入れると、Unity Editor でゲームを実行した直後に自動でキューが再生されます。音が再生されたら、インポートと動作確認は完了です。

ADX2 for Unity では、スクリプトから「CRIWARE」ゲームオブジェクトにアタッチされている「CRI Atom」コンポーネントを使ってキューシートの読み込みを実行し、「CRI Atom Source」で再生処理を行います。

Unity Editor を一時停止したり Editor からフォーカスを外したときも、音声は再生され続けますが、これは正常な動作です。ADX2 の再生は、Unity とは独立したランタイムで実行しており、ツールと連携した調整などが可能になっています。

ADX2 によるゲームサウンド開発の
ワークフロー

この節では ADX2 に関する用語の解説と、ゲームサウンド開発のワークフローについて説明します。ADX2 を使いこなすために、まずは基本的な作業の流れを理解しましょう。

Unity Audio との違い

1 章から 2 章にかけて、Unity の標準サウンド機能である Unity Audio を使い、サウンドの制御を行うスクリプトの実装を解説しました。ADX2 の導入によって、サウンドに関するコーディング量を大きく削減できます。

ADX2 のランタイムライブラリには、多くのゲームサウンド用の演出が組み込まれています。それらの機能を利用する設定は、基本的にサウンドのデータ側に埋め込んでしまいます。ゲームの進行と連動する音は、インターフェースとなるパラメータを ADX2 で定義して、Unity からその値を与えることで実行されます。

4-1 節では、以下の図で ADX2 を使ったワークフローを紹介しました。

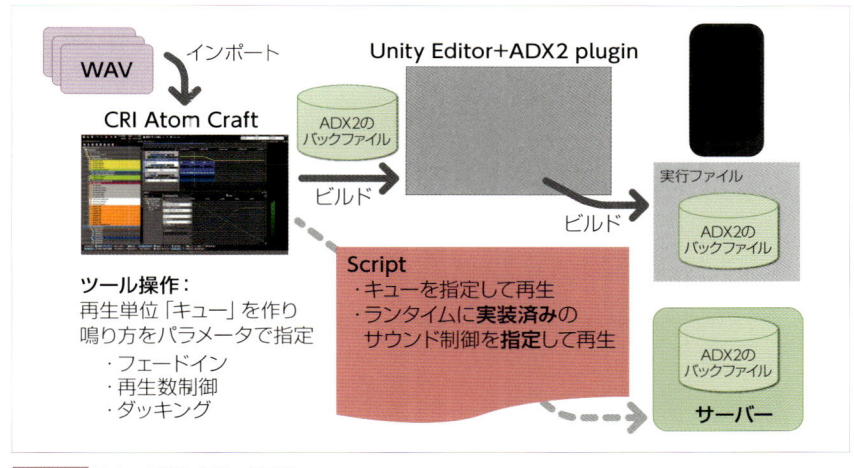

図 4-3-1 Unity+ADX2 のワークフロー

大きな違いは、元となる音声データを直接 Editor に取り込まず、いったん Atom Craft で音の設定をしてからデータを圧縮・パッキングし、Unity に渡す部分です。プログラムから音を再生する単位を「キュー」と呼び、これにさまざまな再生設定を加えます。

このワークフローは、複数人の開発においてもメリットがあります。プログラマーがスクリプトの中で「キュー」の呼び出しさえ設定しておけば、そのキューによって再生される音の内容は、ツールを使う担当者がほぼすべて手元でコントロールできます。プログラマーとの調整回数を減らしつつ、サウンド演出を作り込んでいけます。

また、ADX2 はゲームを実行中の Unity Editor やスマートフォンなどにツールを接続し、リアルタイムに音の鳴り方を調整できるシステムを提供します。これは、単純にゲームをビルドして確認するサイクルよりも、はるかにイテレーションを速く回すことができます。これについては、この章の 4-10 節で紹介します。

ADX2 データの階層構造

　まずは、ADX2 のデータの構造について解説します。データ構造は、次のように階層化されています（図 4-3-2）。

プロジェクトファイル＞ワークユニット＞キューシートフォルダ＞キューシート＞キュー＞トラック＞ウェーブフォーム

サウンドミドルウェア［CRI ADX2］を使った実装

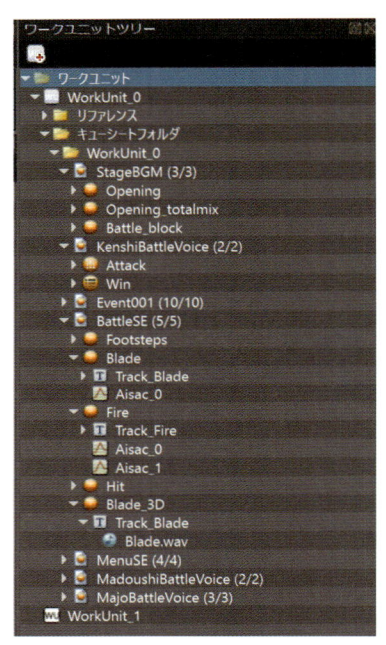

図 4-3-2 ADX2 のワークユニットツリー

ワークユニット

　複数人で 1 つの Atom Craft プロジェクトを使って作業したいときに利用するレイヤーです。大量のキューを含むプロジェクトデータは、ツールの動作が重くなる可能性があります。そこで、ワークユニットの単位でプロジェクト内の「キューシート」と「マテリアル」を、一定の粒度で切り分けることができます。

キューシート

　キューシートは、キューを複数含む単位です。ワークユニットの中で複数持つことができます。複数のキューをまとめたフォルダのような層になり、再生用データはキューシートごとに出力されます。

　ゲームで音声データをメモリに読み込む単位は、キューシート単位になります。たとえば「ゲームのステージ 1 で使う音声群」「ゲーム中ずっと使う効果音」「キャラクターの汎用セリフ」「会話シーン用のセリフ」といった単位でキューシートを作成します。

　プロジェクトによっては、すべてのキューを 1 つのキューシートに含むこともできま

すが、ロード時間が長くなってしまいます。すべてのキューを全部キューシートに分割してしまえば細かくロード制御ができますが、管理が煩雑になります。用途や場面、キャラごとなどの粒度でキューシートを分けておき、適宜ロードと破棄を行う管理をお勧めします。

　サンプルゲームでは、ゲーム全体を通して利用される UI サウンド、バトル中のキャラクター音声、ボスの音声、会話シーン用の音声、BGM、環境音という粒度で分けています。キューシートの数が増えてきた場合は、1つ上の「キューシートフォルダ」階層を使って分類できます。

■ キュー

　キューとは、ゲームプログラムから再生処理を行う単位です。キューは時間軸方向の配置情報である「シーケンス」と、複数の音を保持できる「トラック」を持ちます。

　シーケンスとは、音声データの再生開始位置や、パラメータ変更などのサウンドの制御指示を時間軸に配置したデータです。Unity には Timeline 機能がありますが、キュー内のシーケンスはその構造に似ています。

　キューは、単純に1音を鳴らす場合は、マテリアルをツリー上のキューシートにドラッグ＆ドロップします。ドロップしたマテリアルが、トラックに配置済みの状態でそれぞれキューとして作成されます。

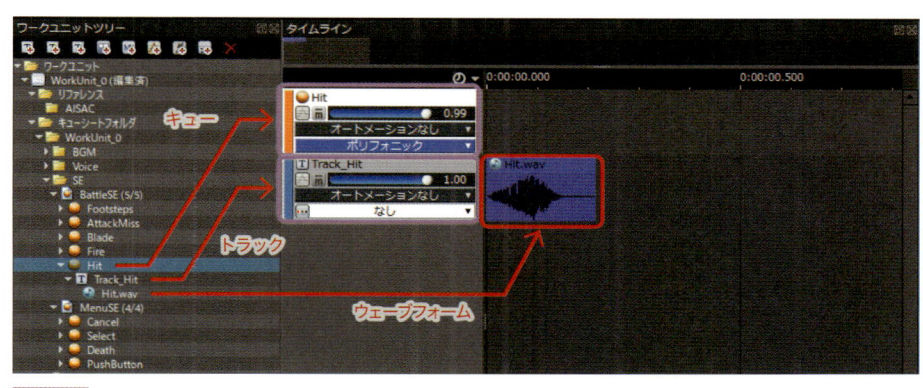

図 4-3-3 「キュー」「トラック」「ウェーブフォーム」の関係

■ トラック

　キュー内部の再生単位です。トラックには、音声データを任意の時間軸に複数貼り付けることができます。DAW ソフトにおける「トラック」と似ていますが、ADX2 の場合はトラックを同時に再生する以外の設定ができます。

　たとえば、キューを再生されるごとに上のトラックから1つずつ順番に再生したり、トラックからランダムにどれか1つを再生するなどの設定が可能です。また、トラックごとにピッチ、ボリュームなどの設定もできます。別のキューをトラックに張り付けて、キューを入れ子構造にすることも可能など、柔軟な制御が行えます。

■ ウェーブフォーム

　ウェーブフォームとは、マテリアルとして登録された音声データをトラック上に配置した状態です。

◼ キュー再生時のライブラリ内部処理

キューが再生をリクエストされると、キュー、トラック、ウェーブフォームの設定をもとに信号処理が行われ、実際に出力する音声として「ボイス」が生成されます。

ボイスとは、ADX2 の中で最も小さい発音単位であり、基本的に 1 つの音声データを再生するのに 1 つのボイスを使用します。1 つのキューの中にウェーブフォームが 3 つあり、同時に再生される設定の場合、内部的には 3 本の再生処理がかかることになります。

◼ ADX2 の基本的なワークフロー

ADX2 を使ったサウンド演出開発のワークフローは、次のとおりです。

Atom Craft から設定や圧縮を行った音声データをまとめて出力することを「ビルド」と言います。基本的には「Atom Craft 上での設定とビルド」→「Unity Editor への取り込みと確認」を繰り返しながら、データを作成していくというフローになります。

①マテリアルの登録
②キューを介した音のデザイン
③ DSP バスを使ったサウンドエフェクト設定
④ビルド（データ出力）
⑤スクリプトでのキューの呼び出し設定
⑥プレビュー再生とプロファイラを使った調整
⑦②～⑥を繰り返す

◼ ①マテリアルの登録

Atom Craft 上のプロジェクトは、ゲーム 1 タイトルにつき 1 プロジェクトを使います。プロジェクトファイルの新規作成後にまずやることは、元となる音声データの登録です。ADX2 では、元となる音声データのことを「マテリアル」と呼びます。登録は、Atom Craft の「マテリアルツリービュー」で行います。

図 4-3-4 マテリアルツリーの例

マテリアルツリー内に何も表示されない場合は、ワークユニットツリーで何かキューを

選択すると表示されます。4-2 節の「クイックスタート」では、1 つのファイルをドラッグ＆ドロップしてマテリアルの登録を行いましたが、フォルダをドラッグ＆ドロップすることで、配下のファイルを一括登録できます。

　ドラッグ＆ドロップされた音声データは、そのまま「マテリアルルートフォルダ」にコピーされますので、元のデータは移動しても問題ありません。

　Atom Craft が扱えるデータは、次のとおりです。

- **WAVE または aiff ファイル（mp3、Ogg Vorbis などの圧縮データは不可）**
- **量子化ビット数は 8、16、24bit に対応（32bit 対応は開発中 ※ 2019 年 7 月現在）**
- **チャンネル数：最大 8ch**

　マテリアルツリーは、用途ごとに階層構造を持つことができます。Unity で言うところの Project タブ内のヒエラルキーに似ています。マテリアルは、フォルダごと、ファイルごとに圧縮設定とロード方式の設定が可能です。

● 圧縮設定（コーデックの設定）

　マテリアルを登録したら、音声データの圧縮設定を確認します。マテリアルツリー内の要素を選択した状態で、インスペクタービューを開くと設定を確認できます。ファイルごとの圧縮設定のほか、フォルダにデフォルトの圧縮設定を設定できます。

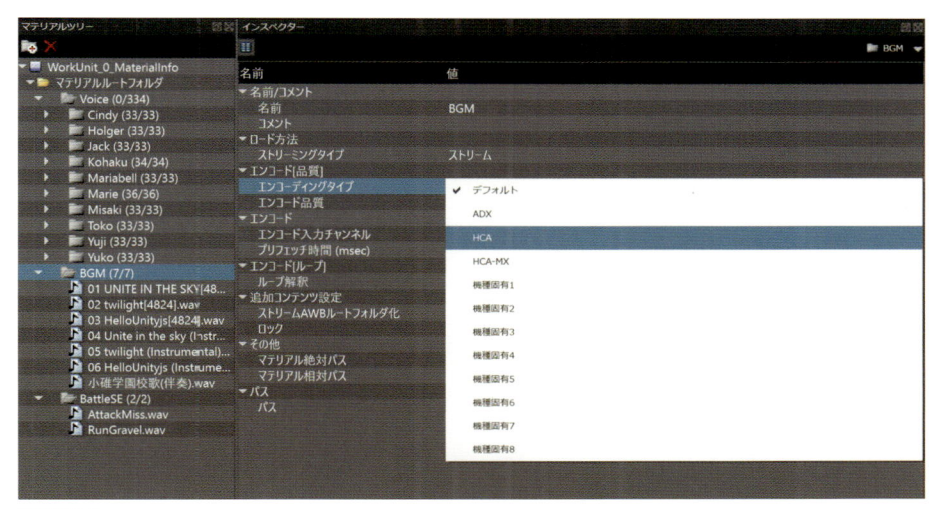

図 4-3-5 マテリアルツリーのインスペクターで、圧縮設定を選択

　ADX2 は、サウンドの圧縮コーデックとして「HCA」「HCA-MX」「ADX」の 3 種類を利用できます。ADX は古いコーデックで、圧縮率や音質は HCA に劣るため、現在はあまり利用されていません。基本的にはデフォルト設定の HCA コーデックを使い、同時再生の負荷が気になる場面では「HCA-MX」を利用します。

　エンコード品質は、5 段階から選択できます。元データの音声特性にもよりますが、圧縮率は概ね次のとおりです。

- **最高品質**：1/4
- **高品質**：1/6
- **中品質**：1/8
- **低品質**：1/10
- **最低品質（最高圧縮）**：1/12

　基本的にはデフォルトの「中品質」を使用し、楽曲などのクオリティを上げたい場合は「高品質」や「最高品質」を、ファイルサイズが気になる場合は「低品質」や「最低品質」を選ぶとよいでしょう。

　1/12圧縮は「最低品質」という名前ではありますが、スマートフォンアプリのセリフデータではよく使われている設定です。HCA は、圧縮率を上げてもクオリティがなるべく損なわれないように設計されています。特に「人の声」の特徴に沿った圧縮を行うことがポイントです。

　Atom Craft 上のキューのプレビュー再生では、圧縮後の音声が再生されますので、設定を変えながら試し聴きをして調節するとよいでしょう。

■ ロード方式の選択

　Unity Audio には、音声データのロード方式は 3 つありました。メモリ上にあらかじめ圧縮データを展開しておく方式、圧縮したままメモリに配置して再生時に展開する方式、圧縮データをこま切れにストレージから読み込む方式の 3 つです（1 章の 1-2 節参照）。

　ADX2 の場合は、「メモリ再生」「ストリーミング再生」「ゼロレイテンシーストリーム」の 3 種類になります。

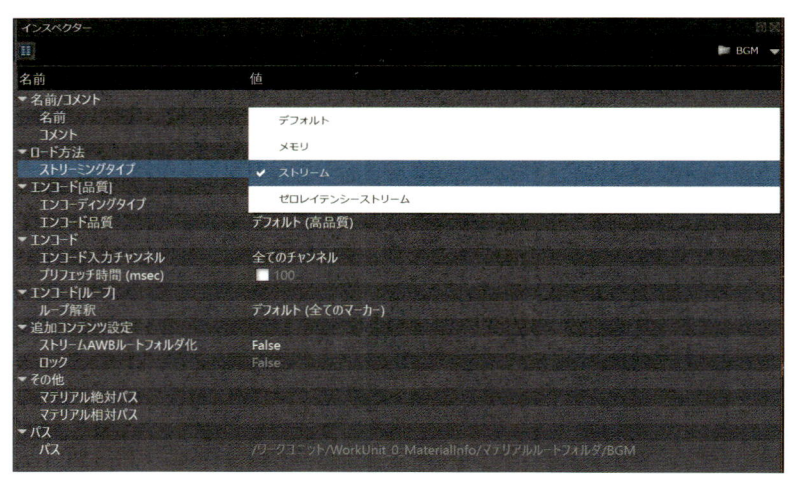

図 4-3-6 マテリアルツリーのインスペクターで、ストリーミングタイプを設定

　「メモリ」は、メモリ上に圧縮データをそのまま配置する方式です。ADX2 は、メモリ上の音声データをデコードする必要がない再生システムです。実装としては、メモリ上に配置した圧縮データを先頭から少しずつ展開しながら再生するため、再生レスポンスを損なうことなく再生が可能です。

「ストリーミング」は、ストレージから常にファイルを読み込みながら再生を行う方式です。メモリ領域は小さく済みますが、注意点は Unity Audio と同じです。ゲームを実行しながらテクスチャやモデルデータを読み込むオープンワールド式のタイトルでは、読み込み帯域を使い過ぎないようにする必要があります。また、ストレージアクセス頻度に制限があるハードウェアもあるため、何でもかんでもストリーミング再生にしないことをお勧めします。

「ゼロレイテンシーストリーム」は、ファイルサイズを犠牲にしてストリーミングの再生遅延を減らす特殊方式です。これは、音声再生の先頭部分をメモリに乗せ、そこを再生しているうちにストリームを間に合わせることで再生の遅延を抑えながら、メモリを節約する設定です。代償として、先頭部分のファイルサイズ分データが増えます。

◗ マテリアルに対する設定の優先順序

フォルダの設定は、配下のフォルダやファイルのエンコード設定が「デフォルト」であった場合に適用されます。エンコード設定はファイル単位、フォルダ単位で指定ができますが、下の層から優先して適用されます。次の順序になります。

① マテリアルの設定
② サブフォルダの設定
③ マテリアルルートフォルダの設定
④ ターゲットコンフィグの設定

マテリアルフォルダ「BGM」で HCA 再生・ストリーミング再生の設定をしていた場合、配下のマテリアルの設定が「デフォルト」であった場合はフォルダの設定が適用されます。個別のマテリアルで別の圧縮品質・再生方式が指定されていた場合は、フォルダの設定は無視されます。

② 「キュー」を介した音のデザイン

キューは、単純に音を鳴らすだけではなく、さまざまな再生設定を含むことができます。Atom Craft は、音声データ（マテリアル）そのものに加工を加えることはなく、そのまま指定のコーデックで圧縮します。ピッチ変更やフィルタ適用などは、ランタイムでリアルタイムに処理します。

キューが内包できる機能は、次のものがあります。

- 複数の音声データを順番に再生する
- 再生中にピッチやボリュームを時間軸で変化させる
- 複数の音声データから 1 つをランダムに選んで再生する
- ピッチ（音の高さ）やボリュームをランダムに変化させて再生する

これらの機能の活用で、音声データの総量を増やさずに、サウンドバリエーションを作ることができます。キューに適用できる具体的な演出や、Unity への組み込みについては4-7 節以降の「ADX2 を使ったサウンド演出の設定」で説明します。

■ AISAC を使ったリアルタイムな音の変化

「AISAC」は、ゲームと連動してリアルタイムに変化する音を制御するためのシステムです。車のエンジンがスピードに合わせて変化する音や、試合の盛り上がりに連動したスタジアムの歓声など、連続的に変化する音を設計できます。

具体的には、プログラマーが操作できる「0 〜 1」のパラメータを用意して、その値に対する音のパラメータの変化量をグラフを描いて設定します。図 4-3-7 では、3 種類の歓声の音声データを同時再生し、それぞれのボリュームバランスを変化させる設定を行っています。黄色い 3 つの線は各トラックのボリュームの変化、青い線はピッチの変化を設定しています。

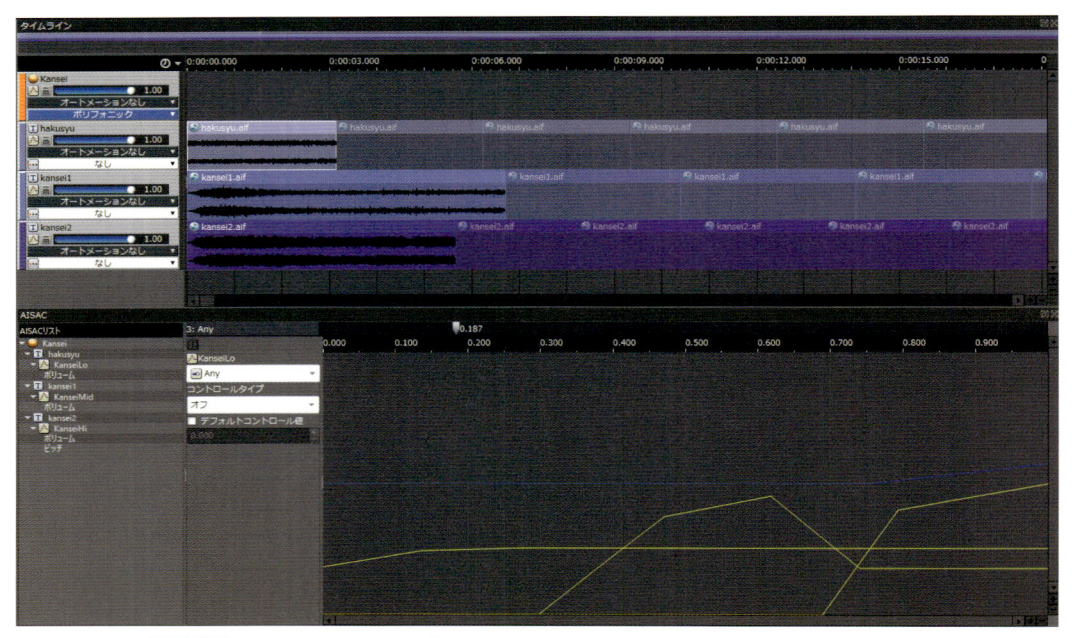

図 4-3-7 Atom Craft での AISAC グラフ

このシステムを介することで、サウンドの操作パラメータを抽象化できます。グラフを操作するパラメータの名前を「AISAC コントロール」と言います。

プログラム側から「AISAC コントロール」を指定して、そのコントロールに紐づいている AISAC を操作します。プログラム側からは、キューを再生しながらゲームの展開に合わせて AISAC コントロールの数値を変化させるだけで、複雑な音の変化を制御することが可能になります。

■ ③ DSP バスを使ったサウンドエフェクトの設定

エコーやリバーブなどの処理が重めのリアルタイムエフェクトを、複数のキューに対してまとめて処理するシステムです。DSP バスは、Unity Audio の Audio Mixer に近い働きをします。

図 4-3-8 DSP バスによるエフェクトの設定の例

DSP バスには、複数のエフェクトが実装されています（表 4-3-1）。

表 4-3-1 DSP バスで設定できるエフェクト

使用するエフェクト	得られる効果
リバーブ、エコー、マルチタップディレイ、サラウンダ	洞窟やトンネル内、アリーナ会場での残響
コンプレッサ	爆発音などが重なったときの音量を制御
コンプレッサのサイドチェイン	BGMや環境音のレベルをほかのSE再生状況を「振幅解析器」に合わせて自動調整
バイクアッドフィルタ	水中・遠方・壁の向こう側といった音の表現
ピッチシフタ	キャラクターの声質を変更（モンスター化、ネズミ声化、アヒル声化など）
ディストーション、コーラス、フランジャー	ノイズや揺れを加える。たとえば無線通信の感度の違いを表現

　プロジェクトは、複数の DSP バス設定を保持できます。ゲームの場面や用途に合わせたバス設定を複数持っておき、切り替えて使用します。

　「センド」と呼ばれるパラメータは、バスに設定したエフェクトを次にどこのバスに渡すかを示しています。この設定をミキサーのルーティングと言います。

　Unity Audio の Snapshot と同様に、これらのセンド量やパラメータの設定を「スナップショット」として保持できます。複数の設定違いを切り替えることで、ゲーム場面の変化を表現できます。

　DSP バスで設定したエフェクトをキューに適用するには、キューのインスペクターでDSP バスに対する「バスセンド」を設定する必要があります。DSP バスとスナップショッ

トの具体的な利用方法は、4-7 節の「ゲームの場面に合わせて残響を変化させる」で紹介します。

　DSP バスには、それぞれのバスのセンドレベルで「ボリューム調整」が行えます。2 章で紹介した Unity の Audio Mixer では、ゲーム中のボリューム設定にその機構を利用しました。ADX2 の場合、ボリューム設定をする場合は DSP バス設定ではなく、「カテゴリ」機能を使う方法が一般的です。カテゴリについては、4-8 節で詳しく解説します。

④ビルド (データ出力)

　Atom Craft で設定したデータを Unity Editor で利用するには、「ビルド」を行ってデータを出力する必要があります。ADX2 から出力される、再生に必要なファイルは次の 3 つです。

- **ACF ファイル**：プロジェクト全体設定データ
- **ACB ファイル**：キューシート情報＋メモリ再生用データ
- **AWB ファイル**：ストリーム再生データ

ACF ファイル（Atom コンフィグファイル）

　プロジェクトツリービュー内で設定する、「全体設定」の内容が格納されたファイルです。1 プロジェクトにつき 1 ファイル出力されます。前述した AISAC の設定や、DSP バス設定などキューにまたがる設定データが格納されています。

ACB ファイル（Atom キューシートバイナリファイル）

　キューの情報をキューシート単位でパッキングしたファイルです。キューの設定情報と、マテリアルの再生設定で「オンメモリ」を選んでいるキューの圧縮データを含みます。

　1 つのキューシートは、最大 65,535 個のキューを持つことができます。「キューシート＝メモリ」への読み込み単位となるため、利用シーンに合わせて分割することをお勧めします。

AWB ファイル（Atom ウェーブバンクファイル）

　ストリーミング再生用のデータを格納したファイルです。こちらも ACB ファイル同様、キューシート単位で出力されます。

　マテリアルの再生設定で、「ストリーミング」または「ゼロレイテンシーストリーム」を選んだ場合、このファイルに圧縮音声データが格納されます。再生に必要なキューのパラメータ情報は、「ACB ファイル」に格納されます。そのため、AWB ファイルに含まれているストリーミング再生用データのみを利用する場合でも、キューシート（ACB ファイル）のロードが必要です。

ヘッダファイル

　ビルド時のオプションで、C 言語のヘッダファイルを同時に出力できます。また、ヘッダファイルと同様の情報を C# 言語で記述したファイルの出力も可能です。ゲームエンジ

ン以外の開発環境で、ADX2 を利用する場合に活用できます。

◣ ビルド時の注意

　キューシートの名前を変更した場合、古い名前のビルドデータが出力フォルダに残ることがあります。Unity プロジェクト内に余分なファイルがコピーされないように、使用していない ACB、AWB ファイルは削除しましょう。

　Unity への取り込み方法は 4-2 節で示したとおりですが、StreamingAssets フォルダ以外にも、サーバーなどから取得することもできます。

　スマートフォンゲームでは、サーバーに ACB、AWB ファイルを保管しておき、ゲーム起動後にそれらをダウンロードして使用するケースが多いです。これは、初回にダウンロードするアプリサイズを削減することと、アプリ本体のアップデートを介さないデータの差し替えを行うことが目的です。なお、ADX2 のデータは Unity の管轄外になるため、Asset Bundle を使う必要はありません。

　ACB ファイルは ACF ファイルに格納されている設定情報を参照するため、ACF 内の設定が削除されたり変更された場合、ビルド済み ACB ファイルが利用できなくなってしまう可能性があります。ACF に設定が増えただけなら、古いデータはそのままでも再生可能です。

　スマートフォンゲームにおける配信型のタイトルで利用する場合、ACF ファイルの更新には注意が必要です。過去に配信した ACB ファイルが、再生できなくなってしまう可能性があるからです。ACB ファイルの差し替えが起こらないように、全体設定の内容はゲームの初回配信前に十分確認しましょう。たとえば、今後の追加要素で必要になりそうなカテゴリ設定などは、先に作っておくとよいでしょう。

Unity への組み込み

　ビルド以降は Unity Editor で読み込み設定を行ったり、スクリプトからの再生呼び出しや、ゲームを実行しながらのプロファイリング作業を行います。

　Unity スクリプト経由のキューの再生については、4-7 節以降に具体的な実装例とともに解説します。

4-4　CRI Atom Craft の基本操作

　この節では、ADX2 のオーサリングツールである「CRI Atom Craft」の画面構成について説明します。

　Atom Craft はウィンドウやボタンが多いですが、基本機能を使う分にはさほど複雑ではありません。以下の URL からダウンロードしたサンプルゲーム zip ファイル内の「AtomCraftProject」フォルダに Atom Craft のプロジェクトファイル一式が入っています。

　Atom Craft の「プロジェクトを開く」から、このフォルダの中に UnityAudioMaster.atmcproject ファイルを選んで開いてください。

https://www.borndigital.co.jp/book/15163.html

ツールバー（左側ボタン）

　まずは、Atom Craft のツールバーから見ていきましょう。

図 4-4-1 Atom Craft のツールバー（左側）

プレビュー再生

　Atom Craft でもっとも多用する機能が「プレビュー再生」です。現在設定しているキューがどのような鳴り方をするか、実際に再生して確認する操作です。

　ツールバーにあるプレビューボタンのほか、キーボードの「F5 キー」でプレビュー再生、「F6 キー」でプレビューの停止を行うことができます。キューのパラメータを変更しながらプレビュー再生を繰り返す際は、F5 キーを使ったプレビュー再生が便利です。

　Atom Craft におけるキューのプレビュー再生のポイントは、複数のキューを同時に再生できるという点です。Unity Editor で Audio Clip をテスト再生する場合と異なり、ゲーム中と近い状況で聞こえ方を調整できるということです。

　たとえば、BGM を再生しながら環境音を再生し、セリフが聞き取りやすいかどうかといった組み合わせテストが、Atom Craft のなかで完結できます。1 つのキューを多重再生することも可能です。また、以降で紹介する「多重再生の制限設定」もプレビュー再生で適用されます。

　現在再生されているキューをすべて止めて、選択中のキューを単一でプレビュー再生したい場合は、「スペースキー」を使います。「F7 キー」で、選択しているキューのみを停

止できます。

さらに、複数のキューをさまざまな条件下で再生テストする「セッションウィンドウ」という機能もあります。こちらは、4-10 節で紹介します。

◼ アンドゥとリドゥ

ツール上の操作で間違ってしまったときや、エフェクトを試したけれども違うと思ったときは、操作を戻すことができます。ショートカットキーは、Windows ではアンドゥが「Ctrl+Z」、リドゥが「Ctrl+Y」です。macOS ではアンドゥが「Command+Z」、リドゥが「Command+Shift+Z」です。

◼ 新規作成

プロジェクトの新規作成ボタンです。クリックするとダイアログが開きます。新規のプロジェクト作成と、プロジェクトを保存するディレクトリの位置指定が可能です。

◼ プロジェクトを開く

既存のプロジェクトを開きます。クリックするとダイアログが開き、.atmproject ファイルを選択するとそのプロジェクトが読み込まれます。

◼ 保存

現在編集中のプロジェクトを保存します。ショートカットキーは、「Ctrl + S」です。

◼ ビルド

ビルドダイアログを開きます。内容については、以降の「ビルドダイアログ」で紹介します。

◼ CPU 使用率

現在動作している PC 上における、ADX2 システムの CPU 使用率を表示しています。実際にゲームを動作させるスマートフォンやゲーム機とは異なりますが、負荷の目安として利用できます。

4-10 節で紹介するインゲームプレビュー機能を使っている際は、実際にゲームを動かしているハードウェア側での CPU 使用率を表示します。

◼ 発音数

現在再生されている音の数を表示します。ADX2 では、再生される音の最小単位を「ボイス」と呼びます。

ボイスは、たとえば音量がゼロの BGM が再生状態になっていたり、無音のデータが再生されている場合も「1 ボイス」としてカウントすることに注意してください。

◼ シーケンス時間

再生中のシーケンスの時間をスライダーとラベルで表示します。キューを再生開始してから経過した時間ではなく、あくまでキュー内の再生位置を示します。そのため、ループ

やブロック再生機能など、シーケンス内を行き来する場合は巻き戻りがあります。

指定トラック再生

このチェックボックスは、キューが複数のトラック（音声データ）を持つ構造の場合に使用します。オンの場合はキューの再生設定にかかわらず、選択したトラックをプレビュー再生できます。

たとえば、図 4-4-2 のキューは 4 つのトラックが配置されており、このキューが再生されたときは 4 つのトラックからランダムに 1 つが選択されて、再生される設定になっています。

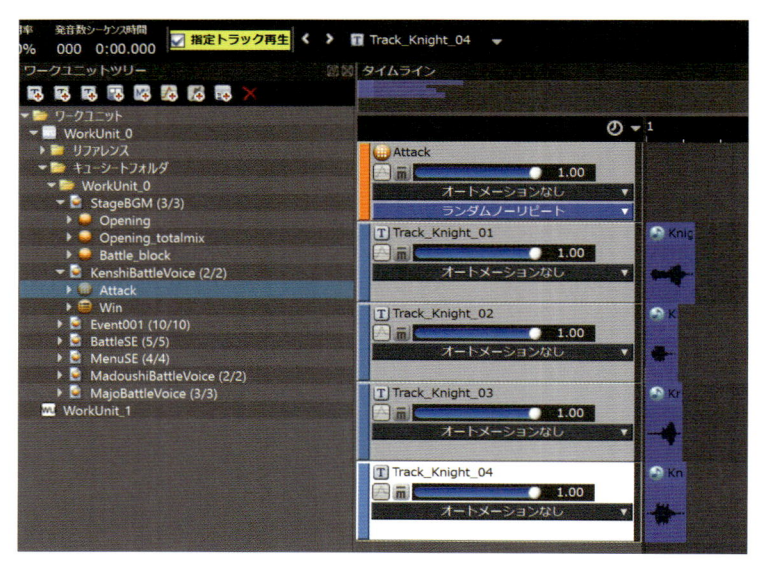

図 4-4-2 Atom Craft での指定トラック再生

「指定トラック再生」のオプションが「オフ」の状態では、個別のトラックを選択していたとしても、このキューの設定に従ってランダム再生の処理が行われます。「指定トラック再生」が「オン」の状態では、キューの設定にかかわらず、選択したトラックをプレビュー再生できます。

現在のフォーカス

現在、どのキューやトラックを選択しているかが表示されます。

ツールバー（右側）

続いて、Atom Craft のツールバーの右側部分を解説します。

図 4-4-3 Atom Craft のツールバー（右側）

◼ プレビューターゲット

製品版「ADX2」では、スマートフォンやゲーム機などのハードウェア上でプレビュー用プログラムを実行させ、実際にそのハードを使ってツールから音を鳴らすプレビューシステムを持っています。

「ADX2」ではそれらのハードウェアを「ターゲット」と呼び、ターゲットごとに設定を変更できます。ただし、「ADX2 LE」は、iOS/Android/Windows/macOS 共通のターゲットとして「Public」が用意されています。ADX2 LE を使う場合は、プレビューターゲットは特に操作しません。

◼ 言語

ADX2 のローカライズ機能を使っている場合、ここでプレビュー対象の言語を切り替えることができます。

◼ ターゲット

ターゲットは、ADX2 から出力するビルドターゲット（ゲーム機など）の切り替えを行います。これは、ゲームハードウェアなどにおいては、利用できるエフェクトなどの設定に違いがあるためです。

無償版「ADX2 LE」の場合、こちらも「Public」に固定されていますので、特に操作する必要はありません。

◼ MIDI

MIDI コントローラーを接続して、Atom Craft の操作を行いたい場合に使用します。キューの各パラメータをノブやフェーダーで操作できます。

◼ ビュー

AtomCraft を構成する各ウィンドウを「ビュー」と呼びます。各ビューは、自由にサイズ変更や位置変更が可能です。

ビュー名をダブルクリックすると、ポップアップウィンドウ化してビューを分けることができます。マルチモニター環境では、一部のビューを切り離した表示が便利です。ビューのヘッダ部分をダブルクリックすることで、再びドッキングできます。

Atom Craft の下部には、各ビューを呼び出す「ビューボタン」が設置されています。このボタンから、ビューの表示・非表示を切り替えることができます。以降で、このボタンの順番に各ビューを解説していきます。

図 4-4-4 Atom Craft 下部のビューボタンエリア

◼ インスペクタービュー

インスペクターは、現在ツールで選択しているマテリアルやキュー、全体設定などのパラメータを表示するエリアです。Unity Editor におけるインスペクターとほぼ同義です。

選択している要素によって、インスペクター内で見える機能が異なります。いま何を選

択しているかは、ツールバーで確認できます。たとえば、キューを選択しているときのインスペクターは、次のように表示されます。

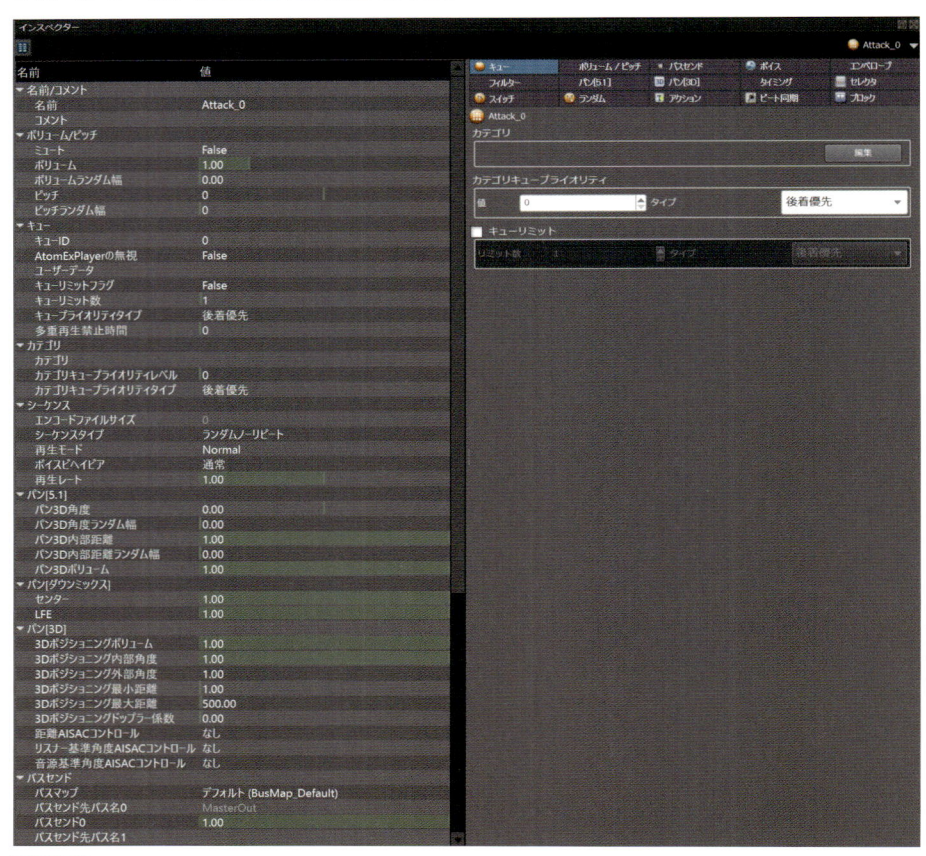

図 4-4-5 キューのインスペクター（インスペクタービュー）

● タイムラインビュー

タイムラインビューは、キューを選択しているとき、キューにどのような音が配置されているかを時系列で表示します。

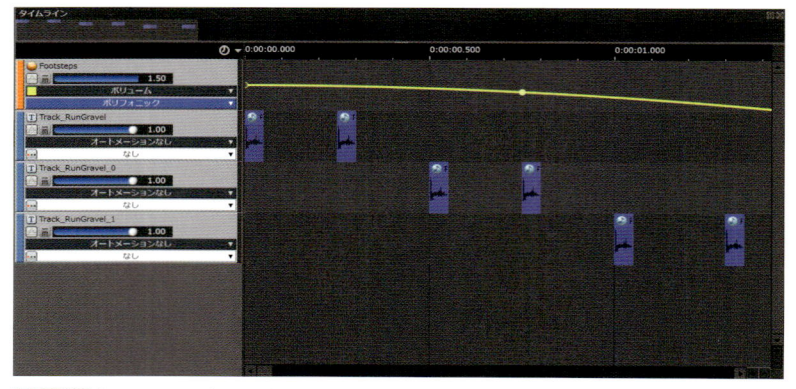

図 4-4-6 タイムラインビューの表示例

時間軸の配置や、各ウェーブフォームをどんな順序で再生するかを設定します。青色のラベル部分の層は「トラック」で、キューに含まれるレイヤー単位を指します。横方向は時間軸になり、時間をずらしてウェーブフォームを複数配置できます。

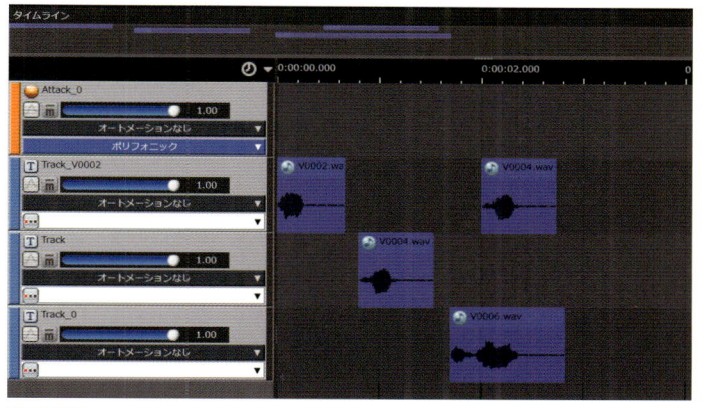

図 4-4-7 複数のウェーブフォームを時間軸に並べる（タイムラインビュー）

このように、複数のウェーブフォームを並べた状態でキューのプレビュー再生を行うと、左から順番に再生されます。タイムラインビューの各操作要素は、次のとおりです。

図 4-4-8 タイムラインビューの操作要素

❶ AISAC がこのキューに設定されているかの表示。AISAC が存在する場合、明るく表示される
❷このキューをミュート。トラック単位でミュートしたい場合は、トラック上の同じボタンをクリックする
❸ボリュームスライダー
❹「オートメーション」という操作を追加（4-7 節で解説）
❺トラックをどのような順序で再生するかを設定
❻タイムルーラーの表示単位を変更
❼タイムラインビューのミニマップ
❽タイムルーラー。時間を示す目盛りが表示
❾キュー以下の全体像を表示するトラック。オートメーション、イベントマーカーもここに表示

タイムラインに表示した波形データが長い場合、青い枠だけが表示され、波形の画像が表示されないことがあります。これは、一定の長さ以上の波形は処理時間を優先して、画像表示を省略しているためです。

　長い音声データの波形グラフを表示したい場合は、メニューバーの「ツール→ツール設定→波形グラフ表示時間」の数値を大きな値に変更してください。

タイムラインビューのミニマップ

　タイムラインビューの左上には、キュー全体のウェーブフォームの配置を小さく表示したエリアがあります。長いタイムラインを編集する場合、このミニマップを使って、タイムラインに表示されている部分がキュー全体のどの範囲なのかを確認できます。

　ハイライトされているエリアをドラッグして、直接タイムライン内を移動することもできます。

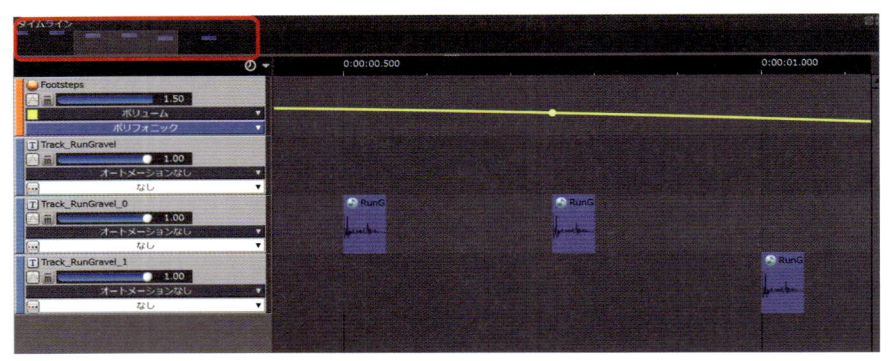

図 4-4-9 タイムラインのミニマップ

キューのシーケンスタイプ

　トラックの再生順を設定する項目を「シーケンスタイプ」と呼びます（図 4-4-8 の⑤）。キューの中に配置されているトラックを、どのような順序で再生するかを設定できます。

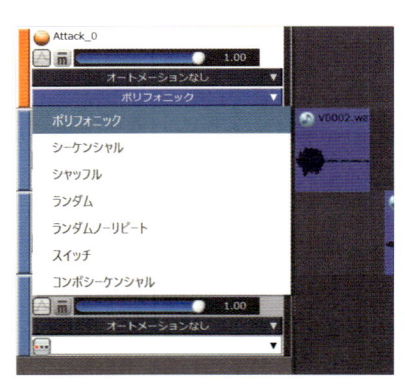

図 4-4-10
シーケンスタイプの
設定（タイムラインビュー）

表 4-4-1 シーケンスタイプによる再生方法

シーケンス	再生方法
ポリフォニック	すべてのトラックを同時に再生
シーケンシャル	キューが再生されるたび、トラックを1つずつ上から再生
シャッフル	ランダムな順番でトラックを再生。全トラックを再生し終わると、再びランダムに順番を決め直す
ランダム	トラックの中からランダムに1つを選んで再生
ランダムノリピート	ランダムだが、前回再生したトラックを選ばない方式(4-7節を参照)
スイッチ	ゲーム変数と呼ばれる、ゲーム側からのパラメータをもとに再生トラックを決める方式(4-11節を参照)
コンボシーケンシャル	格ゲーやパズルゲームの「コンボ」のような演出方式で再生

タイムラインの拡大縮小

　タイムラインに表示されるウェーブフォームが小さ過ぎたり、逆に大き過ぎる場合は拡大縮小ができます。右下の「＋」「－」ボタンをクリックして調整してください。

　タイムラインの拡大縮小は、キーボード「R」が縮小、「T」が拡大のショートカットキーに割り当てられています。多用するショートカットですので、覚えておくとよいでしょう。

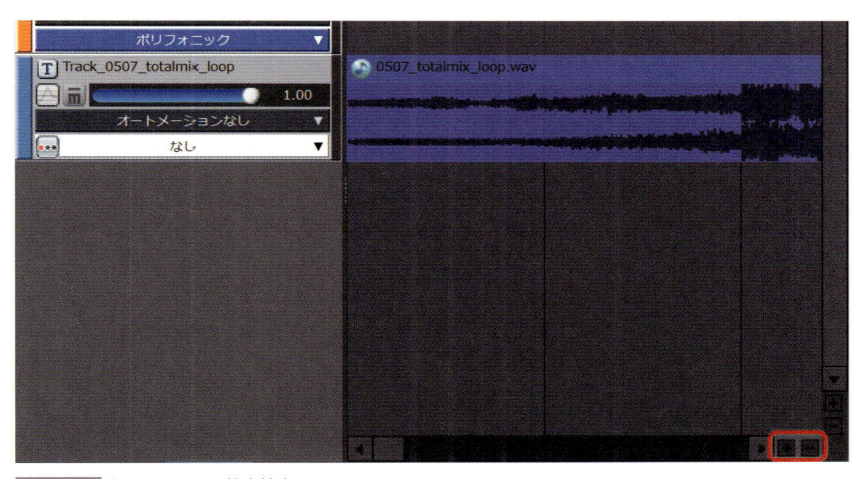

図 4-4-11 タイムラインの拡大縮小

■ キュー選択中のインスペクタービュー

　キュー選択中のインスペクタービューでは、キューの設定項目が複数表示されます。

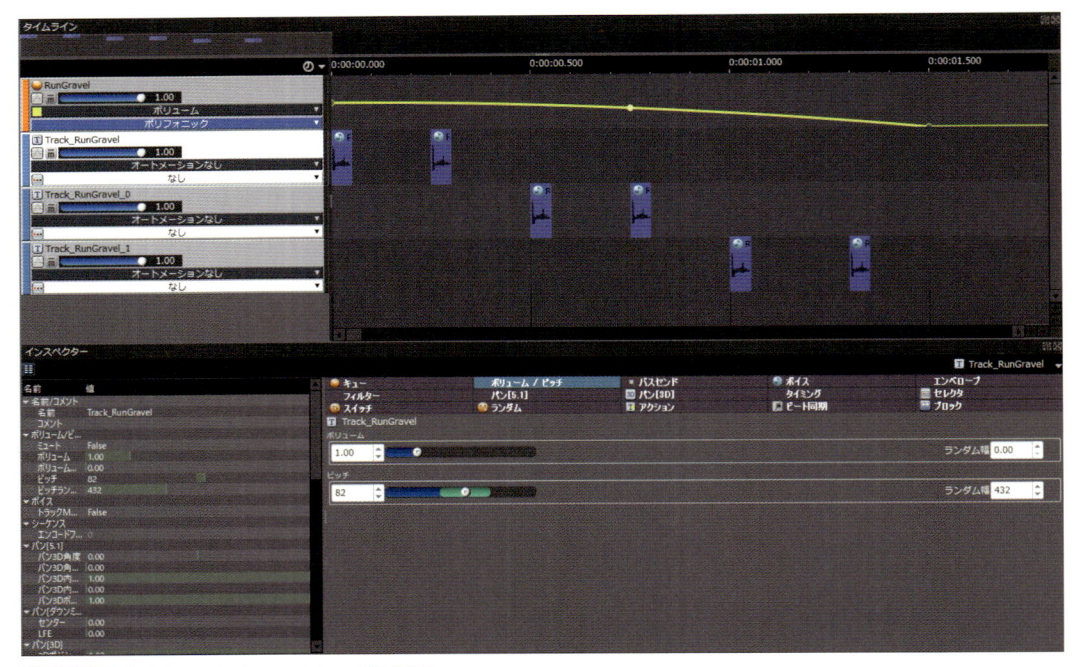

パラメータのランダマイズ操作

　いくつかのパラメータには、再生がリクエストされるたびに数値がランダムで変わるランダマイズ設定ができます。たとえば、ボリュームの値が 0.5 でランダムレンジを 0.2 に設定した場合、「0.4 〜 0.6」の範囲でランダムに音量が設定されます。

　ランダムの幅は数値設定もできるほか、スライダーのハンドル（つまみの部分）を上下にドラッグすることで設定できます。スライダーバーで緑色の領域がランダム幅となります。ランダマイズ可能なハンドルは、真ん中が窪んだ見た目をしています。

　この設定を使ったゲームのサウンド演出については、4-7 節で紹介します。

AISAC ビュー

　インタラクティブサウンドを設定する機能「AISAC」のためのグラフエリアです。ゲームの状況によって変化する音について、ゲーム側からパラメータを受け取り、その値によってどのように音が変化するかを設定します。

　横軸が「0 〜 1」までのパラメータの変化範囲です。図 4-4-13 では、ボリュームがパラメータに応じてインタラクティブに変化する設定を行っています。

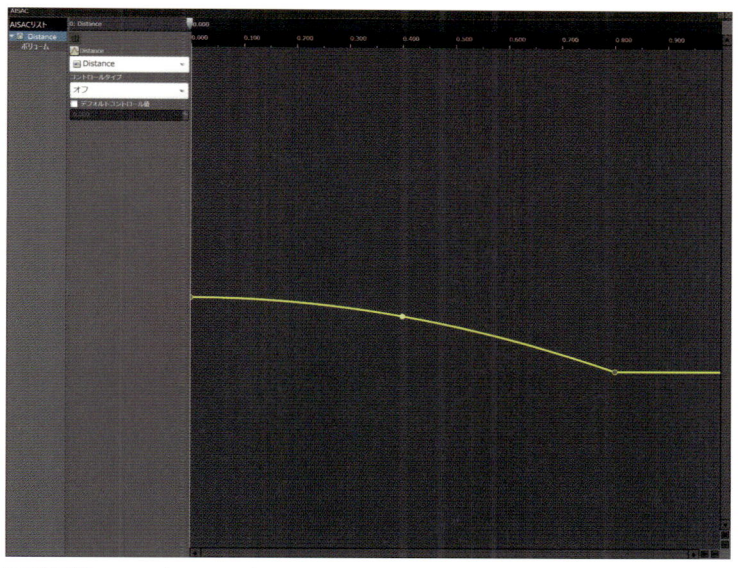

図 4-4-13 AISAC ビューで、ボリュームの設定を行った例

■ ミキサー（DSP バス設定）ビュー

　各種エフェクトをまとめて処理する DSP バス（ミキサー）の管理を行います。DSP バスは、Unity Audio の Audio Mixer とほぼ同じ役割を持ちます。詳しくは、4-8 節で解説します。

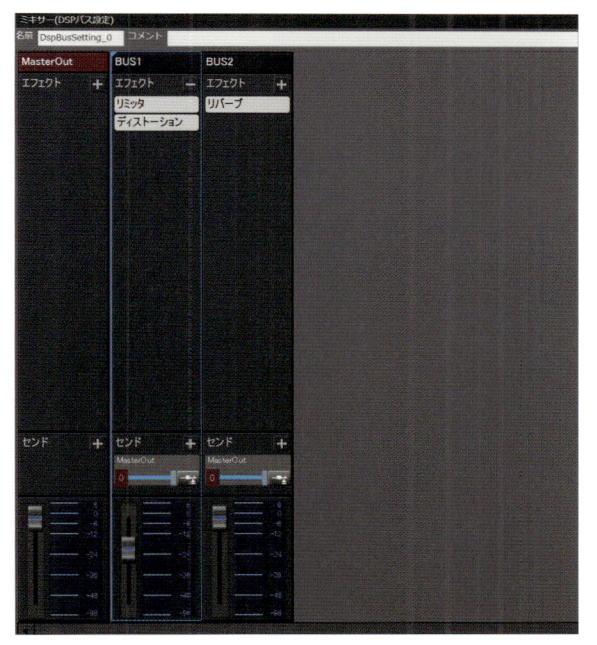

図 4-4-14 ミキサービューの例

▶ ポイントリストビュー

「AISAC」や「オートメーション」など、カーブを描いて制御するタイプの設定で、カーブを形作るポイント（点）の座標情報をリストで表示するビューです。

ポイントの位置を数値で操作したい場合に利用できます。ポイント間の補間方式も、ここから選択できます。

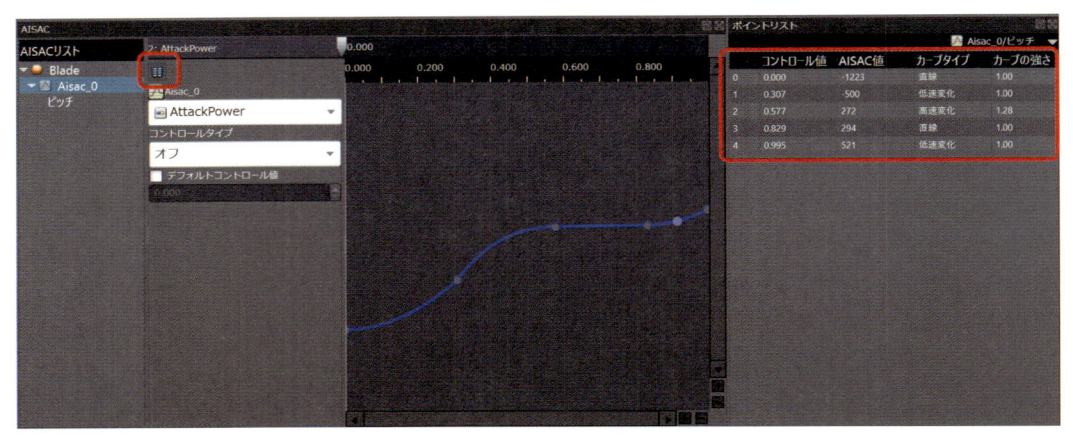

図 4-4-15 ポイントリストビューの例

▶ リストエディタービュー

選択中のキューやワークユニット、マテリアルフォルダなどの中身をリストで表示するビューです。デフォルトでは選択中の要素の1つ下の階層の要素をリストアップします。たとえば、ワークシートを選択しているときは中身のキューリスト、キュー選択中であれば内包しているトラックリストが表示されます。

「階層化表示」ボタンをクリックすると、現在選択している要素以下のすべてのキュー、トラック、ウェーブフォームを表示します。その上で特定の要素のみを表示する場合は「タイプで検索」オプションをクリックして、確認したいタイプをアイコンから選択します。

たとえば、プロジェクト内のすべてのキューを表示したい場合、ワークユニットツリービューで「ワークユニット」を選択し、リストエディタービューを開きます。リストエディタービューでは「階層化表示」と「タイプで検索」オプションをオンにしてから、オレンジ色のキューのアイコンをクリックすると、キューのみがフィルタリング表示されます。

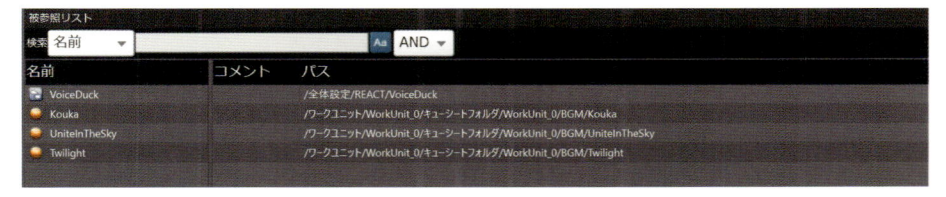

図 4-4-16 リストエディターの階層化表示とタイプで検索

リストエディターを使うことで、キューなどのパラメータの一括修正が可能になります。要素を複数選択した状態でパラメータの値を変更すると、一括変更が適用されます。

被参照リストビュー

リストエディターは、選択している要素に「含まれる」要素のリストアップ機能ですが、被参照リストは逆に「参照されている」要素を表示します。具体的には、カテゴリ機能で分類しているキューの一覧表示などに使用されます。

図 4-4-17 被参照リストビューの例

プロジェクトツリービュー

このプロジェクトファイルの全体設定を表示します。Unity Editor で言うところの Player Settings のように、プロジェクト全体にかかる設定を行う場所です。

図 4-4-18 プロジェクトツリービューの例

◗ ワークユニットツリービュー

現在開いているプロジェクトの音声データをツリー構造で表示します。

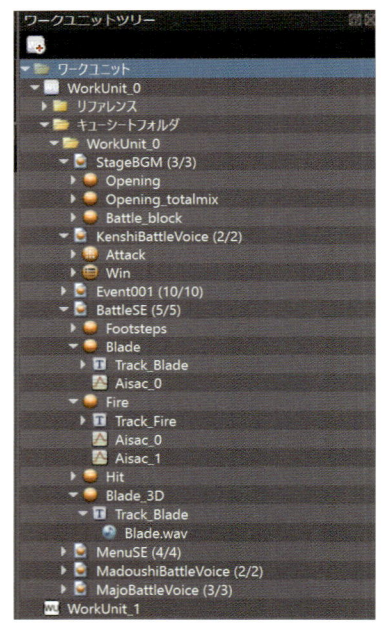

図 4-4-19 ワークユニットツリービューの例

◗ マテリアルツリービュー

元の音声データ一覧を格納している場所です。

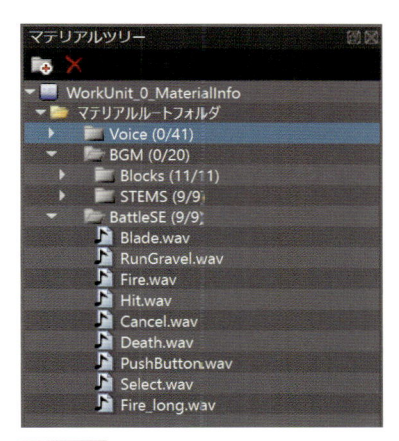

図 4-4-20 マテリアルツリービューの例

　マテリアルツリー内のファイルかフォルダを選択しているときに、インスペクター内で圧縮設定と再生方式の設定（メモリ再生またはストリーミング再生）を行うことができます。

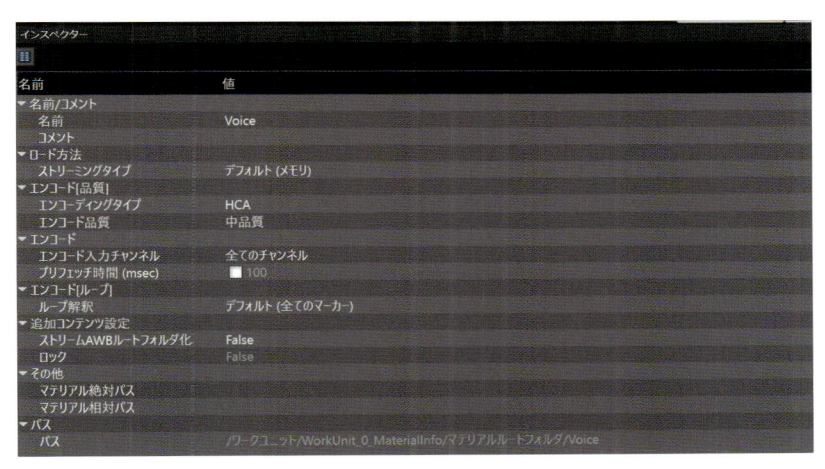

図 4-4-21 マテリアルフォルダのインスペクターの表示例

　マテリアルツリーでは、圧縮前の音声データの確認再生が可能です。ファイルを選択してF5キーを押すと、圧縮前のデータ再生を行うことができます。F3キーを押すと、選択したファイルやフォルダのディレクトリをエクスプローラーで開くことができます。

　ADX2のバージョンによっては、起動直後にマテリアルフォルダの中身が表示されないことがあります。その場合は、ワークユニットツリービューで何かキューを選択すれば表示されます。

REACT ビュー

　あるキューが再生されたときに、別のキューの再生状況に変化を与える機能が「REACT」です。

　このビューでは、REACTごとの変化パラメータの確認と影響を受けるキューのリスト

が左側に表示されます。変化のトリガーとなるキューのリストは、右側に表示されます。REACT については、4-8 節で使い方を解説します。

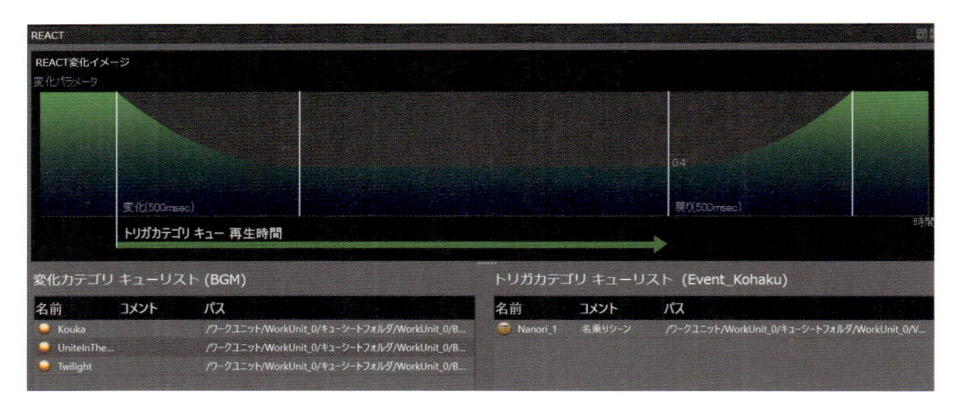

図 **4-4-22** REACT ビューの例

● パラメータパレットビュー

パラメータパレットとは、キューに関する拡張設定を行うときに使用する機能です。「ADX2 LE」ではほとんど使用しません。一部の家庭用ゲームハードウェアでは使うシーンがあるため、SDK 付属のマニュアルを参照してください。

● マテリアルビュー

マテリアルは、マテリアルツリーで選択されているマテリアルの波形をビジュアライズするビューです。緑色の枠は、ループ区間を示します。

図 **4-4-23** マテリアルビューの例

● レベルメータービュー

プレビュー再生時にサウンドの出力レベルが表示されるビューです。出力サウンドが2ch の場合は、L と R のチャンネル（左右スピーカー）のバーのみ反応します。オーバーフローした（音が歪んでいる）部分は、バーが赤くなります。

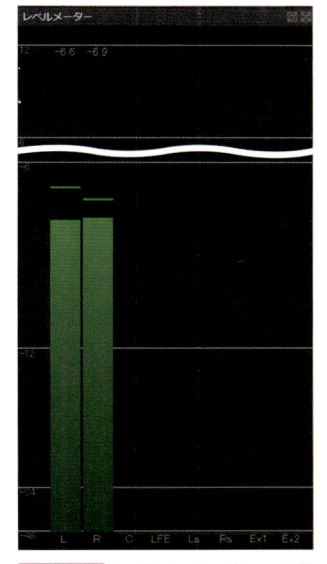

図 4-4-24 レベルメータービューの例

検索ビュー

プロジェクトの中から、キューやワークユニット、マテリアルなどを検索できるビューです。キューの名前、もしくはツールの利用者が独自に付けたコメントから検索が可能です。

リスト内の要素をクリックすると、ほかのビューでも同じオブジェクトにフォーカスが当たります。キューをクリックした場合は、ワークユニットツリーで当該のキューが選択状態になります。

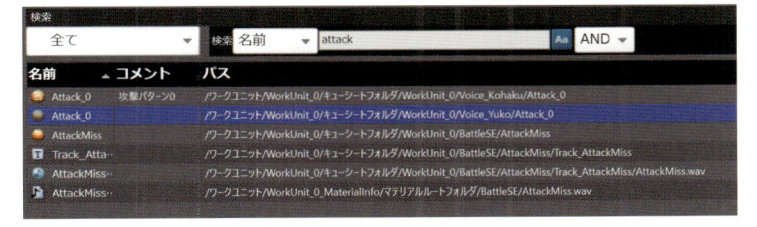

図 4-4-25 検索ビューの例

ログビュー

Atom Craft を起動してからの操作に関するログが確認できます。

プレビュー再生がうまく動作しない場合は、何らかのエラーが起きている可能性がありますので、ログビューを開いて確認してみましょう。

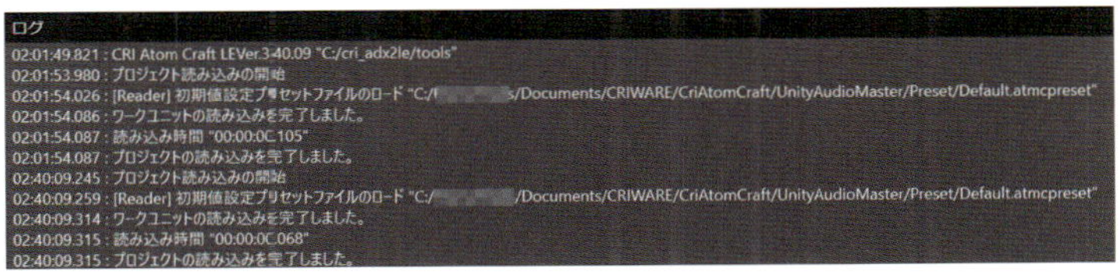

図 4-4-26 ログビューの例

▍ クイックヘルプビュー

クイックヘルプは、Atom Craft のマニュアルを Atom Craft 内で確認できるビューです。

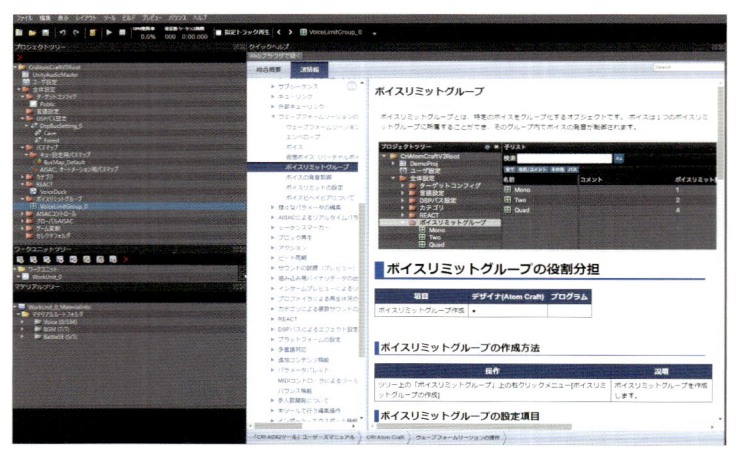

図 4-4-27 クイックヘルプビューの例

クイックヘルプビューで表示している内容はマニュアルと同じですが、Atom Craft 上で選択している要素や機能と連動してヘルプを表示してくれるため、使い方や設定方法をすぐ確認できます。

クイックヘルプの表示が崩れる場合

一部の特殊な解像度を持つノート PC や外部モニターで表示した場合、まれにクイックヘルプの表示が崩れます。その際は、ビュー名のところをダブルクリックし、ポップアップウィンドウ化して表示するようにしましょう。

また、「web ブラウザで開く」ボタンや、Atom Craft のメニュー「ヘルプ」からブラウザでマニュアルを確認できます。

▍ スタートページ

スタートページは、言葉のとおり Atom Craft を起動したときに表示されるページです。直近で操作したプロジェクト一覧が表示されます。また、右側には CRIWARE に関する最新情報が Web ブラウザを介して表示されます。

▍ ビューレイアウトの呼び出しと保存

Atom Craft のビューは、ユーザーが自由に配置を変えられるほか、配置した状態を「レイアウト」として保存・呼び出しが可能です。

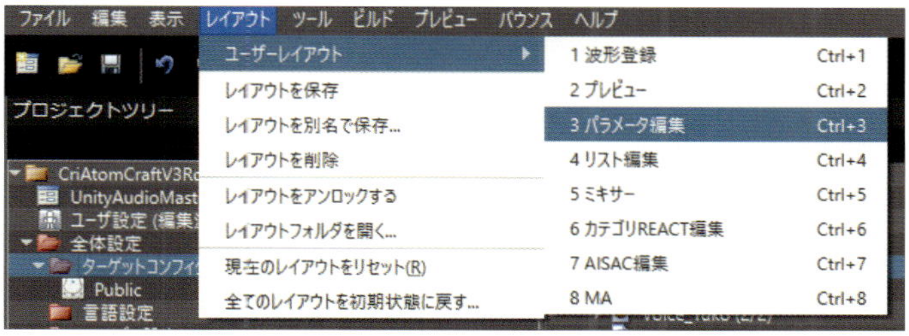

図 4-4-28 レイアウトメニュー

　Atom Craft メニューの「レイアウト」から、現在のレイアウトの保存、レイアウトの読み込み、レイアウト情報の削除ができます。

　また、ビューの表示が崩れたりウィンドウの位置がおかしくなった場合は、レイアウトメニューの「全てのレイアウトを初期状態に戻す」をクリックしてリセットが可能です。

　ビューレイアウトには、「ユーザーレイアウト」として8種類の目的別プリセットレイアウトを収録しています。メニューから呼び出せるほか、「Ctrl + 1 〜 8」キーで読み込むことができます（macOS の場合は「Cmd + 1〜8」）。

　表 4-4-2 に、それぞれのプリセットの目的を紹介します。

表 4-4-2 ユーザーレイアウトのプリセット

プリセット	レイアウトの内容
波形登録	マテリアルビューからワークユニットツリービューへ波形データを登録していくためのレイアウト
プレビュー	キューの内容をプレビューしてチェックするためのレイアウト
パラメータ編集	キューのパラメータを操作するためのレイアウト
リスト編集	キューを一覧表示して一括操作するためのレイアウト。複数のキューを選択して、一気にボリュームなどを調整できる
ミキサー	DSPバス設定を作るためのレイアウト
カテゴリREACT編集	カテゴリとREACTを操作するためのレイアウト（詳しくは4-7節を参照）
AISAC編集	AISACを編集するためのレイアウト
MA	MAとは「MultiAudio」の略で、映像に合わせた音を配置するためのレイアウト。カットシーン用の効果音を映像に合わせて時間軸配置できる（詳しくは4-10節で解説）

ユーザーレイアウトのロック

　ユーザーレイアウトは、「ロック」をかけて状態を保存できます。通常、レイアウトはビューの配置情報などを自動で保存します。たとえば、一部のビューを広げてから別のレイアウトに切り替え、それから元のレイアウトに戻ると、ビューは広がった状態が維持されます。レイアウトをロックすると、ビューサイズの変更などがレイアウト切り替え時に破棄されます。

　一時的にビューの配置を変えているだけの場合は、レイアウトをアンロックしておき、常に決まったビューの配置で作業したい場合は、レイアウトをロックしておくとよいでしょう。

ビルドダイアログ

ビルドダイアログは、Atom Craft からデータを出力するためのダイアログです。ツールバーのビルドボタンや、プロジェクトツリーでキューシートを選択し、右クリックの「Atom キューシートバイナリのビルド」から呼び出すことができます。

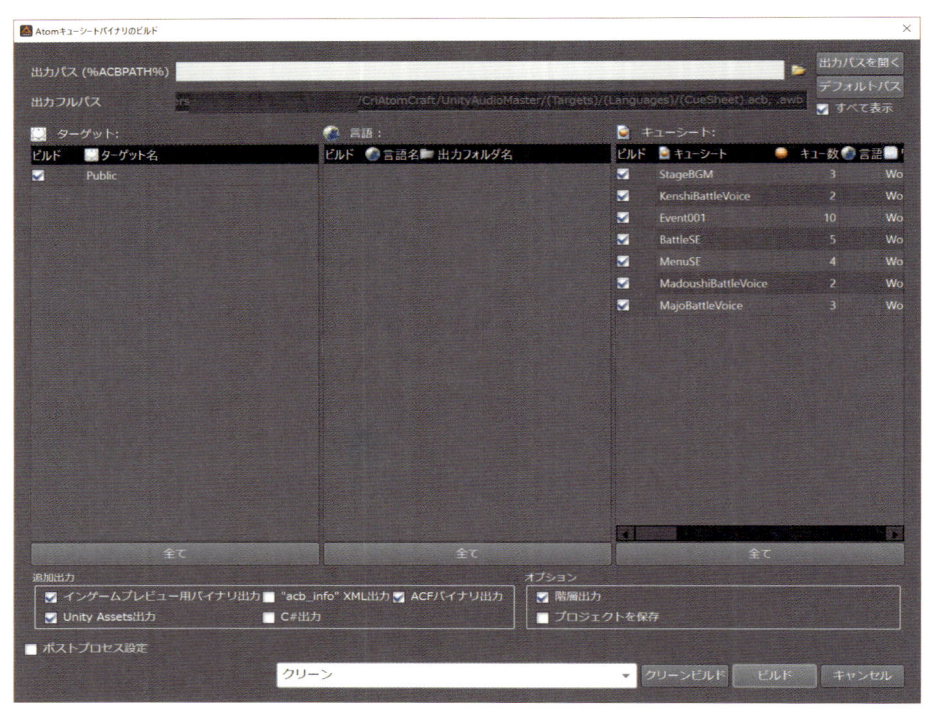

図 4-4-29 ビルドダイアログ

出力したいターゲット、言語、キューシートをチェックボックスで選んで、「ビルド」をクリックするとファイルが出力されます。

ビルドダイアログの出力設定は、プロジェクトツリーの「ユーザー設定」でも確認できます。

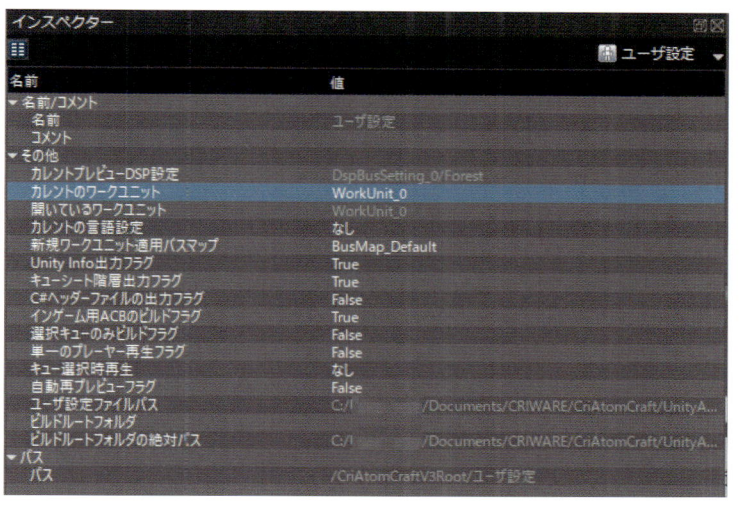

図 4-4-30 ユーザー設定のインスペクターでもビルド設定は確認できる

Atom Craft のバージョン差異について

　CRI Atom Craft のファイルは、基本的に最新バージョンで保存すると、古いバージョンではフォーマットが解釈できずに開けなくなる可能性があります。

　ファイルオープン時にファイルフォーマットのバージョンが更新される場合は、以下のように赤く表示されます。

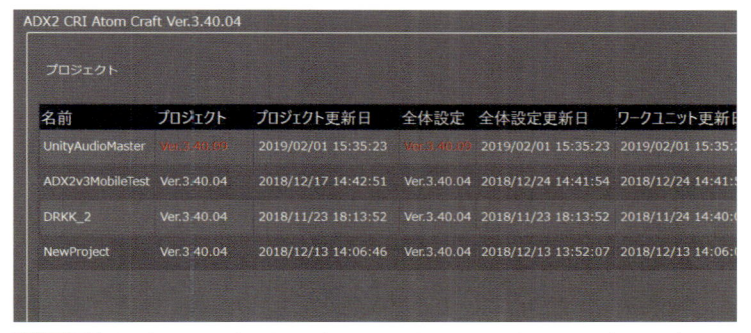

図 4-4-31 プロジェクトのバージョンがツールより新しい場合に表示されるダイアログ

4-5 ADX2 for Unity コンポーネントとスクリプト

この節では、ADX2 for Unity の SDK に収録されている各コンポーネントと、エディタ拡張の主な機能について紹介します。

CRIWARE Library Initializer

このコンポーネントは、ADX2 の下で動作するファイルシステムの設定と、ADX2 のライブラリ（CRI Atom ライブラリ）の初期化を行います。

スクリプト名は「CriWareInitializer」です。Unity Audio の Audio Setting に当たる部分だと思ってください。ゲーム実行中に設定を変更することはめったにありません。

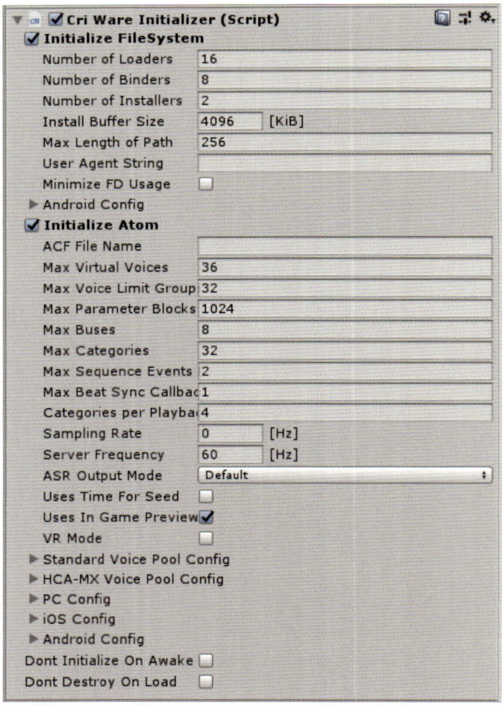

図 4-5-1 Cri Ware Initializer のインスペクター画面

「Initialize FileSystem」は、ADX2 のシステムの下で動作している CRIWARE のファイル読み込みライブラリの挙動を設定する項目です。基本はデフォルト設定で問題ありませんが、ロードするファイルの数が増えたり、多重ロードが想定される場合は確認してみてください。

「Initialize Atom」は、ADX2 のランタイムライブラリの設定です。こちらは、同時再生できるボイス数の上限などが設定できます。「Sampling Rate」と「HCA-MX Voice Pool Config」は、HCA-MX を再生する際に設定が必要になります。

また「Android Config」は、Android 向け低遅延再生モードを利用する際に設定する項目です。いずれも、次の 4-6 節で設定方法を解説します。

ゲーム実行中に必ず必要なコンポーネントなので、起動時のシーンか、音を鳴らす前のシーンにインスタンスを含めてください。また、ゲーム中は常に存在させておく必要があるため、「Dont Destroy On Load」オプションがあります。シーンの単一読み込み（Additive で読み込まず、現在のシーンを破棄する）が発生する場合は、チェックを入れておくようにしましょう。

CRIWARE Error Handler

このコンポーネントは、ADX2 のライブラリ内部で検知した警告やエラー通知を Unity Editor のコンソールに表示させるものです。

CRIWARE Library Initializer と同様に、ゲーム中は常駐させておく必要がありますが、エラー表示のためのコンポーネントなので、リリース版の実行ファイルには不要になります。

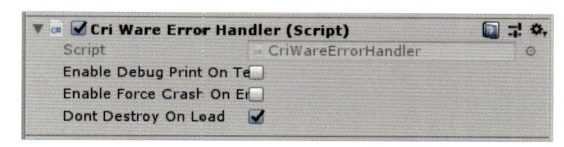

図 4-5-2 Cri Ware Error Handler のインスペクター画面

CRI Atom

キューシートのロードや破棄を行うシングルトンクラスです。このコンポーネントも、ゲーム実行中に存在している必要があります。ADX2 を使った再生処理を実行する前に、本コンポーネントの処理が完了している必要があります。

後ほど紹介する CRI Atom Source を CRI Atom Window から生成した場合、「CRIWARE」という名前のゲームオブジェクトとして自動的にシーン内に作成されます。

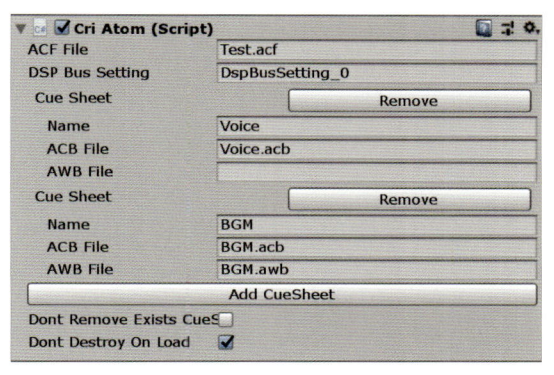

図 4-5-3 Cri Atom コンポーネントのインスペクター画面

キューシートの読み込み方法は、2 種類あります。

- CRI Atom コンポーネントのインスペクターで指定して読み込む
- CRI Atom のロード処理をスクリプトで呼んで、任意のタイミングで読み込む

▶ インスペクターで指定して読み込む

　インスペクターには、このシーンで利用するキューシートの名前とパスを指定します。図 4-5-3 は、「Voice」「BGM」の 2 つのキューシートをシーン読み込み時にロードする設定です。

　各ファイルパスに対して相対パスを指定した場合は、StreamingAssets フォルダからの相対でファイルをロードします。この場合、「Voice.acb」「BGM.acb」は Streaming Assets 直下に置かれているということを示します。

　「BGM」は、AWB ファイルのパスも設定されています。ストリーミング再生用のキューシートの場合は、ACB と AWB 両方の指定が必要であるためです。

▶ スクリプトから任意のタイミングで読み込む

　CRIAtom.AddCueSheet メソッドを使って、任意のタイミングでキューシートをロードできます。ロードと破棄のメソッドは、以降で解説します。

▶ CRI Atom のおもなメソッド・プロパティ

　CRI Atom の主なメソッドとプロパティを紹介ます。

AddCueSheet（string name, string acbFile, string awbFile, CriFsBinder binder=null）

　ストレージからメモリに ACB ファイルをロードします。第 1 引数にはキューシート名、第 2 引数には ACB ファイルパス、第 3 引数に AWB ファイルのパスを指定します。

　AWB ファイルは、ストリーミング再生用のファイルです。メモリ再生用のキューシートをロードする場合は、第 3 引数は省略します。「AddCueSheetAsync」という非同期版のメソッドもあります。

RemoveCueSheet（string name）

　指定のキューシートをアンロードします。

GetCueSheet（string name）

　ロード済みのキューシート情報（CriAtomCueSheet クラス）を取得します。CriAtomCueSheet クラスでは、キューシートのロード状況を確認できます。

GetAcb（string name）

　CriAtomExAcb クラスとして、キューシート情報を取得できます。キューの一覧やそのほかの情報を取得したい場合に使用します。

bool CueSheetsAreLoading プロパティ

　すべてのキューシートのロード状況をチェックします。CriAtom コンポーネントのイ

ンスペクター上でキューシートを指定している場合、そのシーンが読み込まれたタイミングでキューシートがロードされます。その完了チェックに利用できます。

CRI Atom Listener

Unity Audio の「Audio Listener」と、ほぼ同じ働きをするコンポーネントです。カメラ位置などに配置し、音の距離減衰など、3D サウンド演出に使用します。
3D サウンドを使わない 2D ゲームの場合、シーンに置く必要はありません。

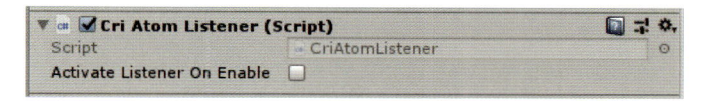

図 4-5-4 Cri Atom Listener のインスペクター画面

CRI Atom Source

Unity Audio の「Audio Source」と、ほぼ同じ働きをするコンポーネントです。Cri Atom Listener との距離や方向に応じて、3D サウンド演出の処理を行います。Audio Source との違いは、1 つのコンポーネントで複数の音を同時再生できるという点です。

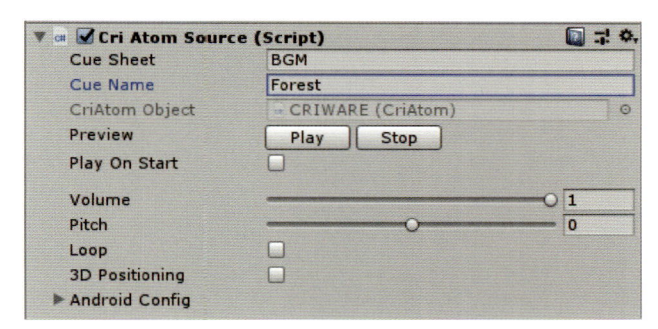

図 4-5-5 Cri Atom Source のインスペクター画面

単に 1 音鳴らしたい場合は、Cue Sheet フィールドに使用するキューシート、Cue Name にキュー名を入力します。「Play」ボタンでプレビュー再生も可能です。

ただし、実際の利用ではスクリプトからキューシートやキューの指定をして、音の再生を行うという使い方がほとんどです。具体的な利用については、4-7 節でサンプルゲームのプロジェクトを使って解説します。

再生するキューが 3D ポジショニングの設定である場合、Cri Atom Listener コンポーネントが付加されているゲームオブジェクトの位置との間で定位計算を行います。これによって、音に位置・角度・距離減衰が反映されます。

機能の利用には、インスペクターで 3D Positioning のオプションをオンにします。なお、ADX2 LE 2.10.04 および以前のバージョンでは、内部のゲームオブジェクト位置の更新処理が 3D Positioning オフでも実行されます。処理負荷が気になる場合は、CRI Atom Source の Late Update メソッドの処理に手を加えるとよいでしょう。

◗ CRI Atom Source の主なメソッド・プロパティ

CRI Atom Source の主なメソッドとプロパティを紹介します。

Play（string cueName）

指定されたキューを再生します。

Play（int cueId）

指定されたキュー ID を再生します。

Stop（）

再生を停止します。

Pause（bool sw）

再生中のキューに対して、true で再生を一時停止、false で再開します。

bool IsPaused（）

ポーズ状態の取得を行います。

SetAisacControl（string controlName, float value）

AISAC コントロール名を指定して、AISAC コントロール値を設定します。コントロール名以外にも、uint でコントロール ID の指定による操作も可能です。「AISAC」については、4-7 節で説明します。

loop プロパティ

ループ設定の切り替えを行います。ADX2 では、ループ設定は基本的にデータ側に埋め込む（キューや音声圧縮時の設定としてループを含む）みます。このオプションは、ループ設定されていないキューをループ再生するオプションです。

ただし HCA-MX コーデックを使っている場合、コーデックの特性上、ループのつなぎにギャップを発生させることがあります。

volume プロパティ

ボリュームを設定します。loop 同様、ADX2 ではデータ側にボリューム情報を埋め込みます。そのため、キュー再生時、データ側にボリュームが設定されている場合にこのプロパティを変更すると、データ側に設定されている値とプロパティに設定されている値を乗算した値が適用されます。

status プロパティ

Atom Source の再生状態を取得できます。戻り値 Status の列挙型の定義は、次のとおりです。

表 4-5-1 status の戻り値

戻り値	意味	
Stop	停止中	
Prep	再生準備中	
Playing	再生中	
PlayEnd	再生完了	
Error	エラーが発生	

◗ CRI Atom Source コンポーネントなしでキューを再生する

3D ポジショニングによる 3D 音源を使用しない SE や BGM の場合は、「CriAtomEx Player」クラスのインスタンスを作成し内部の再生クラスを自前生成して、キューの再生を行うことができます。これは、Atom Source の内部で生成しているクラスです。

インスタンス管理を自己で行う必要がありますが、これによりシーンに Atom Source を配置しないでキューを鳴らすことができます。具体的な方法は、4-7 節で解説します。

スクリプトの基本的な利用方法と Execution Order

Unity のシーン内に登場する ADX2 のコンポーネントは、これまで解説したもので以上です。「CRIWARE Library Initializer」「Error Handler」「CRI Atom」の 3 つのコンポーネントを常駐させておきます。Cri Atom を介してキューシートの読み込みと破棄を行い、CRI Atom Source を使って再生リクエストを実行する、というのが基本的な利用の流れになります。

また、ADX2 のコンポーネントの実行には、いくつかのスクリプトの実行順が Script Execution Order で正しく設定されている必要があります。Unitypackage インポート時に、Execution Order は自動的に設定されます。

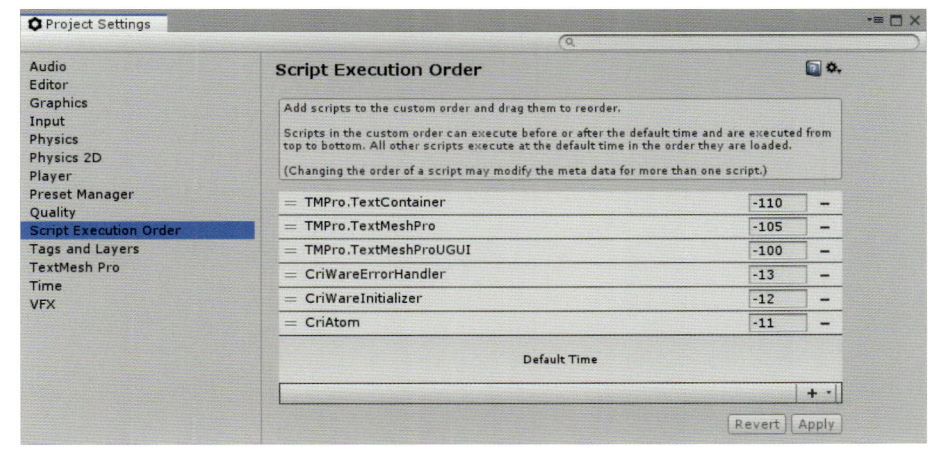

図 4-5-6 Project Settings で「Script Execution Order」を確認

ほかのスクリプトとの兼ね合いで設定を変える場合、下記のコンポーネントスクリプトが、以下の順番で実行されるように指定してください。

① Plugins/CriWareErrorHandler.cs

② Plugins/CriWareInitializer.cs

③ Plugins/CriAtom/CriAtom.cs

CRIWARE コンポーネントを利用するすべてのゲームスクリプトは、上記コンポーネントの後に実行されるように Execution Order を調整してください。

ADX2 の Editor 拡張

ADX2 for Unity のパッケージをインポートすると、いくつか Editor の内容が拡張されます。

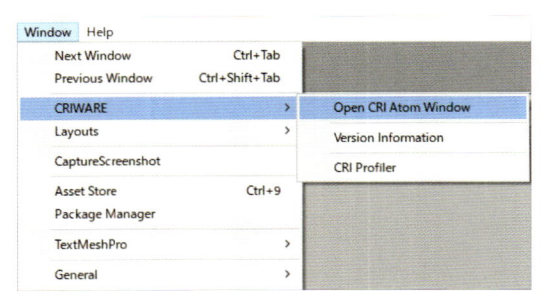

図 4-5-7 CRIWARE メニュー

CRI Atom Window

Unity 上で CRI ADX2 を操作するためのコントロールパネルです。このウィンドウからキューシートの選択やキューの一覧、CRI Atom Source の作成などを行うことができます。

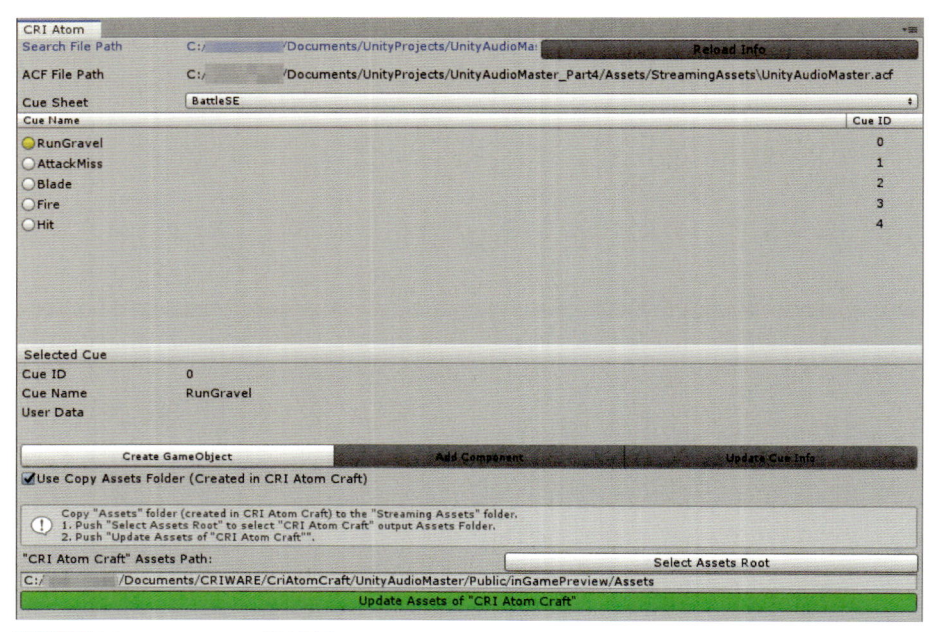

図 4-5-8 CRI Atom Window の設定画面

ACBファイルを更新した直後は、キューリストは表示されません。CriWare Library Initializer コンポーネントが配置されているシーンを一度再生することでファイルシステムが動作し、ウィンドウ内にキューの一覧が表示されます。

CRI Atom Window は、Atom Craft から出力されたファイル一式を Streaming Assets フォルダにコピーする機能を備えています。ツール下部の「Use Copy Assets Folder」チェックボックスをクリックすると、出力先パスを指定するウィンドウが現れます。パスを指定したら、「Update Assets of "CRI Atom Craft"」をクリックすることでファイルがコピーされます。

なお、ADX2 用のファイルは Streaming Assets に必ず配置する必要はなく、サーバーなどから外部ファイルとしてストレージにダウンロードして利用することも可能です。

Version Information（CRI Version）

プロジェクト内の CRIWARE ライブラリのバージョン情報を一覧表示するウィンドウです。内容をクリップボードにコピーできるので、コミュニティー向けに質問する際や、サポートへ問い合わせる際に利用します。

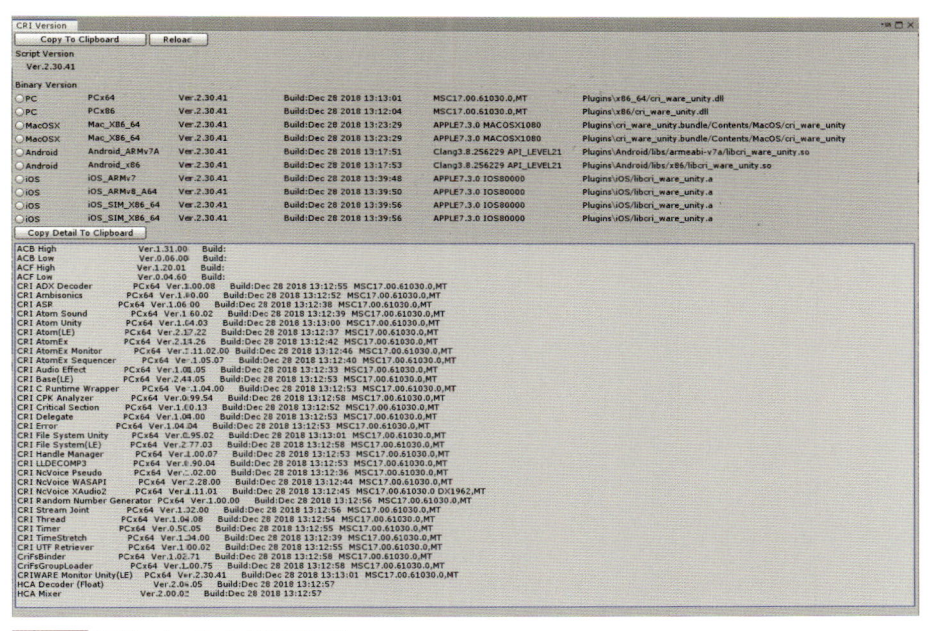

図 4-5-9 CRI Version ウィンドウの画面例

CRI Profiler

CRI Profiler は、ADX2 の処理に関するプロファイラです。CPU 負荷、再生している音声の数、ラウドネス値などが確認できます。

この機能を利用するためには、シーン内の CRIWARE Library Initializer コンポーネントのインスペクターで「Uses In Game Preview」にチェックを入れる必要があります。

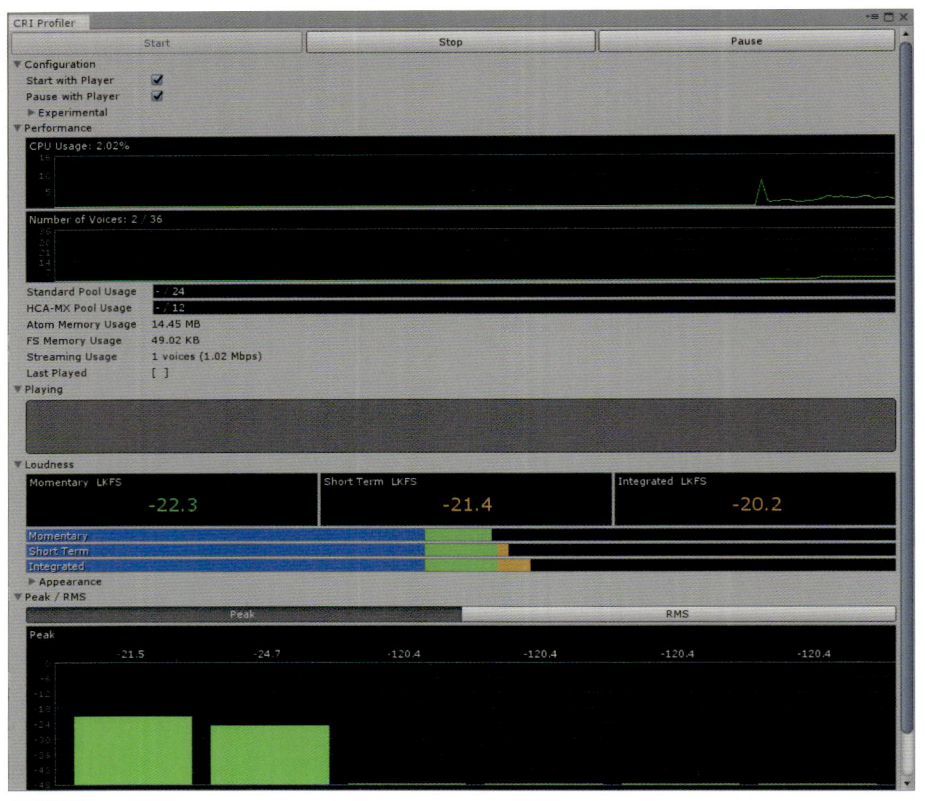

図 4-5-10 CRI Profiler の画面例

ADX2 には、みなさんが導入を検討するきっかけになる目玉機能がいくつかあります。この節では、それらの機能を先に紹介します。

BGM のイントロ付きループ再生

イントロ付きループ再生とは、ゲーム内でループ再生される曲データがあるとき、再生開始時に一度だけ流れるイントロ部分を持つ楽曲を再生する仕組みです。

ADX2 は、サンプル単位での厳密なループ設定が可能です。WAVE ファイルにループポイントが埋め込まれていればループは自動設定されます。マテリアルビューでは、ループ範囲は緑色で表示されます。

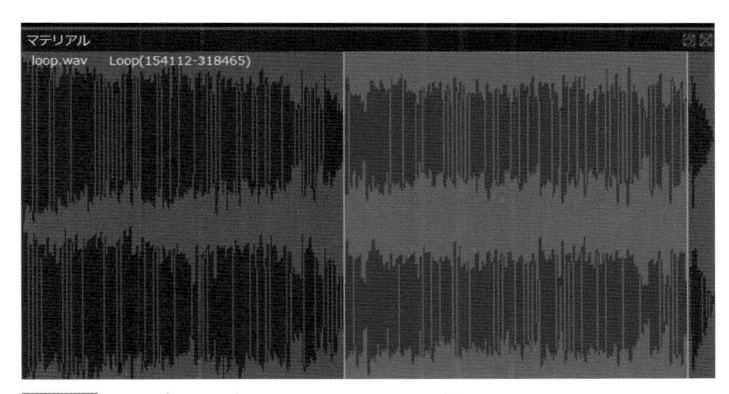

図 4-6-1 ループポイントが埋め込まれたマテリアルの例

このマテリアルからキューを作成すれば、イントロ付きループ再生は自動で設定されます。イントロ部分が再生されたのちに緑色の部分をループします。

ループポイントは、各種 DAW ソフトからバウンス（出力）を行う際に埋め込むことができます。作曲担当のスタッフに、ループポイントの埋め込みを依頼しておきましょう。埋め込みループポイントの情報は、マテリアルを選択したときのインスペクタービュー内「ファイル情報（,ループ）」で確認できます。

また、ループポイントは Atom Craft 内でもサンプル数単位で設定できます。マテリアルツリービューで対象のウェーブフォームを選択中にインスペクターを開き、「エンコード［ループ］」を確認します。

「ループ情報の上書き」を true に変更した後、ループ開始位置と終了位置をサンプル単位で記入します。

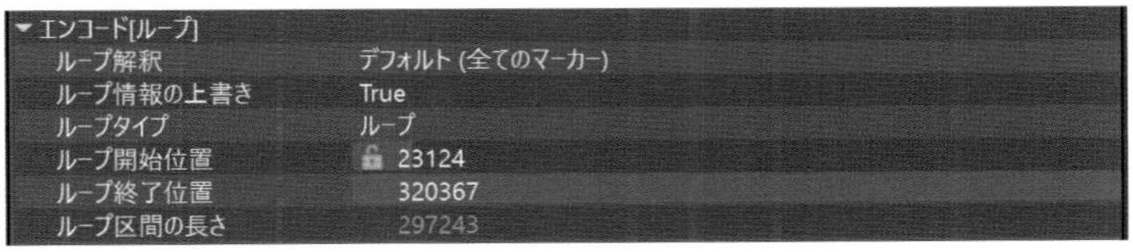

▼エンコード[ループ]	
ループ解釈	デフォルト (全てのマーカー)
ループ情報の上書き	True
ループタイプ	ループ
ループ開始位置	🔒 23124
ループ終了位置	320367
ループ区間の長さ	297243

図 4-6-2 Atom Craft でのループ位置の手動設定

余韻部分のあるイントロ付きのループ BGM

イントロ部分に余韻（テール）があり、ループ部分と一度だけ重なって再生されるキューを作成できます。作り方は単純で、イントロのマテリアルと、ループ設定が埋め込まているマテリアルを図 4-6-3 のように 2 つのトラックで並べるだけです。

キュー再生時にイントロが流れ、イントロ余韻部分がループ部分と重なって聞こえます。ループ 1 回目からはイントロは聞こえません。なお、余韻が重なっている部分では、ADX2 内部で 2 つ分の再生処理を同時に行っていることに留意してください。

図 4-6-3 イントロ付きループ再生でイントロに余韻がある場合の例

HCA-MX を利用した CPU 負荷軽減

ゲームで圧縮音声を再生する際はデコード処理が必要、ということを 1 章で説明しました。mp3 や Ogg Vorbis などの汎用圧縮コーデックは、1 音ずつデコードしてから、1 本の音へミックスダウンを行ってスピーカーから出力されます。すなわち、再生する音の数が増えれば増えるほど、CPU 負荷が増大します。

これに対して ADX2 の HCA-MX コーデックは、圧縮された状態のまま先にミックス処理を行うことで、デコードを 1 回で終わらせる仕組みになっています。図 4-6-4 のイメージで負荷が推移します。

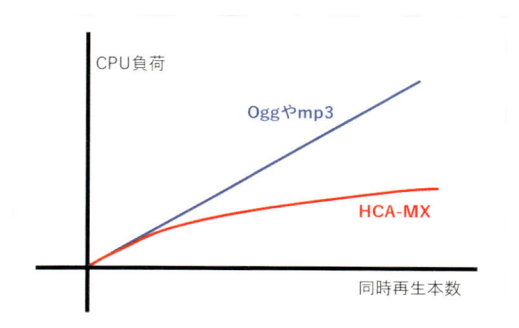

図 4-6-4 HCA-MX 再生時の負荷グラフ

多数の音が重なって鳴る場面では、HCA-MX の性能優位性が上がります。ただし、ミックス処理の順番を入れ替えることに起因して、いくつかのエフェクトが使用できなくなり

ます。

- HCA-MX は 1 プロジェクトで 1 種類のサンプリングレートに固定される
- ピッチは変更不可
- バイクアッドフィルタなど、一部のエフェクトが使用不可
- HCA-MX の音は、キューの設定とは無関係に DSP バスの 0 番（マスターバス）に出力される
- ループを設定する場合、ループ区間のサンプル数は 128 の倍数である必要がある
- Cri Atom Source コンポーネントの Play ボタンによるプレビュー再生はできない

　あまり音色を変えず、かつ大量に鳴る音については、HCA-MX コーデックを利用するとよいでしょう。

■ Atom Craft 側の HCA-MX 設定

　HCA-MX を使うための手順を説明します。Atom Craft では、マテリアルツリービューから圧縮設定を変更できます。マテリアルサブフォルダ、もしくはマテリアルの「エンコーディングタイプ」設定から HCA-MX を指定します。

　フォルダ単位で圧縮コーデックを設定する場合は、次のとおりです。

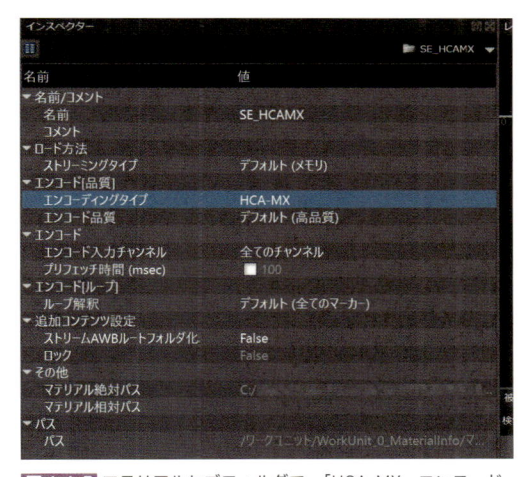

図 4-6-5 マテリアルサブフォルダで、「HCA-MX」エンコード設定を行う場合

　ファイル個別に圧縮コーデックを設定する場合は、次のとおりです。

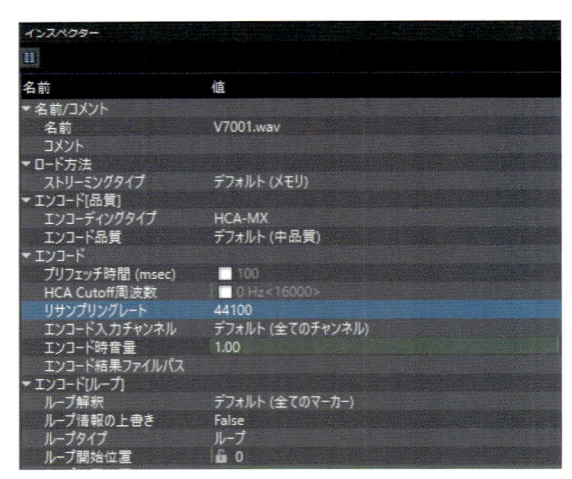

図 4-6-6
マテリアル選択時のインスペクターで
リサンプリングレートを確認する

　圧縮設定で HCA-MX を使用する場合、マテリアルの「リサンプリングレート」設定は無視され、ターゲットコンフィグ内にある「HCA-MX リサンプリングレート」が適用されます。HCA はサンプリングレート設定を個別に設定できますが、HCA-MX はプロジェクトで 1 つに統一する必要があります。

　図 4-6-7 にあるように、プロジェクトツリービューのターゲットコンフィグから「Public」を選択し、インスペクターの「HCA-MX リサンプリングレート」を確認します（製品版 ADX2 の場合は、対象のプラットフォーム名を選択して確認します）。

　このターゲット向けのビルドでは、すべての HCA-MX データは 32,000Hz にリサンプリングされることを示しています。この値は Unity Editor に設定するので、覚えておいてください。

　Atom Craft におけるマテリアルの運用方法としては、HCA 圧縮を利用するフォルダと HCA-MX を利用するフォルダをあらかじめ分けておくと便利です。

図 4-6-7 ターゲットコンフィグ内の HCA-MX 設定

Unity Editor 側の HCA-MX 設定

Unity Editor では、CRIWARE Library Initializer コンポーネント（ゲームオブジェクト名は CriWareLibraryInitializer）で 2 カ所の設定が必要です。

まずは、HCA-MX のサンプリングレートを設定する必要があります。Atom Craft で確認した HCA-MX リサンプリングレートと同じ数値を「Sampling Rate」に記入します。

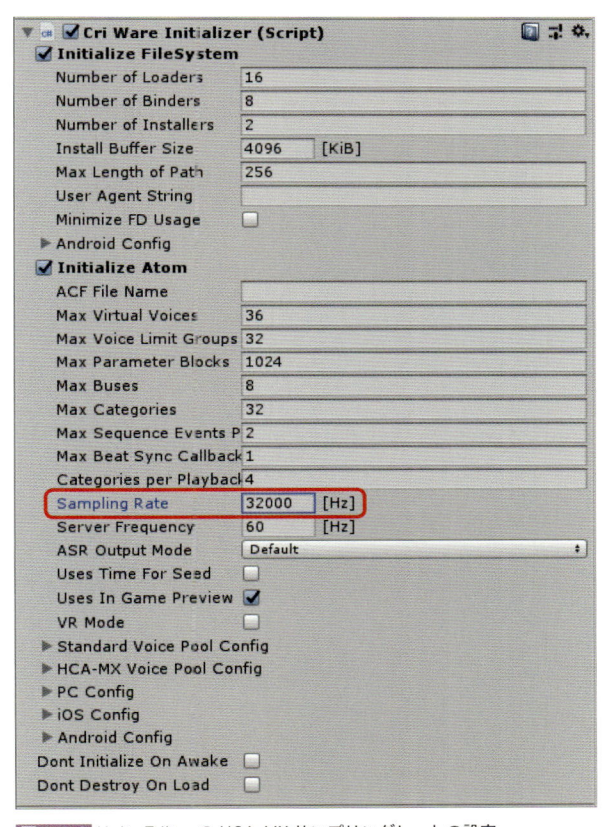

図 4-6-8 Unity Editor の HCA-MX サンプリングレートの設定

この Sampling Rate の数値が「0」であった場合は、デフォルト設定で初期化されます。デフォルト設定は、次のとおりです。

- Android ／ iOS：44,100Hz
- Windows ／ macOS：48,000Hz

「HCA-MX の音声が Unity Editor では鳴るが、スマートフォンで鳴らない」といった現象が起きる場合、この設定が正しくない可能性があります。

次に、HCA-MX 形式のデータが最大何音再生できるかを指定します。CRIWARE Library Initializer コンポーネントのインスペクターで「HCA-MX Voice Pool Config」のリストを開きます。

「Memory Voices」はオンメモリ再生（圧縮データをメモリに乗せてから再生する）、「Streaming Voices」はストリーミング再生を行う上限数を示します。

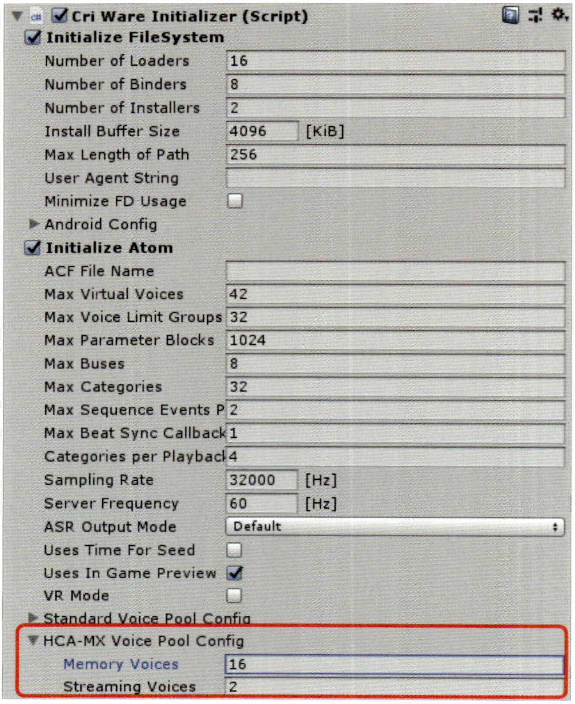

図 4-6-9 UnityEditor の HCA-MX 再生数の設定

デフォルトでは「0」が入っています。今回は、メモリ再生の本数を 16 本、ストリーミング再生を 2 本の設定をしてみましょう。正しく再生されなかった場合は、この設定を修正します。

Android で起きる再生遅延の対策機能を利用する

ADX2 の特徴の 1 つに、Android 端末で発生するサウンド再生遅延を低減する特殊モードがあります。このモードを使うと、機種ごとに異なる遅延の影響をなるべく減らしながら、遅延予測の数値も取得できます。

ただし、Android の音声再生遅延はチップセット、ドライバ、ハードウェアそれぞれの状況に起因して発生するため、問題を完全に解消するものではありません。ターゲットとなる端末でテストをしながら、本機能を活用するとよいでしょう。

CRIWARE Library Initializer の低遅延再生設定

低遅延再生を利用するためには、CRIWARE Library Initializer コンポーネント（ゲームオブジェクト名は CriWareLibraryInitializer）で、低遅延再生用のボイス再生数を設定します。

インスペクター画面の下部にある「Android Config」を開き、「Low Latency Standard Voice Pool Config」を確認してください。

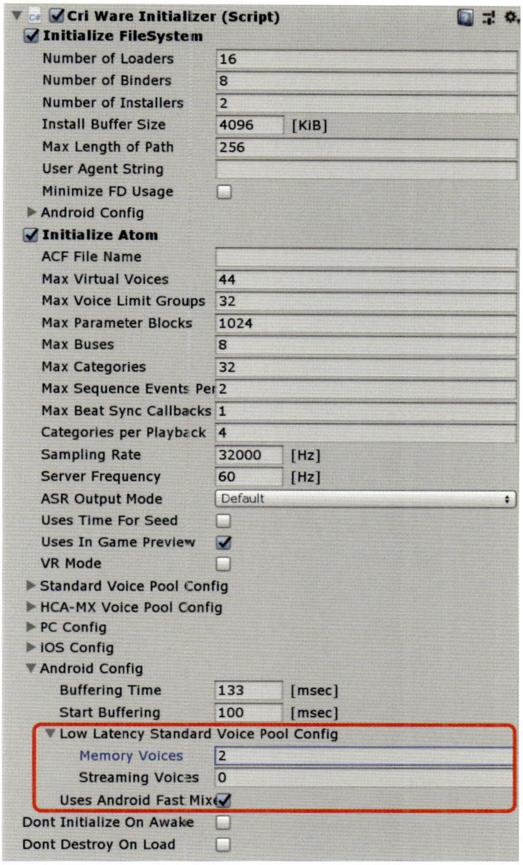

図 4-6-10 CRIWARE Library Initializer コンポーネントでの低遅延
再生モードの設定

　ほとんどの場合は、メモリ再生の設定で低遅延再生機能を利用します。今回は、メモリ
再生を同時に 2 つまでと定義して、Memory Voices に「2」を指定します。なお、低遅
延再生のボイスプールの最大数は、メモリ再生・ストリーム再生の合計で 27 までです。
　なお、ストリーミング再生で低遅延再生モードを使用したい場合は、ファイルをロード
するためのハンドルがその分だけ必要になります。Streaming Voices に入れた数値の数
分だけ、同コンポーネントのインスペクター上部の「Number of Lorders」の数を増や
してください。

■ 低遅延再生用の Atom Source を用意する

　次に、低遅延再生モードを使用する Cri Atom Source コンポーネントを用意します。
操作はシンプルで、当該の Atom Source の Low Latency Playback にチェックを入れ
るだけです。

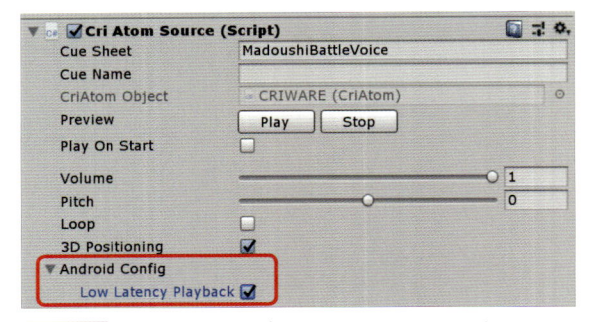

図 4-6-11 Atom Source コンポーネントに低遅延再生を設定

　以上で、低遅延再生の準備は完了です。uGUI Button などで、この Atom Source の Play メソッドを呼び出す設定を行い、Android 端末でテスト再生をしてみてください。

　uGUI の Button には、ボタンを押された時のイベント実行処理として「OnClick」コールバックがありますが、これは遅延のテストに向いていません。スマートフォンにおいては、実は OnClick イベントはボタンをタップしたタイミングではなく、指が離れた瞬間にメソッドがコールされるためです。指がボタンに触れた瞬間に音を鳴らしたい場合は、OnPointerDown イベントを使います。

■ 低遅延再生モードの諸注意

　このモードの利用については、いくつかの条件があります。

- HCA-MX コーデックを使っていると効果がない
- 低遅延再生の同時再生数は、メモリ再生・ストリーム再生あわせて 6 個までを推奨（Android 内部の FastMixer と呼ばれる低遅延再生用モジュールの上限に基づく制限）
- ピッチ調整やリバーブなどのエフェクト機能が使えない
- 低遅延再生モードで再生した音声データは、DSP バスの処理を経由せずに出力される
- よって、DSP バスによるエフェクトやボリューム調整の影響を受けない

　低遅延再生は、CPU 負荷が高いというデメリットもあります。ゲームのすべての音に適用するというよりは、とくに遅延を気にする一部の音に限定的に使う方法をお勧めします。

■ Android でサウンド再生遅延の推測機能を使う

　ADX2 では、Android の実機上で遅延を予測し、参考値を算出できます。遅延の推測機能は、デフォルトでは無効になっています。この機能を利用するためには、スクリプト側で専用のメソッド呼び出しが必要です（Android のみでの動作になります）。設定の手順は、次のとおりです。

　① CriWareInitializer コンポーネントで、CRI Atom ライブラリを初期化する

② CriAtomExLatencyEstimator.InitializeModule メソッドをスクリプト内で呼んで、遅延推測処理を開始する

③ 非同期実行される遅延推測処理に対して、CriAtomExLatencyEstimator.GetCurrentInfo メソッドで実行状態と遅延推測値を確認する

④ 推測処理の実行状態が「完了（"Done"）」を示したら、遅延推測値（ミリ秒）をアプリケーションコードで記録する

⑤ CriAtomExLatencyEstimator.FinalizeModule メソッドを呼んで、遅延推測処理を終了する

計測のサンプルコードは、次のとおりです（「LatencyTest.cs」としてサンプルゲームのプロジェクト内に同梱）。遅延推測値を uGUI の Text に出力します。遅延推測処理を開始してから完了するまでに、2 〜 3 秒かかる場合があります。

あくまで推測値なので、正確な遅延値ではありません。プレイヤーに遅延を調整する機能をゲームのオプションなどに作る際、参考値として出すように使うとよいでしょう。

```
using System.Collections;
using UnityEngine;
using UnityEngine.UI;

public class LatencyTest: MonoBehaviour
{
    public Text latencyTestText;

    public IEnumerator EstimateAudioLatency()
    {
        CriAtomExLatencyEstimator.InitializeModule();
        while (CriAtomExLatencyEstimator.GetCurrentInfo().status ==
CriAtomExLatencyEstimator.Status.Processing)
        {
            yield return null;
        }
        CriAtomExLatencyEstimator.EstimatorInfo info = CriAtomExLatencyEstimator.
GetCurrentInfo();
        if (info.status == CriAtomExLatencyEstimator.Status.Done)
        {
            latencyTestText.text = "Latency" + info.estimated_latency;
        }
        else
        {
            latencyTestText.text = "LatencyTest Error";
        }
        CriAtomExLatencyEstimator.FinalizeModule();
    }
}
```

4-7 ADX2 を使ったサウンド演出の設定 ― 前編

前節では、ADX2 の性能的な利点について紹介しました。しかし、ADX2 の真価はサウンド演出設計の柔軟さにあります。ADX2 の機能を適切に使用することで、スクリプト側からは「鳴らす」「パラメータを渡す」という操作だけで、音に関するさまざまな制御を指定できます。

この節では、以下の URL からダウンロードしたサンプルゲームのプロジェクトファイルを見ながら、演出の設定方法について具体的な使いどころを学びます。各種機能を説明するために、サンプルゲーム『ノーダメージ勇者さま』を用意しました。この Unity プロジェクトと Atom Craft のプロジェクトを見ながら、各種設定について解説します。

サンプルゲームの遊び方については、この節の最後の 279 ページにコラムで解説していますので、まずはゲームを遊んでみてください。

https://www.borndigital.co.jp/book/15163.html

サンプルゲームのプロジェクト構成

まずは、サンプルゲームのプロジェクトファイルを開いてみましょう。Atom Craft で既存のプロジェクトを開くには、スタートページの「開く」ボタンから .atmproject 拡張子のファイルを選択します。

同時に、Unity Editor でもサンプルゲームのプロジェクトファイルを開いてください（Unity 2019.1.12f1 で動作確認をしています）。サンプルゲームには、次のサウンド演出が組み込まれています。

図 4-7-1 『ノーダメージ勇者さま』の会話シーン

図 4-7-2 『ノーダメージ勇者さま』のバトルシーン

・会話シーンにおけるダッキング

　ゲームが始まると会話シーンの場面になります。ここでは、セリフが流れたときにBGM ボリュームを自動的に落とす処理を行っています。

・会話シーンにおけるキューへのテキストデータ埋め込み

　テキストウィンドウに表示されているセリフは、音声データ側に埋め込んだ文字情報を表示しています。

・攻撃セリフのランダマイズ

　下部のカード絵柄をタップすると、キャラクターが攻撃を行います。その際に再生されるセリフは、複数の音声データからランダムに選ぶ仕組みを仕込んでいます。

・攻撃セリフのキャラクターごとの切り替え

　2 枚のキャラクターカードでセリフは異なりますが、再生制御用のソースコードは同一です。データの変更だけでキャラクターのセリフを差し替えています。

・攻撃ヒット音のランダムパンニング

　イヤフォンなどのステレオ再生環境では、「バシッ」という攻撃ヒット音が左右方向からランダムに聞こえます。これにより、音に広がりを与えます。

・攻撃の威力に合わせて音色を変える

　ADX2 の「AISAC」機能を使って、ゲーム内のヒットポイントと連動して音色が変化する仕組みを導入しています。

・効果音のバリエーションを増やす

　ダンジョンの奥に進むときの「タッタッタ」という足音は、短い「タッ」という音声データのみで構成されています。再生制御を行うことで、データ容量を小さく抑えつつ、音のバリエーションを増やします。

・ゲームの場面が変わった時のエフェクト適用

　ダンジョンが「洞窟」の時は、効果音やセリフにリバーブとエコーがかかります。

・ゲームの展開に合わせた BGM の展開

　敵を倒したタイミングで、BGM の展開が変化します。また、ボスを倒すと自然な形で曲が終了します（4-11 節で詳しく解説）。

　『ノーダメージ勇者さま』は、スマートフォン向けの縦画面ゲームです。Windows、macOS、iOS、Android で動作します。Unity Editor における Game ビューのディスプレイ設定は「720 × 1280」にしてください。

　3D アクションゲームなどを開発している方向けの情報は、4-11 節の「3D サウンド（距離減衰）」で補足しています。この節で解説している SE 向けの設定や、BGM に関する演出については 3D ゲームでも応用可能ですので、まずは一通り読んでみてください。

ADX2 コンポーネントの基本的な利用方法

　各種サウンド演出を確認する前に、ADX2 のコンポーネント利用方法についておさら

いします。サンプルゲームのプロジェクトを Unity Editor で開き、Assets/Scenes にある「Main」シーンを開いてください。

CRI Atom コンポーネントを使ったキューシートのロード

Main シーン内に配置されているゲームオブジェクト「CRIWARE」には、キューシート管理用の CriAtom スクリプトがアタッチされています。CueSheet パラメータには、各キューシートの名称とパスが登録されています。

サンプルでは、セリフを収録したキューシート「KenshiBattleVoice」と「Madoushi BattleVoice」、BGM の「StageBGM」、SE の「BattleSE」と「MenuSE」が指定されています。

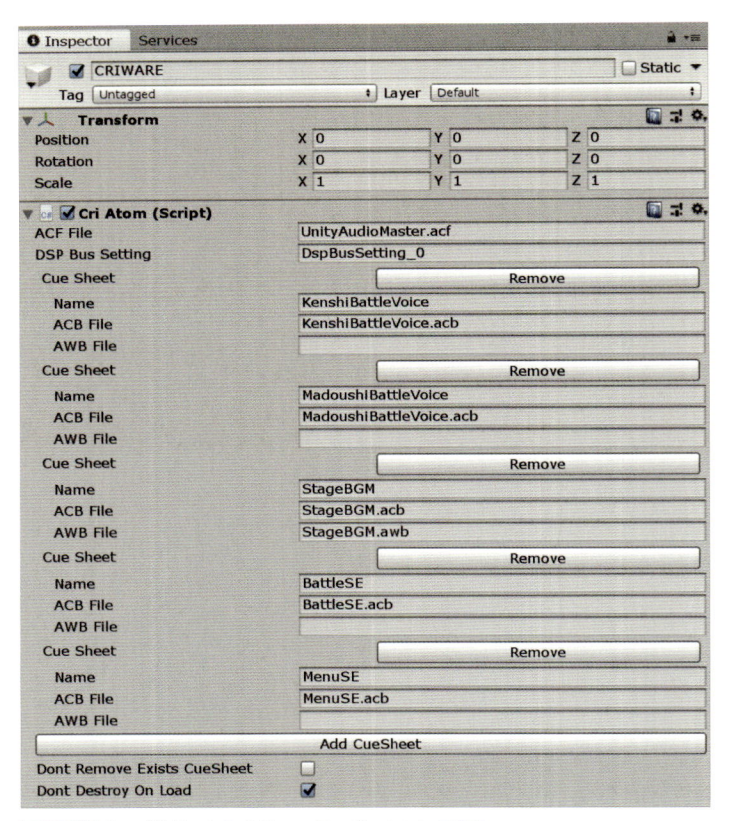

図 4-7-3 サンプルゲームの CriAtom コンポーネントの設定

CriAtom コンポーネントにキューシートのパスを指定しておくことで、ゲーム起動時にキューシートのロード処理が自動的に行われます。ロードは、この方法が最も簡単です。Unity Audio を使う場合、シーンに Audio Clip の参照を持ったコンポーネントを配置すると自動でロードを行いますが、それと似た挙動になります。

サンプルゲームのプロジェクトでは、Assets/StreamingAssets の直下にキューシートのファイルを配置しています。「BattleSE.acb」といったように、StreamingAssets

サウンドミドルウェア［CRI ADX2］を使った実装

以下のパスを Cri Atom コンポーネントに記入することで指定できます。

　ディレクトリを分けた場合は、「ADX2/SE/Battle.acb」といったようにパスを指定します。StreamingAssets 以外のディレクトリから読む場合は、フルパスを記入します。

　「StageBGM」は、ストリーミング再生用のキューシートです。CriAtom コンポーネントには、acb ファイルといっしょにストリーミング再生用の awb ファイルのパスも、「StageBGM.awb」と指定されていることに注目してください。

■ CRI Atom Source を使ったキューの再生

　キューシートから所定のキューを再生するスクリプトを確認します。「Main」シーンに配置されているゲームオブジェクト「VoiceAtomSource_Madoushi」には、CriAtomSource コンポーネントがアタッチされています。インスペクターには、キューシート名「MadoushiBattleVoice」があらかじめ指定されています。

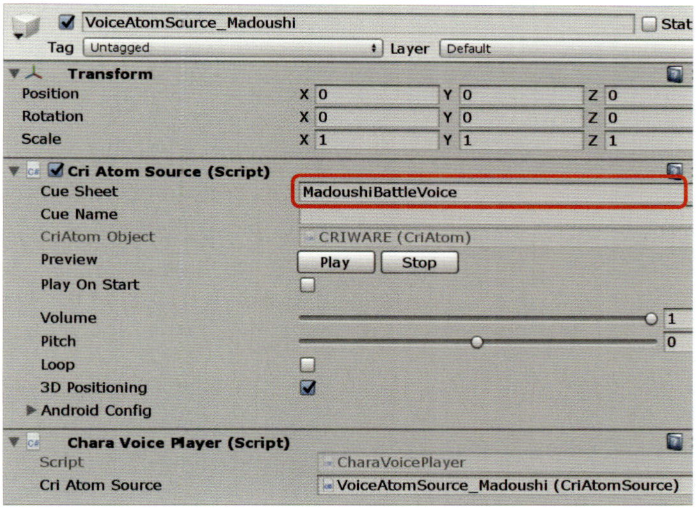

図 4-7-4 VoiceAtomSource_Madoushi オブジェクトの設定

　その下に「CharaVoicePlayer.cs」スクリプトがアタッチされています。これはサンプルゲームのプロジェクトに同梱されているスクリプトで、SDK には含まれていません。キャラクターのボイス再生制御として、筆者が作成したものです。

　CriAtomSource コンポーネントを通じて、セリフのキューである「Attack」「Win」を、キューシート「MadoushiBattleVoice」から再生します。

```
リスト4-7-1 CharaVoicePlayer.cs
using UnityEngine;

namespace ADX2Player
{
    [RequireComponent(typeof(CriAtomSource))]
    public class CharaVcicePlayer : MonoBehaviour
    {
        public CriAtomScurce criAtomSource;
```

```
        public void PlayAttackVoice()
        {
            criAtomSource.Play("Attack");
        }


        public void PlayWinVoice()
        {
            criAtomSource.Play("Win");
        }


        private void Reset()
        {
            criAtomSource = GetComponent<CriAtomSource>();
        }
    }
}
```

メソッド「PlayAttackVoice」は、ボタンタップのイベントから呼び出しています。シーン内の Canvas/FooterCanvas/CardImage_Madoushi のゲームオブジェクトを選択し、インスペクターで Button コンポーネントを確認してください。

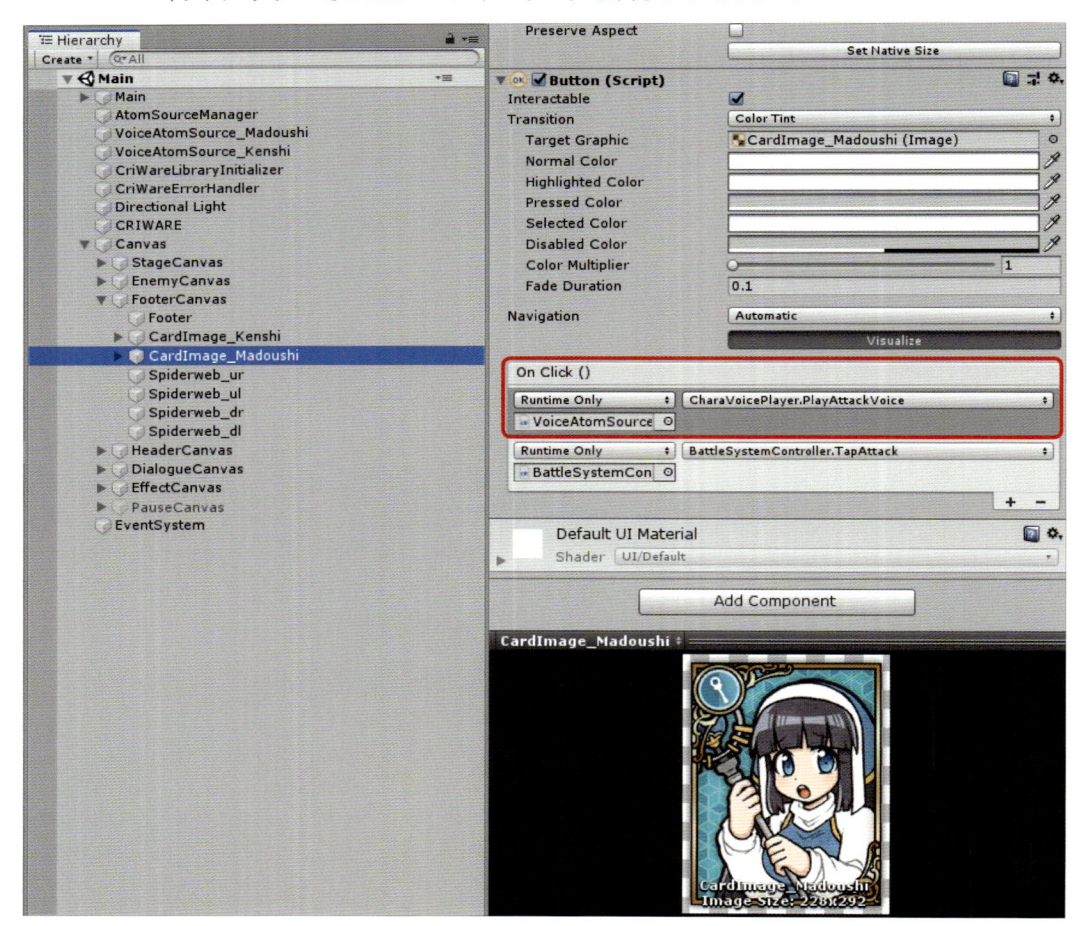

図 4-7-5 Button コンポーネントの OnClick イベント

シーンを再生し、ボタンをタップするとキュー「Attack」の再生処理がコールされ、キャラクターのセリフが再生されます。キューの再生手順をまとめると、次のとおりです。

① Atom Window を介して、StreamingAssets 以下にキューシートを配置する
② CriAtom コンポーネントで、キューシートを指定する
③ CriAtomSource を経由して、再生処理を呼び出す

■ キューシート切り替えで、再生するセリフを差し替える

「魔導士」のボタンは、CharaVoicePlayer.cs のメソッドを呼び出していますが、「剣士」のキャラクターも、「VoiceAtomSource_Kenshi」のゲームオブジェクトにアタッチされた CharaVoicePlayer.cs のメソッドを呼び出しています。

「剣士」の再生用のスクリプトファイルは同一ですが、CriAtomSource に指定されているキューシートが「KenshiBattleVoice」に変わっていることに注目してください。

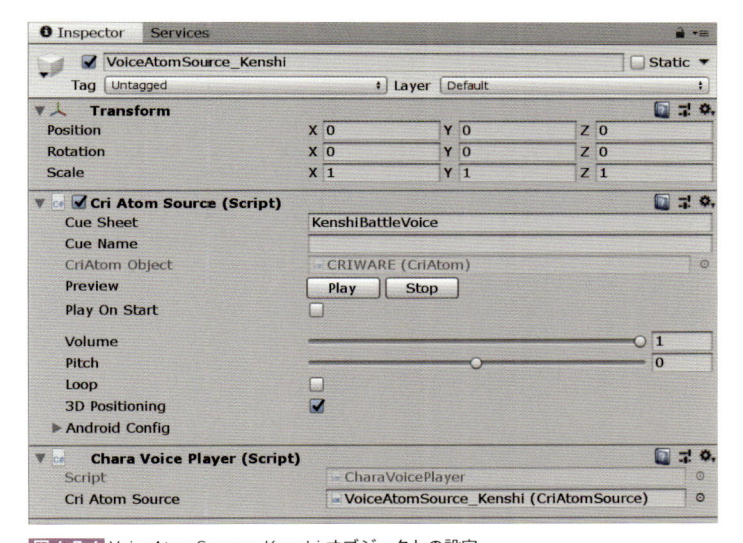

図 4-7-6 VoiceAtomSource_Kenshi オブジェクトの設定

キャラクターのセリフや掛け声などの再生システム向けには、Unity からの再生処理を共通化できます。Atom Craft でキューシートを作成する際、キャラクターごとに分けて同名のキューを作ることでこの仕組みを利用できます。

Atom Craft のワークユニットツリービューで、キューシート「KenshiBattleVoice」と「MadoushiBattleVoice」を確認してみましょう。

図 4-7-7 Voice キューシートの確認

2つのキューシートに、同名のキューが収録されていることがわかります。Unity 側では、Cri Atom Source に指定するキューシートを入れ替えるだけで、キャラクターの切り替えができるという仕組みです。

格闘ゲームや対戦ゲームなど、キャラクターのボイスパターンがある程度共通化されているゲームの場合は、この手法がお勧めです。

■ キュー ID でキューを再生する

キューは、文字列で設定するキュー名とは別に、キューシートごとに一意の ID が付与されています。キューの再生はキュー名、ID どちらからも行うことができます。連続して再生される会話シーンのセリフ再生などは、名前よりも連番 ID で指定すると管理が楽になる場合があります。

サンプルゲームでは、会話シーン管理用の ScriptableObject に指定されたキュー ID を使って、セリフを順番に再生しています。Assets/ScriptableObject/Dialogue フォルダ内に、今回の会話シーン用のデータが格納されています。

BGM 情報とともに、セリフデータのキューシート名と、どのキューを鳴らすかの順番が連番で記録されています。

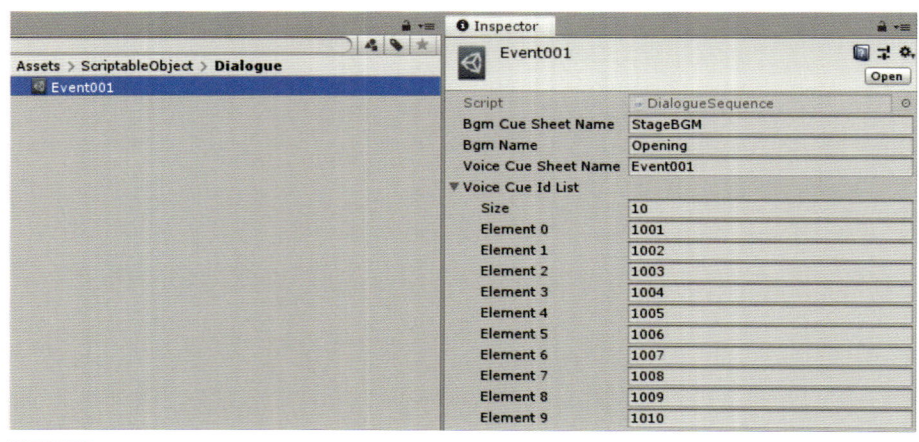

図 4-7-8 会話シーン用の ScriptableObject

Atom Craft でキューシートを見てみましょう。サンプルゲームのプロジェクトファイ

サウンドミドルウェア [CRI ADX2] を使った実装

ルを開いて、キューシート「Event001」を選択します。次に、ビューボタンから「リストエディター」を呼び出して、キューの一覧を確認します。

「階層化表示」のボタンをオンにしてから、タブ「キュー」をクリックすると、キューの情報のみ一覧で表示されます。

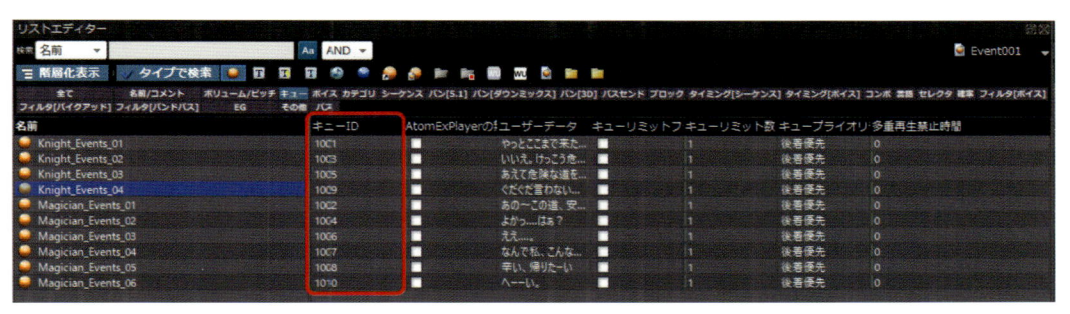

図 4-7-9 Atom Craft のリストエディターでキュー ID を確認する

会話シーンでは、この ID で再生を行っています。サンプルゲームでは Scriptable Object でキュー ID の再生順を管理していますが、「会話シーンでは ID が X001 から始まるキューを降順に再生する」というルールでシステムを組むこともできます。

■ キューシートを任意のタイミングでロードする

キューシート「KenshiBattleVoice」「MadoushiBattleVoice」は、あらかじめキューシートのパスを CriAtom コンポーネントに指定しておき、ゲーム開始時に読み込んでいました。

この方法以外にも、キューシートはスクリプトから任意のタイミングで読み込みと破棄が可能です。サンプルゲームの「会話シーン」を制御するスクリプトでは、この処理を行っています。スクリプトファイルは、Assets/Scripts/DialogueController.cs です。

リスト4-7-2 DialogueController.cs

```
public DialogueSequence DialogueSequence;
private CriAtomExAcb dialogueVoiceAcb;
private const string dialogueCueSheetFolderPath = "";

//中略//

public IEnumerator LoadDialogueCueSheet()
{
    yield return LoadCueSheet(DialogueSequence.voiceCueSheetName);
}

public IEnumerator LoadCueSheet(string cueSheetName)
{
    string cueSheetFilePath = Path.Combine(dialogueCueSheetFolderPath, cueSheetName
+ ".acb");

    CriAtom.AddCueSheetAsync(cueSheetName, cueSheetFilePath, "");

    while (CriAtom.CueSheetsAreLoading)
```

```
    {
        yield return null;
    }
    dialogueVoiceAcb = CriAtom.GetAcb(cueSheetName);
}

public void UnLoadDialogueCueSheet()
{
    CriAtom.RemoveCueSheet(DialogueSequence.voiceCueSheetName);
}
```

シーンの中には、DialogueController ゲームオブジェクトとして設置されています。フィールド DialogueSequence は、会話シーン用の音声データ情報を記録した ScriptabileObject が指定されています。

DialogueSequence.voiceCueSheetName にキューシート名が指定されています。この名称を使って、LoadCueSheet メソッドでキューシートの読み込み処理を行います。キューシートのロード後、Acb クラスのインスタンス参照を取得していますが、これは次に使います。

サンプルゲームでは、キューシート「Event001」を会話シーン用に読み込みます。このような 1 回再生したら後は使わないキューシートについては、使う前にロードし、使い終わったらメモリからアンロードする管理がお勧めです。

● CriAtomExPlayer を使ったキューの再生

「CRI Atom Source」は、Unity で利用しやすいように再生用の各種機能を統合したコンポーネントです。内部では、3D ポジショニング用のクラスとキュー再生用クラス、CRI Atom から渡されたキューシートの情報などを保持しています。

内部では、キューの再生処理を CriAtomExPlayer クラスが担っています。このクラスのインスタンスを自前で生成し、CRI Atom Source を使わずとも、スクリプトで直接キューを再生できます。

DialogueController.cs では、CriAtomExPlayer インスタンスを直接生成してキューの再生を行っています。キューシートのロード後、Acb クラスのインスタンス参照を取得しているのは、この処理のためです。

リスト4-7-3 DialogueController.cs

```
private CriAtomExPlayer dialogueVoicePlayer;
private CriAtomExAcb dialogueVoiceAcb;

private void Awake()
{
    this.dialogueVoicePlayer = new CriAtomExPlayer();
}

public void PlayVoice(int cueId)
{
    this.dialogueVoicePlayer.SetCue(dialogueVoiceAcb, cueId);
    dialogueVoicePlayer.Start();
}
```

3D ポジショニングを行わないキューの再生では、CriAtomExPlayer を使うと処理がシンプルにまとまります。

　ただし、CriAtomExPlayer インスタンスが不要になったときは、自分で破棄（Disposeメソッド）を呼ぶ必要があることに注意してください。

フェードイン・アウトの実装

　ADX2 では、BGM のフェードイン・アウトをキューに埋め込むことができます。フェードのための設定は、いくつかの方法があります。キューに「このキューはフェードする」という情報を埋めこむ方法と、スクリプトでフェードを実行する方法です。

Atom Craft でキューにフェード属性を埋め込む

　キューを「フェード再生専用」の設定にします。エンベロープとは、音量の変化曲線のことです。ADX2 では、ウェーブフォーム内に設定項目があります。キューが再生されるときに、ここで設定した音量の変化が適用されます。

　Atom Craft のワークユニットツリービューから、「StageBGM」キューシート内の「Opening_totalmix」キューを選択し、さらに内部のウェーブフォームを選択して、インスペクター内タブ「エンベロープ」を確認します。

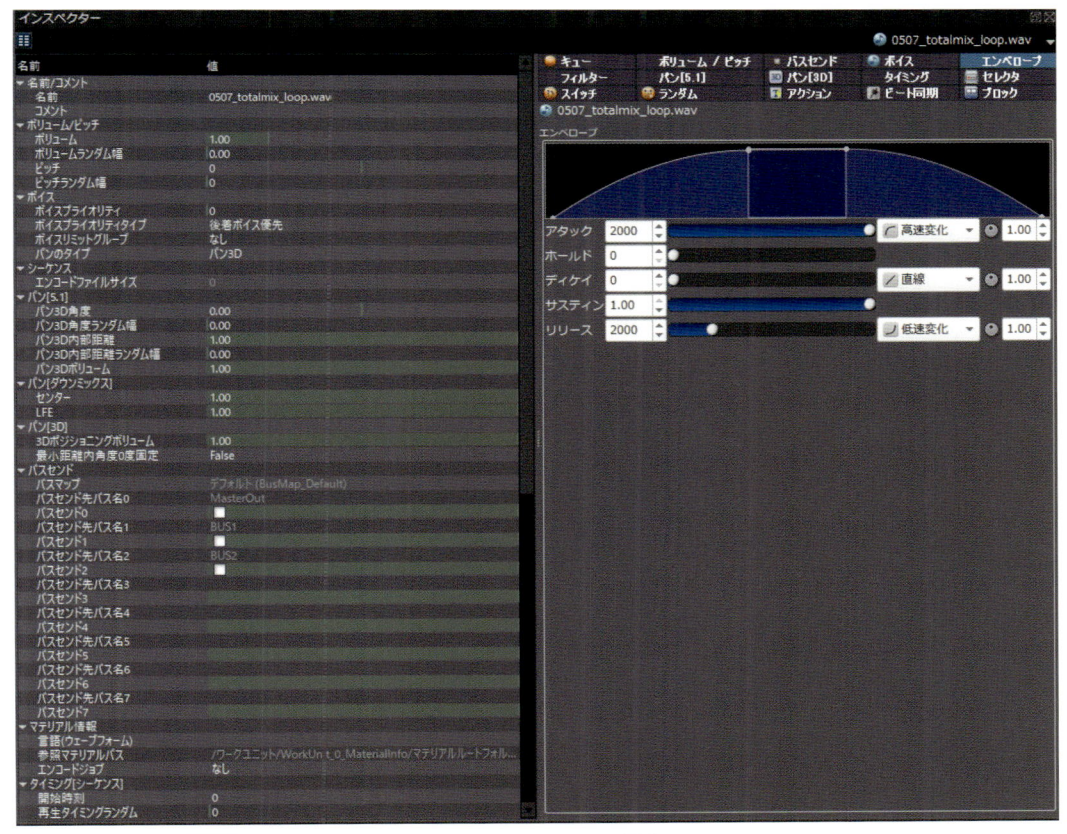

図 4-7-10 Atom Craft のウェーブフォーム内のエンベロープ設定

このウェーブフォーム設定は、再生開始時の音量変化「アタック」が 2000 ミリ秒の間、滑らかにボリュームアップします。再生を停止したときは、「リリース」設定にあるように 2000 ミリ秒かけて音量ゼロまで滑らかに変化します。

このキューをプレビュー再生するとフェードインから再生が始まり、再生を停止すると 2 秒間フェードアウトしてから止まります。

エンベロープはウェーブフォームにフェード設定を行う仕組みのため、キューの中にマテリアルが 1 個だけあるようなシンプルなものに用途が限定されます。

この方法の利点は、データ側にフェード設定が埋め込めるため、再生側が特別なことをせずにフェードが実現できる点です。また、次の 4-8 節で紹介するカテゴリ機能と最大再生数の管理機能を組み合わせることで、BGM キューを再生するだけで自動的に前の曲がフェードアウトする機構を作ることができます。

不利な点は、クロスフェードしたい楽曲すべてにこの設定を行う必要があるために、作業が少々手間であるという点です。キューのパラメータは「リストエディタービュー」で一括操作ができますので、BGM データが揃ってきたときに一気に作業しましょう。詳細は、4-10 節で解説します。

◗ スクリプトでフェードを制御する

キューにフェードの設定を行わず、スクリプト側からフェードの実行を制御する機能があります。スクリプト側でプレイヤーに「フェーダー」を設定して、フェード再生専用にする方法です。

操作は簡単で、AttachFader メソッドを呼んでから、フェードイン・フェードアウトの時間をそれぞれ指定するだけです。CriAtomExPlayer を使っている場合のフェーダー設定は、次のとおりです。

```
private CriAtomExPlayer bgmPlayer;

private void Awake()
{
    bgmPlayer = new CriAtomExPlayer();

    bgmPlayer.AttachFader();
    bgmPlayer.SetFadeInTime(2000);
    bgmPlayer.SetFadeOutTime(2000);
}
```

これで、このプレイヤーを使ったキューの再生は、すべてフェードイン・フェードアウトの処理がされます。

何らかの理由でフェードをやめたい場合は、フェード時間を「0」にするか、DetachFader を呼ぶことでフェード設定が解除されます。

```
bgmPlayer.DetachFader();
```

この方法の利点は、Atom Craft 側での操作がないため、設定の抜け漏れが発生しないことです。不利な点は、フェードする音とフェードしない音で、CriAtomExPlayer を使

い分ける必要があることです。

　CriAtomExPlayer.Start メソッドでキューの再生を開始すると、CriAtomExPlayback オブジェクトが戻り値として取得できます。BGM の再生時にこの戻り値を保持しておき、止めたいときは CriAtomExPlayback.Stop メソッドを実行することで、鳴っている音単位での停止処理ができます。

　また、スクリプトでフェーダーを付与する場合の挙動を Atom Craft でプレビューしたい場合は、以降の 4-11 節で紹介する「セッションウィンドウ」の機能を使って動作させることができます。

ポーズの実装

　CriAtomSource コンポーネントを使用している場合のポーズ処理は、「Pause(true)」でポーズ実行、「Pause(false)」でポーズ解除を行います。

　CriAtomSource を使わずに CriAtomExPlayer を使ってキューを再生している場合は、CriAtomExPlayer の Pause メソッドを呼びます。ポーズの解除は、Resume(CriAtomEx.ResumeMode mode) メソッドです。引数の「ResumeMode」は、CriAtomExPlayer.Prepare という再生準備をしてポーズをするメソッドの再生開始時に使う列挙型です。

　ポーズメソッドを呼んだ CriAtomPlayer に対しては、引数に CriAtomEx.ResumeMode.PausedPlayback を渡します。

リスト4-7-4 DialogueController.csのポーズ処理

```
public void Pause()
{
    dialogueVoicePlayer.Pause();
}

public void Resume()
{
    eventVoicePlayer.Resume(CriAtomEx.ResumeMode.PausedPlayback);
}
```

キュー設定を駆使して音のバリエーションを増やす

　ADX2 の強みの 1 つは、音声再生時のランダム設定をデータ側に埋め込めることです。サンプルゲームでも、ランダム設定を使って同じ音が繰り返されている感じを減らす工夫をしています。

複数の音声データからランダムに再生する

　キャラクターカードをタップして攻撃をする際、いくつかの掛け声がランダムで再生されることに気がついたでしょうか？

　攻撃の掛け声を設定しているキュー「Attack」は、再生されるたびに 3 つの音声データからランダムに選択する仕組みが設定されています。Atom Craft のワークユニットツリービューでキューシート「MadoushiBattleVoice」のキュー「Attack」を選択し、タイムラインビューを見てみましょう。

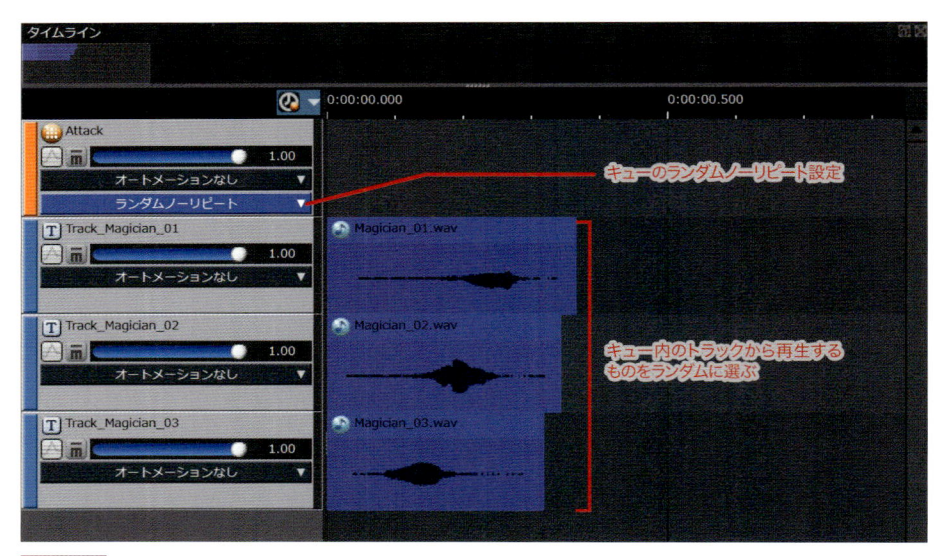

図 4-7-11 Atom Craft のキュー Attack のタイムラインの設定

このキューをプレビュー再生（F5 キー）してみると、3 種類の掛け声がランダムに再生されることがわかります。これは、キューのシーケンスタイプ設定を「ランダムノーリピート」にしているためです。

このランダム設定は、掛け声に限らず、効果音やヒット音などにも活用できます（そのほかのオプションは、4-4 節の「シーケンスタイプ」を参照）。

キューのランダム再生は、ランダムの確率を指定することも可能です。ランダムを指定しているキューを選択し、インスペクターの「ランダム」タブを確認します。

青い範囲を左右にドラッグすると、トラックごとにランダムの確率を変更できます。「乱数重み」項目で数値指定も可能です。掛け声 1 は 60%、掛け声 2 は 30%、掛け声 3 は 10% といったように、再生頻度を調整できます。

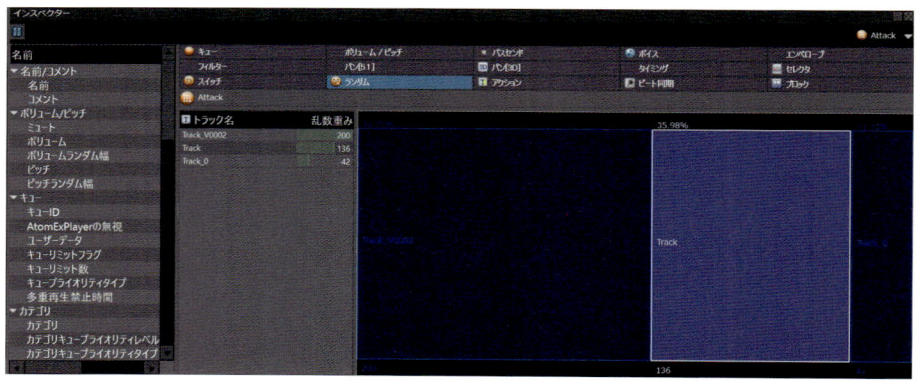

図 4-7-12 ランダム再生の重みづけ

● シーケンスとオートメーションで短い音から効果音を作る

シーケンス機能を使って、短い音声データから効果音を作ってみましょう。サンプルゲー

ムでは、敵を倒してダンジョンの奥に向かって走るとき、「タッタッタッ」という効果音が再生されます。

　スクリプトからはキュー「FootSteps」を再生しているのですが、実は 0.1 秒程度の短い音声データをリアルタイムに処理してこの効果音を作っています。

　Atom Craft でサンプルゲームのプロジェクトを開き、ワークユニットツリービューから「BattleSE」キューシートの中にある「FootSteps」キューを選択してください。

　タイムラインビューを確認すると、音声データが 6 箇所、時系列に配置されていることがわかります。キューにはトラックという単位で音を複数配置でき、シーケンスデータとして時間軸に配置できます。これは、Unity Editor にある Timeline 機能の音バージョンと思ってもらうとイメージしやすいです。

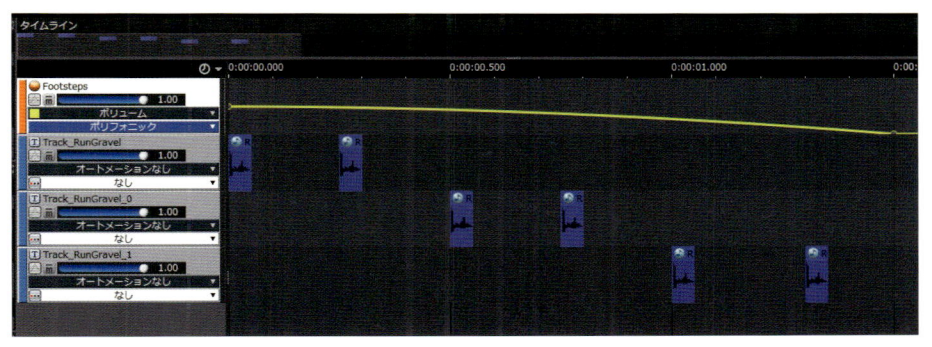

図 4-7-13 Atom Craft のキュー FootSteps のタイムライン

　ADX2 では、実際の音声データと「キュー」という再生単位が 1 対 1 にならないことを 4-3 節で解説しました。このキューの場合、圧縮音声データとして出力ファイルに含まれるのは「タッ」というごく短い音だけです。それを再生時に複数再生して、「タッタッタッ」という効果音を構成しています。DTM ソフトや波形エディターでこうした効果音を作る場合よりも、データ容量をはるかに小さくできます。

　さらに、「FootSteps」キューでは「オートメーション」という、時間軸方向に音を変化させる機能を使っています。キューの「ボリューム」と表示されている部分をクリックすると、そのほかの操作可能な項目が表示されます。

　「FootSteps」では、音量がだんだん小さくなるカーブをオートメーションで設定しています。ほかにもピッチを変化させたり、再生優先度（ボイスプライオリティ）を操作するなどの設定ができます。

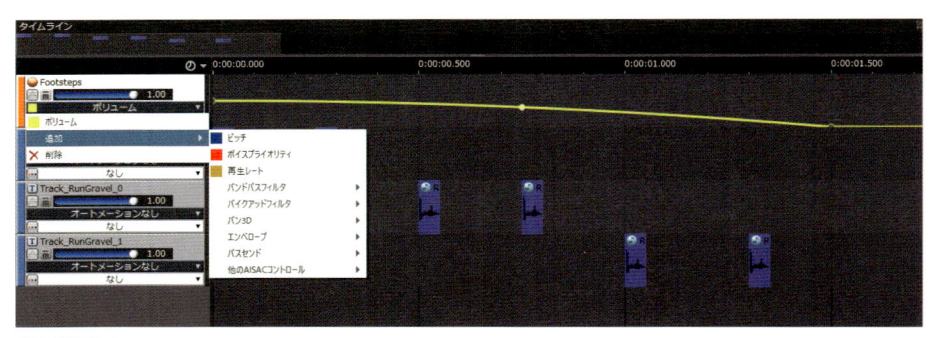

図 4-7-14 キューのオートメーションのメニュー

音のピッチや方向をランダムに変える

「FootSteps」キューをプレビュー再生するたびに、微妙に音色が変わって再生されます。これは、トラックに対して「ピッチランダム」の設定を行っているためです。FootSteps キューのいずれかのトラックを選択して、インスペクターの「ボリューム／ピッチ」タブを開いてください。

ピッチのパラメータ設定に、緑色の範囲が確認できます。ADX2 では、ボリュームやピッチなどの設定パラメータにランダム幅をつけることができます。スライダーを横ではなく上下にドラッグすると、ランダム幅が展開します（4-4 節「パラメータのランダマイズ操作」を参照）。

ランダム設定は、「キュー」「トラック」「ウェーブフォーム」にそれぞれ設定できます。

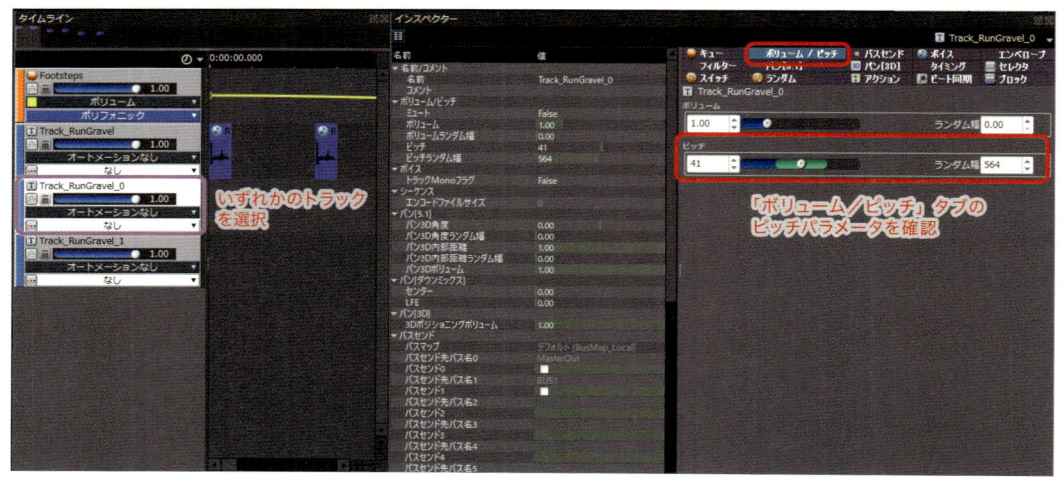

図 4-7-15 FootSteps キューのトラックにつけられたピッチランダム設定

「Hit」キューは、キューのインスペクターでパンニングのランダム設定をしています。ステレオの場合、音が聞こえてくる左右の方向がランダムになります。

キューのインスペクターで「パン［5.1］」タブを選択すると、「角度」パラメータにランダム設定がされていることがわかります。ランダム幅は、数値で指定することも可能です。

ちょっとした効果音でも、ボリュームやピッチ、パンのランダム幅を持たせるだけで、「繰り返しっぽく聞こえない」ようにできます。

図 4-7-16 パンのランダマイズの設定画面

同時再生数の上限設定

キューには、スクリプトから再生リクエストをしたときの同時再生数の上限を設けることができます。バトルシーンでキャラクターカードをタップしたときに攻撃ボイスが再生されますが、いずれのキャラクターも同時に1つのセリフしか再生しないように、キューリミットにより制御されています。

Unity のスクリプトからキューの再生リクエストを大量に行った場合でも、指定数以上は鳴らないキューを作ることができます。なお、同時再生数の制限機能は、後述するカテゴリ機能にもあります。キューの再生上限数とは別に、音の種類ごとの上限数が設定できます。

Atom Craft のワークユニットツリーで、KenshiBattleVoice キューシートの「Attack」キューを選択してください。インスペクタービューの「キュー」タブに、「キューリミット」設定が表示されます。

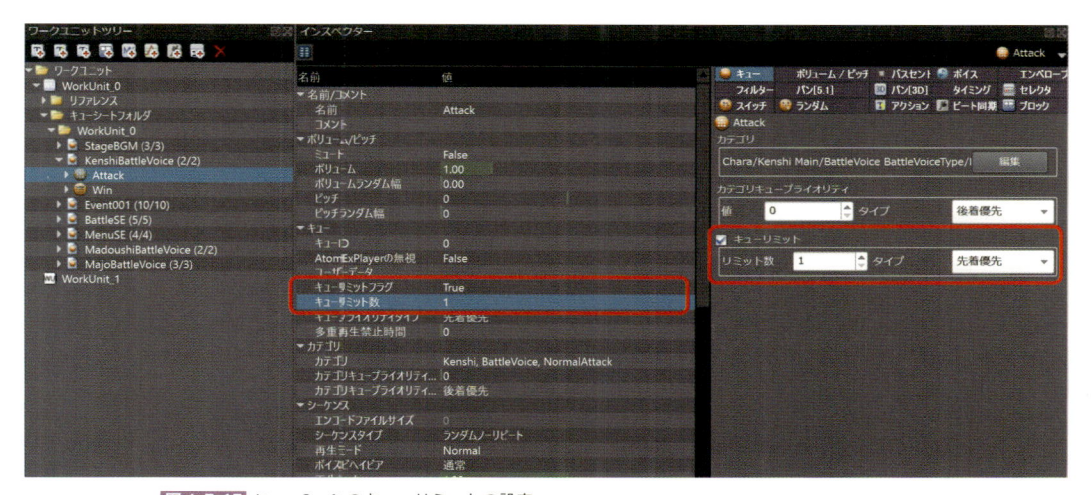

図 4-7-17 Atom Craft のキューリミットの設定

「キューリミット」のチェックボックスをオンにして、同時再生数と「タイプ」を指定します。リミット設定のタイプには2種類があります。「先着優先」は、リクエスト数が上限を超えていた場合、先にリクエストされた音が鳴り終わるまで再生をスキップするモードです。

「後着優先」はリクエスト数が上限を超えた場合、すでに鳴っている音をキャンセルして再生する方法です。メニューのボタンSEなと、音数を減らしつつ確実に鳴って欲しい音に適用するとよいでしょう。「先着優先」と「後着優先」の設定を変えながらF5キーを連打すると、効果がわかりやすいです。

ゲームの状況に合わせて効果音の音色を変化させる

カード絵柄をタップしたときに再生されるSEは、剣士の場合は「ヒュッ」という剣を振る音、魔導士の場合は「ボォォオ…」いう炎が出る音です。剣の音はBattleSEキューシートの「Blade」キュー、炎の音は「Fire」キューを再生しています。

攻撃の強さは、タップするごとに乱数を使ってランダムで変化させています。このとき、SEは攻撃力の数値に合わせて音の高さやフィルターなどの設定を変化させています。この「攻撃の威力に合わせて音色を変える」処理は、4-3節で紹介したAISAC機能を使っています。

■ AISAC を使った音の変化

Atom Craftのワークユニットツリービューを開き、BattleSEキューシートの「Blade」キューを見てみましょう。

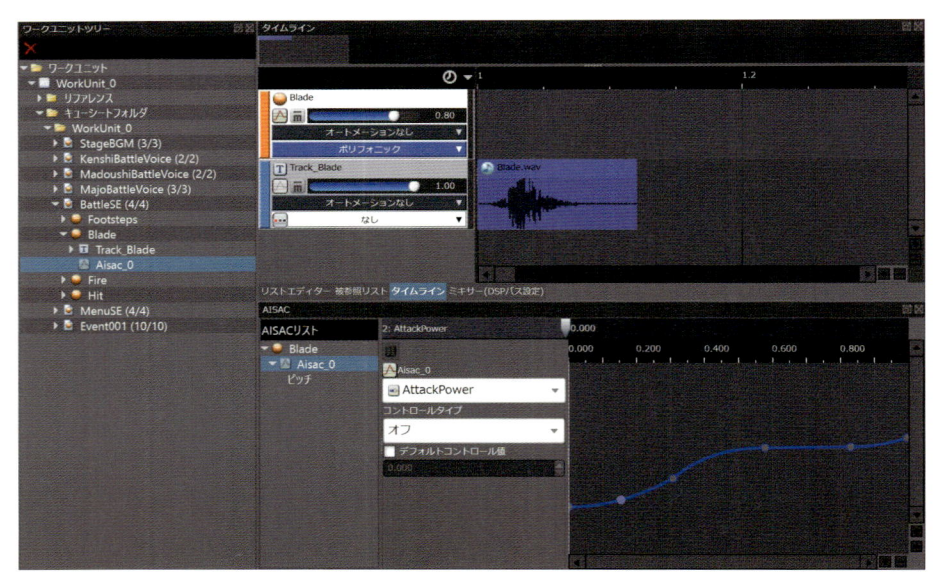

図 4-7-18 Atom Craft の Blade キューと AISAC ビュー

ワークユニットツリーで確認すると、トラックアイコンの下に「Aisac_0」という項目があります。ダブルクリックするとAISACビューが開き、このキューに設定されているAISACのグラフが表示されます。この青いグラフは、ピッチの変化を設定しています。

試しに F5 キーで Blade キューをプレビュー再生しながら、AISAC ビューのスライダー（白い線）を左右に動かしてみましょう。音の高さが、スライダーの位置に合わせて変化します。

　スライダーは一番左が「0」、一番右が「1」の数値をプログラムから渡された場合の変化を示しています。Unity スクリプトからは、キューの再生直前にこのスライダーの位置を「0 〜 1」までの数値で指定して、音の変化をコントロールする仕組みです。

　Blade キューでは、「ピッチ」の変化を AISAC で制御しています。青い線をクリックすると、その位置に制御点が生成されます。ほかの制御点も上下に動かしてから、プレビュー再生を行ってみましょう。

　このように AISAC を使うことで、ピッチやボリューム、エフェクトなどのパラメータの複雑な変化を自由に設計できます。

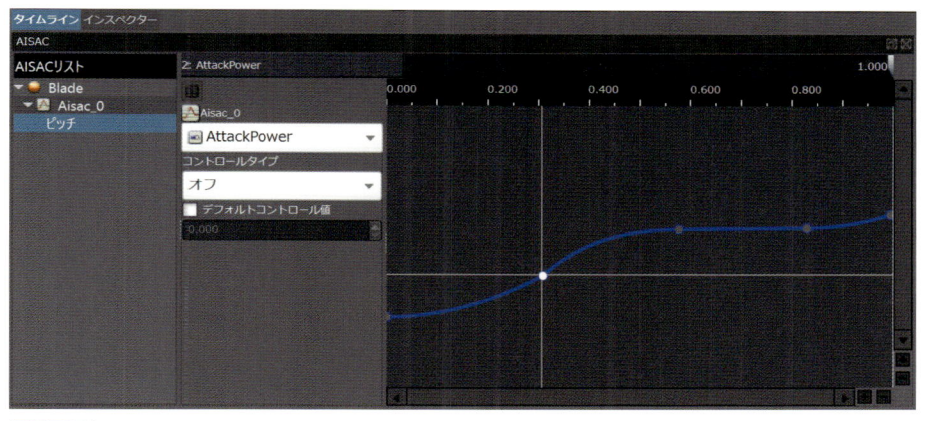

図 4-7-19 AISAC の編集

AISAC コントロール

　AISAC の挙動は、ツール上ではスライダーを左右に動かすことで確認できますが、ゲーム内では「0 〜 1」までの値をスクリプトから設定します。その際の操作パラメータを「AISAC コントロール」と言います。

　これは ADX2 のプロジェクト内で共通したパラメータで、個々のキューとは独立しています。AISAC コントロールを介して、複数のキューの AISAC を同時に操作できます。

　Blade キューのピッチの変化には、「AttackPower」という名前の AISAC コントロールを割り当てています。スクリプトからは、この AISAC コントロール名と数値をセットで指定することで、AISAC を制御します。現在のプロジェクトで設定されている AISAC コントロールは、プロジェクトツリービューから確認できます。

図 4-7-20
AISAC コントロールの一覧
（プロジェクトツリービュー）

ツールのデフォルト設定では、「AisacControl_00」からの連番で 16 個の AISAC コントロールが用意されており、自由に増やすことができます。そのままの名称でも利用できますが、サンプルゲームのプロジェクトでは用途がわかりやすいようにリネームしています。

「Distance」が距離減衰、「AdaptiveMusic」がインタラクティブミュージック用、そして「AttackPower」を攻撃力に合わせた効果音変化の制御に使用しています。

スクリプトから AISAC コントロールを変化させる

サンプルゲームでは、Assets/Scripts/BattleSystemController.cs のタップ時の処理を行っているメソッド内で、AISAC 値の変更とキューの再生を行っています。

リスト4-7-5 BattleSystemController.cs

```
public void TapAttack(string charaName)
{
    （中略）

    //攻撃力のランダマイズ用に乱数を作る
    var attackPowerRandomRate = Random.Range(0f, 1f);

    //攻撃力のランダム値を効果音に適用する
    battleSeAtomSource.SetAisacControl(attackAisacControlName,
attackPowerRandomRate);
    battleSeAtomSource.Play(currentChara.attackSeCueName);

    //小数点を切り捨て、0ならダメージなし
    var attackPower = Mathf.FloorToInt(currentChara.baseAttackPower *
attackPowerRandomRate);
```

```
if (attackPower != 0)
{
    battleSeAtomSource.Play("Hit");

    currentEnemyHP -= attackPower;
    addDamageToCanvas(currentEnemyHP);
}
(中略)
}
```

　まず、攻撃力をランダムに変化させるため、Random.Range メソッドを使って「0f 〜 1.0f」までの float の乱数を取ります。次に、現在のキャラクターの攻撃力（currentChara. baseAttackPower）と乱数を掛け、小数点以下を切り捨てて今回の攻撃の強さを算出します。

　その後、乱数をそのまま AISAC の操作パラメータとして再利用します。SetAisac Control メソッドで、AISAC コントロールとその値を設定します。これによって、毎回変化する攻撃の強さに合わせて、音が変化するようになります。

複数の AISAC を同時に操作する

　キュー「Fire」には、AISAC が 2 つ設定されています。どちらも「AttackPower」という同一の AISAC コントロールによって操作されます。

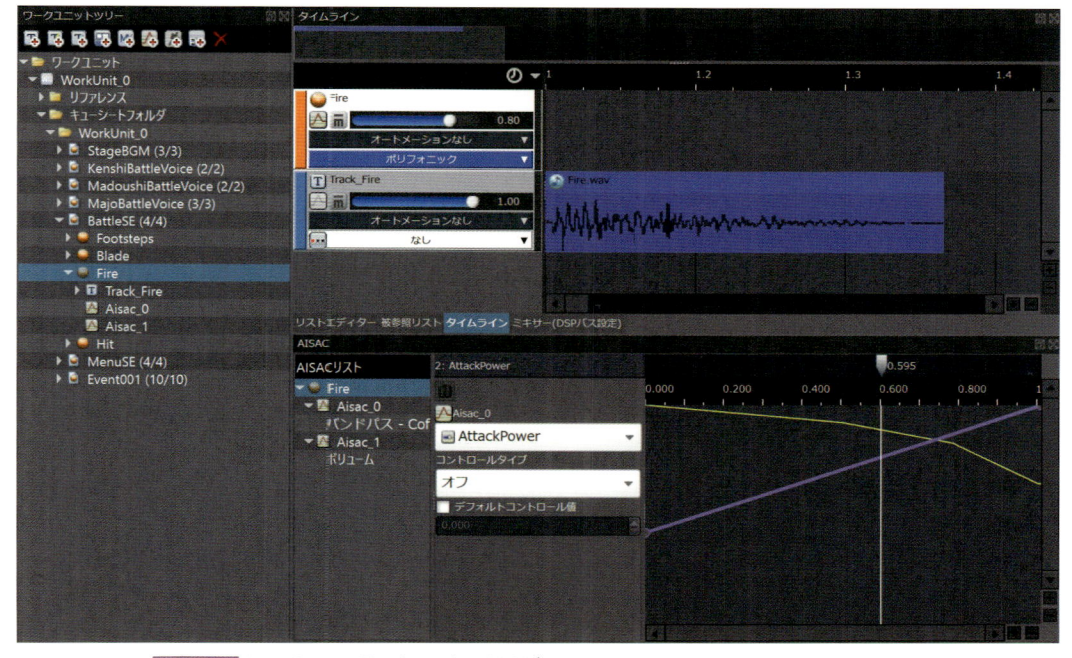

図 4-7-21 Atom Craft の Fire キューと AISAC ビュー

　「Aisac_0」はバンドパスフィルタ、「Aisac_1」はボリュームを操作する AISAC です。

このキューの AISAC のスライダーを 0 に近づけていくと、炎の音がこもって聞こえます。
1 に近づけた場合は、「パチパチ」という火の粉の音が聞こえてくるようになります。

フィルタのかかり具合を変えつつ、音量が大きくなり過ぎないように、ボリュームも同時に調整している例です。

1 つのキューに AISAC は複数を指定できます。また、それぞれの AISAC に同じ AISAC コントロールを設定すれば、1 つのパラメータ操作で複数のエフェクトを制御できます。逆に別々の AISAC コントロールを割り当てると、異なる種類のエフェクトを独立して操作できます。

AISAC のカーブを滑らかにする

AISAC のカーブは、デフォルトでは点と点の間を直線で結びますが、補間を滑らかにすることもできます。

ツール下部のビューボタンから、「ポイントリストビュー」を開いてください。AISAC にある制御点のリストが表示されます。

「カーブタイプ」というパラメータが、点と点の間の補間方式を示しています。また、ポイントリストビューでは、制御点の位置を数値指定して、正確に調整することもできます。「コントロール値が 0.5 以降はピッチを 0.1 上げる」というように、厳密な位置にする場合はポイントリストビューを使いましょう。

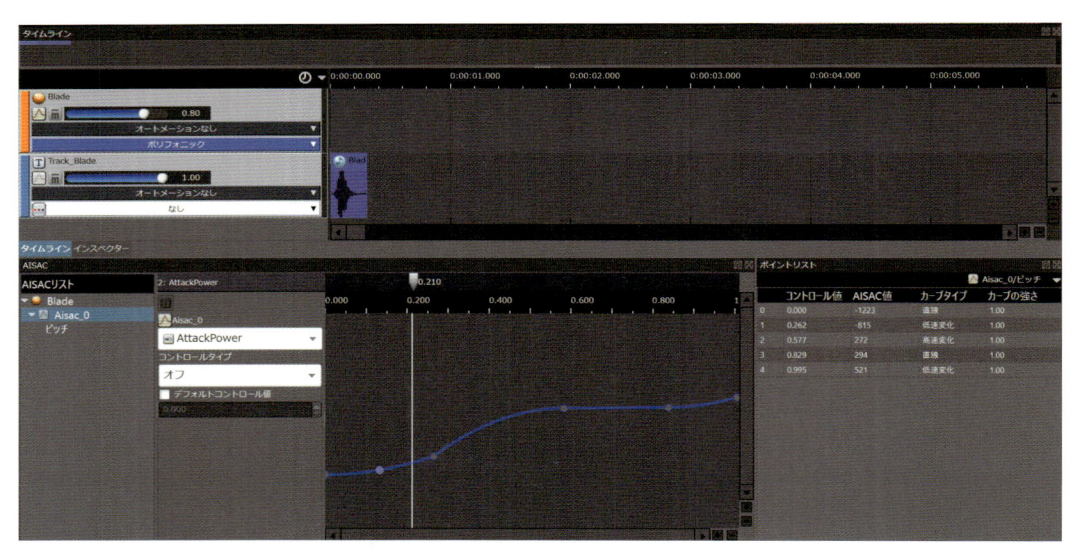

図 4-7-22 ポイントリストビューで AISAC のカーブ補間を調整する

AISAC の応用方法

サンプルゲームでは、AISAC のパラメータ設定を再生前に一度だけ行っています。長い音やループ音を再生しながら、AISAC の値を徐々に変化させることも可能です。4-3 節で示した例では、エンジン音のスピードに合わせた変化や、試合の展開に合わせた観客の歓声のミキシング操作などを紹介しました。

また、楽曲への適用も可能です。以降の 4-9 節では、AISAC を使ったインタラクティブミュージックの実装について紹介します。

さらに、AISAC コントロールを自動的に動かす「オートモジュレーション」という機能もあります。長いループ音が再生中に徐々にピッチが上がったり、フィルターがかかったりするような音を設計できます。

オートモジュレーションは、AISAC ビューの「コントロールタイプ」から選択できます。図 4-7-23 は、この効果音の AISAC コントロール「0 ～ 1」までを、1 秒かけて 1 度だけ動かす操作設定です。

コントロールタイプには、AISAC の値をランダムに取る「ランダム」という設定もあります。これらの設定は、短い効果音からバリエーションをたくさん作る場合に活用できます。いろいろと設定をいじって、実験してみましょう。

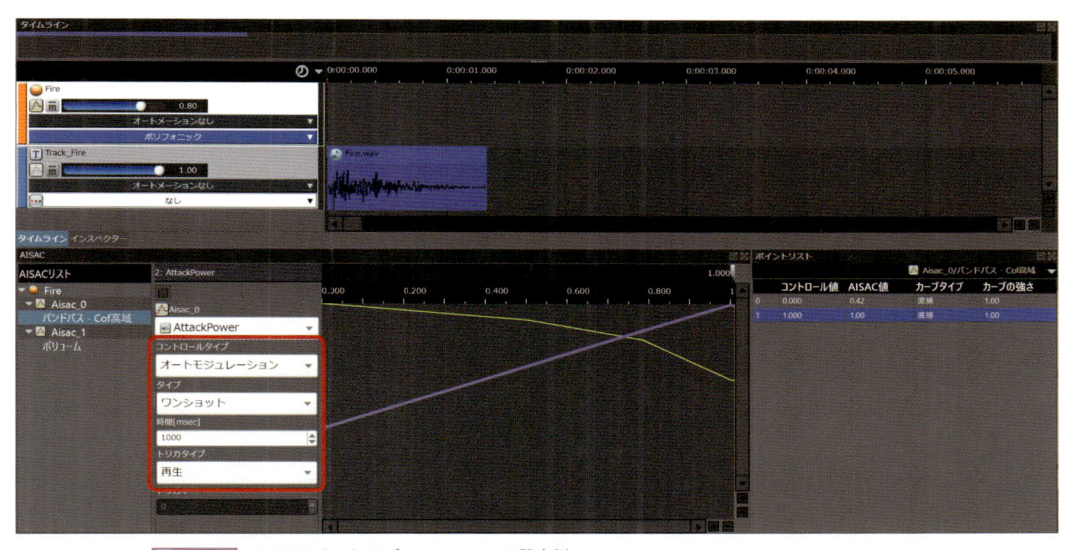

図 4-7-23 AISAC のオートモジュレーションの設定例

COLUMN

サンプルゲーム『ノーダメージ勇者さま』の遊び方

サンプルゲーム『ノーダメージ勇者さま』は、2D のカードバトル系スマートフォンゲームを模しています。ゲームを開始すると、会話シーンが始まります。吹き出し部分をタップして、会話を進めます。会話シーンが終わると、バトルシーンになります。バトルシーンでは、カード絵柄をタップすると魔物に攻撃します。バトルといいつつ、このデモゲームは「敵の攻撃」がないデモですので、連打で倒せてしまいます。ボスの魔女を撃破するとゲームクリアです。

ステージで変化するエフェクト、攻撃力と連動する効果音、毎回ランダムに変わる足音など、音の演出にぜひ注目して触ってみてください。BGM は 2 曲ありますが、どちらもインタラクティブミュージックです。会話シーン中の BGM は、会話が進むごとにアレンジが変わっていきます。バトルシーン中の BGM は、敵を倒してステージが進むごとに展開が変わります。また、ボスを倒したときはちょうどいいタイミングで BGM が終わります。

4-8 ADX2 を使ったサウンド演出の設定 — 後編

ADX2 を使ったサウンドの再生は「キュー」を介するシステムですが、キューには数多くの設定があります。前節では音色の変化や再生する音のランダム再生など、音の演出を紹介しました。

加えて、キュー自体にタイミング情報を埋め込んだり、音の種類分けをタグ（カテゴリ）で分けることにより開発の効率化と自由度が増します。この節では、もう少し踏み込んだADX2 の使い方を紹介します。

キューに文字列情報を埋め込んで利用する

Atom Craft には、文字情報をキューに埋め込んでおける機能として「ユーザーデータ」が用意されています。サンプルゲームでは会話シーン用のセリフキューで、セリフの内容を文字で保持する目的に使用しています。

Atom Craft のワークユニットツリービューで「Event001」キューシート以下のいずれかのキューを選択し、インスペクタービューの「ユーザーデータ」欄を見てみましょう。

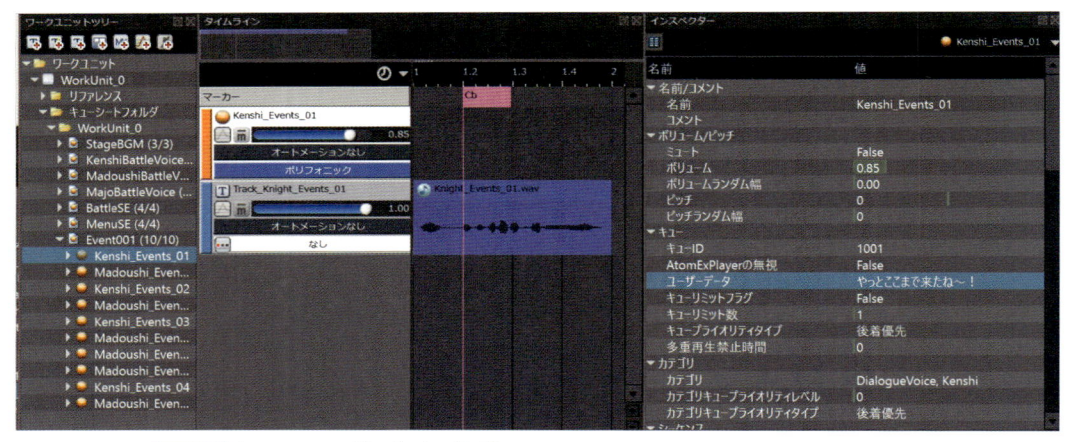

図 4-8-1 キューへのユーザーデータの埋め込み

ユーザーデータは開発者が自由に用途を定義できますが、サンプルゲームでは会話シーンのセリフ文字を入れています。会話シーンを制御するスクリプトは、Assets/Scripts/DialogueController.cs です。その中に、キューからユーザーデータを取り出す処理を行っています。

サウンドミドルウェア［CRI ADX2］を使った実装

```
private CriAtomExAcb dialogueVoiceAcb;

（中略）

private string GetVoiceUserData(int cueId)
{
    CriAtomEx.CueInfo cueInfo;
    dialogueVoiceAcb.GetCueInfo(cueId, out cueInfo);

    return cueInfo.userData;
}
```

取り出したセリフの文字データは、サンプルゲームではそのまま UI に表示しています。

図 4-8-2 サンプルゲームの会話シーン

サンプルゲームでは、ユーザーデータの中身を「セリフの文字情報」としていますが、ユーザーデータの使い方は特に定義されていません。

たとえばアドベンチャーゲームで、環境音のキューにユーザーデータとして「yuki」や「ame」など指示用データを埋め込んでおきます。そして、キューが再生されたときに対応する画面エフェクトをゲーム側で再生する、といったような応用も可能です。

CueInfo 構造体には、キューに設定されたカテゴリのインデックス番号や、キューの長さ、キューリミット数の設定など、Atom Craft で設定したキューのパラメータが格納されています。ゲーム演出でキューの細かい情報を知りたいときは、GetCueInfo メソッドを使って取得しましょう。

タイミング情報を埋め込んで利用する

キューには、任意の時間位置にタイミング情報を埋め込むことができます。

サンプルゲームでは、セリフキューのタイムラインに「感情」イベントを仕込んであります。スクリプトからそのタイミング情報を取得し、表情差分の差し替え処理を行っています。

図 4-8-3 シーケンスコールバックによる表情の変化

感情は、Anger（怒り）、Smile（喜び）、Surprise（驚き）、Putoff（うんざり）の4種類です。時間軸にタイミング情報を埋め込む機能を「シーケンスコールバック」と言います。Unity Editor の「Animation Event」のようなタイミング処理が、音声データで使えるようになります。

シーケンスコールバックを確認してみましょう。Atom Craft のワークユニットツリーで「Event001」キューシートを選択し、そのなかの「Kenshi_Events_01」キューを選んで、タイムラインビューを確認してください。

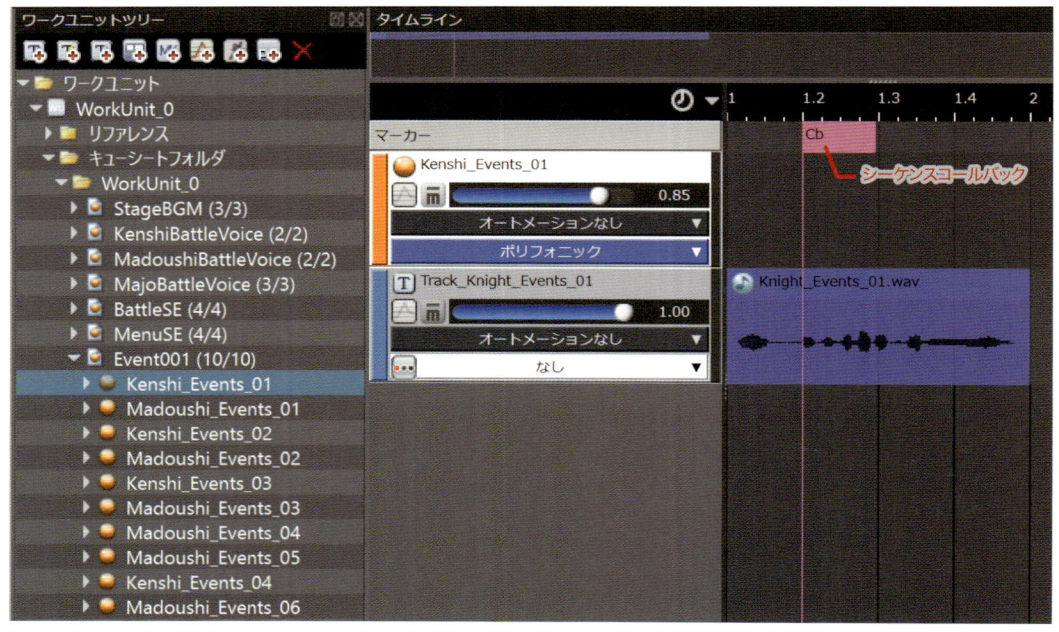

図 4-8-4 シーケンスコールバックを埋め込んだキュー（タイムラインビュー）

ピンク色の「Cb」と書いてあるラインが、シーケンスコールバックです。マーカー部分を右クリックして「マーカーの編集」を選ぶと内容を確認できます。

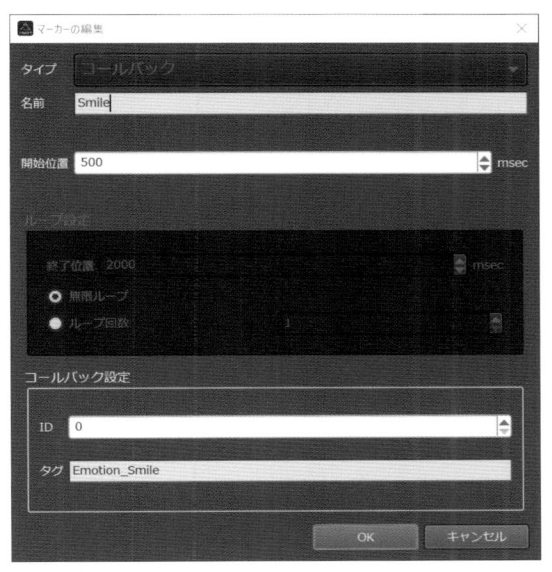

図 4-8-5 シーケンスコールバックのマーカーの編集

シーケンスコールバックには、任意のID（数値）とタグ（文字列）を埋め込むことができます。IDとタグは、Unityのスクリプト側からイベントコールバックとして取得できます。このキューでは、タグの文字列を「Emotion_Smile」と定義し、喜び表情の画像を表示する制御を行っています。

Unityのスクリプト側からのコールバックイベント取得は、CriAtomExSequencer. SetEventCallback メソッドでのコールバック登録から行います。コールバックは、すべての情報がひと固まりの文字列として取得できますが、そのままでは少々使いにくいので、サンプルゲームのプロジェクトでは適切なパラメータにパースするクラスを作成しました。

本スクリプトファイルは、Assets/CriWareExtensions/CriAtomExSequencerExtention. cs に格納しています。CriSequenceParam 構造体に、マーカーに設定したIDとタグ、イベントが発生した位置などのパラメータを詰めて返します。

リスト4-8-2 CriAtomExSequencerExtention.cs

```
using System;

public static class CriAtomExSequencerExtension
{
    public delegate void EventCbFunc(CriSequenceParam param);

    public static void SetEventCallback(EventCbFunc callback)
    {
        CriAtomExSequencer.SetEventCallback((e) =>
        {
```

```
            string[] arr =  e.Split('¥t');

            callback(
                new CriSequenceParam(
                    eventPosition: Convert.ToUInt32(arr[0]),
                    eventId: Convert.ToUInt32(arr[1]),
                    playId: Convert.ToUInt32(arr[2]),
                    eventType: arr[3],
                    eventTag: arr[4]
                )
            );
        });
    }

    public struct CriSequenceParam
    {
        //1. イベント位置
        public uint eventPosition { get; }
        //2. イベントID
        public uint eventId { get; }
        //3. 再生ID
        public uint playId { get; }
        //4. イベントタイプ
        public string eventType { get; }
        //5. イベントタグ文字列
        public string eventTag { get; }

        public CriSequenceParam(uint eventPosition, uint eventId, uint playId,
string eventType, string eventTag)
        {
            this.eventPosition = eventPosition;
            this.eventId = eventId;
            this.playId = playId;
            this.eventType = eventType;
            this.eventTag = eventTag;
        }
    }
}
```

キューに埋め込んだタイミング情報の受け取りは、スクリプト Main.cs の冒頭でコール
バックとして ChangeCharaEmotionImage メソッドを指定しています。CriSequence
Param 構造体から eventTag 文字列を取り出して、表情データを変更させる処理を行い
ます。

リスト4-8-3 Main.cs

```
private void Start()
{
    //中略//

    CriAtomExSequencerExtension.SetEventCallback((e) => { ChangeCharaEmotionImage(e.
eventTag); });
```

```
    //中略//
}

private void ChangeCharaEmotionImage(string tag)
{
    if (tag.Contains("Emotion_"))
    {
        string emotionName = tag.Replace("Emotion_","");
        canvasController.ShowCurrentCharaEmotion(emotionName);
    }
}
```

Atom Craft でのシーケンスコールバックの作成手順を説明します。まず、タイムラインのキューシーケンス上で右クリックし、「新規オブジェクト」から「マーカーの作成」を選択します。

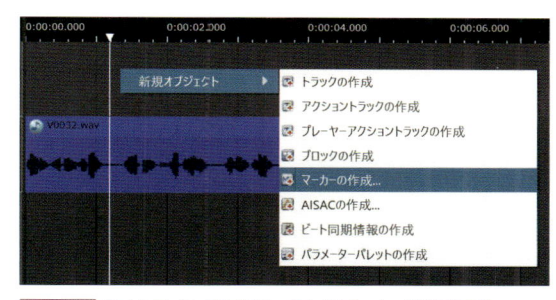

図 4-8-6 タイムラインの右クリックからマーカーを作成する

マーカーの編集ダイアログでタイプ「コールバック」を選択すると、ID とタグを設定できます。

タグ欄は、好きな文字列を入れることができます。これを使って、セリフのデータ以外にも、効果音に何らかのタイミング情報を埋め込むことも可能です。

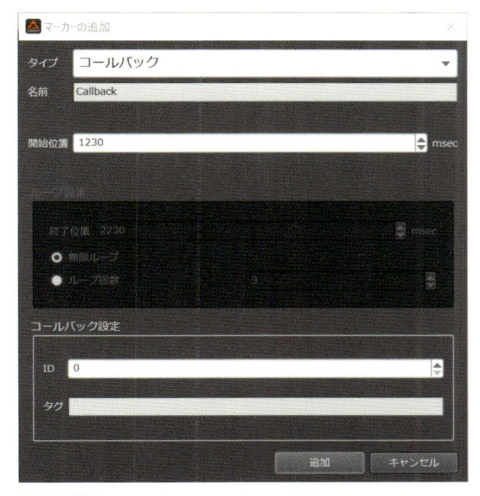

図 4-8-7 コールバックマーカーの追加

一定のルールでコールバックマーカーを複数のキューに付与したい場合は、テキストファイルを経由してマーカーの自動生成ができます。テキストファイルは、タイミング（msec）、ID（数値）、タグ（文字列）をタブ区切りで記述します。

たとえば、次のようなテキストファイルを用意します。

1000	0	Emotion_Smile
2000	1	Emotion_Anger

1000msec に ID が「0」でタグ「Emotion_Smile」、2000msec に ID が「1」でタグが「Emotion_Anger」のシーケンスコールバックマーカーが生成されます。

インポートは、キューの右クリックから行います。ワークユニットツリービューでキューを右クリックし、「インポート／エクスポート」から「タブ区切りテキストからシーケンスコールバック生成」を選択します。

インポート用のダイアログが開きますので、用意したテキストファイルを選択して読み込みます。

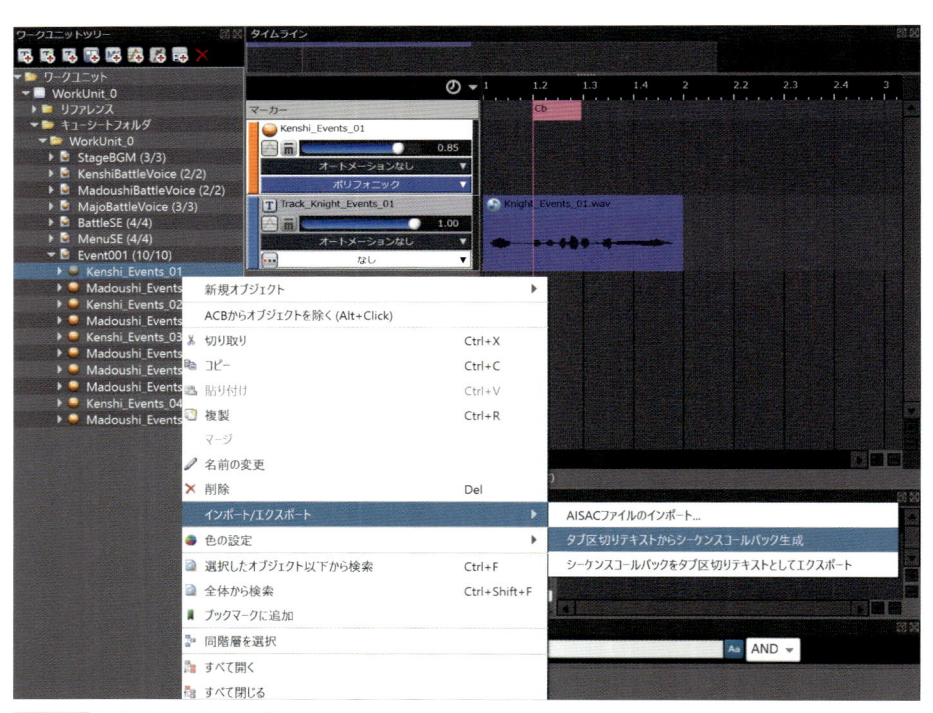

図 4-8-8 タブ区切りテキストを読み込み、シーケンスコールバックを生成

サンプルゲームでは「どのキャラクターのセリフであるか」という判定については、キューの名前で判断しています。そして、会話シーンにおけるセリフ吹き出しの位置や、表情差し替えの指定先に利用しています。

会話シーンの管理方法は、これ以外にもいくつかのやり方が想定できます。キャラクター

名を入れたシーケンスコールバックをキューの先頭に埋め込んで判定する方法も取れます。

後ほど紹介するカテゴリ機能を使って判定しても構いませんし、ユーザーデータを特定の文字（@ など）で区切って、「キャラクター名 @ セリフ内容」として利用する方法も考えられます。

作業のしやすさや、Unity 側での制御のしやすさなどを鑑みて、実装を決めていくとよいでしょう。

キューをカテゴリ分けして管理する

キューシートをまたぐ複数のキューのボリュームを一括で変えたい場合など、複数キューをグループ化して操作を行いたいときがあります。その場合は、「カテゴリ」機能による分類が有効です。

2 章の 2-4 節では、Unity の Audio Mixer を使った音のカテゴリ分けとボリュームの操作について説明しました。Audio Mixer は、Audio Source ごとのボリューム操作に限られていましたが、ADX2 の場合は音声データ自体にカテゴリ情報を埋め込むことができます。

Atom Craft でカテゴリを作成する

サンプルゲームの Atom Craft プロジェクトを開いて、カテゴリ設定を見てみましょう。プロジェクトツリービューから「カテゴリ」を選択します。

カテゴリは、「カテゴリグループ」という単位でまとめられています。カテゴリグループは、ツール内での整理用の機能です（プログラムからカテゴリグループの情報は取得できません）。

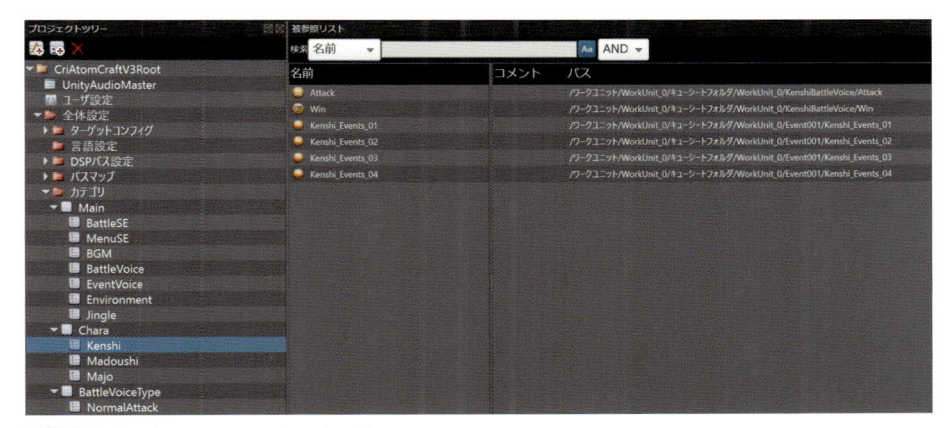

図 4-8-9 プロジェクトツリーのカテゴリ一覧

サンプルゲーム用プロジェクトでは、ゲーム全体のカテゴリ分けをする「Main」のほかに、補助的なカテゴリとして「Chara」「BattleVoiceType」グループを用意しています。

カテゴリ「Kenshi」をダブルクリックすると、Atom Craft 内に被参照リストビューが表示されます。このビューは、カテゴリから参照されているキューやそのほかの設定を一覧表示します。

キューは、カテゴリを複数持つことができます。デフォルトの最大数は 4 つで、最大

16まで増やすことができます。感覚としては「タグ付け」に近い管理方法です。

　ワークユニットツリービューからキューシート「KenshiBattleVoice」下の「Attack」キューを選択し、インスペクタービューを開いてください。 カテゴリ項目に、「Kenshi」と「BattleVoice」「NormalAttack」の 3 つのカテゴリが割り当てられていることが確認できます。

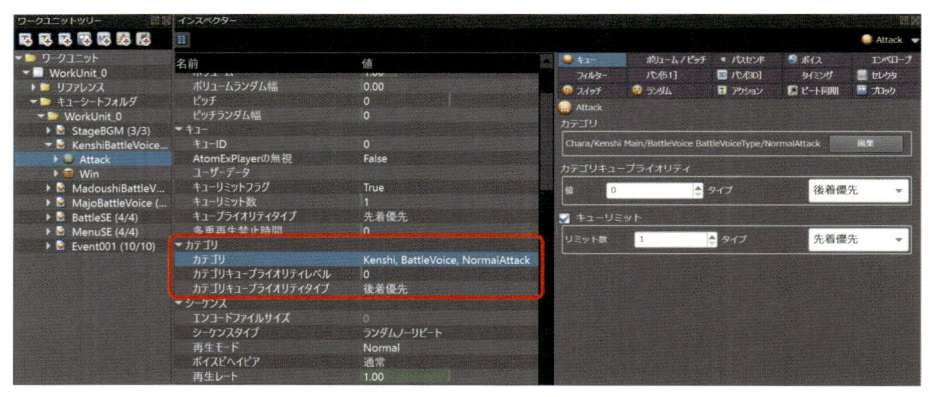

図 4-8-10 キューのインスペクターでカテゴリを確認

キューへカテゴリを設定する

　カテゴリをキューに設定する方法は、プロジェクトツリービューのカテゴリへキューをドラッグ＆ドロップするか、キューのインスペクター下部から追加できます。

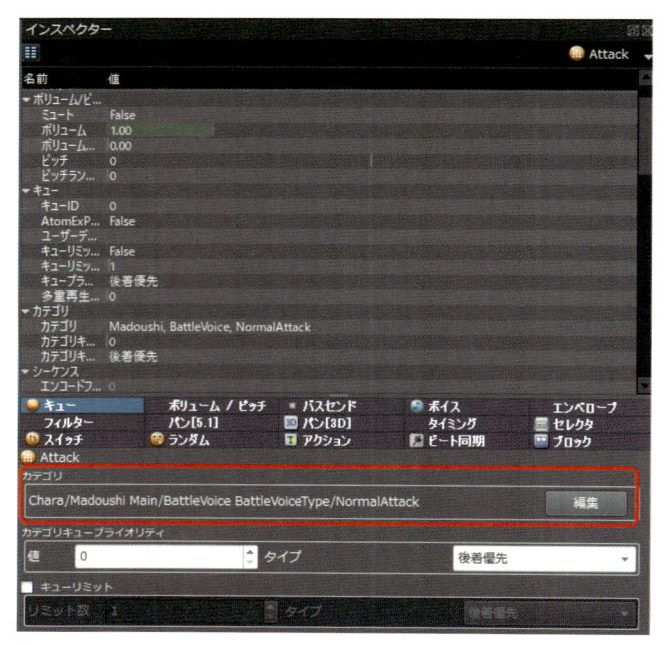

図 4-8-11 キューのインスペクター下部からカテゴリを追加

サウンドミドルウェア 「CRI ADX2」 を使った実装

編集ボタンをクリックすると、カテゴリを選択するウィザードウィンドウが立ち上がります。所属させたいカテゴリを選択し、OK をクリックします。

図 4-8-12 キューに追加したいカテゴリを選択

これで、カテゴリの設定は完了です。複数のキューへ一括でカテゴリを付与したい場合は、以降の 4-10 節にある「複数のキューを横断的に一覧表示・一括操作する」を参考にしてください。

■ カテゴリごとのボリューム設定

カテゴリは、キューに対する制御機能を持ちます。カテゴリーを選択してから、インスペクタービューを表示します。

「カテゴリボリューム」が、このカテゴリに設定されるボリュームです。Atom Craft であらかじめ設定できるほか、ゲーム実行中にスクリプト経由で変化させることができます。

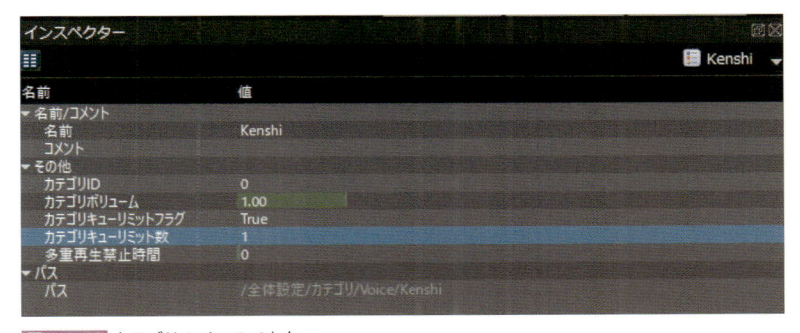

図 4-8-13 カテゴリのインスペクター

これは、このままゲーム中の「種類ごとのボリューム設定」に適用できます。サンプルゲームでは、左上のポーズボタンを押した際に表示されるポーズメニューで、各種ボリュームを操作するスライダーを表示します。

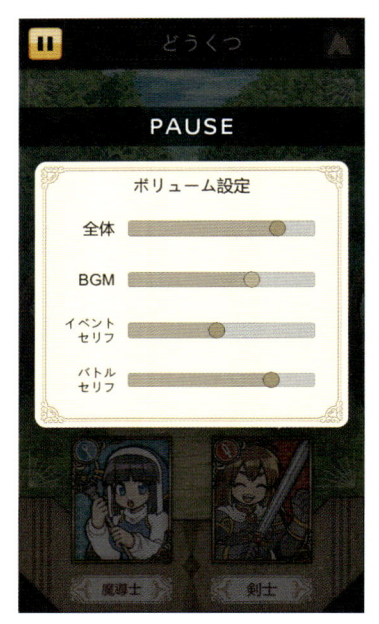

図 **4-8-14** ポーズメニューのボリュームコンフィグ

Unity スクリプトでのカテゴリボリュームの変更

スライダー機構は、Unity uGUI の Slider を使って実装しています。ポーズメニューが表示されたときに現在のカテゴリボリュームを取得し、スライダーの動きに合わせてボリュームの値を設定します。

CriAtom.SetCategoryVolume（" カテゴリ名 ", 数値）でカテゴリへのボリュームを設定し、CriAtom.GetCategoryVolume で現在のカテゴリボリュームを取得します。

スライダーとカテゴリボリュームの紐づけは、Assets/Scripts/CanvasController.cs で次のように定義しています。

リスト4-8-4 CanvasController.cs

```
public class CanvasController : MonoBehaviour
{
    （中略）

    public Slider mastarVolumeSlider, bgmVolumeSlider, dialogueVoiceVolumeSlider,
battleVoiceVolumeSlider;
    private float masterVolume = 1;

    private const string BGMCategoryName = "BGM";
    private const string DialogueVoiceCategoryName = "DialogueVoice";
    private const string BattleVoiceCategoryName = "BattleVoice";
    private const string MasterBusName = "MasterOut";

    （中略）


    private void Awake()
```

```
    {
    (中略)

        CriAtomExAsr.SetBusVolume(MasterBusName,masterVolume);

        mastarVolumeSlider.onValueChanged.AddListener((value) =>
        {
            masterVolume = value;
            CriAtomExAsr.SetBusVolume(MasterBusName,masterVolume);
        });

        bgmVolumeSlider.onValueChanged.AddListener((value) => { CriAtom.SetCategory
Volume(BGMCategoryName, value); });
        dialogueVoiceVolumeSlider.onValueChanged.AddListener((value) => { CriAtom.
SetCategoryVolume(DialogueVoiceCategoryName, value); });
        battleVoiceVolumeSlider.onValueChanged.AddListener((value) => { CriAtom.Set
CategoryVolume(BattleVoiceCategoryName, value); });
    }
    (中略)

    public void ShowPauseMenu()
    {
        mastarVolumeSlider.value = masterVolume;

        bgmVolumeSlider.value = CriAtom.GetCategoryVolume(BGMCategoryName);
        dialogueVoiceVolumeSlider.value = CriAtom.GetCategoryVolume(DialogueVoiceCat
egoryName);
        battleVoiceVolumeSlider.value = CriAtom.GetCategoryVolume(BattleVoiceCategor
yName);

        pauseCanvasGroup.Show();
    }

    public void HidePauseMenu()
    {
        pauseCanvasGroup.Hide();
    }
}
```

マスター音量、つまりゲーム全体の音量調整については、CriAtomExAsr.SetBus
Volume メソッドで設定します。バス音量については Get の働きをするメソッドがない
ため、ゲーム起動時、このクラス内に現在の値を保持する仕組みにしています。

■ カテゴリごとの再生数の上限設定

カテゴリ「Kenshi」には、同時再生数の上限がセットされています。もう一度、カテ
ゴリのインスペクタービューを見てみましょう。

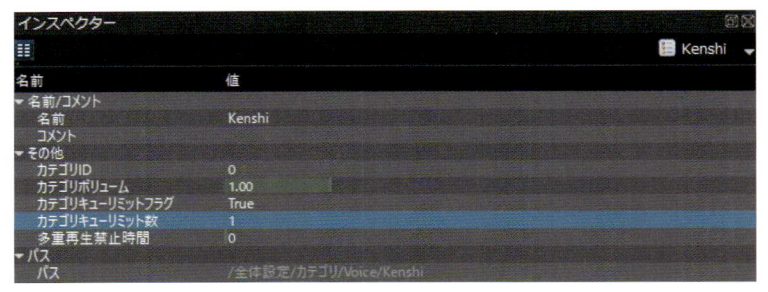

図 4-8-15 カテゴリのインスペクター

　カテゴリキューリミットフラグが「True」にセットされ、カテゴリキューリミット数に「1」が設定されています。これは、ゲーム中において「剣士」のキャラクターのセリフの同時再生数を「1」にし、2つ同時に鳴ることを防ぐ設定です。

　キューシート単位でリミット数をかけることもできますが、キャラクター名でカテゴリを作成し、そのキャラクターのセリフキューすべてにキャラクター名のカテゴリを設定しておけば、キューシートを超えて最大再生数を制限できます。

リミットが掛けられたキューのプレビュー再生に関する諸注意

　Atom Craft 上部の「ボイス数」表示は、リミットとして指定した制限数よりも一瞬大きくなることがあります。これは、音声を急に停止するとノイズの発生原因になることがあるため、非常に短いフェードアウトをしてから停止処理を行っているためです。

■ カテゴリの中で再生優先度の設定を行う

　カテゴリキューリミットを使って同時再生数を制御している場合に、「カテゴリキュープライオリティ」でそのカテゴリに属しているキューに対する優先度を変更することができます。たとえば、SE の上限を 10 個までとしつつ、重要な音は消えないように優先度を高く持つことができます。

　値は「0 〜 255」まで設定でき、数値が高いほど優先度が高くなります。また、キューリミットと同様に、先着優先・後着優先の属性を付けることができます。

図 4-8-16 カテゴリキュープライオリティレベルの設定例

　サンプルゲームの会話シーンでは、キャラクターのセリフ音声が再生される際に、BGM の音量が下がります。これは、セリフが再生中の場合に、BGM の音量を下げる処理「ダッキング」の演出が組み込まれているためです。

　ダッキングについては、2 章の 2-5 節で Unity Audio の Audio Mixer を使った実装を紹介しましたが、ADX2 の場合は「REACT（リアクト）」という機能を使って実現します。

　REACT は、ゲームの状態変化に応じた音の変化（リアクション）を定義する機能です。あるキューを再生したときに、別のキューの音量を一時的に下げるシステムを作成できます。

　Atom Craft で、REACT の設定を見ていきましょう。プロジェクトツリービュー「REACT」から、「BGMDuck」を選択します。また、Atom Craft 下部のビューボタンから「REACT」をクリックし、REACT ビューを呼び出します。

図 4-8-17 ダッキングを設定している REACT ビュー

　キューリストのうち、左側の「変化カテゴリキューリスト」が変化「する」キュー、右側の「トリガカテゴリキューリスト」が変化「させる」キューの一覧になります。REACT のインスペクターを開いて、詳細設定を見てみましょう。

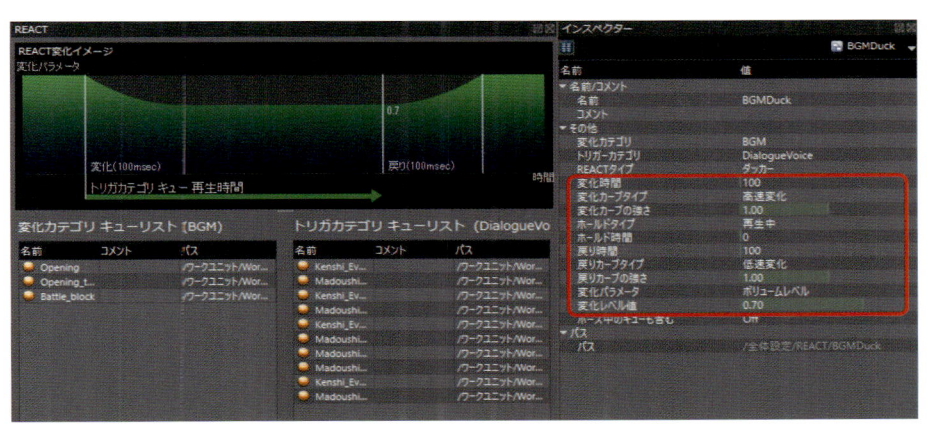

図 4-8-18 REACT の設定をインスペクターで確認

　図の設定では、トリガーキューが再生されたら、変化キューは 0.1 秒かけて音量が 70% になります。そして、トリガーキューの再生が終わったときに 0.1 秒かけて元の音量に戻ります。

　「変化時間」「変化カーブタイプ」「変化カーブの強さ」が、音量が落ちる時の処理を設定しています。「変化レベル値」は、ダッキング中に適用される音量の変化量です。「戻り時間」「戻りカーブタイプ」「戻りカーブの強さ」が、音量が戻るときの処理を設定しています。

　この設定により、カテゴリ「StageBGM」のキューはカテゴリ「DialogueVoice」が再生された際、ボリュームが落ちます。Unity スクリプト側では、特別なことをする必要はありません。BGM キューを再生中にセリフキューを再生するだけです。

　REACT は、複数設定できます。別の条件でダッキングを処理したい場合は、プロジェクトツリーの「REACT」項目の右クリックメニュー「新規オブジェクト」から、「REACT の作成」を行います。

　REACT はこうした BGM の音量制御のほかにも、あるキャラが必殺技のセリフを叫んでいるときは、ほかのキャラのセリフ音声だけボリュームを落とすといったような活用も可能です。

● カテゴリ設定のコツ

　Atom Craft のデフォルト設定では、カテゴリは何も設定されていません。内容は開発者が自由に設定できるのですが、設定のヒントとして、サンプルゲームのカテゴリ方針を紹介します。

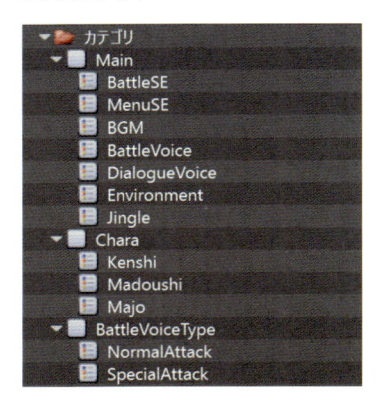

図 4-8-19 サンプルゲームでのカテゴリ分けの例

　「カテゴリ」というとフォルダ分けのような印象を持ちますが、ADX2 のカテゴリは「タグ付け」に近い感覚で使用します。1 つのキューは複数のカテゴリを持つことができ、4 つまで設定できます（上限は、設定で増やすことが可能）。

　はじめに「ゲーム内のボリュームコントロールで個別設定したいカテゴリ」で分け、これを Main カテゴリグループにしています。すべてのキューが、いずれかの Main グループ内のカテゴリに属するものです。

　サンプルゲームでは「イベント中のセリフ」と「バトル中のセリフ」を分けて管理したかったため、7 つのカテゴリに分けました。

次に、個別制御が必要なカテゴリグループを作ります。今回は「キャラクター名」を付けたカテゴリを用意し、同一のキャラクターボイスが一度に１つ以上鳴らない設定を行いました。イベントセリフとバトルセリフのいずれにも、キャラクター名のカテゴリが付与されています。

　そして、Main グループに定義されているカテゴリをさらに用途で細かく分けるカテゴリを作ります。バトルセリフの中でも、「通常攻撃」と「スペシャル攻撃」のセリフの処理を分けたかったため、BattleVoiceType カテゴリグループの下に「NormalAttack」と「SpecialAttack」を用意しました。

ゲームの場面に合わせて残響音を加える

　サンプルゲームの洞窟の場面では、残響感を表すため、キャラクターの掛け声や足音などの SE にリバーブとディレイのエフェクトを適用します（変化がわかりやすいように、少々オーバーにエフェクトをかけています）。ここには、「DSP バス」の機能を使っています。

DSP バスとは

　リバーブやエコーなどのエフェクトは処理が重いため、キュー個別ではなく、「DSP バス」を使ってまとめて処理します。「DSP バス」は、Unity Audio で言うところの Audio Mixer とほぼ同じ働きをします。

　Atom Craft でサンプルゲームのプロジェクトを開き、プロジェクトツリービューの「DSP バス設定」下にある「DspBusSetting_0」をダブルクリックしてください。

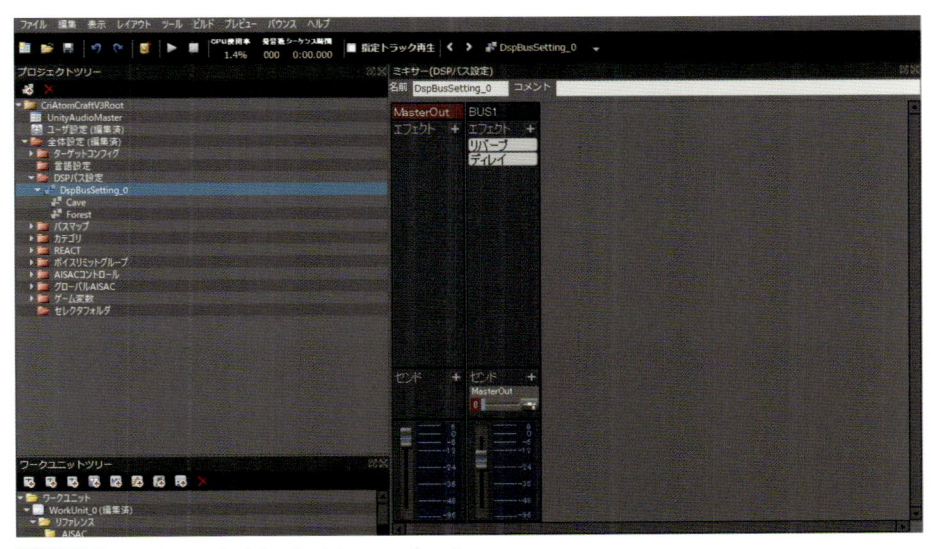

図 4-8-20 DSP バスの設定（プロジェクトツリービュー）

　「ミキサー（DSP バス設定）」ビューが開き、DSP バスの内容が表示されます。サンプルゲームでは、BUS1 にエフェクトとして「リバーブ」と「ディレイ」を同時にかける設定をしています。

　「バス」を用意しただけでは、エフェクトをかけた音は再生されません。エフェクト処

理した音をどこに渡すか、という「センド」設定が必要です。BUS1 の「センド」という項目を確認してください。「MasterOut」へ渡す、という設定になっています。

　これは、BUS1 を通りリバーブとエフェクトがかかった音が、最終出力である「MasterOut」にそのまま流される設定です。

図 4-8-21 DSP バスの「センド」設定

　DSP バスには、多くのエフェクトが搭載されており、複数のバス設定を組み合わせることが可能です。なお、DSP バスを使った演出や制御は、4-6 節で解説した「Android 向け低遅延再生モード」には適用されないことに注意してください。

● キューに DSP バスで設定したエフェクトを指定する

　次に、キューに対してこのバス設定を指定する操作を行います。「エフェクトをかける」というより、エフェクトがかかる音声処理（バス）にどのくらいの信号を流すか、という考え方が近いです。

　ワークユニットツリーの KenshiBattleVoice キューシートのキュー「Attack」をクリックし、キューのインスペクター内タブ「バスセンド」を開いてください。

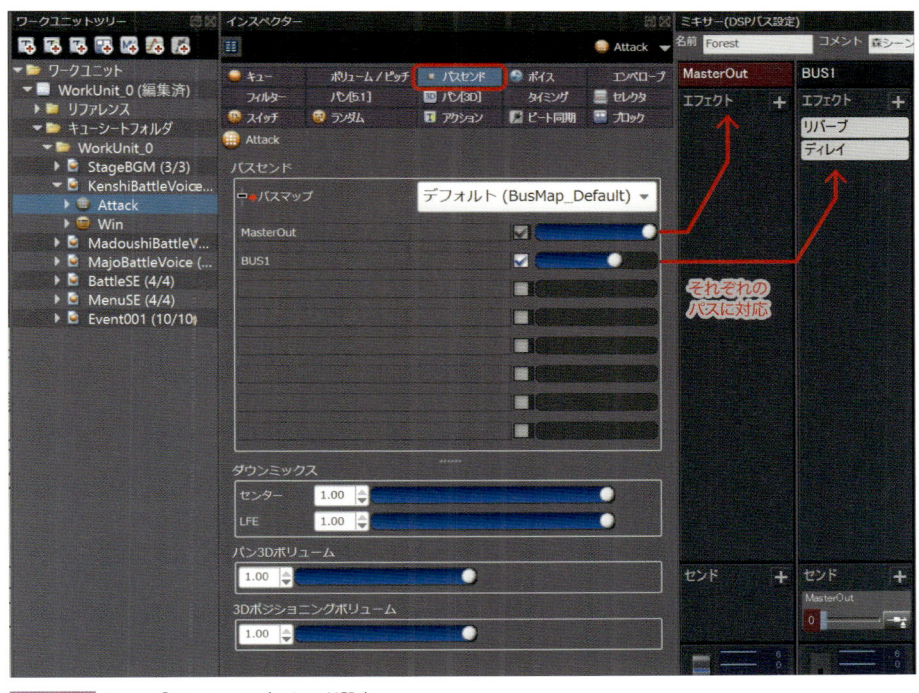

図 4-8-22 キュー「Attack」のバスセンド設定

　「バスマップ」と呼ばれる箇所で、どのぐらいの量を各バスに流すかを設定しています。BUS1 はリバーブ用として設定したので、このパラメータを操作することによってリバーブの影響が変わります。

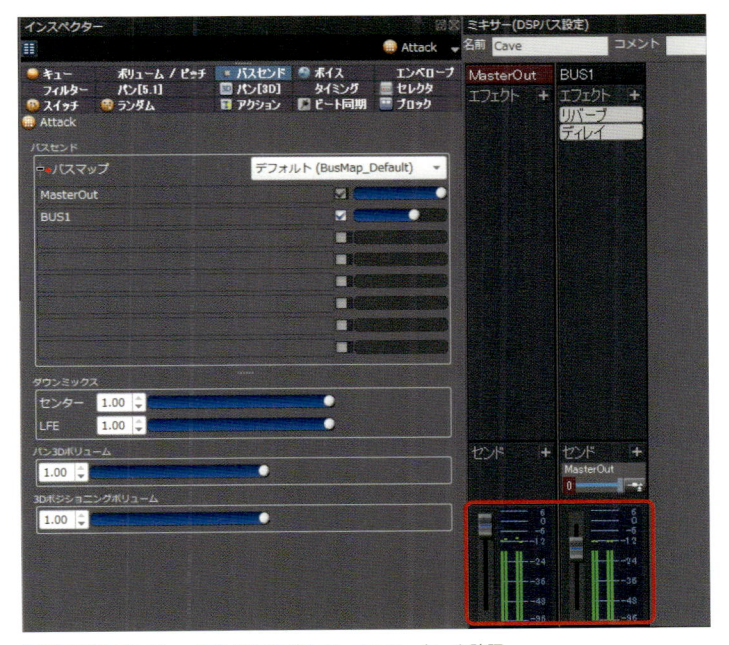

図 4-8-23 プレビュー再生時に各バスのレベルメーターを確認

DSP バスの切り替えとスナップショット

DSP バスの設定は、プロジェクト内に複数持つことができます。ゲーム中での切り替えも可能ですが、音声を再生中に切り替えると、ルーティングが急に変わることによってノイズが発生することがあります。

スムーズに DSP バスを使ったエフェクトを変化させたい場合は、「スナップショット」機能を使います。これは、DSP バスのルーティング設定を変化させずに、各種パラメータやボリュームのみを変化させる機能です。

プロジェクトツリービュー内の「DspBusSetting_0」の下には、「Cave」と「Forest」という名前を付けたスナップショットが保存されています。「Forest」を選択すると、BUS1 のセンドレベルは 0 になります。「Cave」を選択すると、BUS1 のセンドレベルは 1.0 になります。

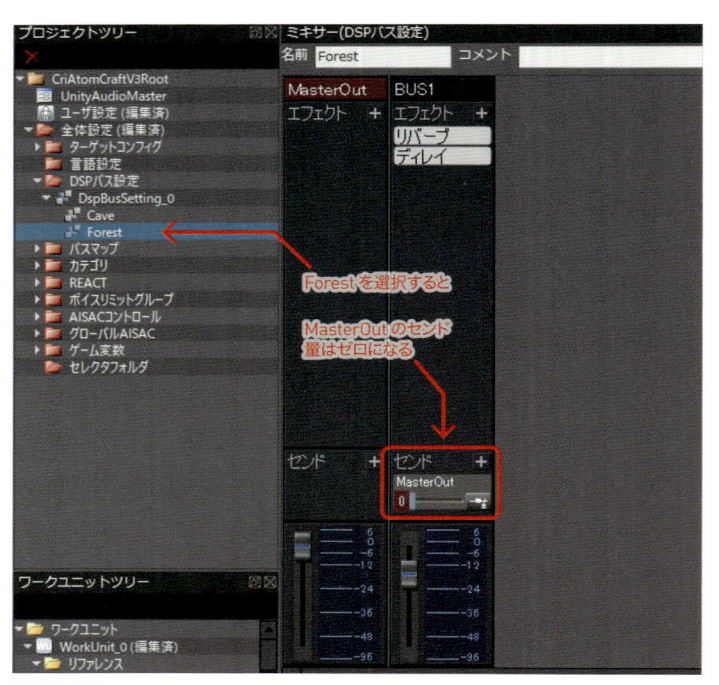

図 4-8-24 スナップショットによるセンドレベルの切り替え

DSP バスの切り替えと異なり、スナップショット切り替えはパラメータ変更のみのため、音が切れません。スナップショットから別のスナップショットへ滑らかに変更できます。

DSP バスのスナップショットは、Atom Craft 上でも適用されます。先ほどの Attack キューをプレビュー再生しながら、スナップショット「Cave」と「Forest」を切り替えて、聞こえ具合の変化を確かめてみましょう。各バスにどのくらいのセンドレベルで音が入ってきているかをレベルメーターで確認できます。

Unity スクリプトでのスナップショットの切り替え

スナップショットの切り替え処理は、サンプルゲームでは AtomSourceManager.cs

内に実装しています。操作はシンプルで、CriAtomEx.ApplyDspBusSnapshot メソッドを呼ぶだけです。

リスト4-8-5 AtomSourceManager.cs

```
public void ChangeDSPSnapShot(string stageName)
{
    CriAtomEx.ApplyDspBusSnapshot(stageName, 500);
}
```

第 1 引数がスナップショットの名前、第 2 引数がスナップショットの切り替えにかけるフェード時間（単位：ミリ秒）です。

サンプルゲームでは、スナップショットの名前をステージ名の管理名と同一にしています。これにより、ステージ「Forest」ではリバーブがかからず、「Cave」に入るとリバーブがかかる設定に 0.5 秒かけて遷移する処理を実現しています。

DSP バスを使ったエフェクトの変更方法

キューに適用するエフェクトを変化させる手順は、いくつかあります。

キュー内のセンドレベルを変化させる

キューの設定でセンドレベルを変える方式は、特定のキューのみ効果を変更したい場合に有効です。

DSP バスを切り替える

DSP バスの切り替えは、たとえば街のマップから洞窟のマップに切り替わってロードが挟まるときなど、場面転換するときに使用できます。

DSP バスのスナップショットを切り替える

場面転換をはさまずに DSP バスの設定を変えたい場合は、1 つの DSP バスに必要なパターンのバス設定を組み込んでおき、スナップショットを使ったパラメータの変更で対応します。

リアルな残響音のシミュ—レート

DSP バスは、空間の特性に合わせた残響音をシミュレートするための「I3DL2 リバーブ」というエフェクトを搭載しています。これは環境リバーブとも呼ばれ、I3DL2（Interactive 3D Audio Level 2）という仕様に準拠したエフェクトです。

3 章でも紹介した環境ごとの残響をシミュレートし、さらにリアルな聞こえ方を実現できます。パラメータは非常に多いため、空間のシチュエーションに合わせたプリセットがいくつも用意されています。プリセットの中からゲームの場面に近いものを選び、パラメータを調整するとよいでしょう。

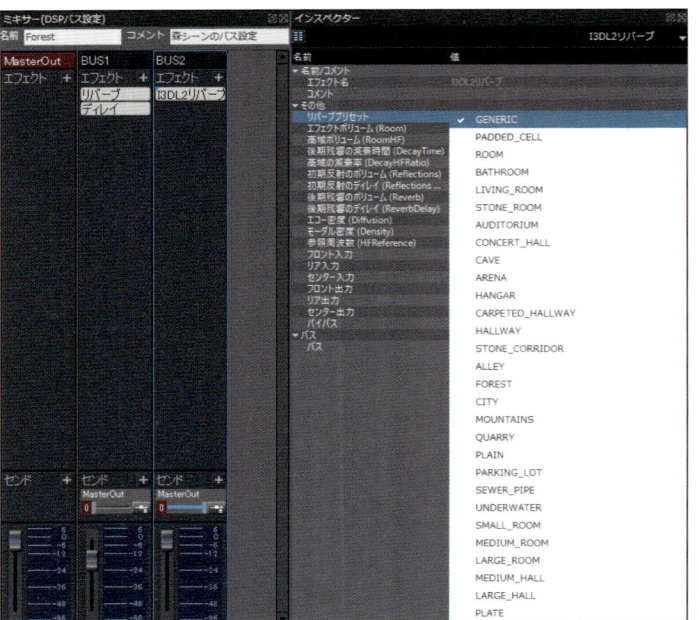

図 4-8-25
I3DL2 リバーブの
プリセット

インタラクティブミュージックの実装

近年のゲームでは、ゲーム内の状況に合わせて楽曲がリアルタイムに変化する「インタラクティブミュージック」の手法が浸透してきています。ゲームの状況に「適応」する楽曲のため、「アダプティブミュージック」とも呼ばれます。

インタラクティブミュージックをゲームに実装するためには、曲データを多重に同期再生したり、曲が切り替わるタイミングを厳格に制御するプログラミング技術が必要でした。

ADX2 では、インタラクティブミュージック用の高度な制御をランタイム側に実装しており、Unity からは簡易なイベント呼び出しだけで曲の遷移が可能になっています。この節では、2 種類のインタラクティブミュージックの実装を紹介します。

インタラクティブな「アレンジ」の変化

インタラクティブミュージックにはいくつかの種類がありますが、まずは楽曲のアレンジをゲームの展開に応じて変化させる手法を紹介します。

仕組みはシンプルで、楽器ごとのトラック（ステムとも呼ばれる）を同期再生し、それぞれのボリュームを変化させることで曲のアレンジをスムーズに変えます。Vertical Remixing（縦の遷移）と呼ばれることもあります。

ADX2 では、4-7 節で紹介した AISAC 機能を使って、リアルタイムなミックスのコントロールを行います。この設定を適用したキューは、サンプルプロジェクトの StageBGM キューシート内「Opening」です。キューを選択し、AISAC ビューを開いてみましょう。

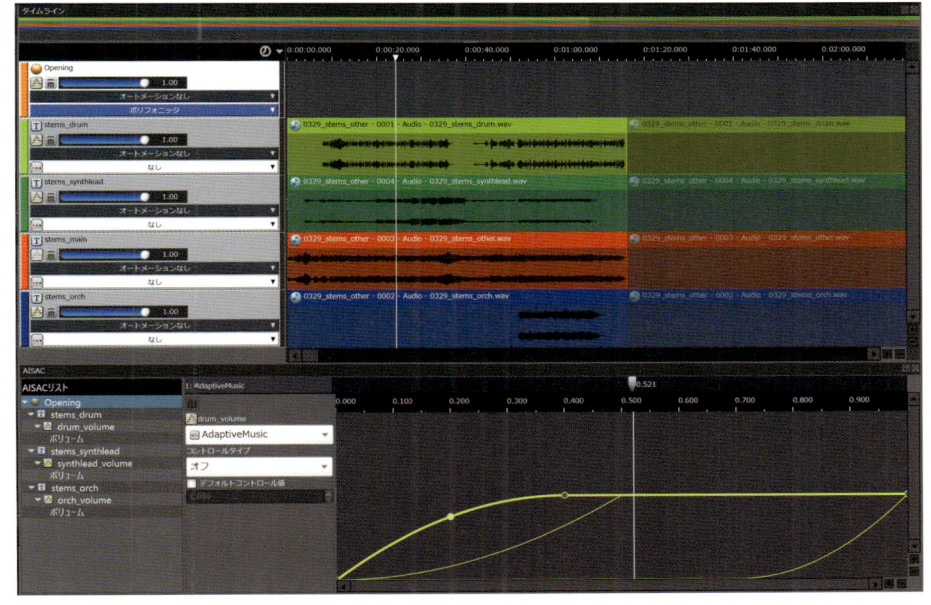

図 4-9-1 アダプティブミュージックを設定したキューと AISAC

AISAC ビューの黄色いラインは、各トラックのボリューム変化を示しています。この
キューをプレビュー再生し、AISAC のスライダーを左右に動かすと、曲のアレンジがリ
アルタイムに変化します。

スライダーを左側に寄せると、音数が減り、おとなしい印象の曲になります。右側に動
かすと、音数が増え、力強い印象になります。

◾ アレンジが変化可能な楽曲の準備

AISAC を使った楽曲アレンジの変化を実装するには、この手法に適した楽曲データが
必要です。作曲の担当者へシステムの概要を説明し、DAW ソフトから出力する際にド
ラム、ベース、リードなどの役割ごとのステムデータを用意してもらいます。その上で、
Atom Craft 上で楽曲を再構築します。

基本的に DAW ソフトからはフルビット（音量の上限いっぱいのデータ）で書き出し
て、Atom Craft 側で最終的な音量の調節を行います。最終的な音圧は、レベルメーター
ビューやプロファイラウィンドウで確認しながら調節を行います。もちろん、作曲の担当
者に Atom Craft を使ってもらい、ミックスの変化量などを直接設定してもらうワークフ
ローも可能です。

◾ 複数のステムを持つキューの作成

今回のインタラクティブミュージックは、複数の音源を同期再生しながら、AISAC で
ボリュームバランスを変化させることで実現します。

キューの設定自体はシンプルで、1 つのキューの中でトラックを並べた上で、それぞれ
にボリューム AISAC を設定します。AISAC コントロールは 1 つでも構いませんし、複
数でも可能です。サンプルゲームのプロジェクトでは「AdaptiveMusic」という名前の
AISAC コントロールを作って指定しています。

◾ Unity から楽曲の AISAC を制御する

Unity のスクリプトから制御するには、AISAC コントロール値を設定する CriAtomEx
Player.SetAisacControl を呼び出してください。なお、キューの再生中に AISAC 値を変
更する場合は、CriAtomExPlayer.Update も呼ぶ必要があります。

AtomSourceManager.cs に実装されている BGM の再生処理を見てみましょう。

リスト4-9-1 AtomSourceManager.csのBGM再生とAISACコントロール処理

```
private CriAtomExPlayer bgmPlayer;
private CriAtomExAcb currentBGMAcb;
private CriAtomExPlayback bgmAtomPlayback = new CriAtomExPlayba
ck.invalidId);

public const string adaptiveMusicControlName = "AdaptiveMusic";
private float currentAdaptiveMusicParam = 0f;

public void PlayBGM(string cueName)
{
    bgmPlayer.SetCue(currentBGMAcb, cueName);
```

```csharp
    currentAdaptiveMusicParam = 0f;
    bgmPlayer.SetAisacControl(adaptiveMusicControlName, currentAdaptiveMusicParam);

    bgmPlayer.SetFirstBlockIndex(0);

    bgmAtomPlayback = bgmPlayer.Start();
}

public void StartAisacParamChange(float value, float time = 0.5f)
{
    StartCoroutine(ChangeAisacParamWithLerp(value, time));
}

public IEnumerator ChangeAisacParamWithLerp(float value, float time)
{
    //目標値を0から1に補正//
    float targetValue = Mathf.Clamp01(value);

    for (float t = 0f; t < time; t+= Time.deltaTime)
    {
        bgmPlayer.SetAisacControl(adaptiveMusicControlName, Mathf.
Lerp(currentAdaptiveMusicParam, targetValue, Mathf.Clamp01( t / time) ));
        bgmPlayer.Update(bgmAtomPlayback);

        yield return null;
    }
    currentAdaptiveMusicParam = targetValue;

    bgmPlayer.SetAisacControl(adaptiveMusicControlName, currentAdaptiveMusicParam);
    bgmPlayer.Update(bgmAtomPlayback);
}
```

　サンプルゲームでは、BGM の再生開始時に AISAC コントロール値を「0」に設定しています。その後、StartAisacParamChange メソッドが、セリフが再生されるごとに呼ばれます。引数 value には、会話シーンの進行度が渡されます。このメソッドは、内部でAISAC 値を徐々に変更させるコルーチンメソッドを呼んでおり、デフォルトでは 0.5 秒かけて AISAC 値が現在値から目標の値まで遷移します。

　「アレンジの変化」タイプのインタラクティブミュージックの活用方法としては、ボスバトルでボスの体力を引数として曲を変化させたり、逆にプレイヤーのステータスや、マップの位置（町の中→外）などで変化させる仕組みも考えられます。ゲームの企画に合わせて、さまざまな応用が可能です。

インタラクティブな「展開」の変化

　アレンジがインタラクティブに変化していくアプローチとは別の手法として、「曲の展開を切り替える」手法があります。

　歌ものに「A メロ」「B メロ」があるように、楽曲には進行と展開が存在します。たとえば、映画のサウンドトラックを聴くと、映画の場面に合わせて楽曲の展開が組まれていること

がわかります。はじめは静かに始まって、緊迫する場面に入り、戦いが盛り上がる場面、勝利の場面…のように展開が変化していきます。

　映画の場合は場面転換のタイミングが決まっているため、1つの楽曲に決め打ちできます。しかし、ゲームはいつ場面が変わるか不定です。以前は、違う楽曲をクロスフェードすることで表現してきましたが、曲を止めずに展開を変化させる手法が確立しています。
　具体的には、小節ごとなどの区切りで楽曲を固まりに分けておき、ぴったりのタイミングで遷移させることで展開のタイミングを自在に調整します。横の遷移（Horizontal Resequencing）と呼ばれたりもしますが、ADX2 ではこれを「ブロック再生」と定義し、機能として持っています。

■ ブロック再生とは

　「ブロック再生」は、一定の小節ごとや拍ごとなどで「遷移可能なタイミング」を考慮したループ楽曲を作成し、ゲームからの指示に応じて、別のループ楽曲にジャンプする仕組みです。
　たとえば、ゲームの場面が変わるとき、バトルシーンでコンボが決まったとき、ボスの体力が減ってきたときなどで、ゲームプログラムから切り替え命令を出します。
　ジャンプ操作のリクエストを行ったとき、曲がきれいにつながるタイミングまでシステム側が自動的に待機します。楽曲に「状態」が存在し、その状態切り替えをゲームプログラムから行うイメージです。

　ブロック再生機能を利用する場合、タイムラインビューは次のような見た目になります。キュートラックに時間方向の青い分割表示が入っています。この分割を「ブロック」と呼び、プログラム側から遷移が可能な単位になります。

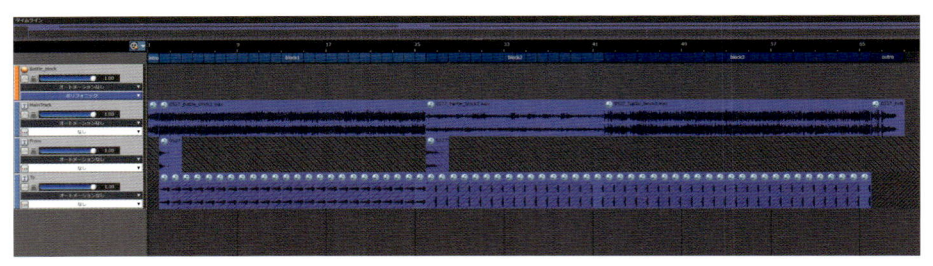

図 4-9-2 ブロック再生を適用したキューの全体

　このキューは、サンプルプロジェクトのキューシート「StageBGM」内に「Battle_block」というキュー名で収録してあります。F5 キーで先頭からプレビュー再生を開始すると、イントロを再生した後に「block1」のループ再生に入ります。
　このとき、好きなタイミングで block2 または block3 のブロックをクリックしてみてください。曲が自然につながるタイミングで、そのブロックにジャンプします。このクリック操作を、Unity からプログラムで呼び出して制御します。これにより、ゲームの進行と連動した展開の遷移を実現します。

ブロック再生用の曲データを作成する

ブロック再生を実装するためには、この仕組みに適応した楽曲を用意する必要があります。16小節や24小節などの分割しやすい小節数でループし、ループの途中で別の展開にジャンプしてもよい分割点を持つデータ、ということが条件です。

どのタイミングから遷移可能な曲にするかについては、実装する人と作曲の担当者とのすり合わせが不可欠です。ループタイミングが小節またはビート単位で綺麗に区切られている必要があり、たとえば曲が4拍子の場合、出力後の曲の長さが16000msや48000msのように4の倍数であることがお勧めです。

ブロック再生キューの作成

「Battle_block」キューで使用しているマテリアルを使って、ブロック再生用のデータを新規作成してみましょう。マテリアルツリービューから、イントロのファイル「0607_battle_block0_intro.wav」をキューシートにドラッグ＆ドロップし、キューを作成します。

作成したキューのタイムラインビューで、キュートラックを右クリックし、「新規オブジェクト→ブロックの作成」からブロックを作成します。

図 4-9-3 サンプルの音声データを使ったブロック再生の設定

ブロックをクリックしてインスペクタービューを開き、ブロックの設定を行っていきます。

まず、このブロックの名前を「intro」にリネームします。パラメータ「ブロック遷移の振る舞い」は『なし』に設定します。このブロックがイントロであるため、再生時には何もせずに次のブロックに遷移させるための設定です。

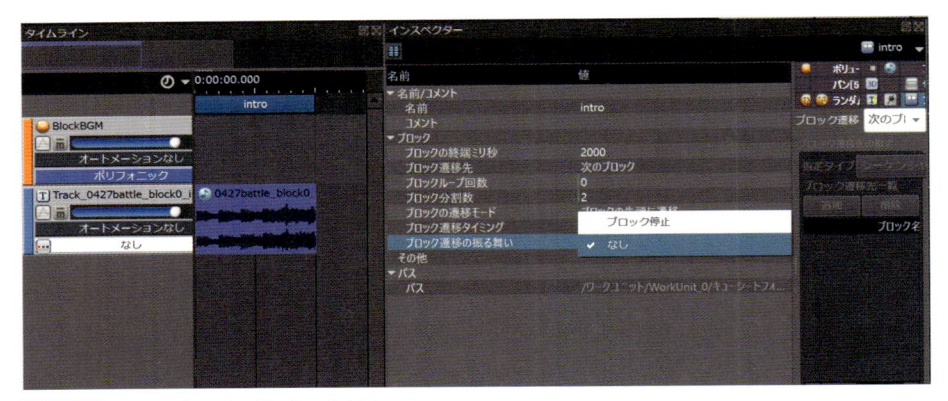

図 4-9-4 イントロブロックの振る舞いを変更

　次に、ループ部分のマテリアルを同じトラックへ登録します。マテリアルツリービューから「0607_battle_block1.wav」を選択し、タイムラインビューのイントロ用ウェーブフォームの隣にドラッグ＆ドロップします。

　ブロック再生の作業では、タイムラインビューの拡大縮小を多用します。キーボードショートカット「R（縮小）」「T（拡大）」を使って作業しましょう。

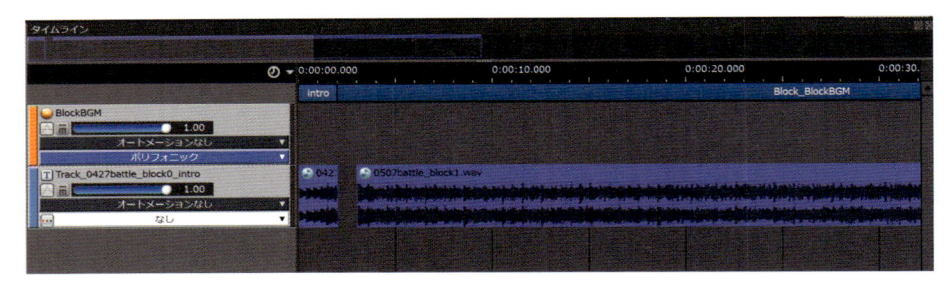

図 4-9-5 ループ部分をブロックとして登録する

　すでにブロックが作成してあるキューに新しくウェーブフォームを配置すると、そのウェーブフォーム用のブロックが自動的に作成されます。

　まずは、ウェーブフォームの位置を調整し、イントロ部分とぴったりくっつくように調整しましょう。また、ブロックの末端をドラッグして、このウェーブフォームに長さを揃えます。

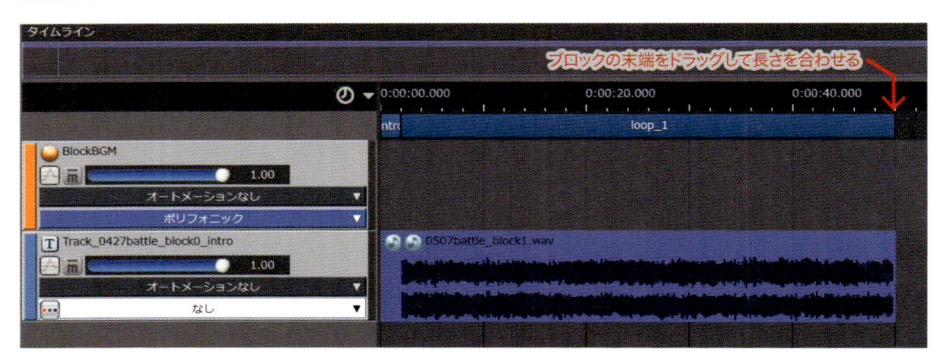

図 4-9-6 ブロックの長さを変更して、ウェーブフォームに合わせる

ブロックの長さを調整したら、ブロックをクリックしてインスペクターで設定を行います。

　名前は「loop_1」としておきます。また、「ブロックループ回数」は「− 1」を指定します。これは無限にループ再生を行う設定です。

　「ブロック分割数」は、どのタイミングで遷移を行うかを指定します。この楽曲データは 24 小節の長さで、小節ごとに遷移ポイントを区切りたいので、「24」を入力します。ブロックが遷移可能なポイントは等間隔で指定ができます。

　「ブロック遷移タイミング」を「指定分割で」にセットすると、タイムラインビューのブロック表示が縦線で区切られます。これが、分割のタイミングに沿って、次のブロックへ遷移する設定になります。

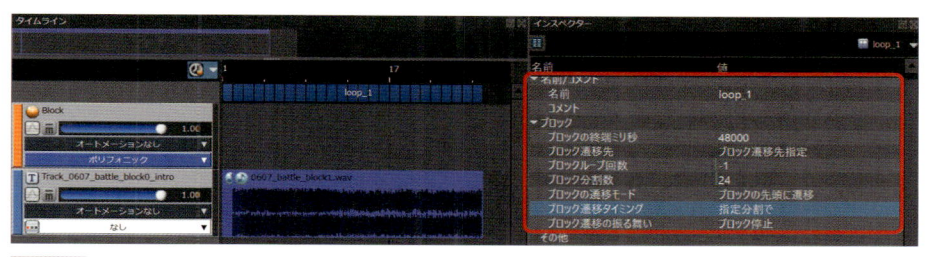

図 4-9-7 ループブロックの振る舞いを変更

　マテリアルフォルダの BGM/Blocks には、あと 2 つループ音声データとして「0607_battle_block2.wav」「0607_battle_block3.wav」がありますので、同様の設定でキューに配置します。ブロックの名前は「loop_2」「loop_3」とし、loop_2 は 16 分割、loop_3 は 24 分割です。

　最後に、アウトロ部分のブロックとして、マテリアル「0607_battle_block4_end.wav」を配置します。

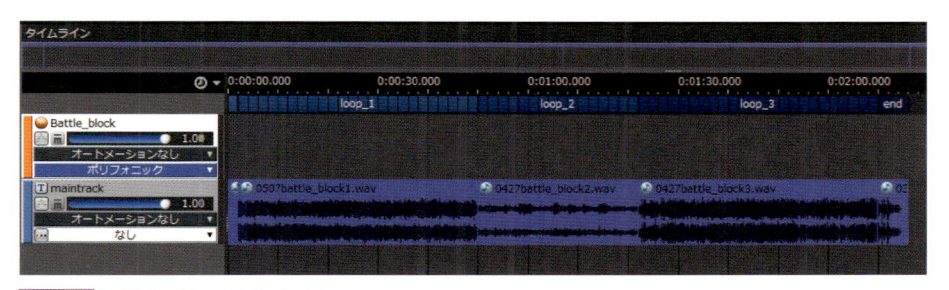

図 4-9-8 完成したブロック再生データ

　ブロックの設定は、デフォルトのままにします。このブロックに遷移したら、ブロック内のウェーブフォームを 1 回再生したあと、キューの再生が止まります。F5 キーからプレビュー再生を行い、再生中にブロックをクリックして、意図したタイミングで遷移が行われるかを確認してください。

■ Unity からブロック再生を制御する

　ブロック再生データを Unity から制御する方法は、通常どおり「キューの再生」と「ブ

ロックの ID を指定する」だけです。ブロック ID は、先頭から「0、1、2、3…」と割り振られています。

　ブロックの遷移は、キューを再生した際の戻り値「CriAtomPlayback」クラスを経由して操作します。AtomSourceManager.cs には、次のメソッドが用意されています。

```
リスト4-9-2 AtomSourceManager.cs
private CriAtomExPlayback bgmAtomPlayback = new CriAtomExPlayba
ck.invalidId);

public void PlayBGM(string cueName)
{
    bgmAtomPlayback =  bgmAtomSource.Play(cueName);
}

public void SetBlockId(int id)
{
    if (bgmAtomPlayback.id != CriAtomExPlayback.invalidId)
    {
        if (bgmAtomPlayback.GetCurrentBlockIndex() != id)
        {
            bgmAtomPlayback.SetNextBlockIndex(id);
        }
    }
}
```

　戻り値 CriAtomExPlayback を保持しておき、ブロックの id が現在再生中のブロックと異なる場合は、SetNextBlockIndex メソッドに id を渡します。

　サンプルゲームでは、敵のパラメータを保持している Scriptable Object（Enemy Status クラス）にブロック名を保存して、新たな敵が出てきたときにブロック id が変わっていたら遷移を実行します。ボスを倒し終わると、アウトロのブロックに遷移します。

ブロック再生利用時の注意

　ブロック再生を使用する際は、AttachFader メソッドを使ったフェーダーの利用ができません。

■ プログラムからの指定なしでブロック再生の展開をセットする

　ブロック再生には、プログラムからの遷移先指定なしでブロックの展開を設定できます。ブロックのインスペクターで、パラメータ「ブロック遷移先」を「ブロック遷移先指定」にすると、ブロック遷移先を指定するタブが操作可能になります。

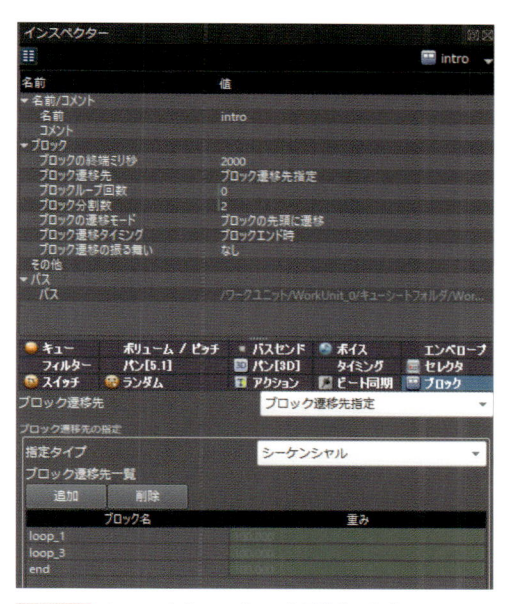

図 4-9-9 インスペクターでブロック遷移先の指定

　「追加」ボタンをクリックして、ブロックを追加します。ブロック名をクリックすると、ドロップダウンリストが開き別のブロックを指定できます。ただし、「ブロック遷移先指定」で遷移の順番を設定していった場合も、ブロックのループ再生設定は適用されます。対象のブロックが無限ループ設定だった場合は、ブロック遷移先指定が動作しないので注意しましょう。

■ ブロックの遷移時だけ鳴る音を設定する

　曲のつなぎやループが自然に聞こえるように、遷移を行ったときにだけ鳴る音を設定できます。新たにブロックの再生を開始したときだけ鳴る「遷移後初回発音」と、ブロックから別のブロックへ移動する際に鳴らす「遷移時発音」の2種類があります。
　ブロックの再生オプションは、トラックの右クリックから指定が可能です。

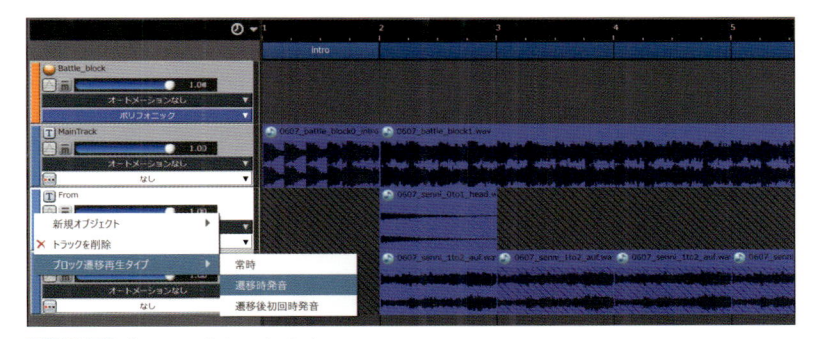

図 4-9-10 ブロック遷移タイプの設定

　「遷移後初回発音」は、別のブロックから移ってきたときに1回だけ鳴る設定です。この設定をしたトラックは網表示になります。サンプルゲームのプロジェクト内の「Battle_ block」キューでは、From という名前のトラックをこの設定にしています。

「遷移時発音」は、別のブロックへ移動するときに鳴る設定です。この設定をすると、逆方向の網表示になります。

MainTrack の音量を下げると、どのタイミングで「遷移後初回発音」と「遷移時発音」が鳴っているかがわかりやすくなります。

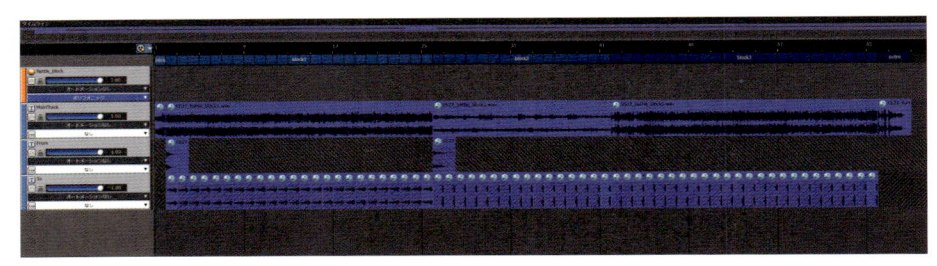

図 4-9-11 ブロック再生を適用したキューの全体

ブロック再生の活用方法

ブロック再生は、サンプルゲームのように「ゲームの場面に合わせて BGM の展開を変える」という利用方法以外にも、何度も再生されるような BGM の「繰り返し感」を減らすことにも活用できます。

たとえば、メインメニュー画面で流れている BGM などは、ほかの画面からメインメニューに戻るたびに同じ曲を頭から再生してしまうと、繰り返し感が強く飽きてしまいます。そこで、BGM にブロック機能の仕組みを導入し、メインメニューに戻ってきたときにランダムなブロックから再生を開始することで、「冒頭部分ばかり聞こえてしまう」という現象を回避できます。

DAW ソフトから出力する際の注意点

楽曲データを DAW ソフトから書き出す場合は、書き出し時の遅延によりわずかに時間がずれてしまう場合があります。DAW ソフト側のオプション設定の「実時間でバウンス（書き出し）する」などを使って、ループタイミングが厳密なサンプル数になるよう調整してから出力しましょう。

Atom Craft へのインポート後は、意図したサンプル数のデータになっているか、マテリアルのインスペクターでサンプル数と時間を確認するようにしましょう。

4-10 Atom Craft の機能をさらに使いこなす

この節では、Atom Craft を使った操作に慣れてきた方を対象に、キューに設定できる便利な再生モードや、Atom Craft で効率的な作業が可能となる支援機能を紹介します。また、音声データの差し替えなどが発生した場合の対処方法や、Excel、波形エディターといった外部ツールと Atom Craft の連携方法なども取り上げます。

Atom Craft には便利な機能が数多くあり、すべての機能は紹介できませんが、この節の TIPS をサウンド演出のクオリティアップの参考にしてみてください。

キューの詳細設定編

キューには、数多くの再生設定ができます。それぞれの用途や特徴を学ぶことで、Unity 側のコーディングを減らしつつ、サウンド演出を凝ったものにできます。

キューに設定できるカテゴリの数を増やす

キューに設定できるカテゴリの数は標準で 4 つですが、細かな分類を行いたいときは、4 つ以上のカテゴリを付けたい場合があります。

カテゴリの上限数は、Atom Craft のプロジェクトツリービューにある「全体設定」から、最大 16 個まで拡張できます。全体設定を選択して、インスペクターの「最大カテゴリ数」の値を変更してください。

カテゴリの内容を更新した場合、関連する ACB ファイルはビルドをもう一度行う必要があります。コンテンツを後から配信するモバイルゲームなどの場合は、のちのちの管理方法も見越して、キューに設定できるカテゴリ数を増やしておくとよいでしょう。

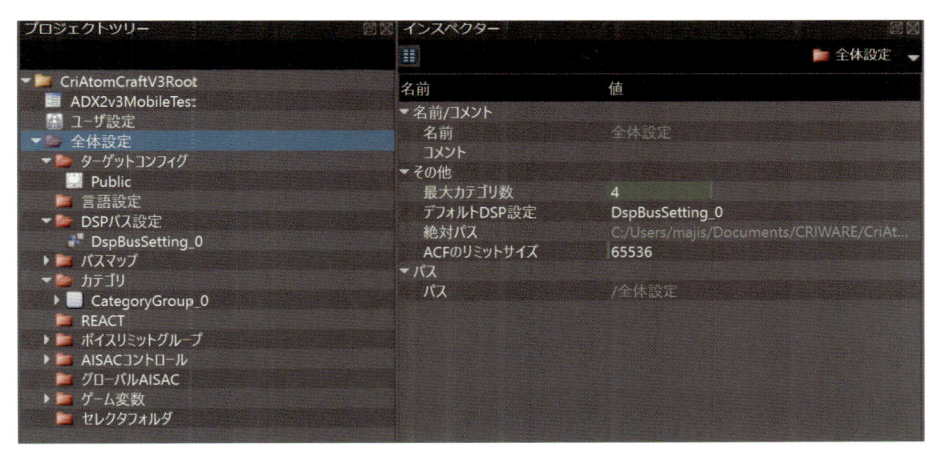

図 4-10-1 全体設定の最大カテゴリ数の設定

タイムラインの途中から再生するキューを作成する

複数の効果音に転用できる音声データがある時、あるキューでは音を先頭から再生し、別のキューでは途中から再生したい場合があるとします。

キューには、途中から再生する設定を埋め込むことができます。途中から再生するWAVEファイルを別に用意する必要はありません。設定は、先の4-8節のシーケンスコールバック機能で説明した「シーケンスマーカー」を使います。

タイムラインビューのキューの上で右クリックし、「新規オブジェクト」から「マーカーの作成」を選択してください。

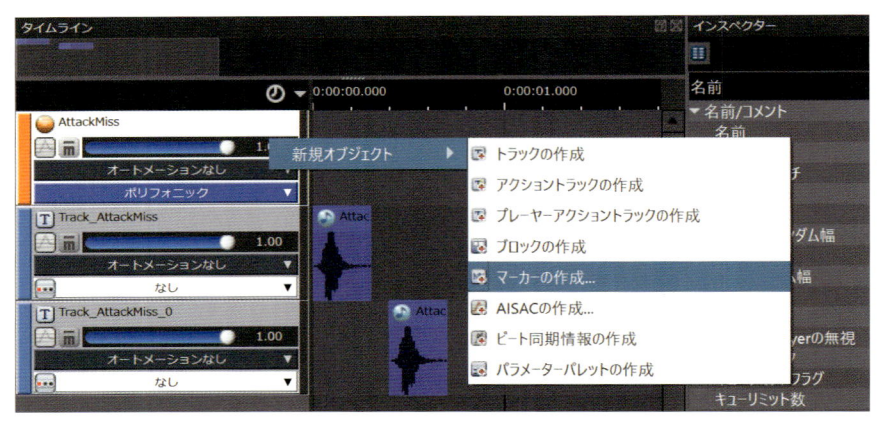

図 4-10-2 マーカーの作成

「マーカーの追加」ウィザードが表示されます。

図 4-10-3 マーカーの追加ウィザードが表示

「タイプ」のドロップダウンメニューから、「シーケンススタート」が選択された状態で、下部の「追加」ボタンをクリックします。すると、タイムラインビューに「START」と書いてある赤いマーカーが追加されます。

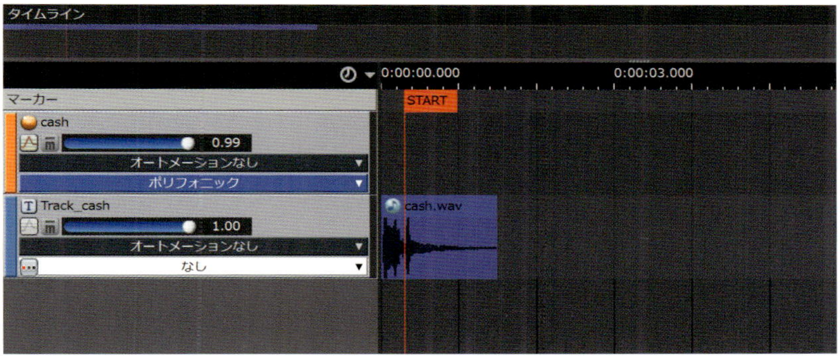

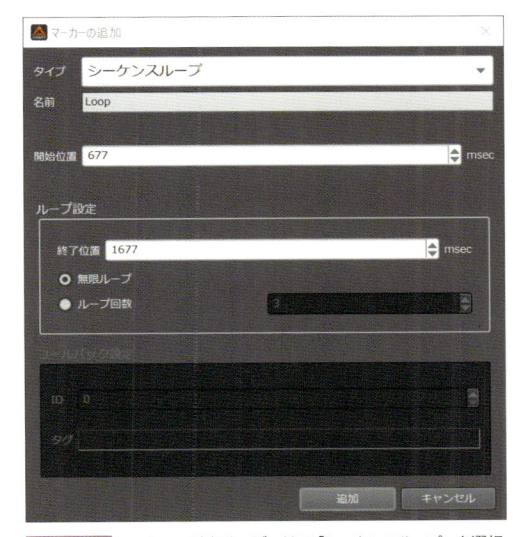

図 4-10-4 タイムラインにシーケンススタートのマーカーを設定

　START シーケンスマーカーは、赤色の細い線の位置から再生が開始されます。マーカーを任意の位置に動かしてから、キューのプレビュー再生を実行してください。マーカーの位置から途中再生されることが確認できます。

　設置済みのループマーカーは、右クリックメニューの「マーカーの編集」から設定で変更・削除できます。サウンドデータの量を増やすことなく、再生開始位置の複数のパターンを持たせたいときに有効です。

● キューのシーケンスをループ再生する

　シーケンスマーカーには、ループ再生の機能もあります。マーカーを追加する際、設定を「シーケンスループ」にすることで、ループスタートとループエンドのマーカーが作成されます。

　マーカーの追加ウィザードで、「シーケンスループ」タイプを選択します。このウィンドウではループ回数を指定できるほか、「無限ループ」オプションもあります。

図 4-10-5 マーカーの追加ウィザードで「シーケンスループ」を選択

　設定を行ってから「追加」ボタンをクリックすると、タイムラインに緑色のループポイ

ントのマーカーが表示されます。緑色の「LPS［inf］」がスタート地点、「LPE」が終了地点です。

　図4-10-6の「［inf］」はインフィニティ、つまり無限ループ設定であることを示しています。シーケンスループにおけるループ回数は、「LPE」から「LPS」に戻る回数という意味です。ループ回数が2の場合は、実際に再生される回数は3回になります。

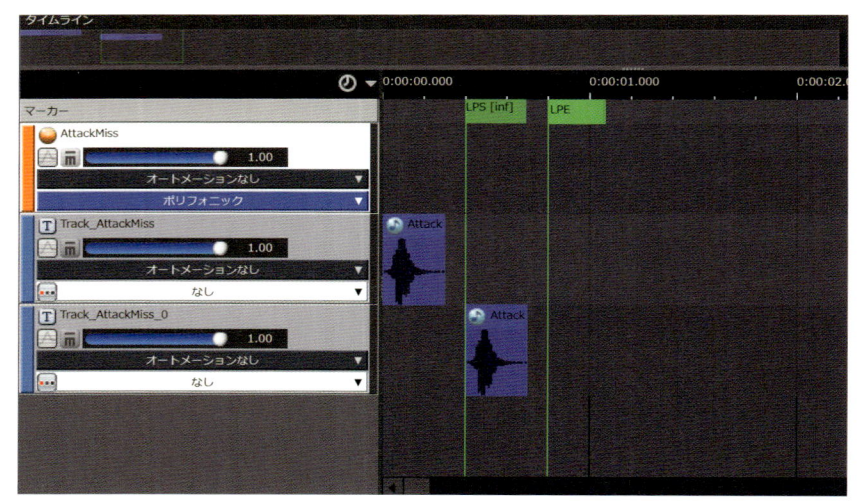

図 4-10-6 シーケンスループマーカーが表示されたタイムライン

　シーケンスマーカーによるループ再生は、あくまでキュー内のシーケンス処理をループ実行するものです。ウェーブフォーム（音声データ）の先頭位置が LPS マーカーより前に出ている場合は、ループ開始時には再生されません。ループ区間内にウェーブフォームが先頭から含まれる場合のみ、ループ再生の対象になります。

　音声データの途中部分でループ再生を行いたい場合は、マテリアルで設定します。マテリアル設定の「ループ情報の上書き」を true にすることで、任意のサンプル単位からループ再生ができます（前述の 4-6 節を参照）。

BGM にタイミング情報を埋め込んで、曲に合わせた演出を作る

　前の 4-9 節で紹介した「インタラクティブミュージック」とは逆に、BGM の展開からゲーム側の演出を変化させる処理を考えてみます。使用する機能は 4-7 節の「セリフデータにタイミング情報を埋め込む」で紹介した「シーケンスコールバック」と同一です。

　BGM の盛り上がるタイミングなどにシーケンスコールバックを埋め込み、キャラを動かしたりパーティクルを出すなど、曲の展開に同期したゲームの演出を作ることができます。

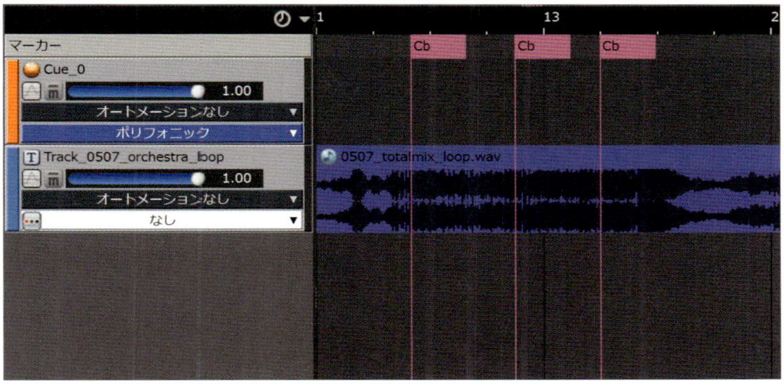

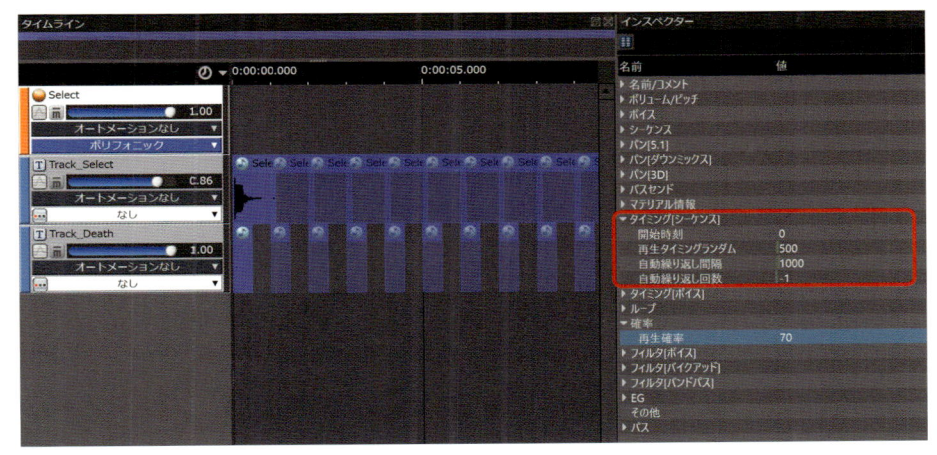

図 4-10-7 BGM にタイミング情報を埋め込んで曲に合わせた演出を作る

短い音からリピート感の少ない環境音を作る

　1章で扱った屋外の環境音は、1つの長い音声データをループしているものでした。マップを読み込むたびに、再生開始位置をランダムに切り替える方法を紹介しましたが、それでも「繰り返し感」が出てしまいます。

　そんなときは、短い効果音がランダムにリピート再生されるキューを作って、環境音の繰り返し感をなくしましょう。「雨の中水が落ちる音」や「鳥や虫の鳴き声」、「雷」などの短い効果音をランダムな間隔で繰り返し再生して実現します。

　トラック内のウェーブフォームは、個別に繰り返し再生の設定が可能です。タイムラインビューでウェーブフォームを選択して、インスペクターの「タイミング［シーケンス］」項目を確認します。

図 4-10-8 リピート感の少ない環境音の設定

　「自動繰り返し回数」を−1にすると、ウェーブフォームの再生を無限に繰り返すようになります。「自動繰り返し間隔」をウェーブフォームの再生時間より長く取り「再生タイミングランダム」を設定することで、ランダムに繰り返し再生されるキューとなります。

　加えて、「再生確率」の項目を使って、ウェーブフォームが再生される確率も設定できます。さらにピッチのランダムや、ループ設定を併用すると、バリエーションを大きく増

やせます。二度と同じ組み合わせの音が鳴らないぐらい「ばらばら」な環境音になります。

■ キューの中でキューを呼んで鳴らす／シーケンスを入れ子にする

たとえば、SE 用に設定した複数のキューを、ゲームのカットシーン用キューなどでシーケンス（時系列）に並べて鳴らしたい場合があります。その際は、キューの中で別のキューを配置する「キューリンク」が使用できます。

使い方は簡単で、タイムラインビューへ別のキューをドラッグ＆ドロップするだけです。

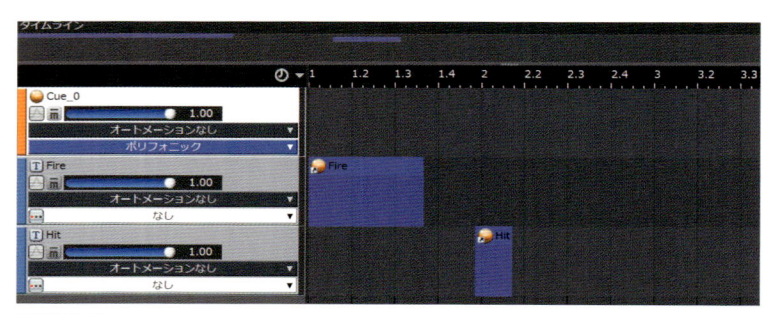

図 4-10-9 キューリンク機能でキューを入れ子にする

キューリンクはあくまで参照なので、リンク元のキュー設定を変更すると、リンク先のキューも影響を受けます。

またキューリンクは、キューシートを超えて設定することも可能です。その際はほかのキューシートに該当するキューが存在するかを調べる検索処理が走ります。これを「外部キューリンク」と言います。トラックの上で右クリックし、「新規オブジェクト→外部キューリンクの作成」から作ることができます。

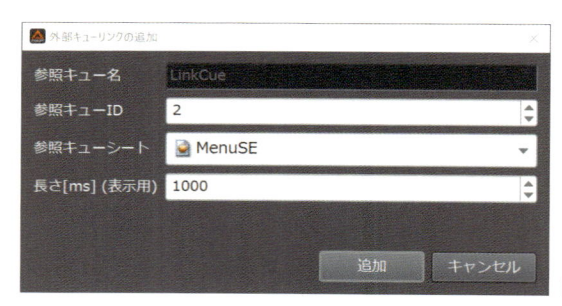

図 4-10-10 外部キューリンクの追加ウィンドウ

参照するキューシートが指定されていない場合、現在ロードされているキューシートの中からキュー名やキュー ID を再生します。わざと同名のキューが含まれるキューシートを複数用意しておいて、キューシートを読み替えることで音を差し替える機構を作ることも可能です。

■ キューの中に複数のシーケンスを持つ

通常、キューにはシーケンスが 1 つ含まれますが、キューの中にもう一層シーケンスを持たせることができます。これを「サブシーケンス」機能と言います。トラックの上で右クリックし、「新規オブジェクト→サブシーケンスの作成」から作ることができます。

サブシーケンスの中身は、通常のキューと同じです。同じシーケンス展開が複数含まれるキューでは、サブシーケンスを作ってコピーすれば作成が楽になります。

図 4-10-11 サブシーケンスの設定

Atom Craft 設定活用編

　Atom Craft の設定を自分好みに変更し、使い勝手を上げて作業効率がより上がるようにしましょう。ここでは、そのための各種の TIPS を紹介します。

キューやマテリアルをインポートする際のデフォルト値を変更する

　ほとんどのキューやマテリアルに適用したい設定があったとき、キューを新規作成するたびに、その設定を手で適用するのは少々手間です。そんなときは、新規生成されるキューやトラック、ウェーブフォームのデフォルト設定を変更してしまいましょう。

　メニューの「ツール→ツール設定→共通設定→初期値設定」から、各要素の生成時のデフォルト値を変更できます。

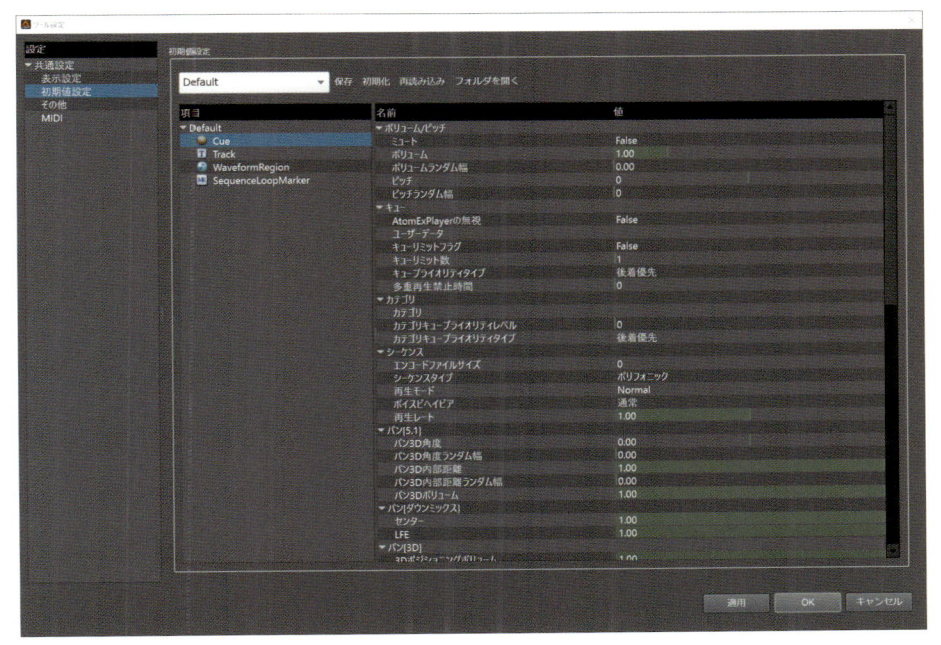

図 4-10-12 キューやマテリアルの初期値の設定

設定値は、「プロファイル」として個別に保存ができます。たとえば、3D ポジショニング用の SE をたくさん登録する場面を考えてみましょう。「ウェーブフォーム」のデフォルト設定を「パン 3D」から「3D ポジショニング」に変えた初期値プロファイルを適用し、SE 用のキューを作成するときだけその初期値設定を使うといった運用が可能です。

■ ランダム設定を含んだキューを新規作成する

キューの新規作成は、元となるマテリアルをキューシートの上にドラッグ＆ドロップする操作が中心です。

その方法のほかにも、シーケンスタイプがあらかじめ設定された空のキューをワンボタンで作ることができます。ワークユニットツリービューには、階層を表示しているすぐ上に新規オブジェクトを作成するためのボタンが並んでいます。キューの内容がある程度決まっている場合は、これらのボタンからキューを作ることで、毎回シーケンスタイプを変更する必要がなくなります。

なお、このエリアのボタンの内容は、選択している層によって変わります。キューシートを選択しているときはキューの新規作成、キューを選択しているときはトラックの新規作成ボタンが表示されます。

図 4-10-13
ワークユニットツリービューの
新規キュー作成ボタン

■ キューやトラックに色を付ける

ツール上で特定のキューを目立たせたり、キュー内で特定のトラックに目印を付けたい場合は、色付け機能が便利です。ワークユニットツリーでキューを選択して右クリックし、「色の設定」から個別に色分けを行うことができます。

トラックに色を付けると、タイムラインビューのトラックの色も変わります。本設定はツール内のみで利用できる分類で、出力データには影響しません。

図 4-10-14 キューに色を付ける設定

タイムラインの表示単位を小節やビートに変更する

　タイムラインビューの時計マークのアイコンをクリックすると、タイムルーラー（横目盛り）の単位を変更できます。隣のドロップダウンメニューボタン（下三角）をクリックすると、オプションが表示されます。

　オプションは、2つから選択できます。「ツールのタイムベースで表示する」は、ツール全体の共通設定を使用します。「キュー／サブシーケンスごとのタイムベース設定で表示する」は、このキューごとに個別に設定した表示単位を使用します。

図 4-10-15 タイムラインの表示単位の変更

　デフォルトではいずれも ms（ミリ秒単位）の表示になっていますので、「タイムベースの編集」をクリックして設定ウィンドウを表示します。

タイムベース設定のうち、「ツール設定」はツール全体の共通設定を変更します。「シーケンス設定」は、このキューごとの設定を行います。タイムルーラーのタイプは、ミリ秒表示、フレーム（fps）表示、Bars（小節）/ビート表示から選択できます。

図 4-10-16 では、4 分の 4 拍子、BPM：120 の設定を行っています。楽曲のデータを触っている場合は、活用しましょう。以降は、時計アイコンのシングルクリックで、ツール設定とシーケンス設定を切り替えができます。

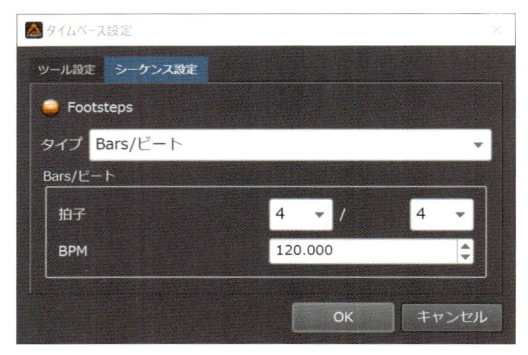

図 4-10-16 タイムベース設定ウィンドウ

● AISAC をエクスポート・インポートする

別のプロジェクトで作った AISAC を再利用したい場合、キューから AISAC をファイルとしてエクスポートできます。ワークユニットツリービューの AISAC アイコンを右クリックして、「インポート／エクスポート→ AISAC ファイルのエクスポート」を選んで出力します。「Aisac 名 .atmcaisac」というファイルになります。

インポートする場合は、キューの右クリックから「AISAC ファイルのインポート」から実行できます。

● キュー ID がプロジェクト内で一意になるように設定を変える

Atom Craft のデフォルト設定では、キューシートごとに同じ ID、同じキュー名を設定できます。プロジェクトの形態によっては、プロジェクト全体でキュー ID が重複しないように設定したい場合もあるでしょう。その場合は、重複 ID を禁止する全体設定ができます。

プロジェクトツリーのプロジェクト設定（プロジェクト名が表示されている箇所）を選択します。インスペクターのパラメータ「ビルド時のキュー ID 検証範囲」を「キューシート毎」から「プロジェクト全体」に切り替えることで、プロジェクト全体で重複 ID が利用できなくなります。

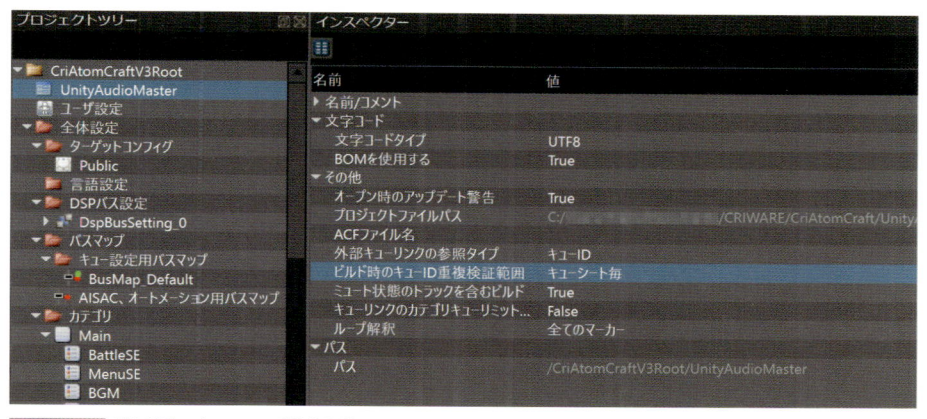

図 4-10-17 ビルド時のキュー ID 重複検証範囲

キュー ID の生成を任意の数字から始めるようにする

キューを新規作成したときの ID の割り振りは、キューシート内の「キュー ID 最大値 +1」から空いている番号を検索し、割り当てを行う、という挙動になっています。

たとえば、あるキューシートでは ID に「1001 〜 1999」を使い、ほかのキューシートでは「2001 〜 2999」を使う、という運用ルールの場合は、キューシートの最初のキューの ID を「1001」など、先頭の番号に指定しておくだけです。その後に作成されたキューは「1002」「1003」…というように、連番 ID が自動的に割り当てられます。

特定のキューをビルド結果に含めないようにする

さまざまな事情で、最終ビルドには含めたくないキューがあったとします。その場合は、ビルド結果から個別にキューを取り除くことができます。キューを右クリックし、「ACB からオブジェクトを除く」を選択します。

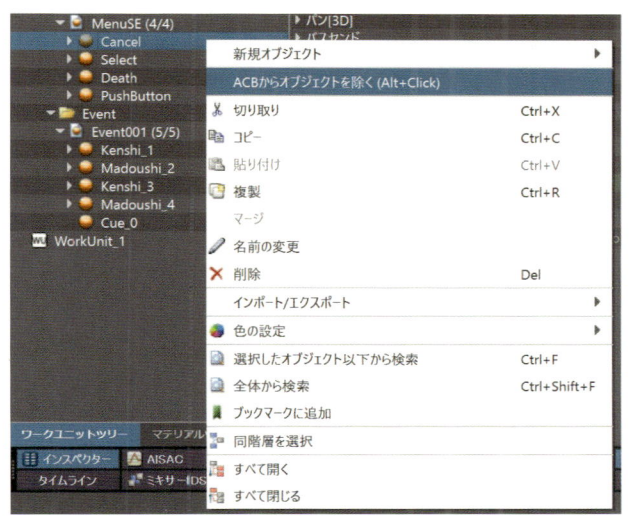

図 4-10-18 ACB からオブジェクトを取り除く

この操作をするとキューが網掛け表示になり、ACB に含まれなくなります。ワークユニットツリーからキューを消さずに、一時的にビルドから外したい場合などに活用できます。ただし、キューリンクなどでほかのキューから参照されている場合は、その音も再生されなくなるので注意が必要です。

■ カテゴリの編集などによるリンク切れの修正

リンク切れとは、「あるキューがカテゴリ A を参照しているのに、全体設定にはカテゴリ A が存在しない」といった状態です。保存忘れなどで全体設定への参照やマテリアルへの参照が切れてしまう場合があります。

リンク切れの検証は、ワークユニットツリービューの「ワークユニット」を右クリックして、「全てのワークユニットの検証」からチェックを行うことができます。

図 4-10-19 ワークユニットの検証

■ 複数のキューを横断的に一覧表示・一括操作する

カテゴリーの設定やキューリミットの数値設定、プライオリティの制御など、複数のキューのパラメータを一括して操作したい場合があります。そのときは「リストエディター」を使って、操作したいキューを一覧表示して操作しましょう。

リストエディターで「階層化表示」をクリックすると、ワークユニットツリービューで選択している階層の下にあるオブジェクトをすべて表示します。まずは「WorkUnit_0」を選択してから、リストエディターを呼び出しましょう。

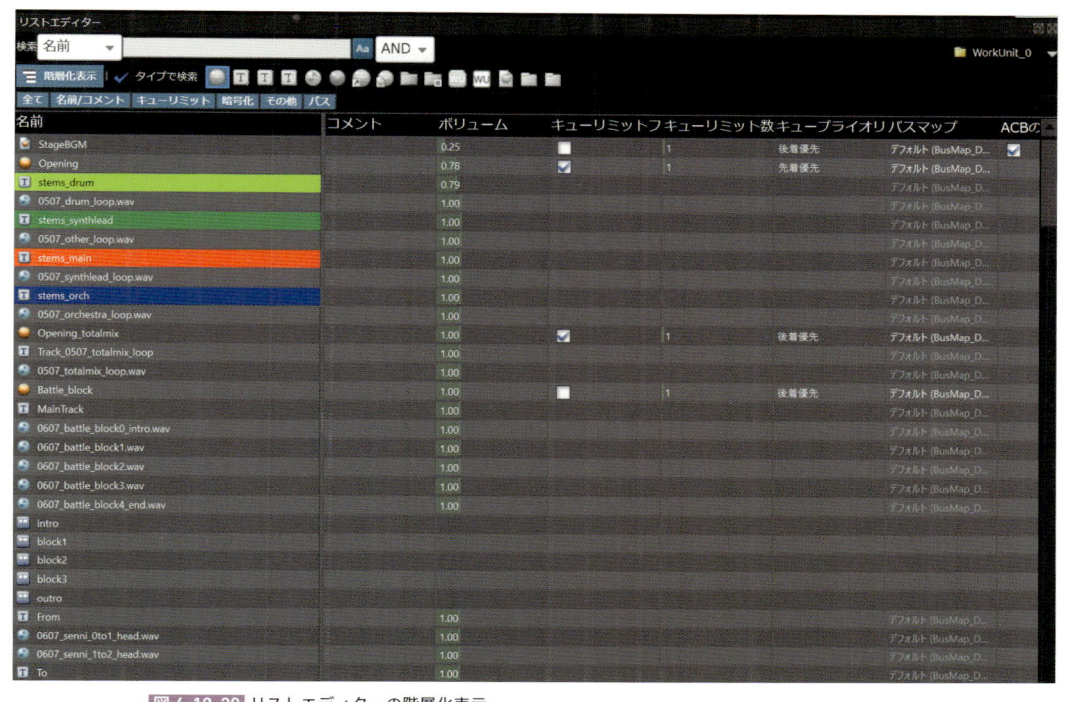

図 4-10-20 リストエディターの階層化表示

　必要な要素だにを表示するために、「タイプで検索」のボタンをクリックします。今回は「キュー」のアイコンを選択して、プロジェクト内のキューのみが表示されるようにしました。

図 4-10-21 リストエディターでタイプをキューに絞った状態

リストエディター内ではマウスで行を選択し、左ボタンを離さずにドラッグすることで複数選択が可能です（「名前」の列ではドラッグできません）。

複数選択状態で、いずれかの行の値を操作すると、すべての行に変更が反映されます。カテゴリの場合も同様です。たとえば、個別のキューに設定したエンベロープのリリースタイムを全削除するなど、値をまとめて操作したいときに有効です。

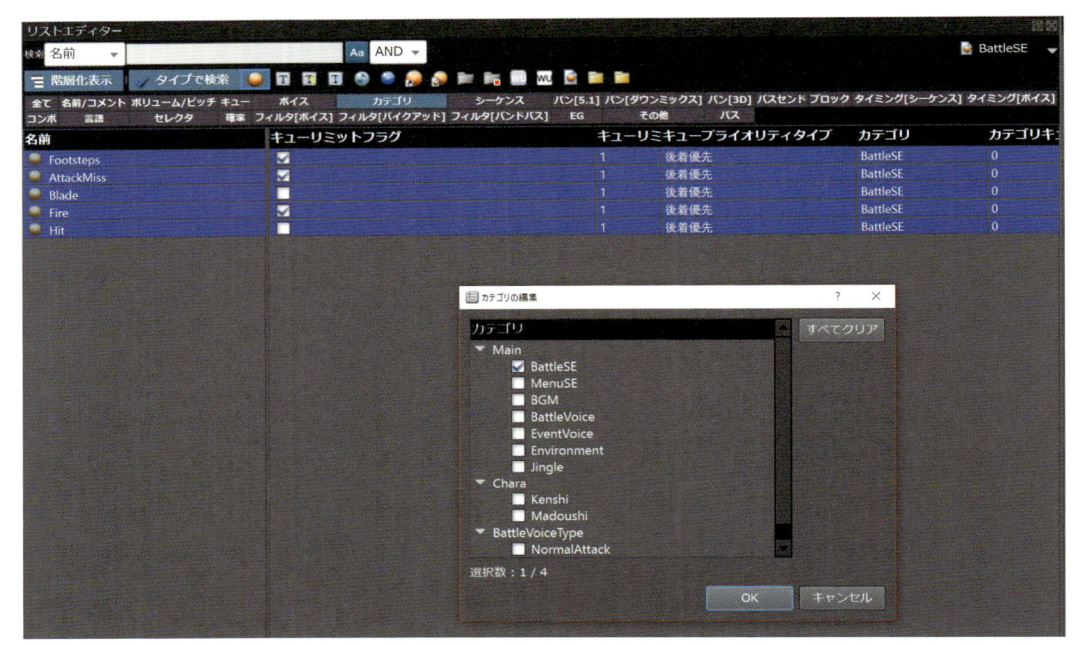

図 4-10-22 複数キューのカテゴリを一括操作する

サンプルゲームでは、「ユーザーデータ」にセリフの内容をキューに埋め込んでいます。複数のキューのユーザーデータの編集は、インスペクターよりリストエディターを使う方が効率的です。右クリックから、クリップボード内のテキスト流し込みもできます。

キューシートを選択した状態でリストエディターを開き、「タイプで検索」のキューのみ表示をオンすることで、キューを一覧表示できます。これで、キューを順番に再生しつつ、ユーザーデータの編集が行えます。

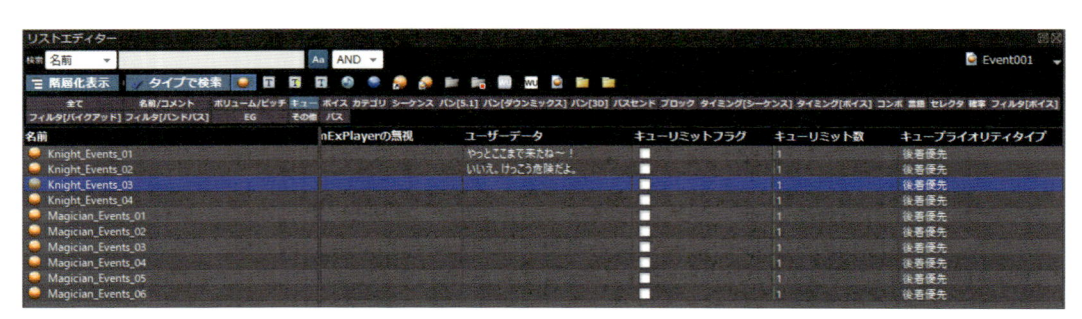

図 4-10-23 リストエディターを使ったユーザーデータの編集

また、先の 4-7 節で紹介したエンベロープを使ったクロスフェード設定も、この方法

では一括で設定が可能です。

　楽曲用のキューシートを選択した状態でリストエディターを開き、「階層表示」「タイプで選択」をオン、「ウェーブフォームリージョンを表示（青い音符マーク）」をクリックして、ウェーブフォームのみをリスト表示します。

　その上で、表示するパラメータを「EG（エンベロープ設定）」に指定することで、アタックとリリースのパラメータが表示されます。この後は、ほかの一括操作と同様です。設定したいウェーブフォームを複数選択し、数値を変更するだけです。

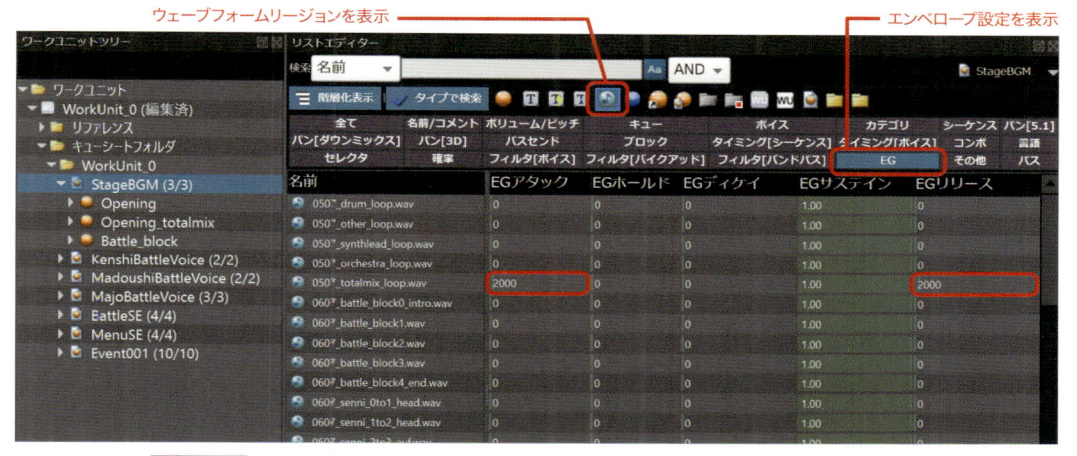

図 4-10-24 リストエディターでエンベロープ設定を一括変更

■ ウェーブフォームが波形グラフを表示しない場合の設定

　ウェーブフォームで波形グラフが表示されない場合があります。これはデフォルトでは、10秒以下のウェーブフォームのみ波形グラフを表示する設定になっているためです。

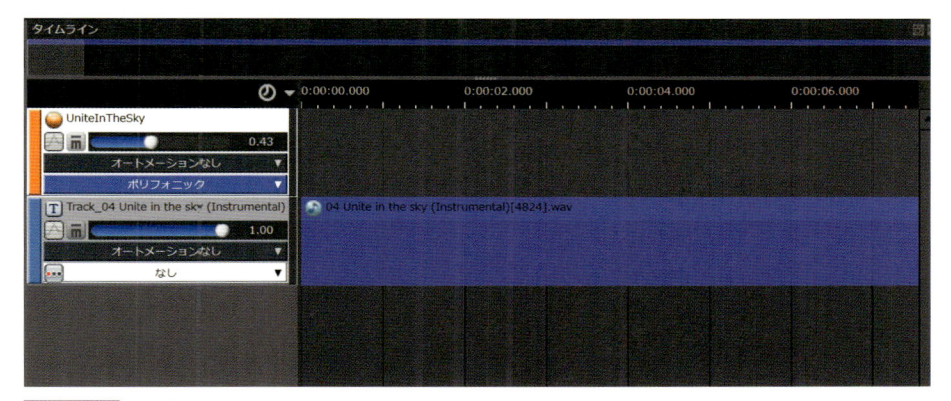

図 4-10-25 波形グラフが表示されていない状態

　メニューの「ツール→ツール設定→表示設定→タイムライン」から、波形グラフ表示時間の設定を変更します。

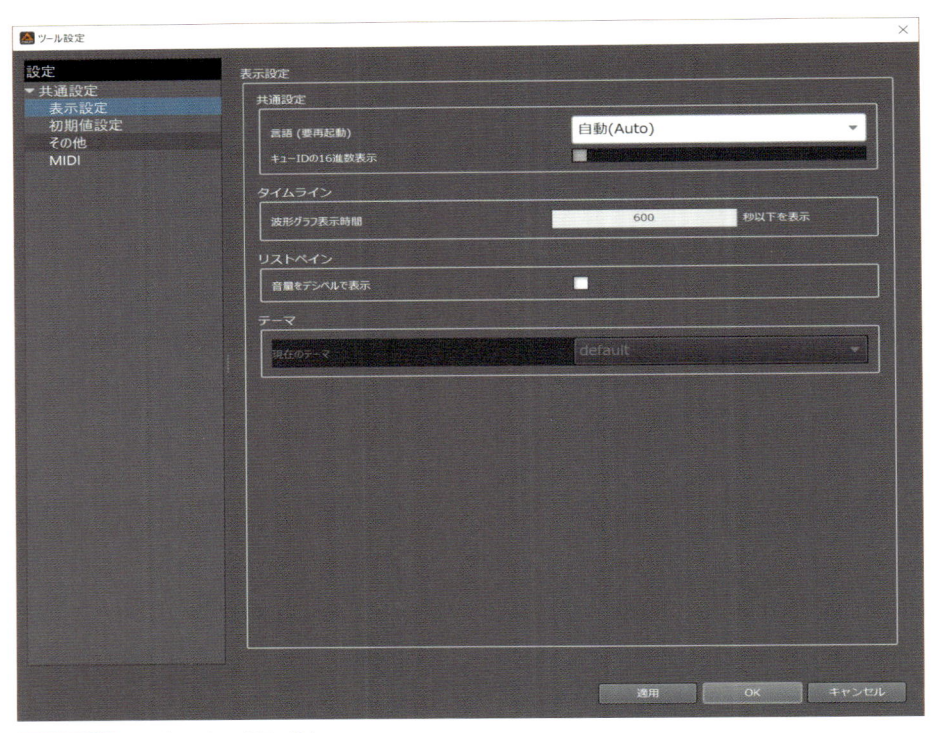

図 4-10-26 波形グラフ表示時間の設定

楽曲の頭出し部分を確認したい場合などは、この数値を曲より長くします。

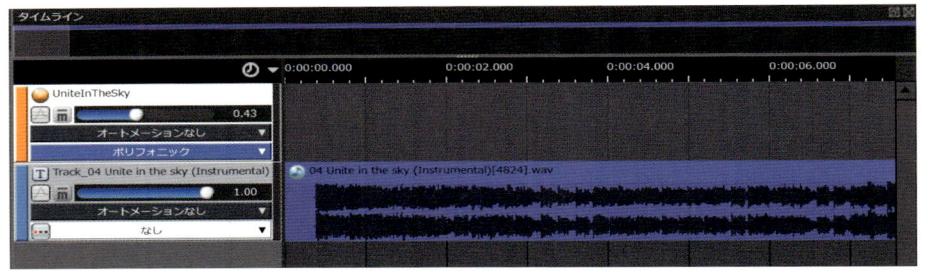

図 4-10-27 波形グラフが表示された状態

音声データ管理編

Atom Craft で多数の音声データを扱う際に、ミスを減らしつつ効率的に作業するための機能をいくつか紹介します。

キューの設定を保持したまま音声データを差し替える

作曲の担当者が修正を行った楽曲を差し替えたり、効果音のデータ差し替えが発生した場合、キューのパラメータや AISAC などの設定を残したまま、マテリアルだけを差し替えたい場合があります。その場合は、「マテリアルの再割り当て」機能を使います。

タイムラインビューで対象のマテリアルを右クリックし、メニューから「マテリアルの

再割り当て」を選択します。

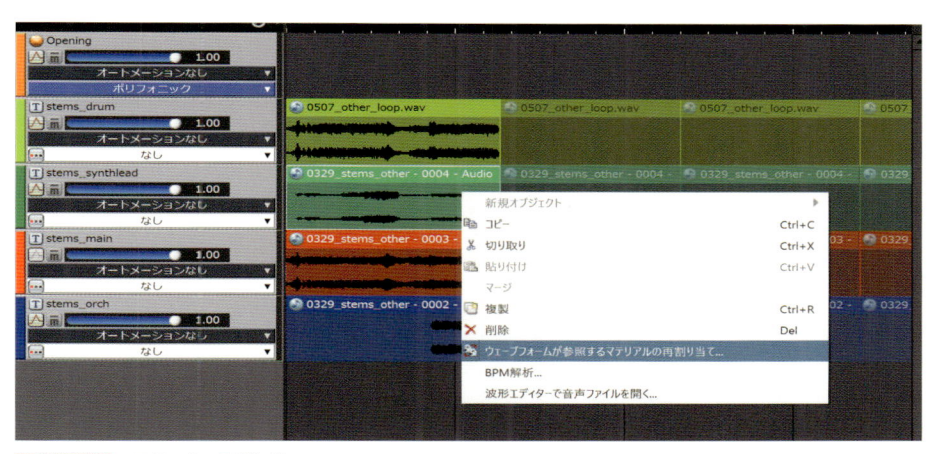

図 4-10-28 マテリアルの再割り当て

　再割り当て処理のウィンドウが開くので、差し替えたいマテリアルを右下の「新しいマテリアル」エリアにドラッグ＆ドロップします。これで、キューの設定を変えずに、ウェーブフォームのマテリアルだけを差し替えることができます。

　「マテリアルの再割り当て」機能は、マテリアルルートフォルダをエクスプローラーやFinder の中で名前を変えてしまい、参照を失った際の修正にも利用できます。

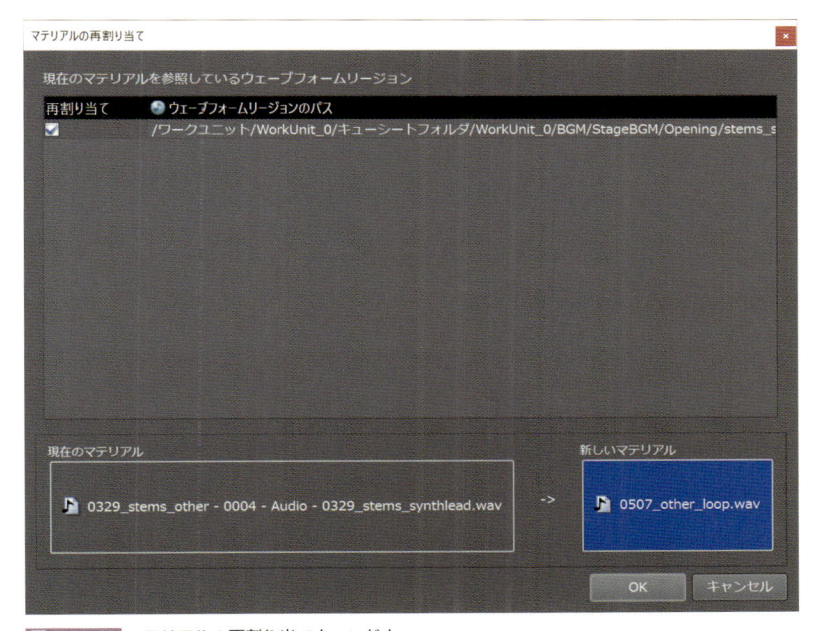

図 4-10-29 マテリアルの再割り当てウィンドウ

■ エクスプローラーから追加・変更した WAVE ファイルを AtomCraft で認識させる

マテリアルフォルダとして指定しているフォルダ内に、エクスプローラーまたは Finder で音声データを追加した場合、ツールがその変更を認識しないときがあります。そのときは、プロジェクトツリービューでフォルダを右クリックし、「未登録ファイルの登録」を実行します。

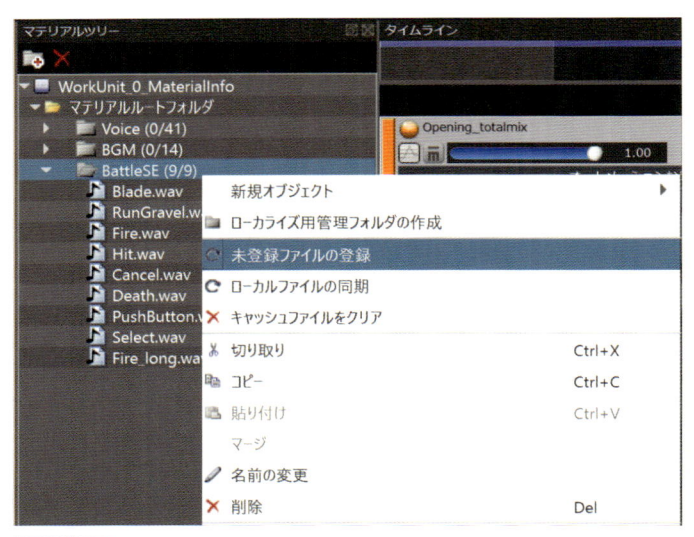

図 4-10-30 未登録ファイルの登録

波形エディターでマテリアルフォルダ内の WAVE ファイルを直接加工した場合も、同様の状態が起きることがあります。

その際は、マテリアルツリー上でマテリアルを選択し、右クリックメニューにある「ローカルファイルの同期」を実行することで情報の更新が行われます。データが更新されているかどうかは、ファイルの最終更新時刻で判別します。

■ キューに使わなかった音声データを見つける

セリフの音声データや、効果音素材集の音声データをすべてマテリアルツリーに登録している場合、開発の終盤で使っていない音声データを消したいことがあります。

マテリアルツリービューで右クリックし、「未使用マテリアルを検索」を実行すると、プロジェクト内で使われていない音声データの一覧を表示できます。

便利機能編

これまで紹介した以外の Atom Craft の便利な TIPS をいくつか紹介します。

■ キューを WAVE ファイル出力する

Atom Craft では、ピッチ変更やシーケンスへの配置などでさまざまな効果音を作ることができますが、キューはゲーム内でしか鳴らすことができません。ゲームの PV やオープニングムービーなどにゲーム中の効果音と同じ音を使いたい場合は、キューを WAVE

ファイルに出力する機能を使いましょう。この機能を「バウンス」と呼びます。

　バウンスは、出力したいキューをワークユニットツリービューで選択している状態で、メニューの「バウンス」から「キューのバウンス」を選択するとすぐに実行されます。

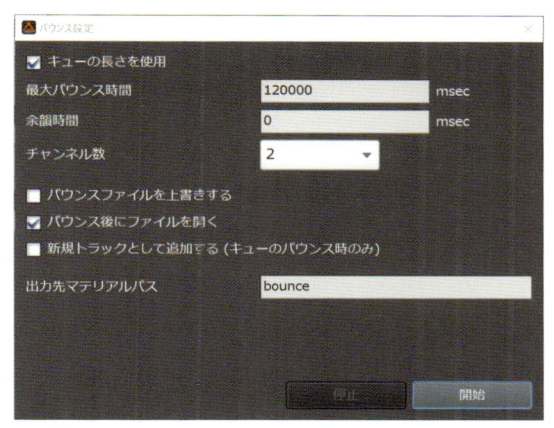

図 4-10-31 キューのバウンス設定

　WAVE ファイル化されたデータは、エクスプローラーまたは Finder で表示されます。キューにランダム設定をしている場合は、バウンスするたびに異なる音が出力されます。狙った音を出したい場合は、キューを複製してバウンス用にパラメータのランダム設定を消してから、バウンスするとよいでしょう。

■ Atom Craft でムービーを流しながら再生タイミングを合わせる

　キューのシーケンスにウェーブフォームを設定する際、動画ファイルを同時再生しながら作業できます。たとえば、キャラクターの攻撃アニメーション中に複数の音が鳴るキューを作りたい場合に有効です。

　アニメーションを動画ファイルとして DCC ツールから出力しておき、Atom Craft で動画を再生しつつ、音のタイミングを合わせることができます。

■ 曲の BPM（テンポ）を静的に解析する

　マテリアルツリーかキューのトラックで、ウェーブフォームを選択して右クリックメニューから「BPM 解析」を実行できます。これにより、音声データの BPM をログに出力できます。解析できるフォーマットは WAVE のみです。また、長さが足りない場合は BPM が不正確になります。

■ プロジェクトファイルのバックアップをとる

　挙動の確認のためにキューを一時的に全消ししたり、破壊的操作をするときにバックアップを取っておきたいことがあります。メニューの「ファイル→プロジェクトをバックアップ→全てバックアップ」から、マテリアルを含むすべてのデータをバックアップできます。

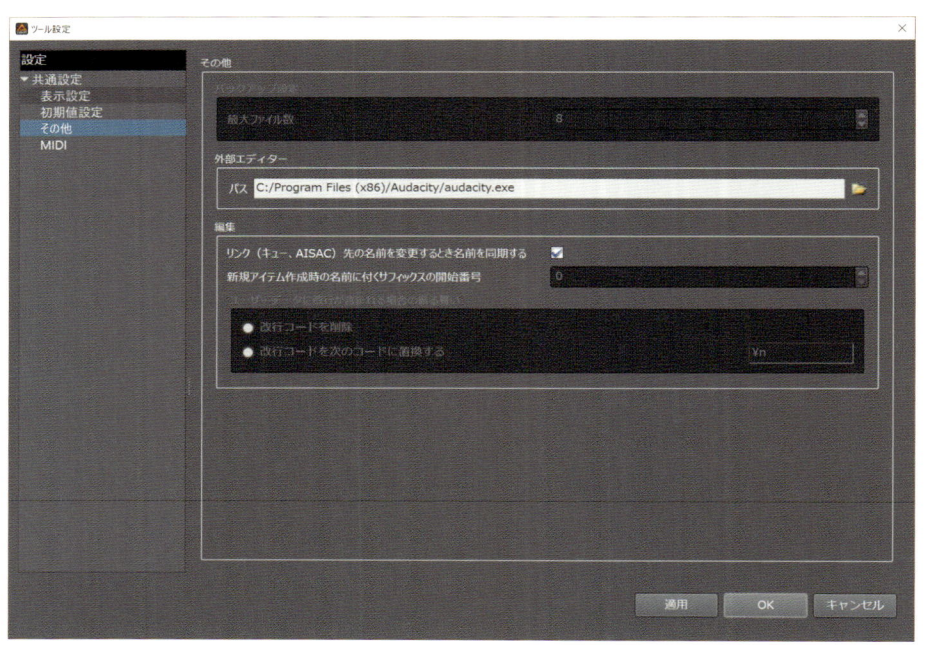

波形エディター（WAVE 加工ツール）を AtomCraft から呼び出す

Atom Craft には、音声データそのものを加工する機能はありませんので、データを切り貼りしたい場合は、外部のツールを使用する必要があります。波形エディターには、SoundForge や Audacity などがあります。

メニューの「ツール→ツール設定→その他」から、「外部エディター」を指定することで、これらのツールを Atom Craft から呼び出すことができます。この設定をしておけば、ウェーブフォームの右クリックから「波形エディターで音声ファイルを開く」を経由することで、指定の波形エディターをすぐ開くことができます。

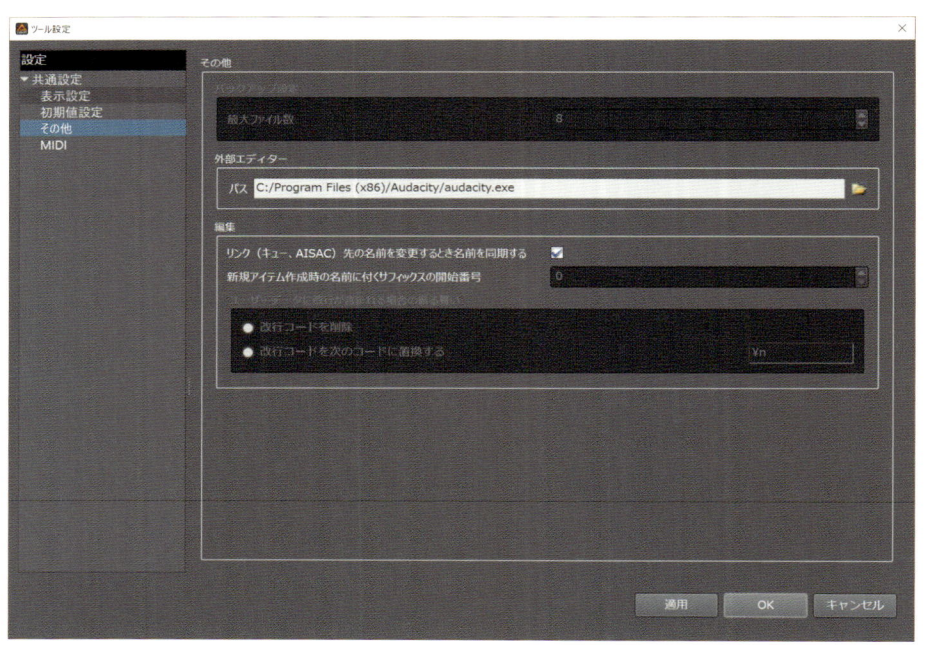

図 4-10-32 波形エディターの設定

Excel 連携機能編

Atom Craft を使うことで、Excel 上で WAVE ファイルの中身を管理するわずらわしさからは解放されます。しかし、Excel は強力なデータソート・加工ツールであることもまた事実です。Atom Craft は、各データを Excel 用に出力したり、csv ファイルをインポートできます。

csv ファイルからキューを生成する

Atom Craft は、csv ファイルからキューの生成が可能です。Excel で一覧を作った後、「,」区切りの csv ファイルとして保存して利用します。

基本的なフォーマットは、「キュー ID, マテリアル名, テキスト」の 3 列です。「テキスト」の行は、csv ファイルの行にコマンドとして「#CopyTextTo CueComment」または「#CopyTextTo UserData」と入れることで、キューのコメントがユーザーデータに書き込む設定となります。

たとえば、次のような記述形式になります。

```
//これはcsvファイルのコメントです//
#CopyTextTo CueComment
1001，TEST_01.wav,キューのコメント
1002，TEST_02.wav,キューのコメント
#CopyTextTo UserData
1003，TEST_03.wav,ユーザーデータ
1004，TEST_04.wav,ユーザーデータ
#CopyTextTo CueComment UseBlank
1005，TEST_05.wav,空白で上書きされる
```

　この機能を使う前に、csv ファイル内で指定されているマテリアルをマテリアルフォルダ内に格納しておく必要があります。csv ファイルが用意できたら、キューシートの右クリックのメニューから「キュー作成情報 CSV からキューの作成」メニューを選ぶことでインポートが行われ、キューが生成されます。

図 4-10-33 キュー作成情報 CSV からキューの作成

キューシート情報を csv インポート・エクスポートする

　Atom Craft のキューシートから、キュー情報をすべて含んだ csv ファイルをインポート・エクスポートできます。csv 出力して Excel で一括処理加工を行い、また戻すといった作業が可能です。

　キューシートをエクスポートする際は、キューシートの右クリックメニューから「インポート／エクスポート→キューシート CSV のエクスポート」を選択します。

　インポートする際は、キューシートフォルダかワークユニットフォルダを右クリックして、メニューから「インポート／エクスポート→キューシート CSV のインポート」を選択します。

　なお、エクスポートされた csv ファイルはパラメータの数が非常に多いため、Atom Craft のメニューのヘルプに「CSV フォーマットリファレンス」が確認できるウィンドウ

を搭載しています。この中から、パラメータ名を検索可能です。

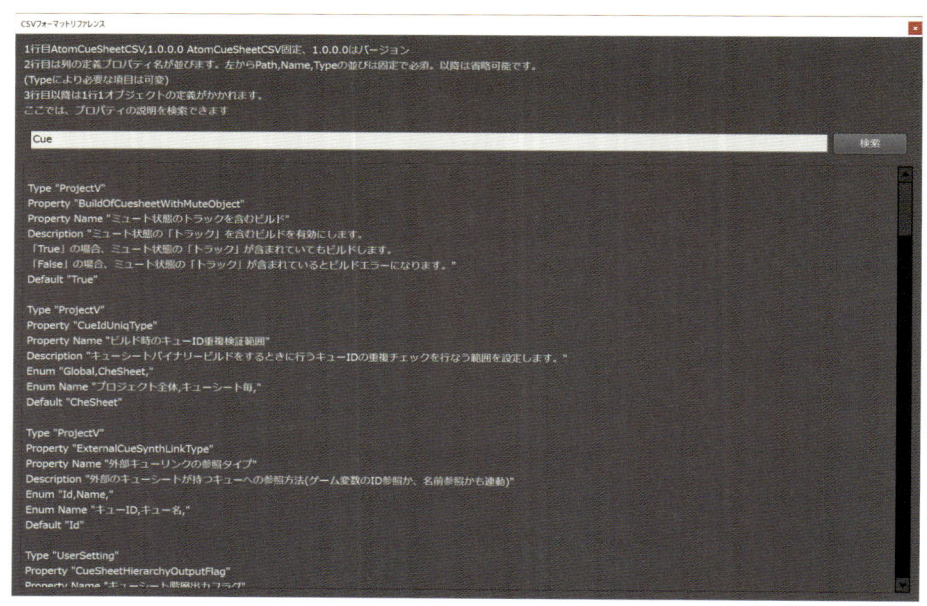

図 4-10-34 CSV フォーマットリファレンス

🟣 マテリアル情報の csv ファイルのインポート・エクスポート

マテリアルの設定項目も、キューシート同様にインポート・エクスポートできます。マテリアルルートフォルダ、またはその下のマテリアルサブフォルダごとにエクスポートできます。

ただし、エクスポートはあくまで「圧縮設定」「コーデック」など、インスペクタービューで確認できる情報のみです。元となる音声は、エクスポートされないことに注意してください。

🟣 ビルド関連編

Atom Craft から最終的にビルドを行う際に、知っておきたい TIPS を紹介します。

🟣 クリーンビルドとキャッシュクリア

キューシートバイナリのビルドダイアログには、通常のビルドボタンのほか、「クリーンビルド」ボタンがあります。これを実行すると、すべての中間ファイル（キャッシュファイル）を削除した上でビルドを行います。

Atom Craft は、マテリアルの設定変更があった場合は再圧縮を行いますが、アンチウィルスソフトなどの別のプロセスからファイルを操作されたり、ネットワーク経由でファイルが更新されてしまった場合、設定が適用されない可能性がまれにあります。そのような何らかの要因で再生に問題がある場合、「クリーンビルド」を実行して圧縮をすべてやり直します。

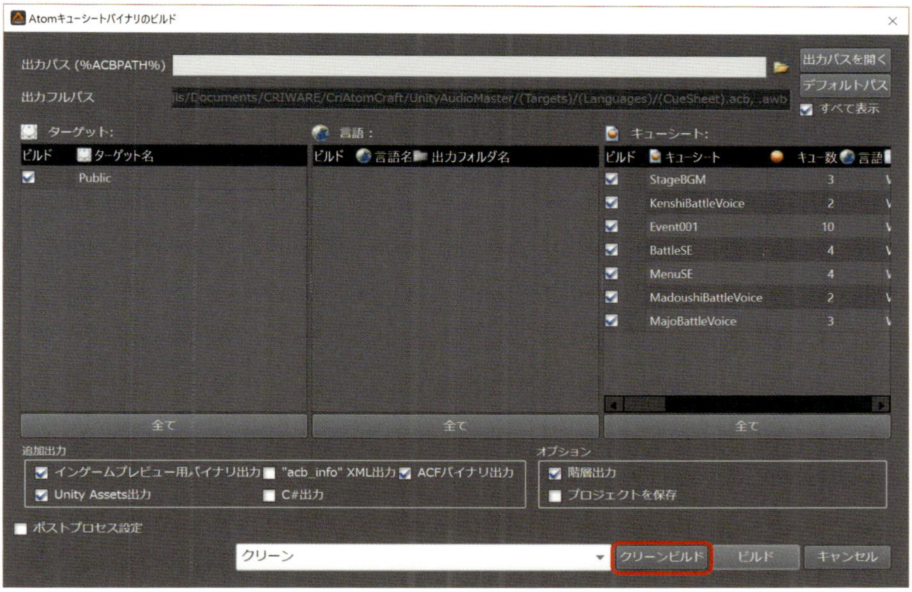

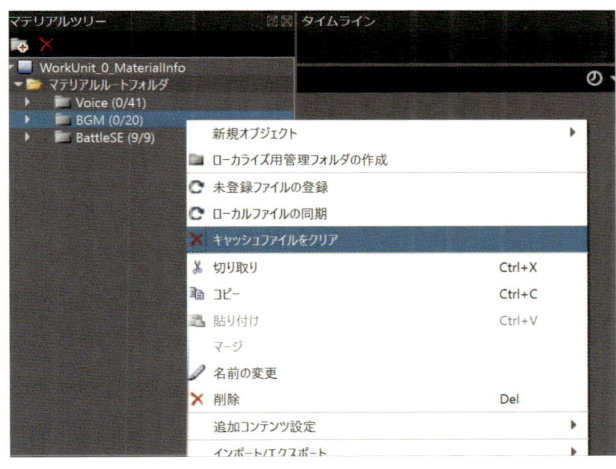

図 4-10-35 ビルドダイアログのクリーンビルド

　特定のマテリアルや、マテリアルツリー内のビルドキャッシュを削除したい場合は、マテリアルツリービューから個別に削除できます。マテリアルフォルダ、またはマテリアルの右クリックから「キャッシュファイルをクリア」を選択します。

図 4-10-36 キャッシュファイルのクリア

Atom Craft におけるビルド時のポストプロセス設定

　ビルドダイアログにある「ポストプロセス設定」チェックボックスをチェックすると、ビルドの終了後に指定したプロセスを実行できます。

　たとえば、「ビルド後に任意の処理を行うバッチ処理を呼ぶ」といったことができます。外部ツールとの連携で、ビルドを実行した後に各データをサーバーにアップロードしたり、

任意のファイルを別フォルダに移動するなどの作業を自動化できます。

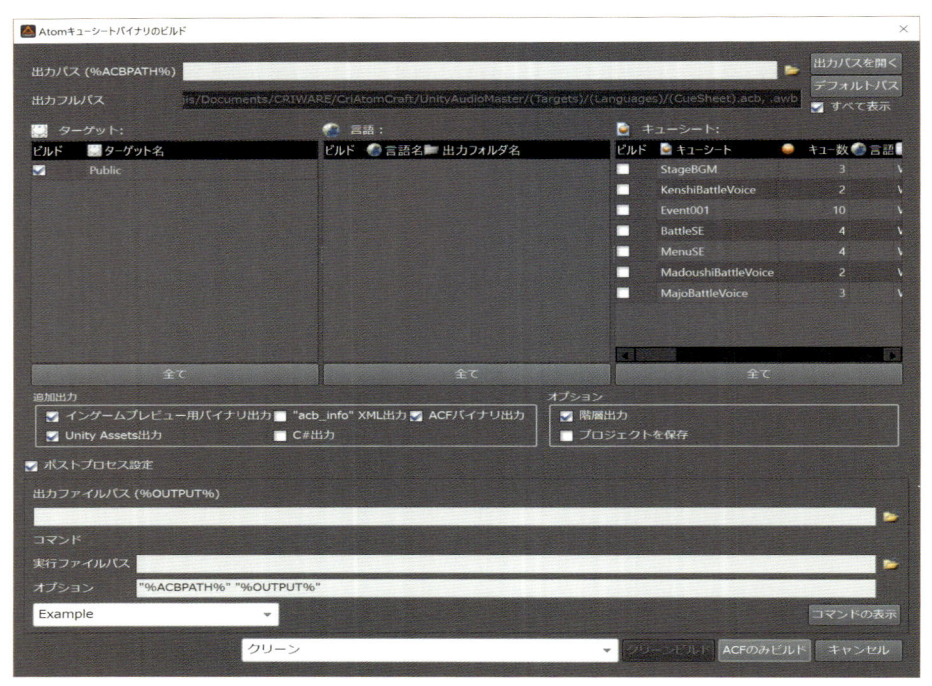

図 4-10-37 ビルドダイアログのポストプロセスの設定

ビルドしたキューシートの中身を XML 出力する

Atom Craft 上で出力したキューは ACB ファイルに格納されますが、どんなキューがビルドされたかの情報を知りたい場合があります。ビルドされたキューの情報は、XML出力が可能です。

ビルドダイアログの下部「追加出力」に、「"acb_info"XML の出力」オプションがあります。XML には、キュー名とキュー ID、ユーザーデータ領域に格納された文字列などが含まれています。XML は Microsoft Excel で開けば、表形式で確認できます。また、XML を閲覧するソフトウェアによって階層構造で確認できます。

4-11 ADX2 の機能をさらに使いこなす

　ADX2 は、開発の終盤に役立つ機能も多く搭載しています。ゲームを実行しながら、Atom Craft で音のバランスを調整するシステムや、各種プロファイリング機能があります。ここでは、それらの使い方の詳細を解説します。

ゲームを実行しながらリアルタイムでパラメータの調整を行う

　Atom Craft には、「インゲームプレビュー」という機能があります。これは、実行中のゲームと Atom Craft を通信接続し、パラメータ調整をリアルタイムで行う機能です。ゲームを動作させながら、ボリュームやエフェクトのかかり具合を調整し、ゲーム中の音の再生状況を確認しながらバランス調整ができます。

　この機能を使用するには、専用の ACB、AWB ファイルを Atom Craft から出力する必要があるほか、Unity 側にもいくつかの設定が必要です。

インゲームプレビュー用のデータを出力する

　Atom Craft でバイナリをビルドする際、インゲームプレビュー用のファイル群を同時出力する設定にします。Atom Craft のメニューからビルドボタンをクリックし、ビルドダイアログを開いてください。

　左下の追加出力のオプションに、「インゲームプレビュー用バイナリ出力」と「Unity Assets 出力」オプションがあります。これら 2 つにチェックを入れてから、ビルドを行います。

　すると、通常の ACF、ACB、AWB ファイルのほかに、インゲームプレビュー用にパラメータの調整を行ったバイナリが出力されます。デフォルトのフォルダ位置は、「Public¥inGamePreview¥Assets」です。

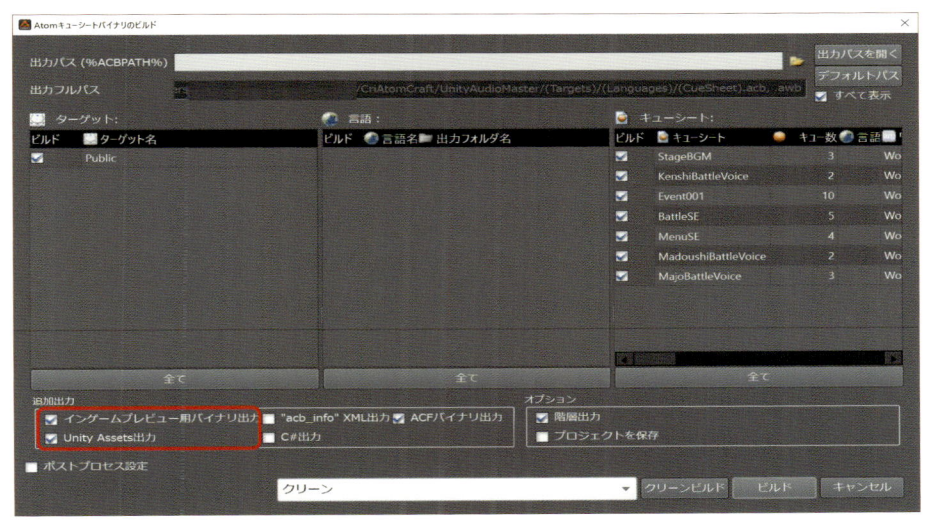

図 4-11-1 ビルドダイアログの追加出力オプション

Unity Editor 側の設定

　サンプルゲームのプロジェクトには、インゲームプレビュー用のバイナリファイルが含まれています。まず、CRIWARE Library Initializer のプロパティで、「Uses In Game Preview」にチェックを入れます。

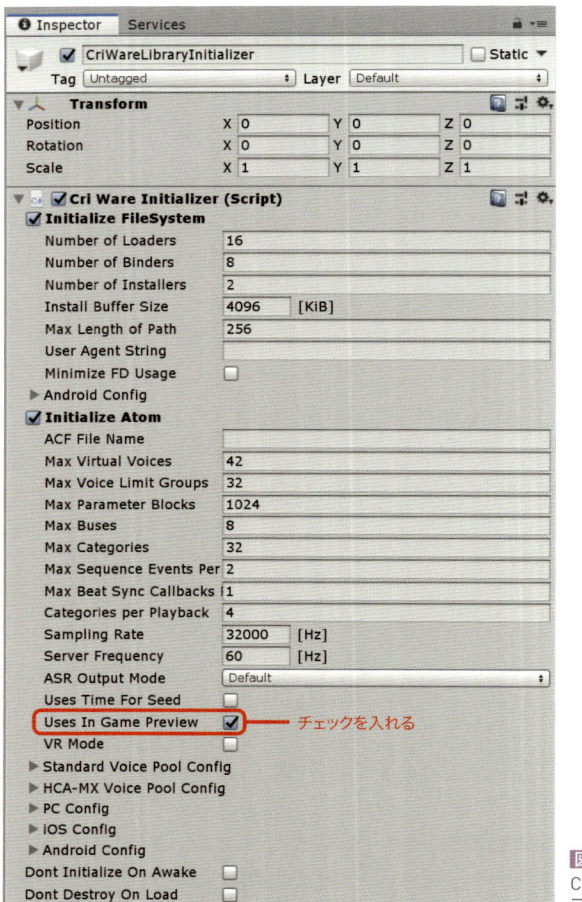

図 4-11-2
CRIWare Initializer でインゲーム
プレビューのオプションの設定

　チェックを確認したら、さきほど Atom Craft でビルドしたインゲームプレビュー用バイナリを Unity にインポートします。Atom Window を開いて「Use Copy Assets Folder」にチェックを入れ、「"CRI Atom Craft" Assets Path」のパスにインゲームプレビュー用バイナリの出力フォルダを指定します。デフォルトでは、通常のバイナリより下の /inGamePreview/Assets にあたります。

　パスを変更したら「Update Assets」を実行して、再度インポートを行います。

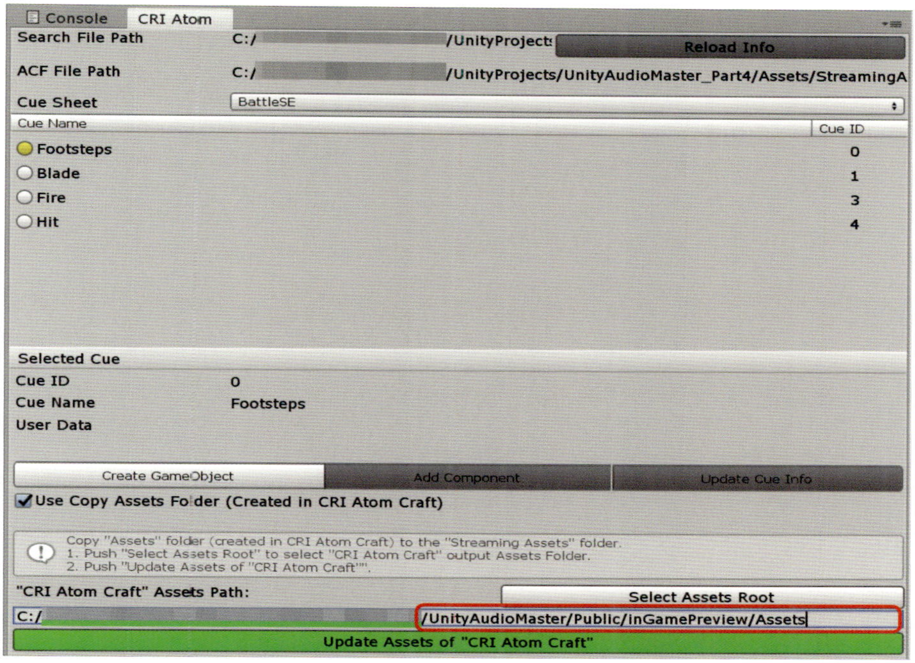

図 4-11-3 AtomWindow でインゲームプレビューのパスを指定する

　Unity Editor でゲームを実行し、Atom Craft に切り替えて、メニューの「プレビュー」から「インゲームプレビューの開始」をクリックします。Unity Editor 側で再生しているゲームの音が止まり、インゲームプレビューのウィンドウに ACF、読み込み中のキューシートが表示されます。

　これで、接続が成功しました。接続中は、Atom Craft でキューのボリュームやピッチなどのパラメータを変更すると、ゲーム側へリアルタイムに変更が反映されます。

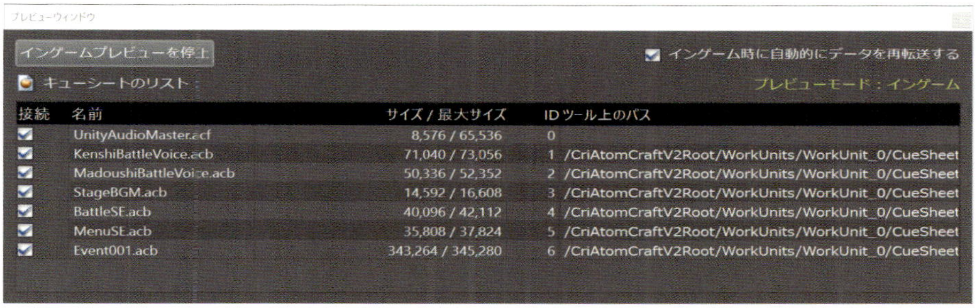

図 4-11-4 インゲームプレビューウィンドウの表示例

　インゲームプレビューを開始すると、現在再生中の音はいったん停止するため、BGMなどはアプリケーション側で再生をリスタートできるようにしておきましょう。

　ストリーミング設定以外のマテリアルであれば、音そのものを差し替えることもできます。その場合、ACB ファイルのリミットサイズを大きく持つ必要があります。エラーが起きる場合は、プロジェクトツリービューの「全体設定」で、ACB サイズリミットの数

値を大きくします。

　Unity Editor 側でゲームを停止する前に Atom Craft でインゲームプレビューを停止すると、Unity Editor の動作が止まる場合がありますので、先に Editor でゲームを停止するようにしてください。また、Unity プロジェクト側の ACB、AWB は自動更新されないので、Atom Craft でのパラメータ変更を反映するには、改めてバイナリのビルドとインポートを行う必要があります。

　インゲームプレビュー動作中は、Unity Profiler で CPU 負荷とラウドネスなどの簡易的なデータが確認できるほか、プロファイラウィンドウで再生中の音の詳細なプロファイリングが可能です。

　なお、インゲームプレビューはビルドした実行ファイルでも同様に利用できます。Windows または macOS 向けビルドの実行ファイルの場合は、同一の PC で実行ファイルと Atom Craft を起動するだけで接続が可能です。

▶ スマートフォンで実行しているゲームでインゲームプレビューを行う

　インゲームプレビュー機能は、スマートフォン上で動作しているゲームプログラムでも同様に利用できます。実際のゲームプレイとほぼ同じ状況で、各パラメータの調整がリアルタイムに実行できます。

　スマートフォンと Atom Craft を接続するためには、同一 LAN 内で Wi-Fi 接続されている必要があります。まず、ゲームを実行するスマートフォンのプライベート IP アドレスを確認します。

　プライベート IP アドレスは、iOS なら接続している Wi-Fi の詳細画面の「IP アドレス」が該当します。ほとんどの場合、プライベートアドレスは 192.168.xx.yy の構成になっています。

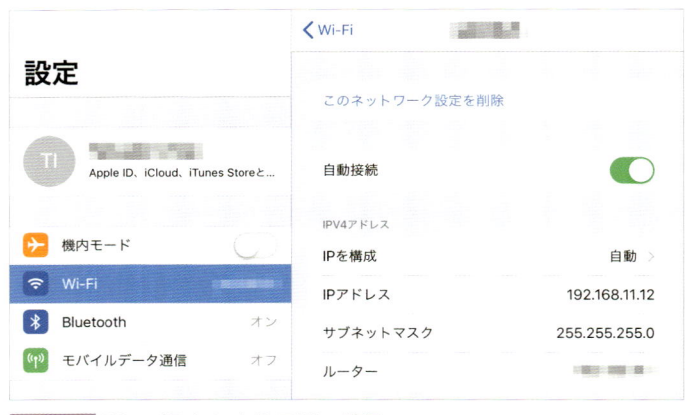

図 4-11-5 iOS のプライベート IP アドレス確認

　Android の場合も、接続している Wi-Fi の「ネットワークの詳細」から確認できます。

図 4-11-6
Android のプライベート
IP アドレス確認

　確認した IP アドレスを、Atom Craft に設定します。接続用 IP アドレスは、プロジェクトツリービューの「ターゲットコンフィグ」で設定します。「Public」の右クリックメニューから「プレビュー設定を編集」を選んでください。

　製品版 ADX2 の場合は、Public の部分が出力プラットフォームの名称になっていますが、操作は同じです。

図 4-11-7 プロジェクトツリービューで Public 設定を編集

　「ターゲットコンフィグのプレビュー設定の編集」ウィンドウが開いたら、中央の「プリセット」欄の「編集」ボタンをクリックしてください。プレビュー設定のウィンドウが開きます。

図 4-11-8 プレビュー設定ウィンドウ

デフォルトでは、PC 上で音を鳴らす「内部プレビューアを使用してプレビュー」という設定にチェックが入っています。プリセットリストの右側にあるドロップダウンメニュー（下三角ボタン）をクリックし、新しくプリセットを作成します。

プリセット用の名前を設定し、「内部プレビューア〜」のチェックボックスを外してから、先ほど確認した IP アドレスを記入します。例では、InGame_Android という名前にしました。

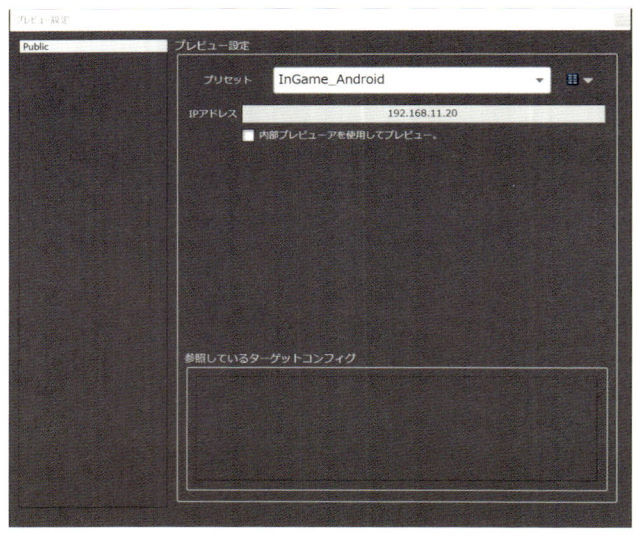

図 4-11-9 Android インゲームプレビュー用のプリセットの例

プレビュー設定のウィンドウを閉じ、「ターゲットコンフィグのプレビュー設定の編集」ウィンドウで作成したプリセットを選択します。

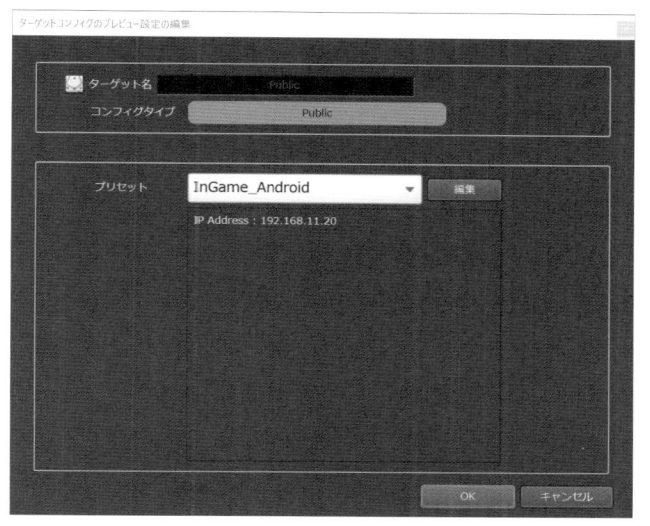

図 4-11-10 作成したプリセットをターゲットコンフィグに適用

　これで、指定の IP アドレスに対して接続を行うようになりました。Unity Editor で実行ファイルをビルドし、スマートフォン実機でゲームを立ち上げます。あとの操作は、Unity Editor を使ったインゲームプレビューと同一です。

　ルーターが IP アドレスを自動で割り当てる設定の場合、スマートフォンで Wi-Fi を接続し直すとプライベート IP アドレスが変わってしまうことがあります。繰り返しインゲームプレビュー機能を使う場合は、スマートフォンの IP アドレスを固定に設定することをお勧めします。

プロファイラウィンドウ

　プロファイラウィンドウは、再生されている音の情報をログとして収集し、可視化するウィンドウです。Atom Craft のメニューバーから、「表示→プロファイラ」を選択して表示します。

図 4-11-11 AtomCraft のプロファイラウィンドウの表示例

プロファイラには、記録したログを表示するためのさまざまなビューアが用意されています。

❶ **タイムラインビューア**：キューの再生状況を一覧表示。エラーが発生した場合や、再生数制御の設定によって再生が抑制されたことが確認できる

❷ **パフォーマンスビューア**：CPU 負荷を計測・表示

❸ **メータービューア**：再生中のラウドネス（音の大きさのこと。5 章で紹介）を計測・表示

❹ **テキストログビューア**：ADX2 内部の再生イベントを時系列で表示。「設定」から表示内容のフィルタリングが可能

❺ **詳細ログビューア**：テキストログビューア、またはタイムラインビューアで選択したログの詳細情報を表示

❻ **サマリービューア**：取得したログの統計情報を表示

❼ **マスターバスビューア**：MasterOut バスのピーク値を表示

Atom Craft のビューと同様に、自由に配置を変えたり、表示と非表示を切り替えることができます。インゲームプレビュー機能を使っているときは、プロファイラウィンドウには、接続しているスマートフォンや PC 上での再生ログを表示します。

複数キューの組み合わせやパラメータ設定をツールで確認する

Atom Craft では、ツール上で複数音を同時に再生できます。BGM キューを再生したまま、セリフキューを再生して音量バランスを確かめる、といった操作が可能です。

しかし、キュー同士の詳細な組み合わせを確かめたいときや、DSP バスの効果を詳し

く調べたいとき、プレビュー再生だけでは操作が難しいことがあります。その際は「セッションウィンドウ」機能を使用します。

セッションウィンドウは、「ジャムセッション」のような意味で命名されています。サウンド演出が意図したとおりに実行されるかどうかを各種機能の条件を組み合わせながら、複数キューの同時再生確認ができます。

セッションウィンドウは、ツールメニューの「表示→セッションウィンドウ」から呼び出すことができます。

まず、セッションウィンドウの右上「プレーヤーリスト」ボタンから、プレーヤーリストのタブを表示します。プレーヤーは、Unity Editor における Cri Atom Source にあたる部分です。Player1 でセリフデータを鳴らしながら、Player2 で BGM を流すなど、複数のキュー再生の組み合わせを確かめることができます。

「DSP バス設定」ボタンをクリックすると、このプロジェクトに用意されている DSP バス設定と、スナップショットの切り替えができるタブが追加されます。キューを鳴らしながら、スナップショットの切り替え処理を実行できます。

下部には、各 P.ayer に対する操作とキューの一覧が表示されています。このキューの一覧へワークユニットツリーから、キューやキューシートをドラッグ＆ドロップすることで、セッションウィンドウでの再生が可能になります。

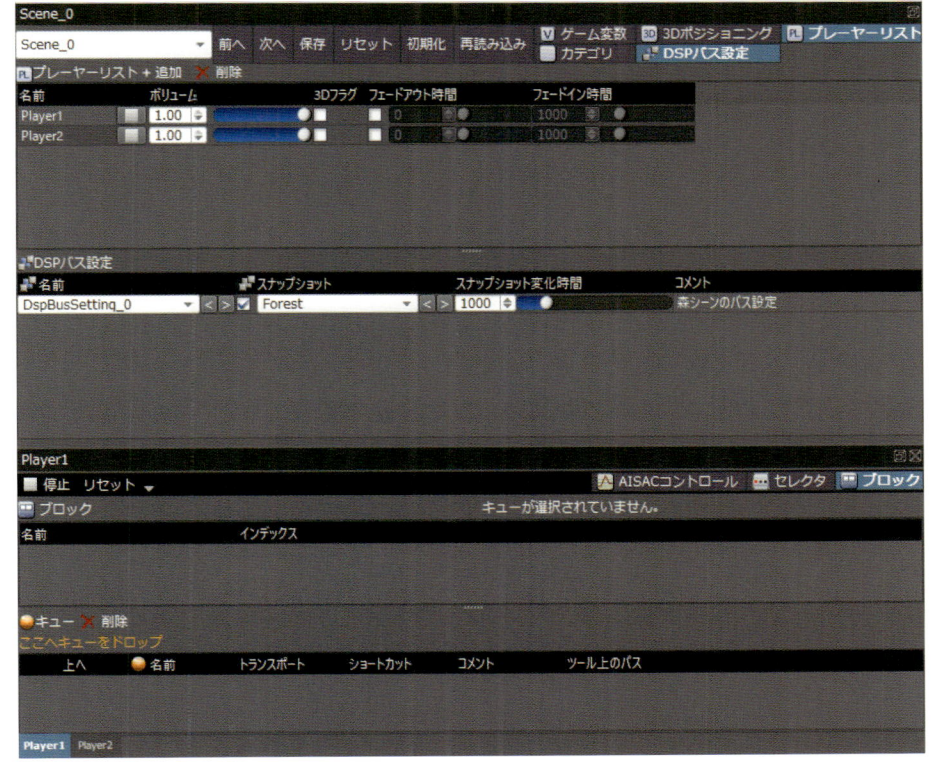

図 4-11-12 セッションウィンドウの初期画面

キューをセッションウィンドウに登録すると、各キューにキーボードショートカットが割り当てられます。通常のプレビュー再生は F5 キーやスペースキーで行いますが、セッションウィンドウではキーボードの左手エリア（1、2、3、4、Q、W、E、R、A、S、D、F、Z、X、C、V）に割り当てられ、片手で複数キューが同時再生できます。

セッションウィンドウは、Atom Craft の AISAC 名などを記録しています。プロジェクトの設定を変更した際、記録していたパラメータが見つからなくなり、エラー表示される場合があります。その際はセッションウィンドウ上部の「初期化」をクリックすることで、内部の設定をクリアできます。

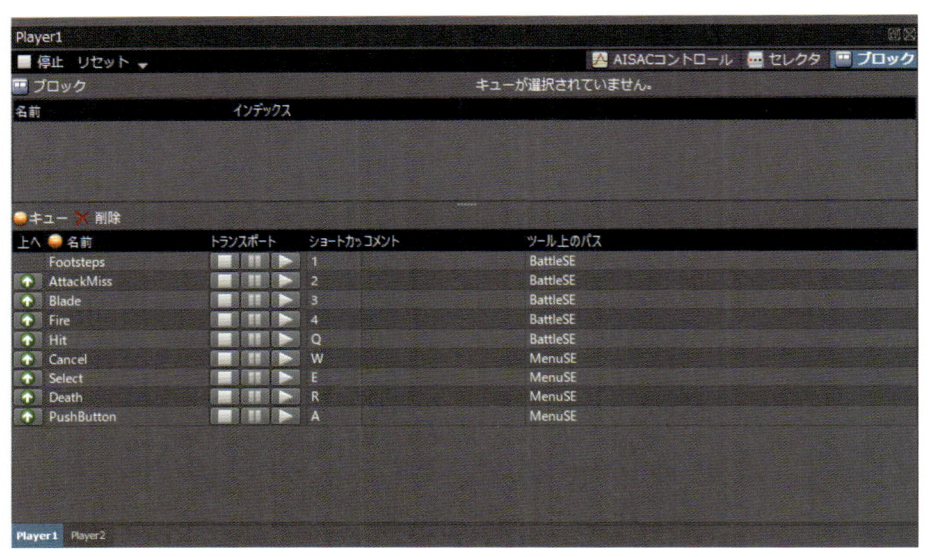

図 4-11-13 キューを読み込んだ状態のセッションウィンドウ

■ 3D ポジショニングのプレビュー

セッションウィンドウでは、「プレイヤーに 3D オブジェクトをアタッチ」を使うことで、3D ポジショニング設定を行ったキューの位置による変化を確認できます。

この機能を利用する場合は、「プレイヤーに 3D オブジェクトをアタッチ」のチェックボックスを入れ、プレビューを行う Player に「3D フラグ」のチェックが入っていることが必要です。この機能は、以降の「3D ゲーム向けの設定」でよく利用します。

サウンドミドルウェア［CRI ADX2］を使った実装

344

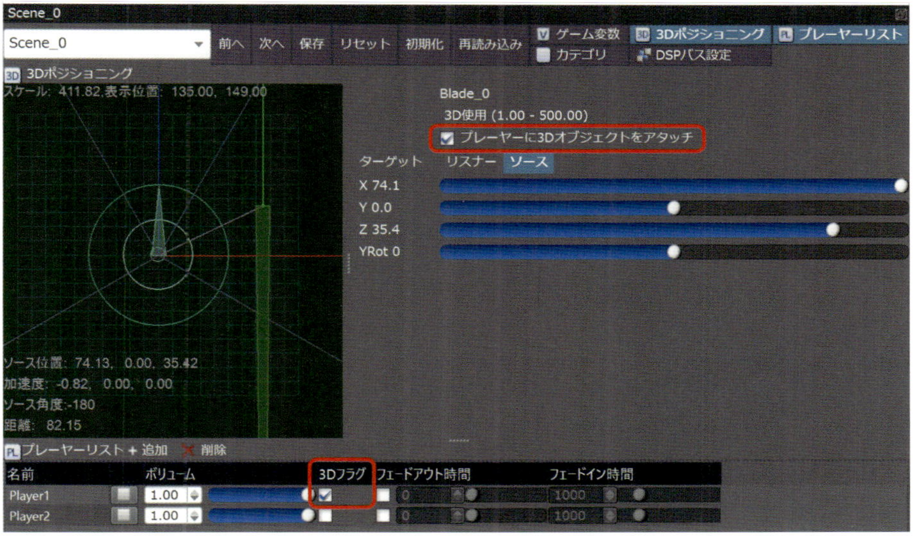

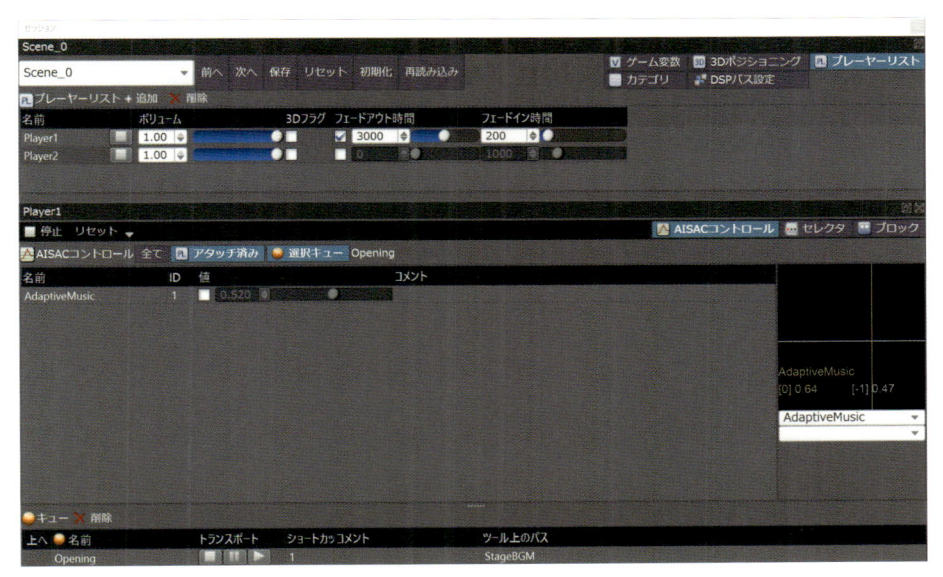

図 4-11-14 セッション・ウィンドウの 3D ポジショニングプレビューの表示例

そのほかのプレビュー機能

　先の 4-7 節で紹介した「フェーダー」を使ったフェードアウトの挙動については、セッションウィンドウの「プレイヤーリスト」でフェードにチェックを入れ、フェードアウト時間とフェードイン時間を指定することでプレビューできます。

　また、AISAC を XY の二軸に割り当ててプレビューを行ったり、のちに紹介する「セレクタ」「ゲーム変数」のプレビュー機能もあります。基本的に、スクリプト側から何らかの操作が必要な機能をプレビュー再生したい場合は、セッションウィンドウを使うものと覚えてください。

図 4-11-15 フェードイン・アウトのプレビューと AISAC の 2 軸コントロール

3D ゲーム向けの設定

本書のサンプルゲームでは 2D のカードバトルゲームをイメージしたサンプルゲームを使いましたが、ADX2 は 3D のアクションゲームなどに向けた機能も充実しています。3D ゲーム向け機能のサンプルとして、Atom Craft プロジェクト「AtomCraft Project_3DSample」をサンプルファイルの中に用意しています。以下の URL より、ダウンロードしてください。

https://www.borndigital.co.jp/book/15163.html

キューの距離減衰設定（3D ポジショニング）

3D ゲームにおけるオブジェクトの位置による音の変化を、ADX2 では「3D ポジショニング」と呼んでいます。3D 空間内における音の減衰とパンニングを、リスナーとゲームオブジェクトの位置に基づいてシミュレーションします。

3D ポジショニングの設定は、キュー内部のウェーブフォームで指定します。ウェーブフォームを選択し、インスペクターの「ボイス」の「パンのタイプ」で「3D ポジショニング」を選びます。

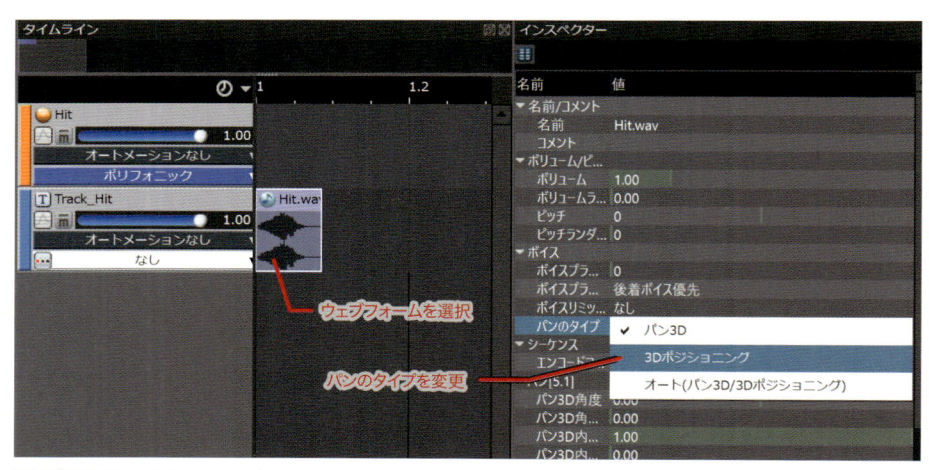

図 4-11-16 3D ポジショニングの設定例

次に、減衰の最大距離と最小距離を設定します。距離減衰の処理は、最小距離から減衰がスタートし、最大距離で音量が 0 になります。ゲーム内のスケールや利用環境に合わせて、最大距離を設定する必要があります。

キューを選択し、キューのインスペクターにある「パン［3D］」の項目で設定します。

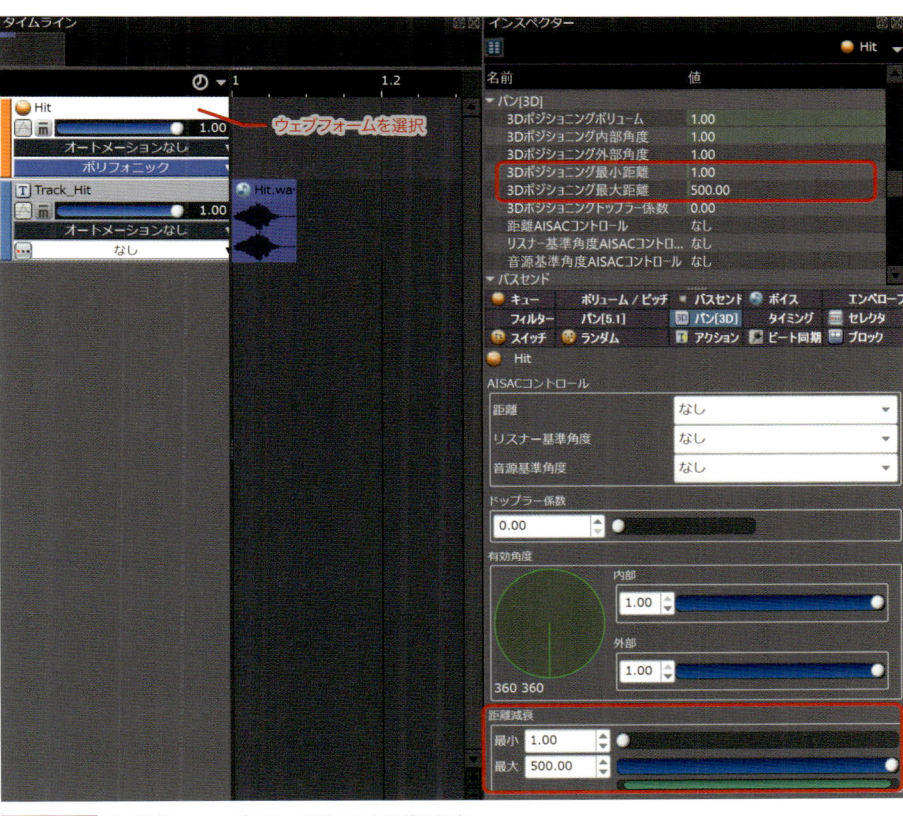

図 4-11-17 3D ポジショニングの最大距離と最小距離の設定

　Unity 側でもいくつかの設定を行います。まず、リスナー位置の測定用に Cri Atom Listener コンポーネントをシーンに配置する必要があります。通常は、カメラと同じゲームオブジェクトにアタッチします。

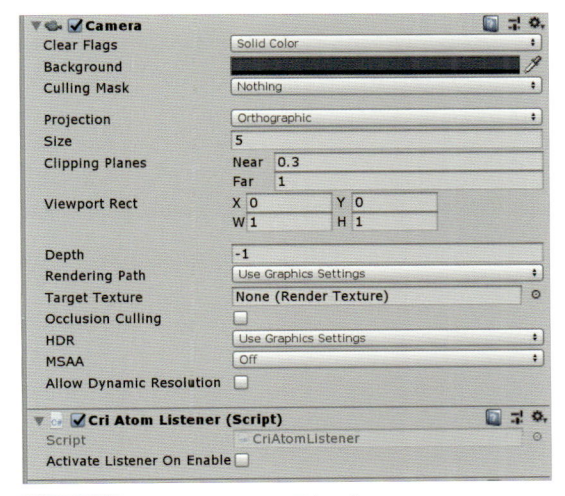

図 4-11-18 Cri Atom Listener のアタッチ

3D ポジショニング設定をしたキューを再生する Cri Atom Source コンポーネントには、「3D Positioning」オプションにチェックを入れます。

　これで、3D ポジショニング再生の準備は完了です。Unity を実行し、Atom Listener と Atom Source の位置関係を変更してみましょう。音の方向と音量が変化するかどうかを確認します。

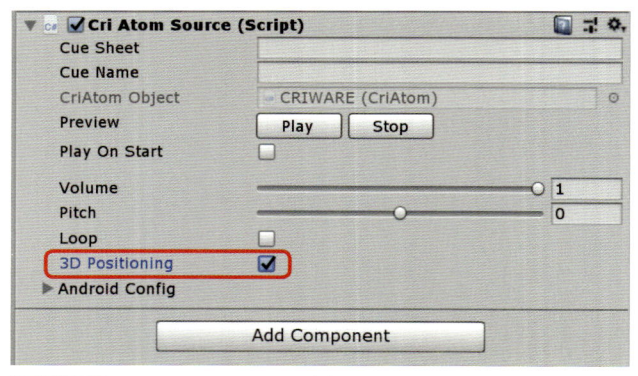

図 4-11-19 Cri Atom Source の 3D ポジショニングの設定

● AISAC で距離による音の変化をデザインする

　距離に応じた音の減衰具合を細かく指定したい場合や、「距離が離れたときにサウンドエフェクトをかける」など、3D ポジショニングとほかの演出を組み合わせたい場合があります。その場合は、AISAC 機能と組み合わせることで、変化のデザインを細かく設定できます。

　距離減衰の最小値から最大値への数値変化を、AISAC コントロールの操作に割り当てる機能を使います。わかりやすい例として、物体が遠くへ行くと減衰しつつも、どんなに遠くても一定以下は、音が下がらないキューの設定を作ってみましょう。

　はじめに、「3D ポジショニング」の設定をウェーブフォームで行ったキューを用意します。Atom Craft でプロジェクトツリービューの「AISAC コントロール」を開き、距離操作用のコントロール ID を定義します。例では、「Distance」という名前の AISAC コントロールを作成しています。

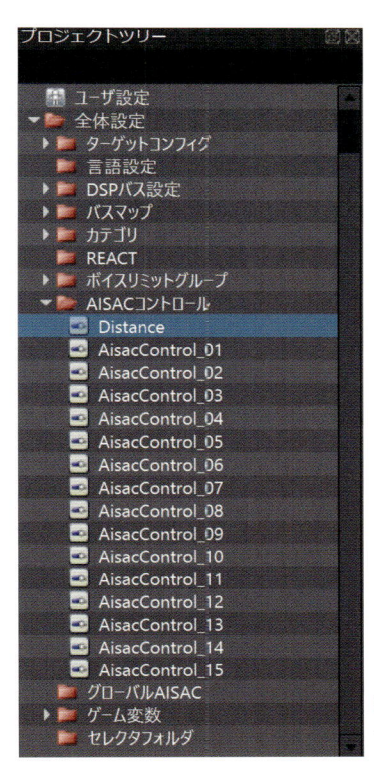

AISAC コントロール
Distance を作成

　次に、AISAC を作成します。通常の AISAC はキューに紐づいていますが、今回はプロジェクト内の複数のキューで使い回すことのできる「グローバル AISAC」を作成します。距離減衰の表現は、さまざまなキューで再利用されることが予想できるためです。

　グローバル AISAC は、プロジェクトツリービュー内に設定されています。「グローバルAISAC」の項目で右クリックをして、「新規オブジェクト→ AISAC の作成」を選びます。

　AISAC の追加ウィンドウダイアログが開きます。今回は距離減衰用の AISAC なので、「DistanceAttenuation」という AISAC 名にしておきます。

　また、AISAC コントロール（ID：名前）欄に、先ほど設定した「Distance」をセットします。距離減衰はボリュームを操作するものですので、AISAC グラフタイプは「ボリューム」を選びます。

図 4-11-21 AISAC の追加ウィンドウ

　新規作成された「DistanceAttenuation」AISAC をクリックして、カーブを編集します。線の上でクリックするとポイントを増やすことができます。この時、右クリックから「カーブタイプ」を「低速変化」にすると、次のような滑らかなカーブを作成できます。

　「距離が遠くなっても一定以下はボリュームが落ちない」という設定用に、数値の 0.800 からボリュームの低下をさせないグラフになっています。

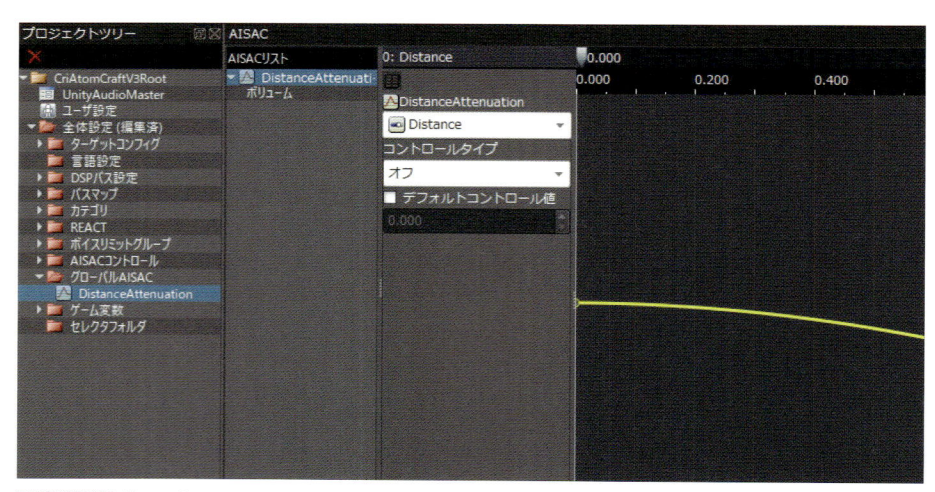

図 4-11-22 グローバル AISAC の DistanceAttenuation の設定

　設定が終わったら、作成したグローバル AISAC 設定を距離減衰を行うキューへドラッグ＆ドロップします。グローバル AISAC をキューに設定すると、「Link 〜」から始まる名称になります。

サウンドミドルウェア［CRI ADX2］を使った実装

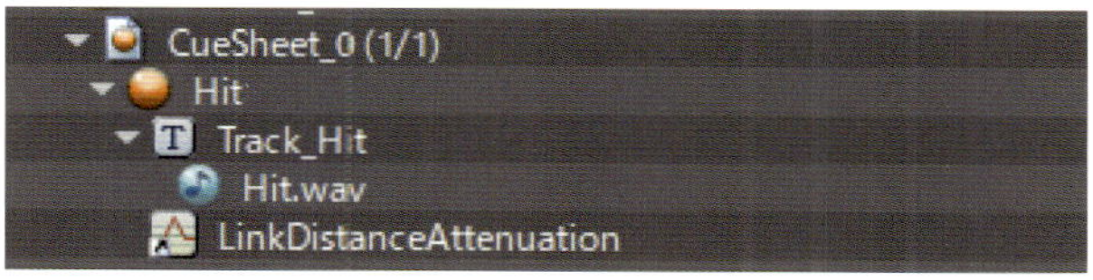

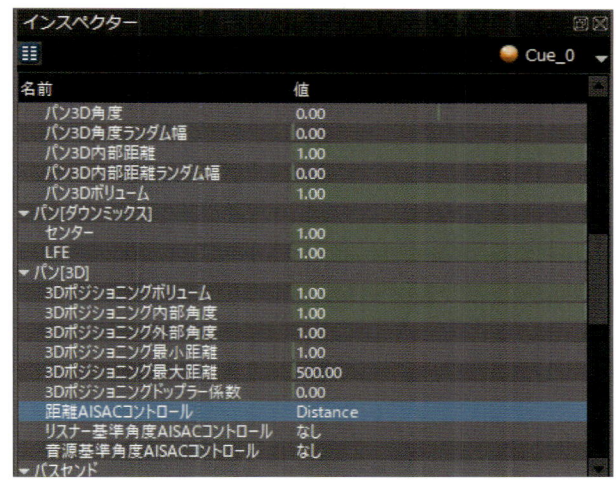

図 4-11-23 グローバル AISAC をキューに設定

　続いて、キューの「パン［3D］」項目で、AISAC コントロールの「距離」に AISAC コントロール Distarce を設定します。

図 4-11-24 距離 AISAC コントロールをキューに設定

　この設定で、ADX2 が自動的に計算する距離減衰の値が、AISAC のコントロールに使用されます。セッションウィンドウを開き、プレビュー再生しながら「3D ポジショニング」のウィンドウで位置を動かしてみてください。どんなに遠くしても、音が消えなくなりました。もちろん、ボリュームの操作だけでなく、遠くなったら残響を加える…という効果もこの手法で適用可能です。

　なお、AISAC コントロールの操作に距離減衰の値を使わず、カメラとオブジェクトの距離を自分で計算して AISAC コントロールを行うこともできます。自前で距離を計算したり、カメラ位置とは異なる減衰を設計したい場合には有効です。

■ プログラム側から再生するトラックを指定する

　先の 4-7 節では、キュー内の複数のトラックからランダムにトラックを選ぶシーケンスタイプ「ランダムノーリピート」を紹介しました。「セレクタ」機能を使うと、キューの再生時にプログラム側からどのトラックを再生するかを指定して鳴らすことができます。トラックにそれぞれラベルを付けて、キュー再生時にラベルを指定して再生できます。

　今回は、床の材質で足音を切り替えるシチュエーションを考えてみます。砂利を歩く「Gravel」、木の板を歩く「Wood」の 2 つを切り替えるものとします。設定方法は、カテゴリ機能に近いです。まずプロジェクト全体の設定として、プログラムから指定する値

として「セレクタラベル」を用意し、対象のキューにそのラベルを指定します。

　プロジェクトツリービューの「セレクタフォルダ」の右クリックメニューから、「新規オブジェクト」→「セレクタの作成」を選択します。今回のセレクタは足音の変化を想定しているので、「FootStep」という名称にしています。セレクタにはインスペクターからコメントを付けることができますので、用途などをメモしておくとよいでしょう。

　作成したセレクタから再び右クリックメニューを呼び出し、「新規オブジェクト」→「セレクタラベルの作成」を選択し、ラベルを作成します。これがプログラム側から指定するラベル名称になります。

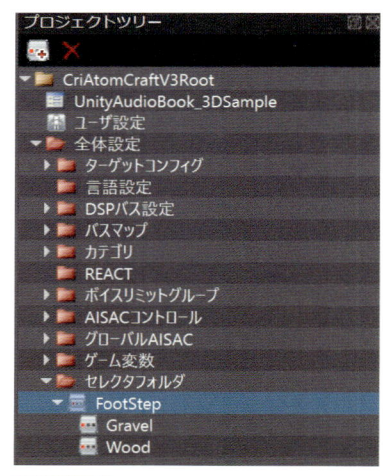

図 4-11-25 セレクタラベルの作成

　続いて、2種類の足音を設定したキューを用意します。図 4-11-26 のキュー FootStep は、2種類の足音を持ちます。先の 4-10 節で紹介した「サブシーケンス」機能を使って、右足と左足の音が交互（シーケンシャル）に再生されるトラックを 2 つ持ったキューです。

図 4-11-26 足音を 2 種類持っているキュー

　サブシーケンスの中身は、次のようになっています。

図 4-11-27 足音のサブシーケンス

　キュー FootStep のトラックそれぞれに、先ほど作成したセレクタラベルを指定します。砂利の足音を鳴らすサブシーケンスを持つトラックに「Gravel」、木の足音のトラックに「Wood」のラベルを指定します。

図 4-11-28 トラックにセレクタラベルを指定する

　これで切り替えの準備は完了です。セッションウィンドウを開いて、切り替えをテストしてみましょう。メニューの「表示→セッションウィンドウ」から開き、中段右の「セレクタ」ボタンからセレクタ設定用のタブを開きます。

　作成した「FootStep」セレクタがリストアップされるので、チェックボタンをクリックして有効化し、鳴らしたいセレクタラベルを指定します。その状態で、下段にFootStep キューをドラッグ＆ドロップして再生します。指定したセレクタラベルのトラックのみが再生されることが確認できます。

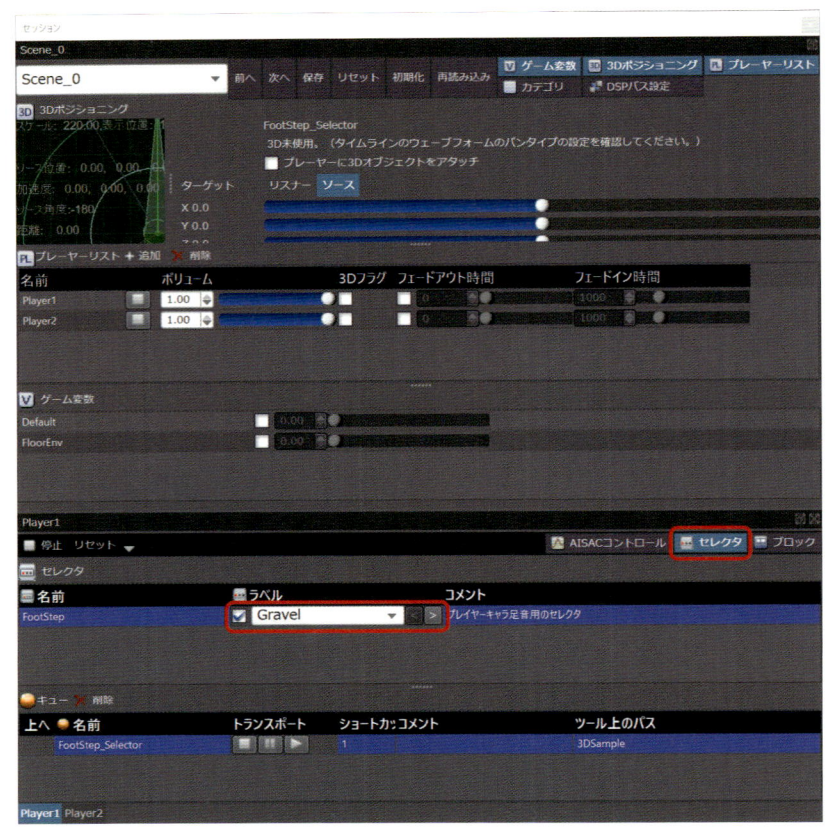

図 4-11-29 セレクタラベルを指定したキューのセッションウィンドウでのプレビュー再生

Unity のスクリプトでは、セレクタとセレクタラベルは、CriAtomExPlayer クラスに対して指定します。たとえば、次のようなスクリプトになります。

CriAtomSource コンポーネントには、先にキュー FootStep がインスペクターで指定されているものとします。PlayFootStep メソッドの引数にセレクタラベルを指定し、足音を切り替える仕組みです。ラベルの指定は、ClearSelectorLabels メソッドでクリアできます。

```
using UnityEngine;

public class SelectorTest : MonoBehaviour
{
    public CriAtomSource footStepAtomSource;
    private CriAtomExPlayer exPlayer;

    void Start()
    {
        exPlayer= footStepAtomSource.player;
    }


    public void PlayFootStep(string selectorLabel)
```

```
{
    exPlayer.SetSelectorLabel("FootStep", selectorLabel);
    footStepAtomSource.Play();
}

public void ClearLabel()
{
    exPlayer.ClearSelectorLabels();
}
}
```

■ キュー全体にゲームのステートを反映させる

　先ほどの「セレクタ」は、キュー内のトラックにラベルを付け、トラックを指定する方法でした。トラックの切り替えは、足音以外にも武器やアイテムを落としたときの音など、複数のキューにも同様の切り替えを作りたい場合があります。

　キューの再生時に同じセレクタラベルを指定すれば実現できますが、これには別のアプローチもあります。ゲームの状況を表す数値を ADX2 のランタイム側で保持し、再生トラックを自動的に切り替える方法です。

　ADX2 には、ゲーム側のパラメータを保持できる「ゲーム変数」機能があります。セレクタと異なり、ラベルではなく「0 ～ 1」までの数値を保持します。ADX2 がグローバル変数を持っており、各キューがその値を参照できるような仕組みです。

　似た仕組みである AISAC は「再生中の音」に対して「0 ～ 1」までのパラメータを渡す仕組みでしたが、ゲーム変数は再生より前に指定しておくことで、キューがどのトラックを鳴らすかを一括して変化させることができます。

　たとえば主人公の体力ゲージをゲーム変数と連動させ、仲間のセリフのキューが再生されたとき、体力に応じてセリフが変化する、といった演出ができます。

　セレクタ機能で作った足音を改造して、ゲーム変数を試してみましょう。「ゲーム変数」の右クリックから「新規オブジェクト→ゲーム変数の作成」を選びます。今回は床の状態を保持する数値なので、FloorEnv という名前にしています。

図 4-11-30
プロジェクトツリーでの
ゲーム変数設定

作成したゲーム変数をキューに適用します。ゲーム変数によるトラックの切り替えは、「スイッチ変数」機能を用います。キューのシーケンスタイプを「スイッチ」に変更し、キューのインスペクターで「スイッチ変数」に FloorEnv を設定します。トラックにセレクタラベルが付いたままの場合は、ラベルを「なし」に戻してください。

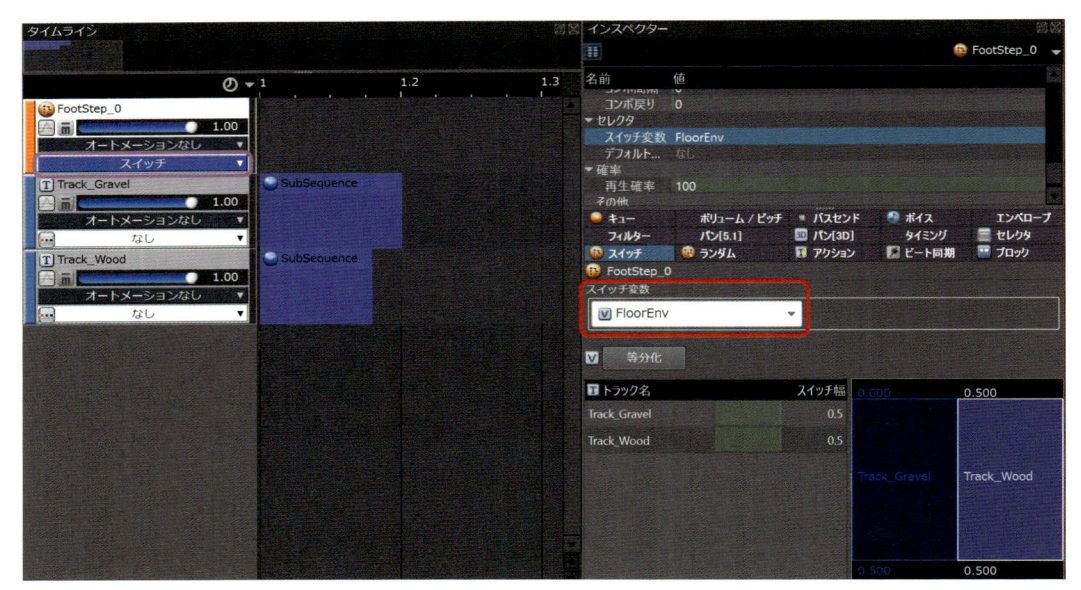

インスペクターの「スイッチ」タブでは、「スイッチ幅」という名前で、ゲーム変数の値に応じて再生するトラックを変更できます。デフォルトでは、等分に指定されます。図 4-11-31 のキューでは 0 から 0.5 未満のいずれかを指定すると砂利の足音、0.5 から 1 を指定すると木の床の足音に切り替わります。

キューに対する「スイッチ」タイプ設定は、スイッチ変数を指定していない場合はプレビュー再生がエラーになるので注意してください。

ゲーム変数を扱うスクリプトの例を、次に示します。まず、Start メソッド内で CriAtomEx.GameVariableInfo 構造体で、acf ファイルからゲーム変数情報を読み出して保持します。ChangeGameVariable メソッドでは、ゲーム変数の変更を行います。リストアップしたゲーム変数情報の中から、名前が一致するものを調べ、一致があった場合は ID を調べて CriAtomEx.SetGameVariable メソッドで変更を実行します。

```
using System.Collections.Generic;
using System.Linq;
using UnityEngine;

public class GameVariableTest : MonoBehaviour
{
    public CriAtomSource footStepAtomSource;
    private List<CriAtomEx.GameVariableInfo> gameVariableInfoList = new
List<CriAtomEx.GameVariableInfo>();
```

```
private void Start()
{
    int gameVariableCount = CriAtomEx.GetNumGameVariables();

    for (int i = 0; i < gameVariableCount; i++)
    {
        CriAtomEx.GameVariableInfo gameVariableInfo;
        CriAtomEx.GetGameVariableInfo((ushort)i, out gameVariableInfo);

        gameVariableInfoList.Add(gameVariableInfo);
    }
}

public void ChangeGameVariable(string gameVariableName, float value)
{
    if (gameVariableInfoList.Any(gv => gv.name == gameVariableName))
    {
        var id = gameVariableInfoList.FirstOrDefault(gv => gv.name ==
gameVariableName).id;
        CriAtomEx.SetGameVariable(id, value);
    }
}
}
```

　スイッチ幅は、たとえばゲーム変数として「斬った物体の硬さ」を用意した場合、剣は 5 種類の音で、斧は 2 種類だけだったとします。剣の音は 5 段階に均等にトラックを選択させて、斧の音は 0.8 から 1 までのときだけ音を変える、といった使い分けが可能です。

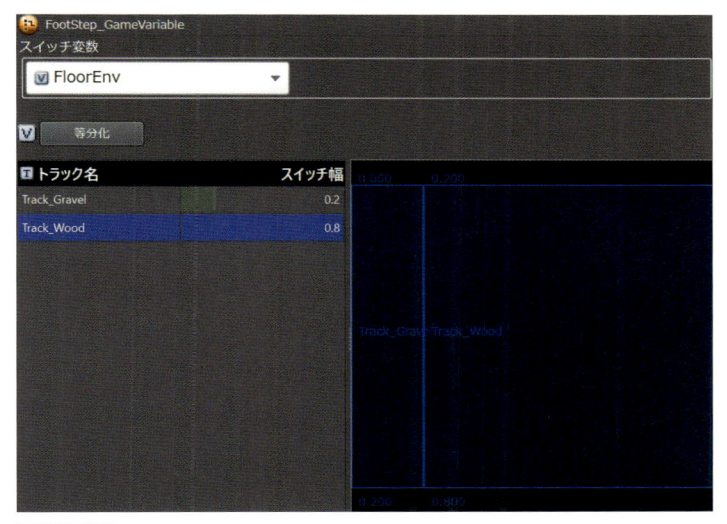

図 4-11-32 スイッチ幅を均等以外に設定したキュー

■ トラックにセレクタラベルを付ける場合と、スイッチ変数を使う場合の違い

スイッチ変数には、セレクタラベルを指定することもできます。

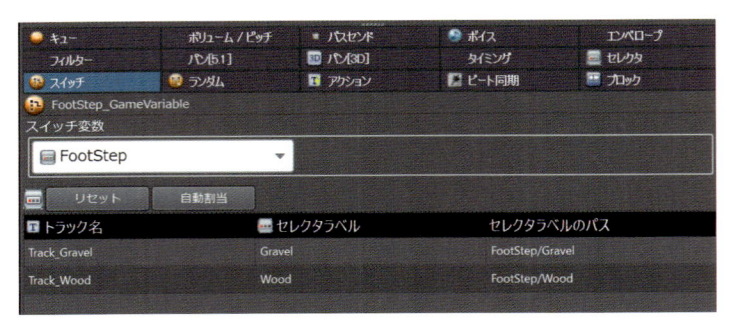

図 4-11-33 スイッチ変数にセレクタを指定したキュー

SetSelectorLabel メソッドで指定したセレクタラベルに従って、再生されるトラックが切り替わります。「スイッチ変数にセレクタを指定したキュー」と、先ほど紹介した「トラックにセレクタラベルを指定したキュー」の挙動の違いは、再生の途中で切り替えが可能かどうかです。

スイッチ変数を使った場合は、再生時に流せるトラックが確定し、次の再生まで変更できません。トラックへのセレクタラベルの指定を使った場合は、再生中にセレクタが切り替わった場合、シーケンスの途中でもトラックが切り替わります。ただし、再生判定はウェーブフォーム単位で行われているため、内部の音声データの途中からは再生されません。

■ 遠くのキャラクターの音がボリューム 0 のとき、再生を停止したい

ADX2 ではボリュームが 0 であっても、再生処理は続けているため、CPU 負荷がかかっている設定がデフォルトです。Atom Craft 上やキュー再生時に「ミュート」を設定していても同様です。

これは、多数のキャラクターが出現するタイプのゲームでは処理がもったいないです。そこで、距離減衰の処理を行っているとき、距離が離れて音量が 0 になったら再生処理そのものを停止する機能を使います。設定は、キューの「ボイスビヘイビア」項目で変更できます。

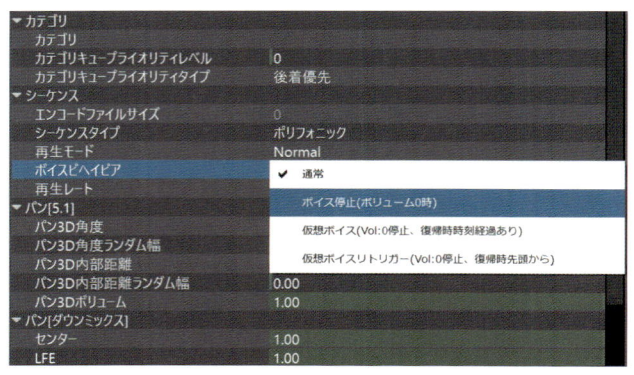

図 4-11-34 キューのボイスビヘイビア設定

それぞれの設定項目の詳細は、以下になります。

表 4-11-1 ボイスビヘイビアの設定項目

設定項目	意味
通常	再生状態を変更しない
ボイス停止	ボリューム0のときに、再生を停止
仮想ボイス	再生を停止するが、シーケンスはカウントし経過時間を加味して復帰
仮想ボイストリガー	再生を停止するが、経過時間を捨て復帰時に先頭から再生

「ボイス停止」は短い効果音に、「仮想ボイス」はサイレン音を放つオブジェクトなどの連続的な効果音に有効です。距離減衰で音量がゼロになったら処理を停止しますが、再び近づいたときに時間経過を加味して再生を再開します。

仮想ボイスを使うと、実際の再生処理をスキップしつつ、経過時間を加味できます。ただし、仮想ボイス化すると厳密な同期が取れなくなりますので、AISAC を使ったアダプティブミュージックなどではお勧めしません。また、DSP バスで音量を抑えた場合は、この効果がなくなりますので注意してください。

キューではなく、再生処理される音の数でリミットをかける

キューの再生を行ったとき、ランタイムの内部ではキューのウェーブフォームリージョンの同時再生数に応じて「ボイス」が生成され、デコードと再生処理が実行されます。

極端な話、100 個のウェーブフォームを同時に 100 個鳴らすキューがあった場合、いくらキューの同時再生上限の設定を行っていても、再生処理は 100 本走ってしまう状況がありえます。これを回避する機能が「ボイスリミットグループ」です。

カテゴリ機能同様、プロジェクトツリービュー内の「ボイスリミットグループ」の右クリックから、「新規オブジェクトの作成」→「ボイスリミットグループの作成」から作成します。インスペクターで、リミット数を指定します。

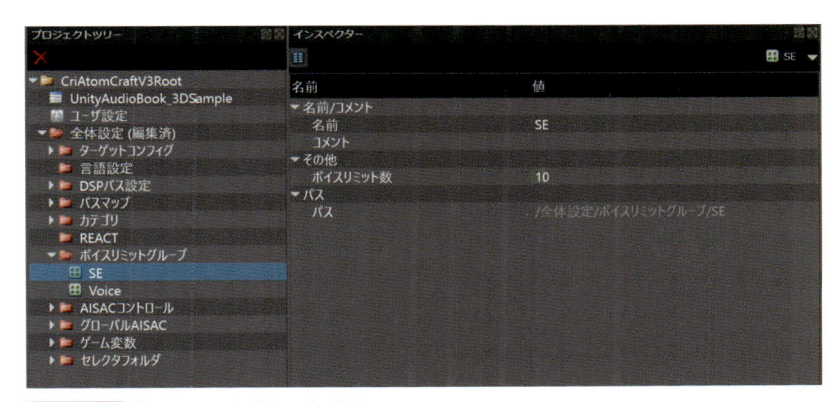

図 4-11-35 ボイスリミットグループの作成

ボイスリミットグループは、ウェーブフォームに設定できます。ウェーブフォームを選択して、インスペクターの「ボイス」タブで指定します。

カテゴリキューリミットやキューのキューリミットで、大枠の再生上限を管理し、ボイスリミットグループで最終関門としての上限設定を行うような使い分けがよいでしょう。

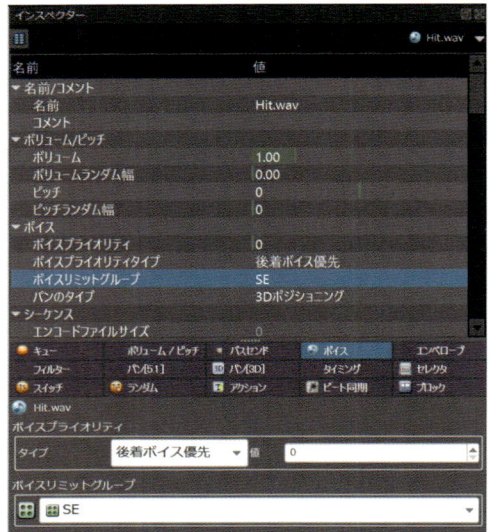

ボイスに再生優先度を設定する

ボイスリミットをかけることに加えて、同時に再生リクエストが発生してしまった場合に備えて、ボイスに対する再生の優先度が設定できます。

「ボイスプライオリティ」は名前のとおり、ボイスの再生優先度を決める数値設定です。「0 ～ 255」の値で設定し、数字が大きいほど優先となります。キューリミットと同様に、先着優先、後着優先の属性を付けることができます。

キューの再生上限数である「キューリミット」は、同一キューが再生中である数をカウントし、超えた場合に制限をかけます。「ボイスプライオリティ」はキューの再生数に関係なく、ボイスプールの上限に達すると、プライオリティ順に制限がかかります。

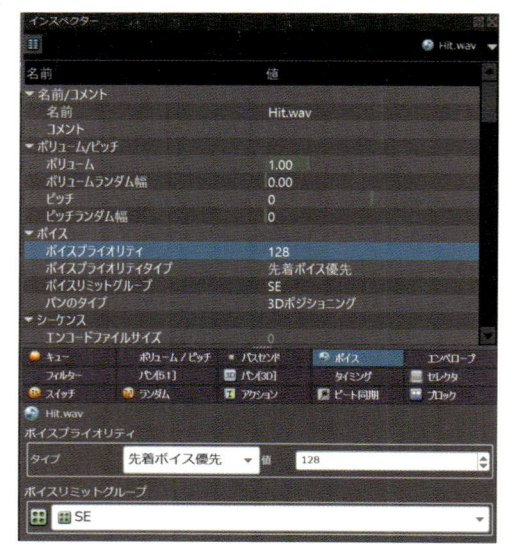

4-12 ADX2 活用の道しるべ

ADX2 には数多くの機能が搭載されており、本書でもすべては紹介していません。この章の最後に、これまで紹介できなかった CRI ADX2 の機能をさらに使いこなすための機能概要をいくつか解説します。

また、音が鳴らないなどのトラブル時の対処方法についても、紹介します。

ADX2 に関する各ドキュメント

「ADX2 でこんなことができないかな」と思ったら、オンラインの TIPS 集や付属のライブラリマニュアルを確認してみましょう。

- **ADX2 TIPS まとめ**
  https://criware.info/adx2tips/

- **CRI ADX2 ツール ユーザーズマニュアル（ADX2 インストールフォルダ内）**
  tools/ADX2/ver.3/manual/jpn/contents/index.html

- **ADX2 for Unity ライブラリマニュアル（ADX2 インストールフォルダ）**
  WIndows 用ヘルプファイル：documentation/CRI_ADX2LE_Unity_Plugin_Manual_j.chm
  HTML 版：documentation/CRI_ADX2LE_Unity_Plugin_Manual_html_j.zip

図 4-12-1 ADX2 TIPS まとめ（CRI ADX2 公式ポータルサイト）

ADX2 のデモプロジェクト

ADX2 の機能をフルに活用した Atom Craft のデモデータが公式サイトで配布されて

います。各種機能の活用方法を動かしながら、学ぶことができます。

● ADX2 デモプロジェクト

http://www.criware.jp/adx2/demo/download_j.php

「Atom Craft Ver.2.34.03 以降」と書かれているデータが、Atom Craft 3.40.17（ADX2 LE Ver2.10.04）で開くことができます。ただし、本パッケージに収録している音声素材はフリー素材ではないので、自身のゲームにデータを使用することはできません。

ADX2 の拡張機能

サウンド制作を分業で行う際に便利な機能や、多言語対応、マルチスピーカー向けの対応など、細かな TIPS を紹介します。

アクション機能

ADX2 を使うと、サウンドデザイン工程と、プログラム工程の分業体制が構築できます。その思想をさらに推し進める機能として「アクション機能」があります。

これは、キューの再生停止やポーズ、AISAC の操作やエフェクトのパラメータ変更など、これまでプログラム側から行う必要のあった各種操作を「キュー」化する機能です。

プログラマーは、特定のタイミングで「何かキューを再生する」だけで、ADX2 の各種演出機能の制御が可能です。たとえば、次のようなサウンド演出設計が可能になります。アクション機能を使ったキューを「アクションキュー」といいます。

- ポーズ音を再生したとき、再生中 BGM にローパスフィルタを自動でかける
- ミサイル着弾音を再生したとき、ミサイル飛行音が鳴っていたらそれを自動で停止する

アクションキューは、音の再生処理がなくても動作します。プログラマーが「このタイミングで何らかのアクションキューを再生する」というキューの再生を埋め込んでおけば、その先の動作は Atom Craft で自由に決めることができます。

アクション機能は、サウンドデザイナーの責務と作業量が重くなってしまう代わりに、より自由なサウンドデザインが可能になります。

ただし、プログラマーが処理の詳細を把握できなくなるデメリットもあります。アクション機能でエフェクトをかけ過ぎたり、音声を多重に再生する処理があった場合、プログラマーの想定を超えて負荷が大きくなってしまう可能性があります。

マルチスピーカー環境（5.1ch、7.1ch など）向け設定

キューのインスペクター内「パン [5.1ch]」設定で、5.1ch や 7.1ch などのマルチスピーカー環境の対応ができます。音源の方向や、スピーカーの内部距離などを設定できます。

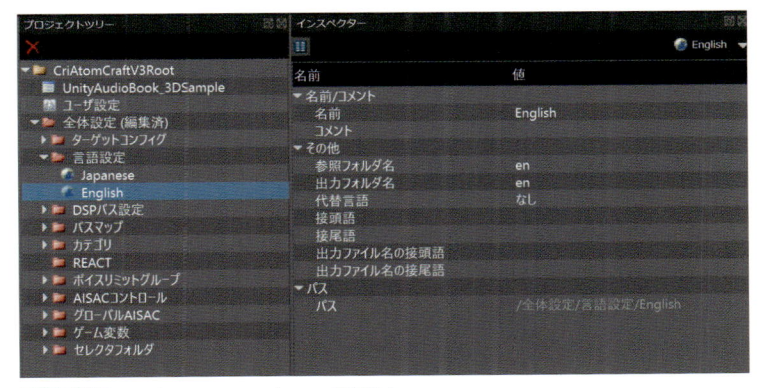

図 4-12-2 キューのパン［5.1］の設定画面

ゲーム生放送や、複数サウンドデバイスがある場合の処理

DSPバス設定は、「ASRラック（Atom Sound Renderer)」という機能を使って、出力先のサウンドデバイスを複数設定できます。

たとえば、ゲームに動画配信機能を付けてゲームの音と配信用の音を分けたい場合や、コントローラーにスピーカーが内蔵されているデバイスの処理などに利用します。

ローカライズ（多言語対応）

ADX2には、多言語に対応したゲーム向けの機能があります。セリフ用の音声が言語ごとに用意されている場合、言語ごとに個別のバイナリファイルを作成できます。プロジェクトツリービューで使用する言語を設定し、マテリアルツリービューで専用のフォルダを作成します。

図 4-12-3 プロジェクトツリービューの言語設定

各フォルダに同名のマテリアルを設定しておけば、Atom Craft が自動的に言語切り替えを感知し、各言語ごとのキューシートを出力します。

図 4-12-4
マテリアルツリービューでローカライズ用
管理フォルダを作成

追加コンテンツ（DLC やデータ配信）機能

ADX2 は音声データをバイナリに固めるため、サーバーなど外部からバイナリを個別にダウンロードして利用できます。

基本的に 1 つのキューシートは、1 つの ACB ファイルと AWB ファイルが出力されますが、ダウンロード処理のことを考え、1 ファイル当たりのサイズを小さく分割したい場合もあります。追加コンテンツ機能は、ストリーミング再生用の AWB ファイルを分割できる機能です。ACB ファイルは 1 つで、複数の AWB ファイルを持つことができます。楽曲などのデータ配信時期を管理したい場合に有効です。

MIDI デバイスを使ってパラメータを操作する

Atom Craft は、MIDI デバイスを接続してツールの操作を行うことができます。フィジカルコントローラーを接続すれば、フェーダーで AISAC やキューのボリュームなどを操作できます。多くのパラメータを調整しなくてはならないときに、より直感的に操作ができるようになります。

ビート同期（クォンタイズ）

楽曲に対してビート同期機能を使うと、曲のテンポやビートの周期に合わせて別の曲に遷移したり、ビートに同期したボリュームの変化などの設定ができます。

ビート情報は、Atom Craft で静的に生成します。また、ビート同期機能を利用するにはアクション機能を介して、再生やパラメータ変更を行う必要があります。BPM の異なる曲に遷移する「ミュージックトランジション」の仕組みを作ることも可能です。

音が鳴らないときは

ADX2 には多くの設定項目があるため、何かの拍子で音が小さくなったり、鳴らなくなることがあります。その場合にチェックする項目を説明します。

音量に関する設定項目一覧

Atom Craft では、さまざま段階で音量調整ができます。もし音が小さ過ぎると感じたときは、どこかの段階で音量を絞ってしまっている可能性があります。順番にチェックしてみましょう。

- キューのボリューム設定
- トラックのボリューム設定
- ウェーブフォームのボリューム設定
- マテリアルの「エンコード時音量」設定
- オートメーション機能を使っている場合のボリューム設定
- キューシートのボリューム設定
- カテゴリのボリューム設定
- DSP バス設定における Master Out のボリューム設定
- キュー、トラック、ウェーブフォームの「バスセンド」
- トラックやウェーブフォームにフィルタを使用している場合の「ゲイン」

ボリュームはそれぞれのオブジェクトのボリューム値が乗算され、最終的な値が決まります。たとえば、ウェーブフォームのボリュームが「1.0」、トラックが「0.5」、キューが「1.0」である場合、最終的な出力ボリュームは「0.5」となります。

◗ 音量以外の原因を調べる

上記の音量設定以外で音が鳴らない原因としては、以下の項目があります。

AWB ファイルのロードに失敗している

CriAtomWindow で再生用のゲームオブジェクトを作成すると、CriAtom コンポーネント(ゲームオブジェクト名は CRIWARE)に自動的に ACB ファイルのパスを追加します。ストリーミング再生用キューの場合、AWB のパスはこの方法では CriAtom スクリプトに指定されないため、音が鳴らなくなってしまいます。

アンチウィルスソフトによる不具合

ADX2 は Atom Craft とランタイムが通信処理を行うため、ツール側がウイルスだと誤判定されてしまうことがあります。「プレビュープロセスへの接続に失敗しました」というログが出た場合は、実行ファイルが隔離されている可能性がありますので、アンチウイルスソフトの設定を確認しましょう。

ボイスプールの設定値を超えている

ボイスプール（ボイスの再生最大数）を超えている可能性があります。Max Virtual Voices と、Standard Voice Pool の数を増やしてみましょう。ストリーム再生であれば、Number of Loaders も増やす必要があります。

プライオリティとリミットの設定が強すぎる

キューやボイスのリミットが小さい場合は、聞こえて欲しい音が再生されないことがあります。同時発音数の最大数を増やすか、消えて欲しくない音のキュー、またはボイスのプライオリティを高めにセットします。

Atom Craft を複数人で使う

Atom Craft は、ゲーム 1 つに対して 1 プロジェクトであるため、複数人で 1 つのプロジェクトのサウンド設定を行う場合、デフォルトでは作業しにくいです。ボリューム調整など単純作業を別の人に任せたい場合は、キューシート情報のエクスポートとインポートを使って作業することもできます。

「セリフ担当」「BGM 担当」「効果音担当」のように役割が明確に分かれている場合は、「ワークユニット」単位でプロジェクト内のデータを分け、作業の区切りごとにマージ作業をするワークフローがお勧めです。

ワークユニットを分割すると、マテリアルフォルダも同じ単位で分割されます。Atom Craft でワークユニットごとに読み込みと開放を行うことができます。キューが大量にある場合は、作業に使わないワークユニットを読み込まないことで、動作が軽くなります。

Subversion、Perforce との連携

Atom Craft はバージョン管理ツールとの連携として、Subversion と Perforce に対応しています。Atom Craft から直接リポジトリに接続し、作業のアップデートやコミットができます。

共有しなくてよいファイル

プロジェクトファイルを複数人で共有するとき、.atmcuser ファイルと .user_settings は共有しなくてよいファイルです。.atmcuser ファイルはツリーの開閉情報、.user_settings は個人の PC 毎に生成されるツール設定ファイルです。

また、AtomCraft は動作の高速化のためにキャッシュファイルを作成しますが、キャッシュファイルの保存先である「プロジェクト名＋ Cache」フォルダなども共有する必要はありません。

AISAC をキューシート内のみで使いまわす

グローバル AISAC は、AISAC の設定をプロジェクト全体で利用できるようにする機能で、データは ACF ファイルに記録されます。しかし、多人数で作業をする場合は、名前や用途が衝突してしまう可能性があります。

使用場面が限定されており、1 人の担当しか使わない AISAC を共有したい場合は、「リファレンス AISAC」を利用します。リファレンス AISAC はキューシート内でのみ再利用できる AISAC で、ACB ファイルに記録されます。

ゲームの配信前に行うこと

ADX2 を使ったゲーム開発の終盤段階では、リリース版に向けた設定の変更や、各エディションごとの利用ルールに従った準備が必要です。

不要なリソースの削除

開発工程で残っている古い AWB ファイルや ACB ファイルが Streaming Assets ディレクトリなどに残ってしまっていることがあります。使わないデータは削除しましょう。

また、CriWareErrorHandler コンポーネントは製品ビルドには必要ないため、ビルド
の時点で取り除いてしまうことをお勧めします。

インゲームプレビュー設定の削除

　インゲームプレビュー用のバイナリデータを使っていた場合は、通常のバイナリに差し
替えます。また、シーン内の CriWareInitializer コンポーネントのインスペクターでイン
ゲームプレビューの設定である「Uses In Game Preview」をオフにします。

商標表示ルールの確認と契約確認

　法人向けの「ADX2」を使用している場合は、ゲームへの組み込みが決定したタイミン
グで、株式会社 CRI・ミドルウェアの担当者に連絡します。契約と商標表示規則の案内が
あります。

　無償版「ADX2 LE」を使っている場合は、下記のロゴ表示・権利表記ルールに従って、
アプリやストアの情報に反映します。

● ADX2 LE アプリを配布する方へ

https://game.criware.jp/products/adx2-le/#copyright

　利用に関する商標表示などのルールは、リリース直前のバタついているタイミングでは
忘れがちです。ゲームに組み込むことが決まったら、ストアの設定やロゴ表示設定を先に
やっておきましょう。

1

2

3

4

5

CRI ADX2 の費用と、法人で利用する際のポイント

株式会社 CRI・ミドルウェア　ゲーム事業推進部　夏目 真弥
　東京工科大学にてメディア学を学び、2014 年に CRI・ミドルウェア入社。入社後は、
国内のゲーム開発企業各社との窓口として、ミドルウェアの販売、契約に携わる。現在は、
国内大手ゲームメーカーとの契約主担当として日々精進している。
https://criware.info/

　本書で紹介している「CRI ADX2」は、Unity を使ったゲーム開発において、サウンド関連の機能開発を大幅に効率化するミドルウェアです。使い勝手をテストした後、「本開発で使ってみようかな」と考えたときに、ポイントとなる部分を解説します。

ゲーム開発会社が CRI ADX2 を使うメリット

　サウンド部分の開発は、Unity 標準機能をベースに独自拡張する方法もありますし、Asset Store で販売されているプラグインもあるようです。ADX2 の法人利用は有償ですので、導入を迷うところもあるでしょう。ADX2 のメリットをあらためてご紹介します。

アプリ容量の削減

　アプリのダウンロード容量を少しでも小さくしたいときに有効です。キャラクターが多く登場するゲームの場合、セリフデータはアプリ容量の多くを占めます。ADX2 は、自社開発の圧縮形式「HCA」による高音質・高圧縮が可能です。特に、高音域の圧縮に強い特性を持ちます。

サウンドデータの暗号化によるプロテクト

　Unity のサウンドの圧縮形式は Ogg Vorbis ですので、悪意のあるユーザーがデータの抜き出しを試みた場合、通常の音楽プレイヤーで再生できてしまいます。ADX2 は独自形式であることに加えて、暗号化の機能があります（なお、この機能は「ADX2 LE」にはありません）。これにより、カジュアルハッキングによる被害を抑えることができます。

専用ツールにおけるサウンドデータの管理の効率化

　サウンドデータの設定・管理には、Unity と独立したツールである「Atom Craft」を使います。このツールは一括操作に強く、マウスを使って同じ操作を延々繰り返すような場面がなくなります。また、Excel へのエクスポート・インポート機能があり、自由にパラメータを加工できます。

　そして、ADX2 は「ゲームタイトルごと」の契約ですので、Atom Craft は何人で使っても費用が増えません。追加シナリオが毎月配信されるタイプのゲームの場合、プランナーが Atom Craft を使ってボリューム調整や音質の確認などを行うことができます。作業をプログラマーやサウンドデザイナーと分業でき、運営サイクルの効率化につながります。

　また、社外の作曲担当者に Atom Craft を渡して、ゲーム内で鳴る音量のバランスを取ってもらうといったワークフローも可能です。

国産ミドルウェアであることのアドバンテージ

　CRI は日本に本社があり、日本で開発しています。何かトラブルがあった際には、すぐにサポート

が動きます。ADX2 の利用を通じて、サウンド専門のサポートスタッフを常に頼れるような状態になるわけです。

ADX2 の契約と費用

ADX2 の契約は、Unity と異なり「ゲームタイトルごと」に行います。費用は、ゲームの販売形態によって変わります。試用は無償ですので、実際に配信されるゲームへの採用が決まってからの契約となります。

基本無料でアイテム課金型のゲームの場合

ゲーム本体を無償で配信し、消費型課金と運営要素があるゲームは、月額契約となります。月額料金はゲームの売り上げに比例して変動します（2019 年 7 月現在）。これは、長期のサポートを見込んでいるためです。3 年、5 年とサービスが続くと、OS の更新や新しい端末への対応などが必要になります。そうした対応を行う際、サウンド部分の負担を肩代わりしてくれるのが ADX2 です。

「ツールを買う」というよりは、サウンド専門のサポートスタッフと契約をする感覚に近いイメージです。言い換えれば、サウンドライブラリの管理・保守を社外に一括して依頼できるということです。

ダウンロード専売型のゲーム

消費型課金がないタイプのゲームをダウンロード販売する場合は、「ゲーム売上の 0.95%」が許諾料になります（2019 年 7 月現在）。

パッケージ販売型のゲーム

ゲーム 1 本の販売につき、25 円が発生します。はじめに初期費用として 75 万円を支払い、その中から「25 円×本数」を取り崩します。75 万円を超えたところから、新たな支払いが発生します。つまり、3 万本以上の売上から、25 円 x 本数の費用になる計算です。

「ADX2 LE」を使用している PC タイトルを、ゲーム機向けに移植したい

最近よくあるパターンが、個人のインディーゲームとして ADX2 LE を使っていたが、家庭用ゲーム機へ展開する場合です。この場合も対応可能です。ほとんどの場合は、パブリッシャーを介した契約となります。詳しくは一度お問合せください。

そのほかの相談可能なケース

キャラごとに数十本ある目覚ましアプリを同時配信する場合や、数日限りのプロモーションアプリ、インスタレーション作品として展示し販売しないもの…など、特殊なケースで ADX2 を使いたい場合もあるでしょう。

また、企業のなかでも社内ベンチャー的に小予算の VR タイトルを開発したり、新人教育として小規模アプリを開発して無料配信するなど、予算面のバランスが取りにくいケースもよくあります。

CRI は、なるべく利用形態に沿った提案をいたしますので、まずはお問合せから気軽に相談してもらえれば幸いです。

ゲームサウンド開発にまつわる補足情報

これまで、Unity でサウンドを扱うための標準機能である「Unity Audio」と、サウンドミドルウェア「CRI ADX2」の詳細を解説してきました。この章では、ゲームサウンド開発にまつわる補足的な情報を紹介しておきます。

ここでは、サウンドの波形データを用意する方法やその加工ツール、音量の調整とラウドネスについて、そして現在開発中の未来のオーディオ技術の概要を取り上げます。

▶ **この章のポイント**

- 効果音素材の制作方法と加工ツールを学ぶ
- ラウドネスと音量バランスの調整について知る
- 未来のサウンド技術について触れる

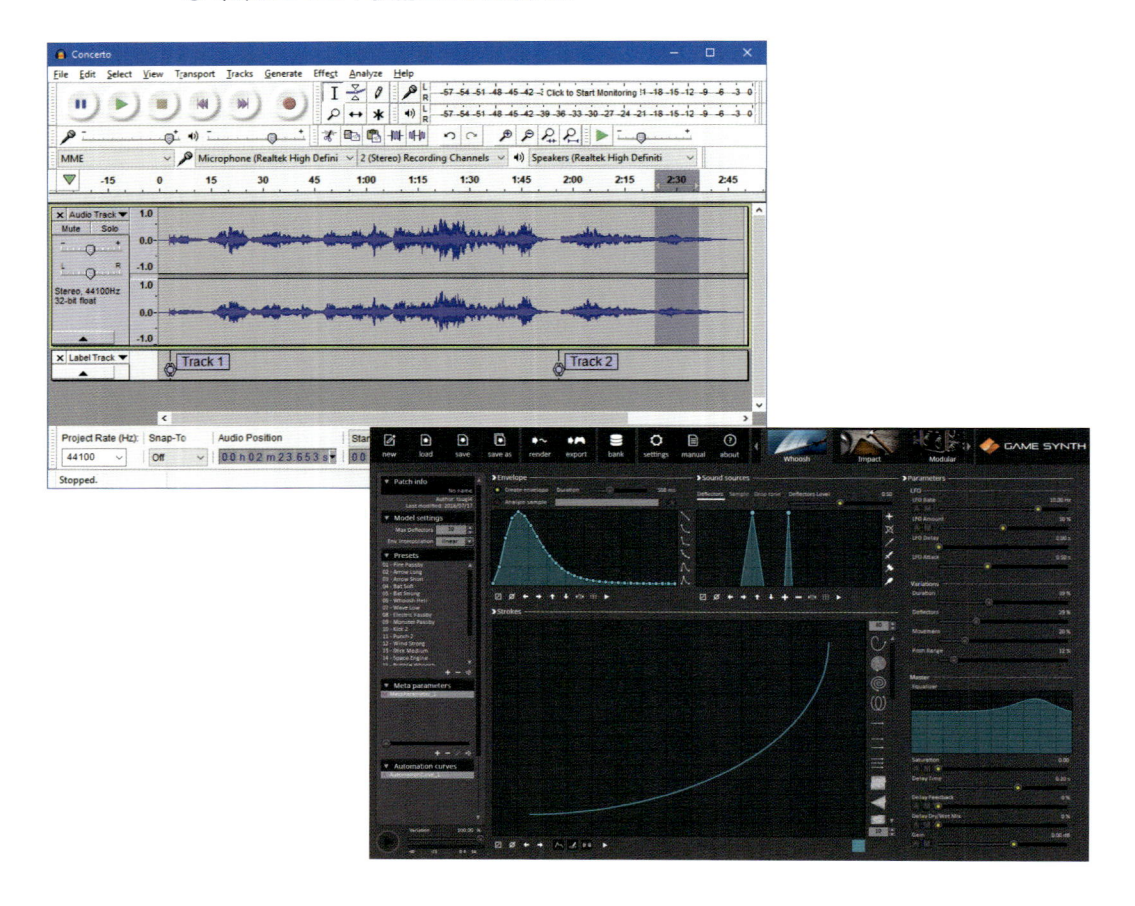

5-1 サウンド素材の入手と加工ツール

みなさんは、サウンドの素材を用意しようと考えた時にどうしていますか？ たとえば、Unity Asset Store で効果音パックが販売されているほか、「ゲームの効果音」と銘打って効果音を配布しているサイトも多くあります。

これらの効果音パックは、ゲームで使うことを前提に作られているため利用しやすいですが、人気の効果音素材は多くのゲームで使われているため、「どこかで聞いたことがある音だ」とプレイヤーに気づかれて没入感をそいでしまうこともあります。可能な限り、パラメータを使って生成するタイプの効果音ツールや DAW を使って自作することをお勧めします。

また、サウンド素材は無音部分を長く取っていることもあるので、Unity や ADX2 にインポートする前に、無音部分をカットしておきたいです。場合によっては、ステレオファイルをモノラルにダウンミックスすることもあります。本節では、波形編集ツールについても紹介します。

Bfxr

8bit 風な効果音を作ることができる優秀なフリーツールです。ブラウザで動作するほか、ダウンロード版もあります。特に、ピクセルアート系のゲームと相性がよいです。

- Bfxr
  http://www.bfxr.net/

DSP Anime

アニメ風の効果音を生成できる有償のツールです。新潟にある Tsugi 合同会社が開発しています。さまざまなパラメータを組み合わせて、オリジナルの効果音を作ることができます。

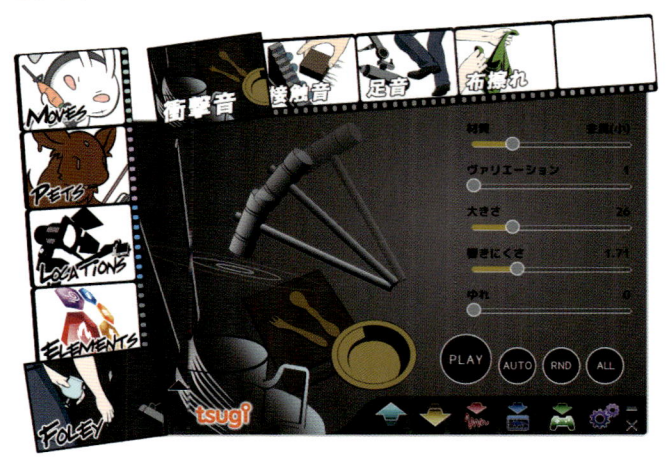

図 5-1-1 DSP Anime の操作画面

パンチやガードの鈍い音、ひらめきやピンチなどの状況を表す音、炎・水魔法などのエフェクト音を生成できます。教室・オフィス・公園など、ロケーションに合わせた環境音を作ることも可能です。サンプルゲームの効果音の一部も、このツールで作られています。

複数の作品に使える売り切りタイプの製品ですので、1回の購入でさまざまなプロジェクトに利用できます。どんな音が作れるかは、公式サイトにサンプルがあります。

● DSP シリーズ公式サイト
http://tsugi-studio.com/web/jp/dspseries/

同シリーズのツールとして、「DSP Retro」もあります。こちらは、8bit 風の効果音を生成できるツールです。爆発や銃声、宝箱を開けた時の音などのプリセットが充実しているので、Bfxr より直感的に効果音を作ることができます。

Soundly

サウンド素材を管理するツールです。購入したローカルのサンプル音源を管理できるほか、独自のクラウドライブラリを持っており、音源をクラウドから検索してダウンロードできる機能が付いています。

素材数が限定された無償版と、すべての素材を利用できるプロ版があります。プロ版は、月額 14.99 ドルです。

● Soundly
https://getsoundly.com/

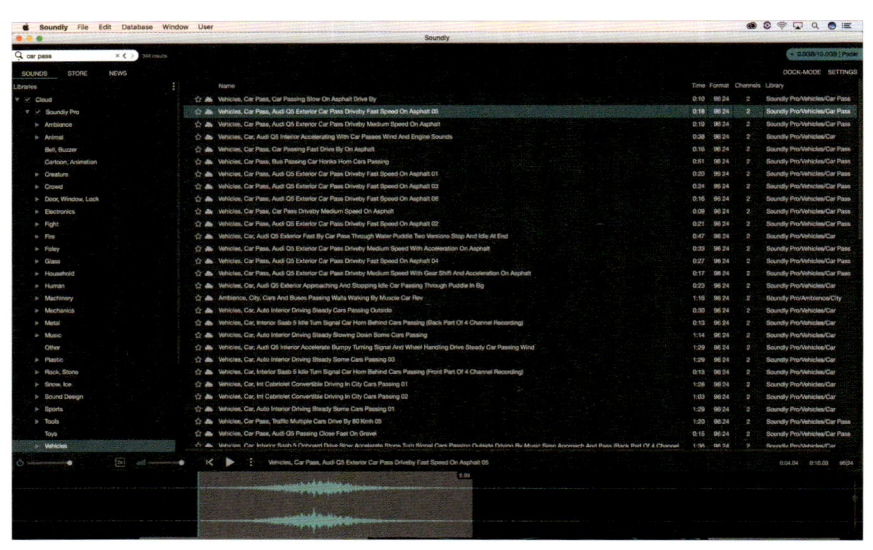

図 5-1-2 Soundly の操作画面

動物、火、ガラス、鉄などのジャンルから膨大な素材をプレビューしつつダウンロードできます。特徴は、リスト下部のプレイヤーで、クリッピングやモノラル化、再生速度の調整などを単体で行うことができる点です。

しかも、WAVE ファイルを出力する前に、波形を範囲選択して Unity のプロジェクトや ADX2 のマテリアルツリービューへ直接ドラッグ & ドロップが可能です。

DAW で効果音を生成する

DAW は作曲ツールの印象が強いですが、強力な効果音生成・加工ツールになります。特に、メニュー画面用のボタン効果音類の用意に向いています。DAW にシンセサイザーなどの音源プラグインを導入して、音を組み合わせて効果音を作りましょう。

Windows なら、Studio One Prime や Cakewalk など、無償で利用できる DAW があります。macOS なら、GarageBand が無償で利用できます。内蔵の音源も優秀ですので、単体でメニュー SE 系の音を構築できます。

- **Studio One Prime**
  https://www.mi7.co.jp/products/presonus/studioone/prime/

- **Cakewalk**
  https://www.bandlab.com/products/cakewalk

- **GarageBand**
  https://www.apple.com/jp/mac/garageband/

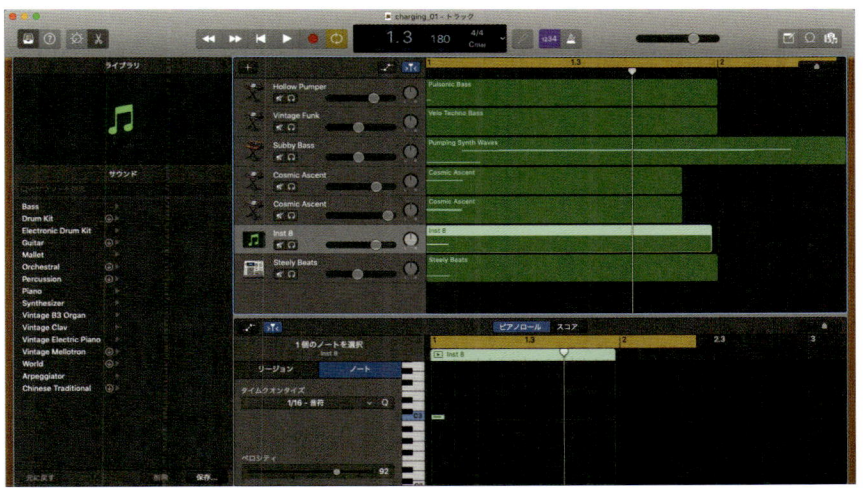

図 5-1-3 GarageBand の画面

さらに、スマートフォン向けの作曲ツールで効果音を作り、WAVE ファイル出力する方法もあります。

Audacity

波形データの加工を行うフリーツールです。波形データにエフェクトをかけたり、ステレオデータのモノラルミックス化、ノーマライズ、波形の切り貼りなどができます。

● **Audacity 公式サイト**

https://www.audacityteam.org/

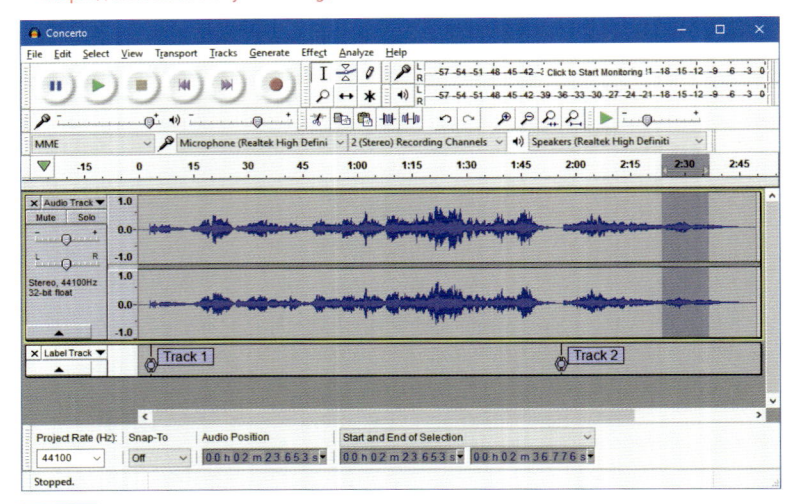

図 **5-1-4** Audacity の操作画面

Volt

サウンドファイルの音量差を調整するためのフリーツールです。ラウドネスに合わせた一括音量調整は、人間が感じる音量感と必ずしも一致しません。最終的には直接聴きながらの調整を行うことが多いです。Volt は、その調整をすばやく行えるようなサポートに特化しています。

調整結果をサウンドファイルに適用できるほか、調整した値を CSV ファイルに書き出すことができます。これにより、ほかのサウンドツールや Unity との連携も可能です。

● **Volt**

http://inamons.com/software/volt/

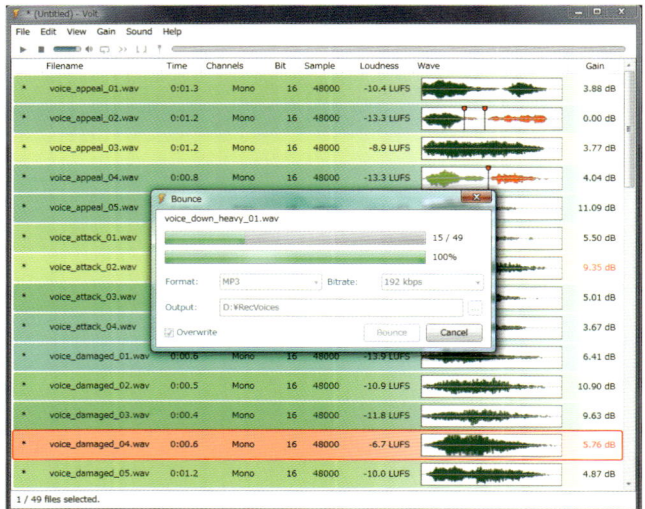

図 **5-1-5** Volt の操作画面

音量バランスの調整（ラウドネス）

　ゲームが完成に近づいていったときに、最終的にスピーカーやヘッドフォンから出る音量の確認と調整を行います。その際は、「ラウドネス」という、人間が感じる音の大きさの指標に沿って調整を行います。

ラウドネスとは

　ラウドネスは、音の大きさをデジベル（dB）などの電気信号で表現するのではなく、人間の聴覚特性をもとに表現します。単位は「LKFS（Loudness, K-weighted, relative to full scale）」を使います。

　人間の耳は、低域の音は感度が低く高域の音は感度が高い、という特徴があります。それらを加味し、物理的な音量ではなく、人間の耳が感じる音量「感」をベースにして測定します。測定では、人間の耳の特性に合わせた周波数補正のフィルタを通して計測されます。

　ラウドネスは、もともとテレビ業界のために研究開発された技術です。日本のテレビ業界で運用されている「ラウドネス運用規定」では、ラウドネスの許容範囲は、−24LKFSから±1LKFSに収めるというガイドラインになっています。

　今のところはテレビにおける民放のガイドラインということで、ゲームへの適用義務はありません。しかしながら、スマートフォンやPCゲームソフトのストアのルールに、いつか盛り込まれる可能性があります。

　家庭用ゲーム機やPCゲームにおいては、テレビに倣って−24LKFSに調整されることが多いです。Oculusは−18LKFSを推奨しています。また、スマートフォンではスピーカーが小さかったり屋外で遊ばれることも加味して、−16LKFSあたりを指標に調整することが多いです。

ラウドネス値の測定方法

　ゲームの音の大きさは状況によって大きく変化し、組み合わせは無数にあります。ラウドネス測定の方法には、サンプリングの方法による3種類があります。

　400ms間の瞬間的な音量を測定する「モーメンタリターム」、3秒間の平均値をとる「ショートターム」、全体の平均値をとる「インテグレーテッド（ロングタームとも呼ばれる）」です。DAWのプラグインでは、曲の再生を開始してから音全体のラウドネスを測定します。

　4章で紹介したCRI ADX2では、プロファイラーに標準でラウドネスメーターが搭載されています。Unity標準機能のみで計測したい場合は、ネイティブオーディオプラグインのサンプルとして LoudnessMeter が提供されています。

- Unity Technologies NativeAudioPlugins

  https://bitbucket.org/Unity-Technologies/nativeaudioplugins/src/default/

フリーのラウドネス計測ツールとしては、以下があります。

- Orban Loudness Meter

  https://www.orban.com/meter

1LKFS＝1dBで、ラウドネス値が−18LKFSの音を1dB上げると−17LKFSになります。メーターを確認し、目的の値を超えてしまっている音量を調整して、プレイヤーへ負担をかけないようなゲームサウンドのバランスを目指しましょう。

また、いつも同じ環境でサウンドの計測とテストができる環境（リファレンスとなる環境）を決めておき、計測と調整を行うとよいでしょう。

5-3 ゲームサウンド技術の未来

　最後に、新しいサウンド技術や、近年ゲームに取り入れられはじめた技術について紹介します。グラフィクスと同じように、サウンドの技術は年々進歩しています。

Unity Audio DSPGraph（Experimental）

　Unity は登場以降、コンポーネント指向の GameObject（MonoBehaviour）アーキテクチャを使用してきました。コンポーネント指向設計は、理解しやすい反面、メモリアクセスの最適化や CPU 処理の並列化が難しいという問題があります。

　近年の家庭用ゲーム機や PC、スマートフォンはほとんどマルチコアプロセッサを搭載しているため、現代のゲーム実行環境においては、処理速度向上の妨げになっていました。

　そこで Unity 2018 からは、Unity のコア部分を新たに構築する「Data-Oriented Technology Stack（DOTS）」という取り組みがスタートしました。

　まったく新しいデータ指向のシステムで、GameObject を置き換える「Entity Component System（ECS）」、それを並列的に処理する「C# Job System」、さらにはパフォーマンスを最適化したアセンブラコードを生成する Burst コンパイラーによって構成されています。これらの新しいデータ指向システムを総称して、「DOTS」と呼んでいます。

　Unity は、各機能をこの DOTS 環境でも動作するように徐々に機能実装を行っているのですが、サウンドも例外ではありません。サウンド分野では、「DSPGraph」という新しいオーディオレンダリング・ミキシングエンジンが準備中です。

　これは、従来の Audio Mixer によるバス管理とまったく異なり、Shader Graph のようにノードでサウンド処理を接続していくシステムです。C# での拡張が可能で、「Megacity」という Unity が作った DOTS デモでは、10 万個の 3D サウンド音源を配置しているそうです。

　DSPGraph は、experimental（実験中）機能で、実験的な API しかありません。2019 年中にプレビューパッケージが登場する予定で、実用化はまだまだ先です。DSPGraph は、今後 DOTS Audiosystem の基盤となる技術になるそうなので、並列処理に興味のある方はぜひ触ってみましょう。

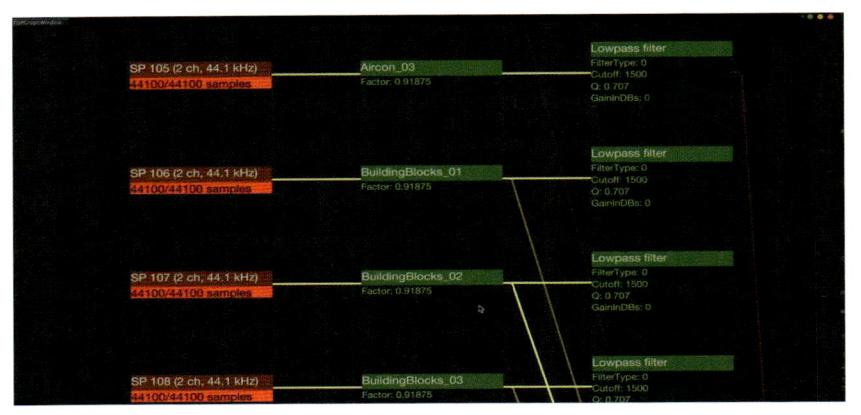

図 5-3-1 ノードベースのサウンド機能「DSPGraph」

プロシージャルな効果音

通常、ゲームの効果音は波形データを加工したのちに、圧縮データとしてゲームのビルドに含まれます。まったく新しいアプローチとして、波形データを持たず、ゲームのランタイム上で効果音を動的に生成する手法が研究されています。

さきほど紹介した Tsugi 合同会社が販売しているツール「GameSynth」は、プロシージャルサウンド合成技術を使ったサウンドツールです。

● GameSynth

http://tsugi-studio.com/web/jp/products-gamesynth.html

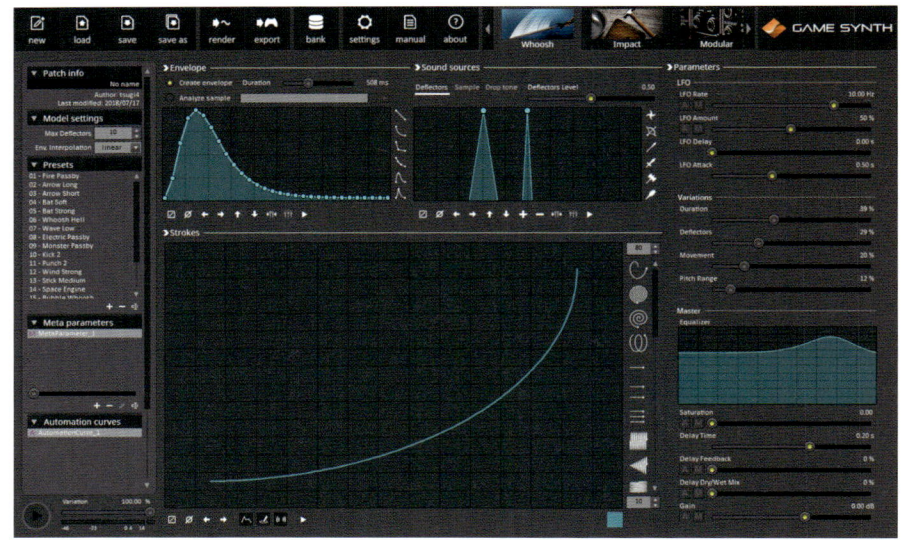

図 5-3-2 GameSynth の操作画面

GameSynth は、DSP Anime の機能増強版の側面があり、「ゲーム効果音生成ツール」としての機能を持ちます。風切り音、モノが当たった音など、幅広いプリセットから効果

音を生成し、WAVE ファイルに出力できます。

　加えて、「GameSynth ランタイムエンジン」をゲームに組み込むことで、実行中のゲームでリアルタイムに効果音を生成するプロシージャル機能を利用できます。

　この利点は、メモリ使用量とストレージ容量を小さく抑えることが可能になることと、効果音のバリエーションを簡単に増やせて、「繰り返し感」をなくすことができることです。GameSynth は、Unity や ADX2 と組み合わせて利用できます。

▶ 空間音響の物理シミュレーション

　3 章では、VR ゲームでの音の反射や残響のシミュレートについて紹介しました。最新の音響シミュレート技術では、ゲームの空間内に「音がどのように伝搬するか」をパラメータとしてマップに埋め込むシステムが開発されています。

　影のベイクやナビメッシュのベイクに似たようなアプローチで、開発環境上でマップの構造を解析します。「遮蔽音」「透過音」「回析音」などのさまざまな音の伝わり方を数値化し、マップに埋め込みます。

　いくつかの企業が開発中の技術ですが、ゲーム内のリアルな音を再現する方法として、主流になる可能性があります。

▶ プレイヤーの耳の形に合わせた HRTF 係数調整

　3 章で紹介したもう 1 つのシミュレーション手法に、耳や頭の形状の影響をシミュレートする HRTF 係数を紹介しました。現在主流で利用されている HRTF は、平均的なデータを使って計算されていますが、この処理をユーザーに合わせてカスタマイズする技術が研究されています。

　具体的には、スマートフォンのカメラなどで自分の耳を撮影して、耳の形の画像から HRTF の調整を行うものです。HRTF は人の相性があり、ごくまれに前後や上下の位置間隔を逆に感じてしまうことがあります。この研究が進めば、VR コンテンツでの音の聞こえ方がさらにリアルなものになるでしょう。

音声制作の発注から納品まで

株式会社コトリボイス／音響制作事業部プロデューサー 子吉 信成（ねよし のぶなり）
　ゲームサウンドクリエーターから海外留学を経て、2014 年に株式会社コトリボイス
を設立。高校生の頃、近所の大学の同人ゲームサークルに入り浸って MML を覚えました。
http://kotori-voice.jp/studio

　それでは、音響制作会社に依頼する場合の「発注からデータの納品まで」を見てみ
ましょう。

①依頼

　まずは音響制作の会社に、ゲームの概要を添えて相談のメールを送ります。だいた
いこんな感じのゲーム、こんなキャラクターで、これくらいのセリフ量という概要が
あるとよいでしょう。予算やそのほかのリクエストもあれば、書き添えます。検討の後、
見積もりが返ってきますので、プロジェクトのスタートです。

②キャストの選出

　キャラクターの（外観や性格など）設定資料と「こんな声が欲しい」というリクエ
ストを出し、担当者と相談の上でキャストを決定します。いくつか代表的なセリフを
送り、複数の候補者にサンプルを録音してもらうことも可能です。一番キャラに合っ
ていると思ったキャストを選びましょう。この方法は「テープオーディション」と呼
ばれています。

③台本の準備

　収録したいセリフが決まったら、Excel などスプレッドシートにまとめます。どう
いうシチュエーションのセリフか、納品時のファイル名もあるとよいでしょう。この
ファイルを参照して、音響制作会社は台本を作成します。

④スタジオでの収録

　選ばれたキャストやスタジオ、スタッフのスケジュールを調整し、収録を実施する
日時を決定します。依頼者本人が必ずしも同席する必要はありませんが、監修などは
その場ですぐに出せたほうが効率的です。遠方の場合は、テレビ電話システムなどで、
収録の様子を見れる場合もあります。相談してみましょう。

⑤編集

　録音された音源から OK のテイクを切り出し、ノイズ処理や音量・音圧調整を行っ
た上で、指定のファイル形式（WAVE、MP3、Ogg Vorbis など）に書き出して納品
となります。さっそくゲームに組み込んでみましょう！

ゲームサウンド開発にまつわる補足情報

索引（CRI ADX2関連）

記号、数字

.atmcuser ファイル 366
.atmproject ファイル 221
.user_settings ファイル...................................... 366
3D サウンド.. 243
3D ポジショニング 344, 346
3D Positioning オプション 243, 348

A

ACB ファイル（Atom キューシートバイナリファイル）... 218
ACF ファイル（Atom コンフィグファイル） 218
AddCueSheet メソッド 242
ADX コーデック 213
ADX2 製品版 190
ADX2 対応プラットフォーム 185
ADX2 データの階層構造 210
ADX2 によるワークフロー 187, 209
ADX2 の Editor 拡張 246
ADX2 の契約と費用... 369
ADX2 のデモプロジェクト.................................. 361
ADX2 のドキュメント 361
ADX2 ユーザー助け合い所................................. 189
ADX2 LE 189
ADX2 LE アプリを配布する方へ 367
ADX2 LE 公式サイト 192
ADX2 LE を使用したコンテンツ配信の条件..................... 190
ADX2 for Unity コンポーネント 240
ADX2 for Unity パッケージ 203
AISAC...................................... 216, 225, 228, 274, 301
AISAC コントロール 216, 275, 348
AISAC のエクスポート・インポート........................ 320
Android の再生遅延の対策 254
Android Config 設定.............................. 241, 254
ASR（Atom Sound Renderer）ラック 363
Atom Craft が扱えるデータ 213
Atom Craft の基本操作 220
Atom Craft の動作環境 194
Atom Craft のセットアップ 194
Atom Craft のバージョン差異 239
Atom Craft のマニュアル 236
AttachFader メソッド 268
AWB ファイル（Atom ウェーブバンクファイル）.......... 218
AWB ファイルの分割 364

B、C

BPM 解析.. 329
ChangeGameVariable メソッド....... 356
clearSelectorLabels メソッド 354
Command ＋ 1 〜 8 キー 237
Command+Shift+Z 221
Command+Z 221
CPU 使用率 221
CPU 負荷軽減 250
Create CRIWARE Error Handler 204
Create CRIWARE Library Initializer.................... 204
Create GameObject ボタン 207
CRI ADX2 183
CRI ADX2 for HTML5 191
CRI ADX2 for STADIA 191
CRI ADX2 for VR 191
CRI ADX2 Unity Plugin/AssetStore 版.................... 190
CRI Atom コンポーネント 241, 260
CRI Atom ランタイムライブラリ 183
CRIAtom.AddCueSheet メソッド......................... 242
CRI Atom Craft 183, 186
CriAtomCueSheet クラス 242
CriAtomExAcb クラス 242
CriAtomEx.ApplyDspBusSnapshot メソッド............... 299
CriAtomEx.GameVariableInfo 構造体 356
CriAtomExLatencyEstimator.FinalizeModule メソッド
.... 257
CriAtomExLatencyEstimator.GetCurrentInfo メソッド...
.... 257
CriAtomExLatencyEstimator.InitializeModule メソッド
.... 257
CriAtomExPlayback.Stop メソッド 269
CriAtomExPlayer クラス........................... 245, 266, 354
CriAtomExPlayer.SetAisacControl メソッド 302
CriAtomExPlayer.Start メソッド 269
CriAtomExPlayer.Update メソッド 302
CriAtomExSequencer.SetEventCallback メソッド ... 283
CriAtomEx.SetGameVariable メソッド 356
CRI Atom Listener コンポーネント 243
CRI Atom Source コンポーネント................... 208, 243, 261
CRI Atom Window 206, 246
CRI Profiler 247
CriSequenceParam 構造体 283
CRIWARE ゲームオブジェクト 207
CRIWARE コンポーネントの配置........................... 204
CRIWARE Error Handler コンポーネント 241
CRIWARE for Games 184
CRIWARE Library Initializer コンポーネント 240, 254
csv ファイル 330
CSV フォーマットリファレンス................................ 331

Ctrl ＋ 1 ～ 8 キー 237
Ctrl+Y 221
Ctrl+Z 221
Cue 188
CueInfo 構造体 281
CueSheet パラメータ 260
CueSheetsAreLoading プロパティ 242

D、E、F、G、H

DAW ソフト 310
DetachFader メソッド 268
Dont Destroy On Load オプション 204, 241
DSP バス 216, 295
DSP バス設定ビュー 229, 295
Excel 連携機能 330
F5 キー 220, 233
F6 キー 220
F7 キー 220
GetAcb メソッド 242
GetCueInfo メソッド 281
GetCueSheet メソッド 242
HCA 185, 213
HCA-MX 185, 213
HCA-MX の制限 250
HCA-MX の設定 251
HCA-MX リサンプリングレート 252
HCA-MX Voice Pool Config 設定 240, 253
Horizontal Resequencing 304

I、L、M、N、O、P

I3DL2 リバーブ 299
Initialize Atom 設定 240
IsPaused メソッド 244
loop プロパティ 244
Low Latency Playback オプション 254
Low Latency Standard Voice Pool Config 254
Memory Voices オプション 254
MIDI 223, 364
Number of Lorders オプション 255
OnClick イベント 256
OnPointerDown イベント 256
Pause メソッド 244, 269
Perforce 366
Play メソッド 244
Play On Start オプション 208
Public 202, 223

R、S

R キー 227, 306
Random.Range メソッド 277
REACT 293
REACT ビュー 233, 293
RemoveCueSheet メソッド 242
Resume メソッド 269

Sampling Rate オプション 240, 253
ScriptableObject 264, 266
Script Execution Order 245
SDK の入手 192
SetAisacControl メソッド 244, 277
StartAisacParamChange メソッド 303
status プロパティ 244
Stop メソッド 244
StreamingAssets フォルダ 206, 219, 242, 247
Streaming Voices オプション 254
Subversion 366

T、U、V、X

T キー 227, 306
Unity Assets 出力オプション 335
Unity Audio との違い 209
Unity Audio の機能をオフ 205
Use Copy Assets Folder オプション 206, 247
Uses In Game Preview オプション 247, 336
Version Information（CRI Version）ウィンドウ 247
Vertical Remixing 301
volume プロパティ 244
XML 出力 334

あ行

アクション機能 362
アクションキュー 362
アダプティブミュージック 301
圧縮コーデック 185
圧縮設定 213
アンドゥ 221
インゲームプレビュー 335
インゲームプレビュー用バイナリ出力オプション 335
インスペクタービュー 223
インタラクティブサウンド 188
インタラクティブミュージック 189, 301
イントロ付きループ再生 185, 249
インポート時のデフォルト設定 317
ウェーブフォーム 210, 211, 225, 325
エンベロープ 267
オートメーション 271
オートモジュレーション 279

か行

階層化表示ボタン 230
外部キューリンク 316
各プラットフォーム向けの ADX2 190
仮想ボイス 359
カテゴリ機能 287
カテゴリキュープライオリティ 292
カテゴリキューリミット数 292
カテゴリ数を増やす 311
カテゴリ設定のコツ 294
カテゴリボリューム 289

カーブタイプ 278
キャッシュクリア 332
キュー 188, 199, 209, 210, 211, 215
キュー作成情報 CSV からキューの作成メニュー 331
キューにフェード属性を埋め込む 267
キューに文字列情報を埋め込む................. 280
キューのカテゴリ分け 287
キューのグループ化 287
キューの詳細設定 311
キューを WAVE ファイルに出力 328
キューシート 200, 210, 264
キューシート情報 242
キューシートの読み込み方法 241
キューシートフォルダ 210
キューシート CSV のエクスポート・インポートメニュー... 331
キューリミット 360
キューリミット数オプション 273
キューリンク 316
キュー ID 264
キュー ID の重複 320
キュー ID の割り振り 321
距離減衰設定... 346
クイックヘルプビュー 235
クォンタイズ 364
クリーンビルド 332
グローバル AISAC 349, 366
ゲーム変数 355
言語 223
検索ビュー 235
後着優先 274, 292
コーデックの設定.................................... 213
コントロールタイプ 279

さ行

再生確率 315
再生タイミングランダム 315
再生遅延の推測機能 256
サウンド圧縮形式..................................... 185
サウンドエフェクト 216
サブシーケンス 316
残響音 295
シーケンス 211
シーケンスコールバック 282, 314
シーケンス時間 221
シーケンスタイプ 226, 270
シーケンスタイプの再生方法 227
シーケンスの入れ子 316
シーケンスマーカー 312
シーケンスループ 313
指定トラック再生 222
出力バス 203, 206
新規キュー作成ボタン 318
新規作成 221
新規プロジェクトの作成 196

スイッチ変数 356
スタートページ 236
ステム 301
ストリーミング再生 214, 218
スナップショット................................ 217, 298
スペースキー 220
全てのワークユニットの検証メニュー....................... 322
セッションウィンドウ 343, 345
セリフキューのタイムライン.................... 282
セレクタ機能 351
セレクタラベル 352
ゼロレイテンシーストリーム 214, 218
遷移後初回発音 309
遷移時発音 309
先着優先 274, 292
センド 296
センドパラメータ 217

た行

タイプで検索オプション 230
タイミング情報を埋め込む 281
タイムラインビュー 224, 304, 316
タイムラインルーラーの単位 319
タイムルーラー....................................... 225
多言語化 363
ダッキング 189, 292
縦の遷移 301
ツールバー 220, 222
低遅延再生 186, 254
低遅延再生モードの制限 256
低負荷再生 185
データ暗号化 185
データ出力 218
テール 250
統合型サウンドミドルウェア 183
同時再生数の上限設定 273
トラック 210, 211, 225
トリガカテゴリキューリスト.................... 293

は行

バウンズ... 329
波形エディター 330
波形エディターで音声ファイルを開く 330
波形データ 199
バージョン管理ツール 366
バスセンド...................................... 217, 296
バスマップ 297
発音数 221
パックファイル 188
パラメータパレットビュー 234
被参照リストビュー................................. 231
ピッチの変化 274
ピッチランダム 272
ビート同期 364

ビュー 223
ビューボタン 198, 223
ビューレイアウト 236
ビルド 202, 218, 221
ビルド時のキュー ID 検証範囲パラメータ 320
ビルドダイアログ 238
ビルドターゲット 223
ビルドログウィンドウ 203
フェードイン・アウトの実装 267
プリセットレイアウト 237
フルビット 302
プレビュー再生 200, 220
プレビュー再生停止 202, 220
プレビュー設定を編集メニュー 339
プレビューターゲット 223
プロジェクトツリービュー 231
プロジェクトファイル 210
プロジェクトファイルのバックアップ 329
プロジェクトファイルの保存 202, 221
プロジェクトを開く 221
ブロック再生 304
ブロック再生キューの作成 305
ブロック遷移先指定 308
ブロック遷移タイミング 307
ブロック分割数 307
ブロックループ回数 307
プロファラーウィンドウ 338, 341
ヘッダファイル 218
変化カテゴリキューリスト 293
ボイス 212, 221
ボイスの優先度 360
ボイスビヘイビア 358
ボイスプライオリティ 360
ボイスリミットグループ 359
ポイントリストビュー 230, 278
法人向けのお問い合わせ（ゲーム開発以外） 193
法人向けのお問い合わせ（ゲーム開発向け） 193
ポストプロセス設定 333
ポップアップウィンドウ 223
ボリュームスライダー 225

ま行

マイク入力機能 205
マーカーの自動生成 286
マーカーの編集 283, 285

マテリアル 199
マテリアル設定の優先順位 215
マテリアルツリービュー 232
マテリアルの再割り当て 326
マテリアルの登録 212
マテリアルビュー 234, 249
マテリアルルートフォルダ 199, 213
マルチスピーカー 362
ミキサーのルーティング 217
ミキサービュー 229, 295
未使用のマテリアルを検索メニュー 328
未登録ファイルの登録メニュー 328
ミニマップ 226
ミュート 358
無限ループ 313
メモリ再生 214

や行

ユーザー設定 238
ユーザーデータ 280
ユーザーレイアウト 237
ユーザーレイアウトのロック 237
余韻 250
横の遷移 304

ら行

ランダマイズ設定 228
ランダム再生 269
ランダムノーリピート 270, 351
リサンプリングレート 251
リストエディタービュー 230, 322
リドゥ 221
リファレンス AISAC 366
リンク切れ 322
ループポイント 249
レイヤー 225
レベルメータービュー 234
ローカライズ 363
ローカライズ機能 223
ログビュー 235
ロード方式の選択 214

わ行

ワークユニット 210
ワークユニットツリービュー 232

索引（VR関連）

数字

1st Order 147
1 次アンビソニック 147
360 度録音した音 146

A、B、C

A-Format 147
adb（Android Debug Bridge）コマンド 164
Ambisonic Audio コンポーネント 165
Ambisonic Decoder Plugin 150, 157
Ambisonics 音源集 176
Ambisonics Audio 146
AmbiX 147, 177
AndroidManifest.xml 164
ASTC 157
Audio Propagation（Beta）コンポーネント 165
Audio Spatialization 143
B-Format 147
CRI ADX2 for VR SDK 151

D、E、F

dearVR SDK 152
Direct Sound 144
DSP Buffer Size 157
Dynamic Reflections Enabled オプション 170
Dynamic Room Modeling コンポーネント 165
Early Reflections 144
FadeTime プロパティ 168
FuMa 147

G、H、I、L、M

Gain オプション 166
GetSpatializerPluginName メソッド 150
GLOBAL SCALE オプション 167
Google Resonance Audio SDK 151
HRTF（Head Related Transfer Function） 143
Internal attenuation falloff 166
Late Reverberation 144
Layer Mask オプション 169
Legacy Reverb オプション 170
Max Wall Distance オプション 169

O

OculusAmbi デコーダー 168
Oculus Ambisonics Starter Pack 176
OCULUS ATTENUATION RANGE オプション 176
OCULUS ATTENUATION オプション 166
Oculus Audio SDK 151
Oculus Go 153
Oculus Go ADB Drivers 160
Oculus Integration パッケージ 153

Oculus Quest 153
Oculus Rif ／ Rift S 154
Oculus Spatializer プラグイン 149
Oculus Spatializer Refflection（Mixer ユニット）..........
.... 165, 167
Oculus Spatializer Unity コンポーネント 168
ONSP Ambisonics Native コンポーネント 168
ONSP Audio Source コンポーネント 165
ONSP Propagation Geometry コンポーネント 170
ONSP Propagation Material コンポーネント 170
ONSP Reflection Zone コンポーネント 168
OpenJDK 163
OVRCameraRig プレハブ 161
OVR Controller Helper コンポーネント 161
OVRControllerPrefab プレハブ 161
OVRLipsync クラス 164
OVRPlugin 156

P、R

PROPAGATION QUALITY LEVEL オプション 168
Ray Cache Size オプション 169
Rays Per Second オプション 169
Reflections Enabled オプション 166
REFRECTION ENGINE オプション 167
Resonance Audio プラグイン 149
REVERB SEND LEVE オプション 166
ROOM DIMENSIONS オプション 167
Room Interp Speed オプション 169

S、T

SHARED REVERB ATTENUATION RANGE オプション ...
.... 167
SHARED REVERB WET MIX オプション 168
snapshot 165, 168
Spatialization コンポーネント 165
Spatialization Enabled オプション 166
Spatialize（スペイシャライズ） 143
Spatializer Plugin 149, 157
Steam Audio（Beta）SDK 151
Texture Compression 157

U、V、W、X

Unity Audio Spatializer SDK 152
Use Virtual Speakers オプション 168
Virtual Reality Supported オプション 159
Visualize Room オプション 169
VOLUMETRIC RADIUS オプション 166, 176
VR コンテンツ 143
VR 音響プラグイン 149
WALL REFLECTION COEFFICIENTS オプション 167
XR Settings 159

あ行、か行、さ行

アプリのアンインストール 164
アンビソニック 146
アンビソニック音源再生プラグイン 150
エコー 145
音場 144
開発者モード 159
環境音 146
空間音響 SDK 151
空間化処理 143
空間化プラグイン 149
後期反射 144
固定 shoebox 165
サウンドの空間化 143
指向成分 147
シューボックス 145
初期反射 144
線音源 146

た行、は行、ま行、ら行

直接音 144
テクスチャ圧縮形式 157
点音源 146
頭部伝達関数 144
バイノーラル・プロセッシング 144, 165
バイノーラル立体音響 144
反響音 144
反射モデル 145
プリセット 145
プロディレイ 145
無指向成分 147
面音源 146
立体化処理 143
リバーブ 145
レイキャスティング 145

索引

数字

2D サウンド 042, 049
3D サウンド 023, 042, 050, 066
5.1ch 023
7.1ch 024

A

ADPCM 035, 037
AIFF ファイル 033
Ambisonic オプション 034
AndroidManifest.xml 138
Animator コンポーネント 070
assetImporter プロパティ 127
AssetPostprocessor クラス 127
Attenuation（減衰）ユニット 093
Audacity ツール 373
Audio Clip 033
Audio Clip の最適化 055
AudioClip.GetData メソッド 039
audioClip.length メソッド 074
AudioClip.loadState プロパティ 055
AudioClip.SetData メソッド 039
AudioConfiguration 構造体 101
AudioConfigurationChangeHandler デリゲード 102
Audio Filter コンポーネント 046
AudioImporterSampleSettings 構造体 128
Audio Listener 048
AudioListener.GetSpectrumData メソッド 138
Audio Manager 099
Audio Mixer 085

Audio Mixer クラスの変数 098
Audio Mixer クラスのメソッド 098
Audio Mixer Group 085, 086
AudioMixer.GetFloat メソッド 110
AudioMixer.SetFloat メソッド 110
AudioMixerSnapshot クラスのメソッド 098
Audio Reverb Zone コンポーネント 046, 124
Audio Settings 099
Audio Source 040, 049
AudioSettings.dspTime メソッド 046, 130
AudioSource.GetOutPutData メソッド 136
AudioSource.GetSpectrumData メソッド 138
AudioSource.ignoreListenerPause プロパティ 048
AudioSource.isPlaying プロパティ 044
AudioSource.isPlaying メソッド 060
AudioSource.LoadAudioData メソッド 036
AudioSource.Pause メソッド 081
AudioSource.PlayDelayed メソッド 130
AudioSource.PlayScheduled メソッド 102, 130
AudioSource.UnloadAudioData メソッド 036
AudioSource.UnPause メソッド 081
Audio Track 134
Auto Mixer Suspend プロパティ 086

B、C

Bfxr ツール 371
BGM 020, 056
Bypass Effects オプション 041
Bypass Listener Effects オプション 041
Bypass Reverb Zones オプション 041
C# スクリプティング 017, 026

Cakewalk ツール 373
Chorus Effect ユニット 094
Compressed In Memory オプション............................. 035
Compression Format オプション................................ 036
Compressor Effect ユニット...................................... 094
CPU 負荷 025
CRI ADX2 028
Cutoff freq パラメータ 093

D

DAW ツール 373
dB（デシベル）.. 022
Decompress On Load オプション 035
Default Speaker Mode パラメータ 100
DestroyObject メソッド 027
Diegetic Sound... 020
Disable Unity Audio パラメータ 101
Distortion Effect ユニット 094
DontDestroyOnLoad メソッド 064
Doppler Factor パラメータ 100
Doppler Level オプション 042
DOTween ライブラリ.................................... 060, 065
DownloadHandlerAudioClip.GetContent メソッド 133
driverCapabilities プロパティ 102
DSP（Digital Signal Processing） 023
DSP Anime ツール 371
DSP Buffer Size パラメータ 100
dspTime プロパティ 102
Duck Volume ユニット 095, 120

E、F、G

Echo Effect ユニット 093
Edit in Playmode ボタン 092, 107
Events タイムライン 071
Flange Effect ユニット 094
Force To Mono オプション 033
frequency 021
GameObject.Find メソッド 026
GameObject.Instantiate メソッド 027
GameSynth ツール 378
GarageBand ツール 373
GetComponent メソッド... 026
GetConfiguration メソッド.................................... 101
GetDSPBufferSize メソッド.................................... 101
GetOutputData メソッド................................ 045, 048
GetOverrideSampleSettings メソッド........................ 128
GetSpectrumData メソッド 045, 038
Global Volume パラメータ 099

H、I、L

High Pass Effect ユニット 093
Highpass Simple Effect ユニット 094
Horizontal Resequencing 180
ignoreListenerPause プロパティ 044

ignoreListenerVolume プロパティ 044
Info.plist 138
isVirtual プロパティ 044
LKFS（Loudness, K-weighted, relative to full scale）...
.... 375
Load In Background オプション 034
Loop オプション 041
Low Pass Effect ユニット...................................... 093
Lowpass Simple Effect ユニット 094

M

Main Camera 048
Master グループ.. 086
Max Distance オプション 043, 124
Max Real Voices オプション.............................. 100, 129
Max Virtual Voices オプション 100, 129
Microphone クラス 136
Min Distance オプション 043, 124
MP3... 025
Music Effect.. 020
Music Engine ライブラリ 139
Mute オプション 040

N、O

Native Audio Plugin SDK 139
Normalize Effect ユニット 094
Normalize オプション.. 034
Ogg Vorbis 025, 033, 037
OnAudioConfigurationChanged デリゲート.............. 102
OnAudioFilterRead メソッド 138
OnPostprocessAudio メソッド 127
Orban Loudness Meter ツール 376
Output オプション... 040
outputSampleRate プロパティ 102
Override for ～オプション 035

P

Parametric Equalizer Effect ユニット 094
pause プロパティ 048
Pause メソッド 045
PCM（Pulse Code Modulation） 021, 037
Pitch オプション 041
Pitch Shifter Effect ユニット 094
Play メソッド 045
PlayClipAtPoint メソッド 046
PlayDelayed メソッド 045
Play On Awake オプション 041
playOnAwake プロパティ 053
PlayOneShot メソッド.. 046
PlayScheduled メソッド 046
Preload Audio Data オプション 036
priority パラメータ 041, 129
Profiler 103

Q、R

Q（Quality factor）値 093
Quality オプション..................................... 037
Receive ユニット..................................... 094
RequireComponent アトリビュート.................... 067
Reset メソッド 101
Resonance パラメータ 093
Resources フォルダ 027
Resources.UnloadUnusedAssets メソッド 133
Reverb Preset パラメータ 125
Reverb Zone Mix パラメータ 042, 125

S

Sampling Rate Setting オプション 037
SceneManager.LoadAsync メソッド 027
Send ユニット 094, 120
SendMessage メソッド 028
SetOverrideSampleSettings メソッド 128
SetScheduledEndTime メソッド 046
SFX Reverb ユニット 115
SFX Reverb Effect ユニット 094
Singleton 049
Snapshot 090, 117
Sound Effect 020
Soundly ツール 372
SoundManager....................................... 049
Spatial Blend オプション 042, 125
speakerMode プロパティ 102
SPL（sound pressure level）........................ 022
Spread オプション 042
Stereo Pan オプション 042
Stop メソッド 046
Streaming オプション 036
Studio One Prime ツール 373
System Sample Rate パラメータ..................... 100

T

Threshold Volume プロパティ 086, 123
time プロパティ 045
Timeline ウィンドウ 134
timeSamples プロパティ 045
Time.time プロパティ............................... 102
TransitionTo メソッド 118
Tween ライブラリ 056, 060

U

UniRx 056
Unity Audio 032
Unity Audio DSPGraph（Experimental） 377
Unity Editor 017, 027
UnityWav ライブラリ 139
UnityWebRequestMultimedia.GetAudioClip メソッド
.... 133
UnloadAudioData メソッド 133

UnPause メソッド 045
Update メソッド 056
Update Mode プロパティ 086
using ディレクティブ 051

V、W

velocityUpdateMode プロパティ 045, 048
Vertical Remixing 180
Virtualize Effects パラメータ 101
Volt ツール 374
Volume パラメータ 041, 109
volume プロパティ 048
Volume Rolloff オプション 042
Volume Rolloff Scale パラメータ.................... 100
WAVE ファイル 033
Wet Mixing 097

あ行

アクションゲーム 018
アセット 027, 033
アダプティブミュージック 024, 180
圧縮コーデック 025
圧縮率 034, 037
アドベンチャーゲーム 018, 020
アナログ信号 021
アニメーション 070
アンロード.. 133
インスタンスの取得 026
インスペクターヘッダー 092
インタラクティブミュージック 017, 024, 180
インテグレーテッド 375
イントロ付きループ再生 131
ウエット 023
運営要素 018, 028
エクスポーズ（抽出） 096, 109
エコー 093
エフェクト 046
音の大きさ 022
音の種類 019
音の高さ 022
オブジェクトプール 027
オブジェクトベース 024
音圧レベル 022
音楽ゲーム 018
音声解析 136
音量設定 041

か行

可逆圧縮 025
楽曲の発注 140
環境音... 020, 073
距離減衰 043
クロスフェード 056, 061, 065
ゲイン 023

ゲーム SE 020, 066
減衰 023, 042
減衰ロールオフ係数 100
効果音 066
高速フーリエ変換 138
コーラス 094
コルーチン 056
コンプレッサー 094
コンポーズ 017

さ行

再生開始位置 046
再生速度 041
再生遅延 025
再生優先度 041, 129
サイドチェーン 086
サウンドエフェクト 114
サウンド処理の負荷 103
サウンド素材 371
サウンドマネージャークラス 049
サウンドミドルウェア 028
作曲 017
サブウーファー 024
残響音 124
残響効果 041, 042, 047
サンプリング 021
サンプリング周波数 100
サンプリングレート 021, 037, 038
サンプリングレート周波数 021
シューティングゲーム 018
ショートターム 375
ジングル 020
ステレオ 023
ストリーミング再生 025, 036
スピーカー 023
正規化 034, 094
絶対時間 046
セリフ 020
センド量 122
増幅 023

た行

ダイエジェティックサウンド 020
ダイナミックレンジ 022, 023, 094
ダッキング 086, 120
縦の遷移 180
遅延再生 045
チャンネル 023
チャンネルベース 023
デコード 025, 035
デジタル処理 021
デジタル信号 021
デジタル信号処理 023

デシベル 022
同時再生数 132
ドップラー効果 042, 045, 100
ドライ 023

な行、は行

ナイキスト周波数 022
ネイティブプラグイン 028
ノンダイエジェティックサウンド 020
ハイパスフィルター 093
波形データ 022, 373
パスカル 022
パルス符号変調 021
パンニング 024, 042
非可逆圧縮 025
ピッチ 041, 072, 094
非同期 027, 034, 036, 056
非同期ロード 133
標本化 021
フィルター 046
フェードアウト 056
フェードイン 056
フォーリー 083
負荷軽減 024
フランジャー信号 094
フーリエ変換 138
プレビューウィンドウ 038
プロシージャルな効果音 378
ボイスチャット 136
ポーズ 077
ボリューム設定画面 105

ま行、や行、ら行

マイク録音 16
マニフェストファイル 138
ミキシング 023, 085
ミックスダウン 033
ミドルウェア 028
無圧縮 025
メニュー SE 020
メモリ使用量 025
モーメンタリターム 375
横の遷移 180
ラウドネス 023, 375
ランダム再生 072
立体音響処理 024
リバーブ 042, 047, 094, 114
量子化 021
量子化ビット 021
ループ再生 041
レイテンシー 025, 035, 036, 100
ローパスフィルター 093
ロングターム 375

おわりに

　読了おつかれさまです。ゲームサウンドの奥深さを感じていただけたでしょうか？「こんなにやることがあるのか…」とびっくりした方も多いかと思います。サウンド演出は、ていねいに作られているほど「自然に聞こえる」ので、そのこだわりに気づかれにくいという側面を持っています。しかし、そのこだわりはプレイヤーの心に必ず届いています。

　今後は、みなさんがいろいろなゲームを遊ぶなかで「総合的なクオリティが高いな」となんとなく思ったゲームについては、サウンドの演出を注意深く聴いてみてください。プレイヤーが気持ちよく遊べるように、そしてゲームがより盛り上がるように、サウンド演出が入念に組まれていることに気がつくことでしょう。

　サウンドのこだわりがもたらす品質の向上は、AAA のゲームに限る話ではなく、個人・小規模のインディーゲームでも同様です。私の会社、株式会社ヘッドハイの目的は、日本のインディーゲーム開発者の支援です。その手段の 1 つとして「開発手法やツールの紹介を通じて、ゲーム開発の負担を減らす」という活動があります。

　今回は、サウンドにこだわりたいと思っている開発者への手段と解決方法を示すことが大きなコンセプトでした。ゲーム開発者がミドルウェアを通じて新しい表現が可能になること、そして、手間を減らすことでゲームの面白さの開発にパワーを回せるようになること。これらを目指して、本書を記述しました。たとえばインタラクティブミュージックの表現などは、その最たるものであったと思います。

　さて、本書の執筆には、多くの方のご支援をいただきました。編集をご担当いただいた佐藤英一様をはじめ、監修をいただいた CRI・ミドルウェアのみなさま、多くのアドバイスと査読を担当いただいた岩本翔様と小林慶祐様、VR サウンド章の執筆にて多数の資料を参考にさせていただいた株式会社ハシラスの古林克臣様と株式会社エクシヴィの吉高弘俊様、インタラクティブミュージック用データの制作に大きな寄与をいただいた神山大輝様、ユニティ・テクノロジーズ・ジャパンのみなさま、そして、査読ボランティアにご協力いただいた多数の Unity ユーザーのみなさまとコンポーザーのみなさまに感謝を申し上げます。

　本書を通じて、みなさまのゲームのクオリティアップに寄与できたなら嬉しいです。「新しいゲームのサウンド表現にチャレンジしたい！」と思った方がいたならば、最高です。そして、豊かなサウンド表現を持つゲームが世の中に増えることを願っております。

2019 年 7 月某日　株式会社ヘッドハイ 代表取締役 一條 貴彰

クレジット（敬称略）

- **音響制作協力**

  子吉 信成（株式会社コトリボイス）

- **声優**

  剣士 役、きこり役：村岡 仁美

  魔導士 役：櫻庭 由加里

  森の魔女 役：笹島 かほる

- **3D モデラー（1 章、2 章）**

  北川 タク

- **イラストレーター（4 章）**

  さかいあい（酒井 藍）

- **コンポーザー（4 章）**

  NINE GATES STUDIO 代表 神山 大輝

- **VR サウンド監修（3 章）**

  吉高 弘俊（株式会社エクシヴィ）

　サンプルゲームに収録されている効果音の一部は、Tsugi 合同会社の「DSP Anime」、「GameSynth」を使用して生成されています。

　サンプルゲームに収録されている楽曲の一部は、株式会社ヘッドハイが開発する『デモリッション ロボッツ K.K.』の楽曲を使用しています。

コラム執筆（敬称略）

「フォーリー」とは何か：和泉 雅弘（株式会社 INSPION）

楽曲を発注してみよう：稲葉 和彦（株式会社 INSPION）

「インタラクティブミュージック」とは何か：音楽プログラマー 岩本 翔

CRI ADX2 の費用と、法人で利用する際のポイント：夏目 真弥（株式会社 CRI・ミドルウェア）

音声制作の発注から納品まで：子吉 信成（株式会社コトリボイス）

■著者紹介

一條 貴彰 (いちじょう たかあき)

ゲーム作家。代表作は「Back in 1995」(Nintendo Switch ／ PS4 など)。個人のゲーム開発と並行して、株式会社ヘッドハイの代表として、ゲーム開発ツールのエヴァンジェリスト事業を展開。
日本の小規模ゲーム開発者が活動しやすい世の中を作るため、ライター業やゲーム機リリースのサポートも務める。著書に「Unity ゲーム プログラミング・バイブル」 (共著、ボーンデジタル／ 2018 年刊)、「Unity ネットワークゲーム開発実践入門」 (共著、ソシム／ 2017 年刊) がある。

株式会社ヘッドハイ： https://head-high.com/

■監修

株式会社 CRI・ミドルウェア： https://www.cri-mw.co.jp/

■ カバー・本文デザイン：宮嶋 章文
■ 本文 DTP：辻 憲二

Unity サウンド エキスパート養成講座

2019 年 8 月 25 日 初版第 1 刷発行

著者	一條 貴彰
監修	株式会社 CRI・ミドルウェア
発行人	村上 徹
編集	佐藤 英一
発行	株式会社ボーンデジタル
	〒 102 − 0074
	東京都千代田区九段南 1 丁目 5 番 5 号 九段サウスサイドスクエア
	Tel：03-5215-8671　　Fax：03-5215-8667
	https://www.borndigital.co.jp/book/
	E-mail：info@borndigital.co.jp
印刷・製本	シナノ書籍印刷株式会社

ISBN978-4-86246-454-5
Printed in Japan